www.shj.co.kr

기후변화 대응과 그린 IT 2.0

이용희 저

신화사

Preface

"선생님 탈고는 얼마나 진행되셨나요?" 머리말을 쓰고 있는 오늘도 출판사에서는 원고 진행 상황을 확인하는 전화가 왔다. 직장을 다니면서 도서를 집필하는 과정은 매우 고된 일이었지만, 집필이 마무리 되어가는 이 시점에서는 잠시나마 성취감의 기쁨을 느끼면서 머리말을 작성하고 있다.

평범한 기업의 연구원으로 노벨상을 수상한 다나카 고이치의 삶의 자세를 중심으로 엮은 책의 일부에 '스스로 자신의 연구 성과를 발표하려는 마음 자세를 가져라'라는 문구가 있다. 본인이 가지고 있는 자료와 실무를 통해서 얻은 지식을 개인 책상 위에만 남겨두는 것은 연구할 기회와 관심을 준 사람들에 대한 학자로서의 의무를 이행하지 못하는 것이라 생각하여 부족하지만 용기를 내어서 집필을 시작하게 되었다.

그린IT가 에너지절약과 친환경 보존을 위한 핵심 기술로 점차적으로 중요하게 인식되어 가면서 그린IT에 대한 정보의 요구 또한 늘어나고 있지만 기존 도서들이 그린IT의 일부 분야만을 중점적으로 다루고 있어, 그린IT의 입문자가 접하기 쉬운 책이 부족하기에 본 도서에서는 그린IT 분야의 입문자를 대상으로 폭 넓은 이해를 돕기 위해서 그린IT의 등장 배경이 되는 기후변화 동향과 그린IT의 전반적인 기술소개 및 적용사례를 중심으로 작성하였다. 도서의 구성은 '기후변화 동향'과 '그린IT 2.0'의 두 개의 Part로 구분하였으며, Part 1에서는 기후변화에 대한 전반적인 동향과 관련 규제 및 제도를 소개하였고, Part 2에서는 그린IT를 적용 분야별로 분류하여 개념과 적용 사례 및 동향을 기술하였다.

본 도서가 집필과정에서 양질의 내용을 담아야 함에도 불구하고, 본인의 지식과 경험이 부진하여, 부분적으로 미흡한 점이 있을 것이다. 다소 부족한 내용은 추후 지속적인 연구를 진행하여, 독창적인 지식과 경험을 담은 양서로 보완할 것을 약속드리며, 부족한 도서이지만 그린IT 분야에 관심을 가지는 독자에게 조금이라도 도움이 되길 바란다.

Preface

본 도서가 나오기까지 출판을 위해 힘써주신 출판사의 임직원 여러분, 에코시안의 엄기현, 조규철, 최혁, 김민성, 황유나, 홍순필, 박충규, 유광식, 노창현, 윤지영, 김대현, 문금환, 주영환님, NIPA의 변상익 팀장님, 염창열, 박여원님, ESCO협회의 고근환 부회장님, 윤석재님에게 짧은 지문으로나마 감사의 인사를 대신하며 책이 나오기까지 가정에 소홀했음에 미안한 마음으로 아내와 딸에게 이 도서를 바친다.

마지막으로, 도서의 저자수익은 개인적으로 실천하고 있는 정보소외계층을 위한 PC 지원 사업에 전액 사용할 것을 약속드리며, 이 도서를 읽어 주실 독자 여러분께 깊이 감사드린다.

저자 이 용 희

Contents

PART 1. 기후변화 동향

Contents

Contents

Contents

Contents

PART I

기후변화 동향

01 기후변화 동향

1.1 기후변화(Climate Change)

기후변화는 지구의 세계적 또는 지역적 기후의 시간에 따른 변화를 의미하며, 대기 중에 있는 온실가스가 지표로부터 방출되는 장파인 적외선을 흡수하여 지구가 더워지는 현상으로 이로 인해 사막화, 해수면 상승, 생태계 변화 등의 부정적인 현상이 발생되고 있다. 다음 그림은 남극대륙 보스톡의 얼음기둥에서 측정한 45만년 간의 이산화탄소(CO_2), 온도(Temperature), 먼지(Dust)의 45만년 간의 변화를 나타낸다. 이것은 이산탄소의 주기변화와 유사한 형태를 보이고 있고, 빙하기 내에서도 일정한 주기가 있으며, 그 주기가 대략 10만년 정도라는 새로운 사실을 나타낸다.

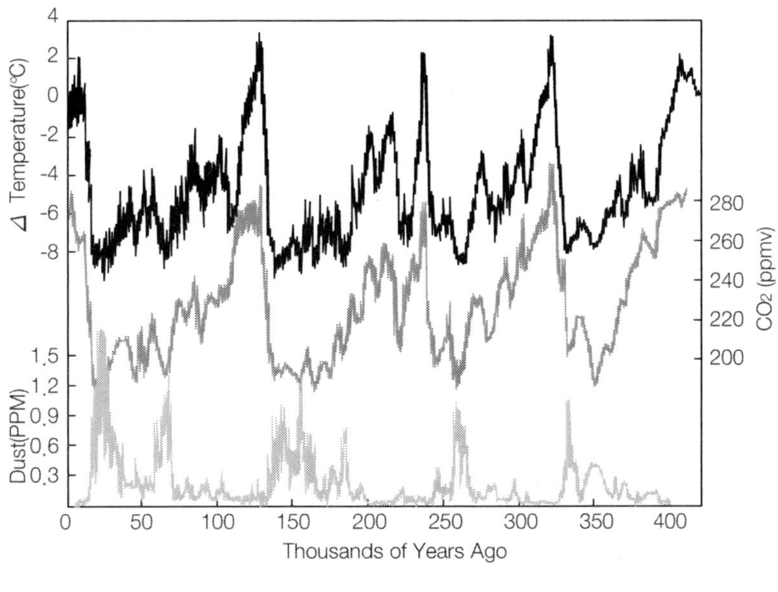

〈그림 1.1〉 45만년 간의 기후변화

◎ 출처 : the science education resource center at carleton college

지구 온난화의 영향으로 대기와 바다의 평균 온도가 장기적으로 상승하고 있으며, 지난 산업혁명 이후 지속적으로 온실가스가 대기로 배출됨에 따라 지구 대기 중 온실가스 농도가 증가하여 지구 표면의 온도가 과도하게 상승하는 지구 온난화 현상을 초래하고 있다. 온난화 현상은 과거에도 있었으나, 19세기 후반에 관측된 지구 온난화 현상은 인간의 활동에 의한 온실가스의 대기 중 농도증가가 그 주된 원인으로 보는 견해가 지배적이다. 이러한 지구 온난화를 유발하는 대기 중 온실가스는 산업발달에 따라 석유와 석탄 같은 화석연료를 사용하고 농업 발전을 통해 숲이 파괴되는 등 인간의 여러 활동에 기인하여 크게 증가 되어 지구온난화의 지표인 지구표면 연평균 온도는 0.6℃가 증가하였다. 이러한 기온 상승은 우리나라가 속해 있는 북반구 고위도로 갈수록 더 크게 나타나고 있으며 해양보다 육지가 더 빠른 온도 상승을 나타내고 있다. 지구표면의 온도상승은 해수면 상승과 강수량의 양과 패턴을 변화시켜 가뭄, 홍수 등의 기상 이변을 유발하고 있으며, 최근 수십 년에 걸쳐 지구온난화가 진행 중이며 앞으로도 꾸준히 높아질 전망이다.

다음 그림은 약 50년간 대기 중의 이산화탄소 농도의 변화를 나타내는 그래프이다. 그래프의 농도 수치가 톱니바퀴처럼 위아래로 변동이 보이는 것은 계절의 영향으로 봄부터 가을까지 식물의 광합성에 의해 농도가 내려가고, 겨울에는 낙엽이 지고 광합성이 중지되어 이산화탄소 농도가 증가하기 때문이다.

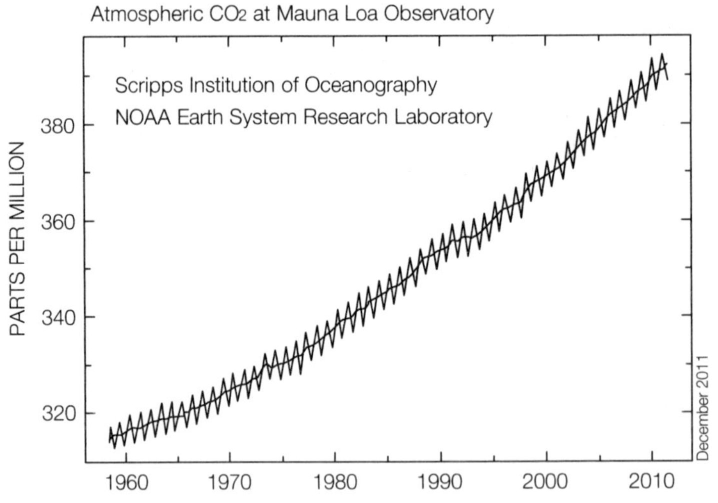

〈그림 1.2〉 이산화탄소 농도의 변화

◎ 출처 : Earth System Research Laboratory(ESRL) 마우나로아 연구소 사이트

위의 그림을 통해 1960년대 315ppm 수준이었던 이산화탄소의 농도가 최근에는 395ppm까지 높아진 것을 비교할 수 있다. 좀 더 자세한 최근의 대기 중 이산화탄소 농도변화를 나타낸 아래의 그림은 하와이의 마우나로아 산에 위치한 관측소에서 측정한 자료다.

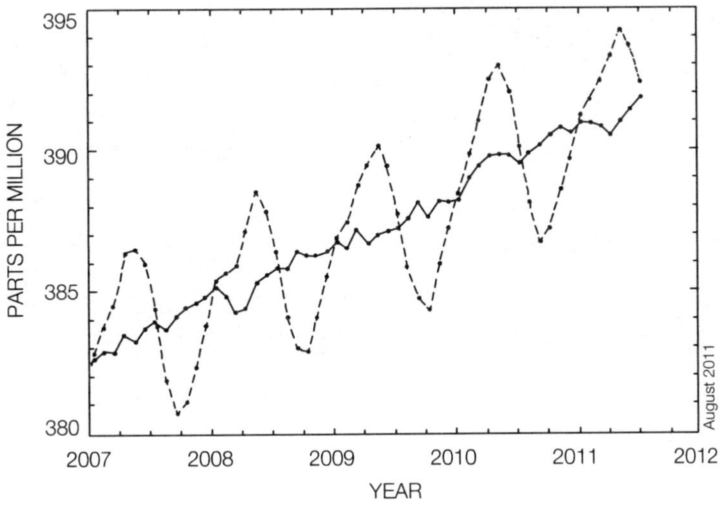

〈그림 1.3〉 하와이 마우나로아 관측소의 이산화탄소 농도

◎ 출처 : Earth System Research Laboratory(ESRL) 마우나로아 연구소 사이트

1.2 기후변화의 영향

1.2.1 해외영향

기후변화로 인해서 국제적으로 사막화, 수장국가 발생, 생태계의 변화, 전염병의 증가 등의 다양한 문제가 발생하고 있다.

투발루는 남태평양 인근의 9개의 산호섬으로 이루어진 섬나라이다. 국토면적 24km^2(여의도 면적의 약 3배), 인구 1만 1천여 명의 작은 섬나라가 주목을 받는 이유는 투발루가 기후변화의 첫 피해국이 될 가능성이 매우 높기 때문이다. 평균 해발높이가 1~2m, 가장 높은 곳도 5m가 되지 못하며 매년 해수면의 높이가 0.5~0.6cm가 상승하여 50년 내에는 국가전체가 사라질 것으로 예상되고 있다.

〈그림 1.4〉 투발루의 수장 위기

◎ 출처 : world view of global warming,
http : //www.worldviewofglobalwarming.org

세계적인 휴양지와 신혼여행지로 유명한 섬 국가인 몰디브 역시 해수면 상승으로 인한 해안선 후퇴와 국토면적의 감소 등으로 국가의 산업기반인 관광자원의 감소를 우려하고 있다. 몰디브의 모하메드 나시드 대통령이 각료 13명과 함께 기리푸시섬 인근바다 속에서 세계 최초로 수중 국무회의를 2009년 10월 17일에 열어 지구 온난화에 대한 경각심을 촉구하였다.

〈그림 1.5〉 수중 국무회의에 참여한 몰디브 대통령

◎ 출처 : 중앙일보, "수중 국무회의연 몰디브 대통령", 2009.10.18.

빙하는 기후변화의 가장 민감한 지표의 하나로서 인식된다. 빙하는 냉각기(예를 들면, 소빙하기)에는 대체적으로 전진하였고, 기후 온난화에는 후퇴하였다. 빙하의 성장과 붕괴는 자연의 변화에 영향을 주며, 외부 요소에 의한 변화를 증폭시킨다.

지난 100년간, 빙하에서 여름에 사라지는 얼음을 만회할 수 있는 만큼 겨울에 얼음이 재생산되지 못했다. 다음 그림은 지구 온난화에 따른 빙하의 변화를 나타내고 있다.

〈그림 1.6〉 지구 온난화에 따른 빙하의 변화

◎ 출처 : 홍정기, "환경컨설팅 전문인력 양성교육", 한국환경컨설팅협회, 2009.

1.2.2 국내영향

국내도 기후변화로 인한 기온상승, 해수면 상승, 홍수, 가뭄, 생태계의 변화 등 많은 영향을 받고 있다. 지난 1912년부터 2010년 까지 한반도의 연평균 기온의 상승률은 0.18℃/10년이었고, 연강수량은 21.7mm/10년 비율로 증가했다. 1910년대에 비하여 2000년대 한반도의 계절일수 변화를 살펴보면, 봄과 여름 시작일은 약 11일 정도 빨라졌고 가을과 겨울 시작일은 늦어져서 여름은 19일 늘어나고 겨울은 17일 짧아졌다.

또한 이상고온현상도 발생하고 있는데 지난 100년간의 우리나라 연평균 기온의 변화 추이를 보면 1910년대 12℃였던 평균기온이 1990년대에는 13.5℃로 약 1.5℃ 상승하였다. 이는 우리나라가 속한 동북아시아 지역이 지구온난화에 의한 영향을 타 지역보다 더 민감하게 받는다는 것을 의미한다. 해양생태계의 경우 남해안에서 멸종위기종인 해마의 개체수가 증가하고 있는데, 그 이유로는 해수온도가 아열대 청정해역에서 서식하는 생물이 살아가는데 적절한 수온으로 바뀌고 있기 때문이다. 다음 그림은 국내 기후변화의 징후를 나타낸다.

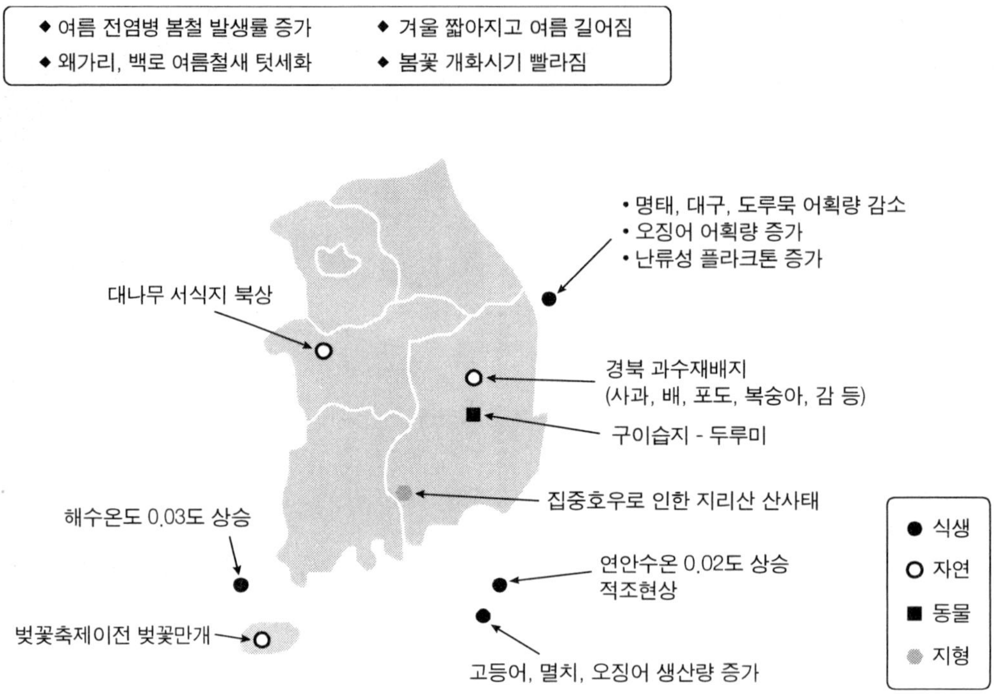

〈그림 1.7〉 국내 기후변화의 징후

◎ 출처 : KONETIC, "지구온난화가 한반도에 미치는 영향", 2008.

열대야 현상은 일 최저기온이 25℃ 이상인 날을 말하는 것으로 열대야 현상은 도시화와 온실효과로 가속화 되고 있다. 국내의 열대야 일수는 1900년대 초반 평균 1.1일에서 최근 6.6일로 6배나 증가했으며, 1994년~2005년 기간 중 혹서로 2,127명이 사망한 것으로 조사되었다. 또한, 연평균 기상재해 피해액도 매년 증가하여 1990년도 보다 2000년도에는 4배가 증가하였으며, 미래에는 더욱 많은 기상재해와 피해액이 발생할 것으로 예측된다.

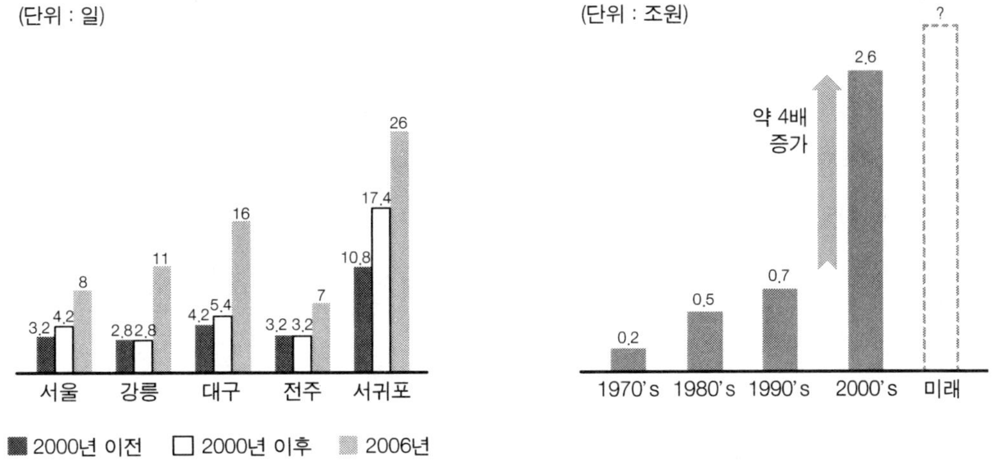

〈그림 1.8〉 8월 열대야 일수와 연평균 기상재해 피해액

◎ 출처 : 대통령직인수위원회, "기후변화 위기를 경제성장의 기회로", 2008.02.13.

해양수산부가 발표한 '2007년 상반기 어업생산 통계'에 따르면 한반도 주변 수온 상승으로 난류성 어종인 오징어와 고등어 등은 지난해보다 어획량이 30% 이상 급증했다. 특히 오징어는 지난해보다 34% 증가한 242,845톤이나 잡혔다. 반면 대표적인 한류성 어종인 명태는 올 상반기에 35톤 밖에 잡히지 않았다. 국립수산진흥원은 지구온난화에 따른 우리나라 주변 어업자원 변동 현상을 세 가지로 정리하고 있다. 첫째, 난류성 어종 분포 해역이 점점 북상하고 있고 둘째, 어종 어획시기가 빨라지고 그로인해 기간이 점점 늘고 있으며 셋째, 난류성 어종의 겨울철 어획량의 증가 현상이 뚜렷하다는 것이다.

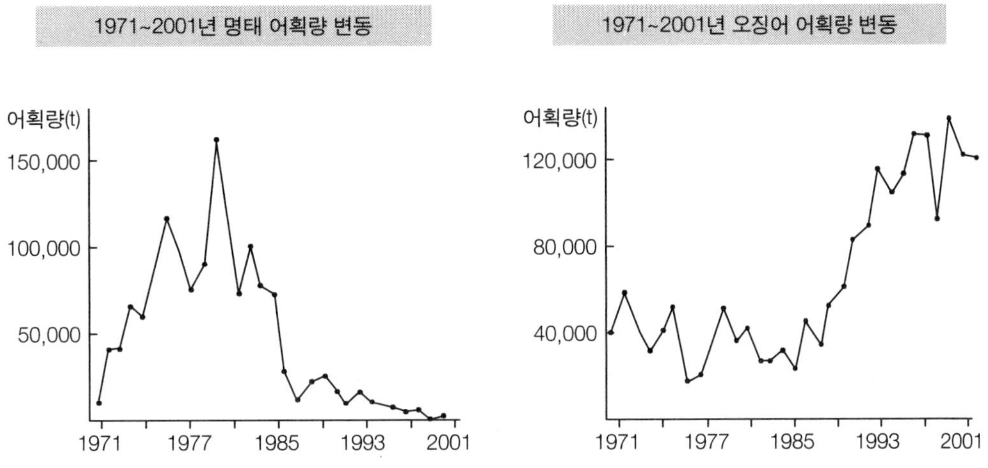

〈그림 1.9〉 국내 어획량의 변동

이와 함께 최근 몇 년 사이 여름철 해수욕장을 찾은 피서객들을 위협하고 있는 독성 해파리가 급증하는 것도 지구온난화에 따른 대표적인 부작용이다. 국립수산과학원이 지난 5월과 6월에 걸쳐 조사한 결과 대표적인 독성 해파리인 노무라입깃해파리가 이어도 인근에서 대량으로 발견됐다. 국립수산과학원 관계자는 "독성 해파리로 인해 여름철 피서객 피해는 물론 남해 연안 양식장에도 매년 수 백억원의 피해를 보고 있다"고 말했다.

더불어 제주도의 유명 관광지인 용머리 해안에 1987년 조성한 길이 450m의 산책로는 당시 바닷물에 잠기는 일이 거의 없었으나 최근에는 지구 온난화의 영향으로 해수면이 20cm 정도 높아지면서 산책로 일부가 하루 평균 4~6시간정도 바닷물에 잠겨 산책코스로 이용하는 시간이 줄어들고 있다.

〈그림 1.10〉 용머리해안 산책로

◎ 출처 : 경향신문, "온난화로 제주해안 잠긴다…서귀포 용머리 산책로 하루 8시간씩 수몰", 2008.04.08.

1.3 온실가스

온실가스(Greenhouse Gases)란 지구 대기의 가스상 구성 물질로서 지표면에 의하여 우주로 방출되는 특정 범위의 적외선 복사열 에너지를 흡수 및 열을 저장하여 온실효과를 유발시키는 기체로 정의 할 수 있다. 온실가스는 온실효과에 직접적으로 관여하는 직접 온실가스(CO_2, CH_4, N_2O, HFCs, PFCs, SF_6, CFCs, H_2O)와 다른 물질과 반응하여 온실가스로 전환될 수 있는 간접 온실가스(NO_x, CO, SO_2, NMVOC)로 구분할 수 있다. 기후변화협약 제3차 당사국총회에서는 이산화탄소(CO_2), 메탄(CH_4), 아산화질소(N_2O), 수소불화탄소(HFCs), 과불화탄소(PFCs),

육불화황(SF6)의 6대 온실가스에 대해서 저감 및 관리대상으로 규정하고 있다.

〈표 1.1〉 6대 온실가스

온실가스	지구온난화 기여도	지구 온난화 지수(GWP)	배출원
이산화탄소(CO_2)	55%	1	산업 활동 곳곳에 사용되는 석탄, 석유 및 천연가스 등의 화석연료 연소 및 추출, 처리, 수송과정에서 주로 발생한다.
메탄(CH_4)	15%	21	농업, 축산, 생체(biomass)의 분해, 폐기물 매립 및 처리, 석탄채굴 및 석유 시추, 가스파이프의 누출 등이 주 배출원이다.
아산화질소(N_2O)	6%	310	농업의 비료사용 및 산업활동에서 배출되며, 전체 배출량 중 인간활동에 의한 것은 약 15% 정도이다.
수소불화탄소(HFCs)	24%	140~11,700	자동차에어콘, 가정용 냉장고, 업무용 냉동기기 등에 광범위하게 쓰이는 냉매이다.
과불화탄소(PFCs)		6,500~9,200	반도체 제조용 엣칭, 초저온 냉동기용 냉매이다.
육불화황(SF_6)		23,900	전기 · 전자 기기의 절연체로 사용되고 있다.

온실효과에 가장 많은 영향을 미치는 온실가스는 이산화탄소로, 지구복사를 통하여 우주공간으로 나가는 에너지 중 일부를 다시 지구로 되돌린다. 이러한 이산화탄소의 성질은 지구의 에너지 평형을 깨트려서, 지구온난화의 원인으로 작용한다. 이산화탄소는 화석연료와 같은 탄소를 포함한 물질을 완전 연소시킬 경우 생성되는데, 최근 화석연료의 사용이 크게 늘면서 이산화탄소의 배출량도 증가하여 대기 중의 이산화탄소 농도가 증가하였고 이는 지구온난화를 더욱 심화시키는 요인으로 작용하고 있다.

다음 그래프는 주요 배출원별 이산화탄소 배출량을 나타낸다.

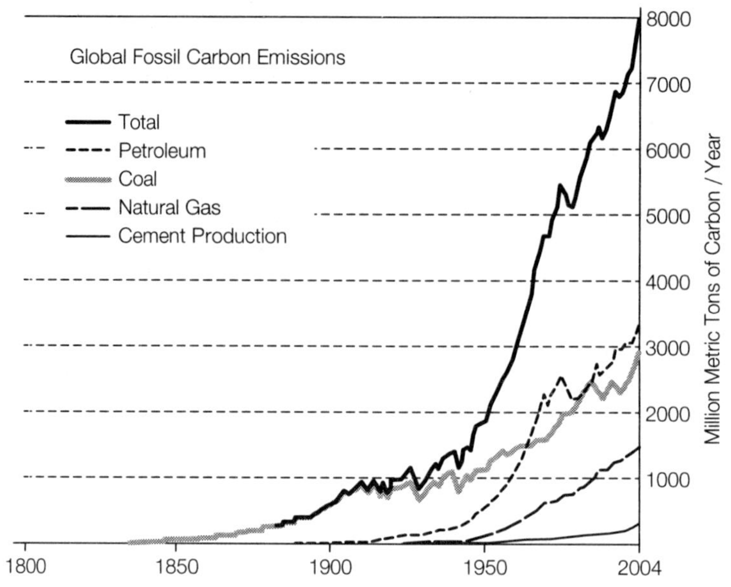

〈그림 1.11〉 배출원별 이산화탄소 배출량

◎ 출처 : Marland, G., T.A. Boden, and R. J. Andres, "Global, Regional, and National CO_2 Emissions. In Trends", "Carbon Dioxide Information Analysis Center", 2007.

메탄은 현재 연간 2억 5천만 톤 가량이 대기 중으로 배출되고 있다. 온실기체로서 메탄은 같은 농도의 이산화탄소에 비해 21배 정도 온실 효과가 강하다. 메탄의 주요한 자연적 발생원은 습지이고, 추가적인 자연적 발생원으로 흰개미, 대양, 식물 그리고 메탄수화물 등이 있다. 메탄은 유기물이 미생물에 의해 분해되는 과정에서 만들어지는데, 비료나 논, 쓰레기 더미 심지어는 초식동물이나 곤충의 소화과정에서도 상당한 양의 메탄이 배출된다. 또한 화석연료를 태우는 과정에서도 메탄이 발생하게 된다. 산업혁명 이후 석탄으로부터 에너지 생산, 천연가스 채취, 매립지에서의 폐기물 배출, 소와 양과 같은 반추동물 사육의 증가, 벼농사와 바이오매스의 연소와 같은 인간의 활동이 늘어남에 따라 메탄의 발생이 증가해왔다. 또한 이 밖에도 아직 명확하게 입증되지는 않았지만 여러 이론들이 메탄의 증가 이유에 대해 말하고 있다. 그 중 대표적인 것이 온난화로 인해 툰드라 지방의 땅이 따뜻해지면서 메탄을 방출할 것이라는 것과 해저에서 대량의 메탄가스 배출이 발생할 수 있다는 것이다. 일단 메탄이 대기로 배출되면 주로 대류권의 화학적 산화작용으로 인해 제거되기까지 약 8.4년 동안 대기 중에 존재한다.

아산화질소 또한 지구 온난화에 관여하는 물질로 온난화지수는 이산화탄소를 1로 할 때 310에 달하며, 주로 화학 산업이나 농업부문의 공정과 에너지의 연소를 통해서 발생한다.

수소불화탄소는 오존층 파괴물질인 프레온가스, 즉 CFC(염화불화탄소)의 대체물질로 개발되었으며, HFC-134-a, HFC-152-a, HFC-32, HFC-125 등의 종류가 있다. HFC는 대기권내에서의 수명이 짧고 염소를 포함하지 않으므로 성층권에서의 오존 손실을 막을 수 있는 최선의 대체물로 여겨지고 있지만, 온난화 현상을 유발함으로 사용을 감축해야 한다.

과불화탄소는 냉매, 소화기 및 폭발방지물, 분무액, 솔벤트용제, 발포제 등으로 쓰이는 가스이다. 오존층을 파괴하는 염화불화탄소(CFC)를 대체하여 쓰이고 있으나 이산화탄소(CO_2), 메탄(CH_4)과 더불어 지구온난화 현상을 유발하는 온실가스의 하나로 알려져 있다. 국내의 경우 전체 온실가스 중 과불화탄소가 차지하는 비중이 해마다 늘고 있어 1999년 10월 22일 개정된 대기환경보전법 시행규칙은 이산화탄소, 메탄, 아산화질소, 수소불화탄소, 육불화황, 염화불화탄소와 함께 기후·생태계 변화 유발물질로 지정하고 있다.

육불화황은 인체에 무해하나 지구 온난화를 추진시키는 가스이며, 1960년대부터 절연제 등으로 넓게 사용되고 있다. 이 기체는 인공적인 온실 효과를 만들어내는 기체로 과거에는 사용량이 많지 않았으나, 최근 들어서 수요량이 늘어나고 있다.

1.4 우리나라 온실가스 배출 현황

2007년 우리나라 온실가스 배출량은 2006년 배출량인 602.6백만tCO_2 대비하여 2.9% 증가한 620.0백만tCO_2로 1990년 이후 연평균 4.3%가 증가하였으며, 1990년 대비 103%가 증가하였다. 다음 그림은 국내 온실가스 총 배출량 및 증가율을 나타낸다.

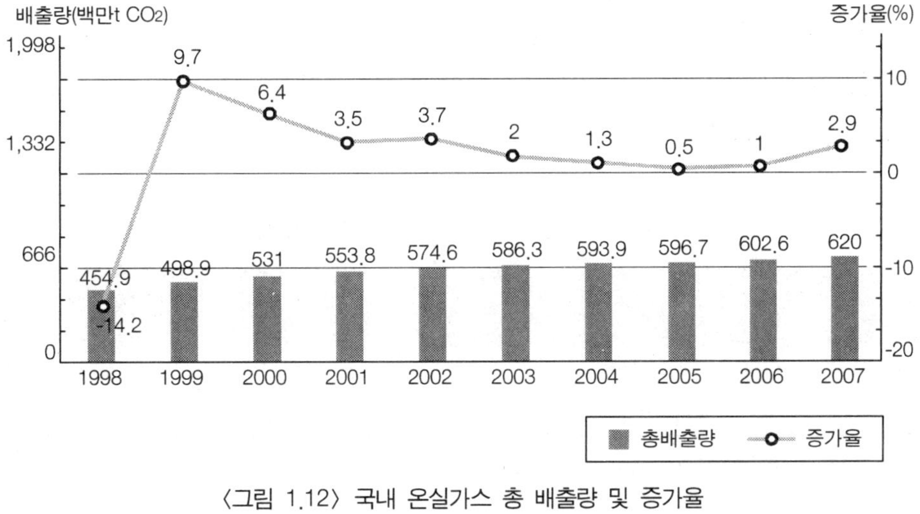

〈그림 1.12〉 국내 온실가스 총 배출량 및 증가율

출처 : 환경부, "국가온실가스배출통계", 2011.07.29.

우리나라는 세계 9위의 이산화탄소 배출국으로 전 세계 배출량의 1.9%를 차지하며, 1인당 온실가스 배출량은 세계 27위로 9.48tCO_2를 배출하고 있다. 주요 증가요인으로는 석유화학 설비 증설로 납사소비의 증가(390%), 수송 차량의 증가(280%), 석탄화력 발전의 증가(375%), 탄소배출계수가 높은 유연탄 사용의 증가를 들 수 있다. 우리나라 전체 배출량 구조는 에너지(84.7%)와 산업공정(9.8%)의 비중이 94.6%를 차지하고 있다. 다음 표는 국내 온실가스 배출현황을 나타낸다.

〈표 1.2〉 국내 온실가스 배출현황

(단위 : 백만 tCO_2)

	2001	2002	2003	2004	2005	2006	2007
총배출량	553.8	574.6	586.3	593.9	596.7	602.6	620
증가율(%)	3.5	3.7	2	1.3	0.5	1	2.9
에너지부문	453.2	473.4	481.6	489.4	498.9	505.9	525.4
산업공정	63.6	64.5	68.2	68.5	64.8	63.7	60.9
농업	20.9	19.8	19.5	20	18.2	17.5	18.4
폐기물	17	16.9	17	16	14.7	15.6	15.3
토지이용/임업	-34.6	-33.4	-33.7	-31.5	-32	-31.2	-36.3
순배출량	519.2	541.2	552.6	562.4	564.7	571.4	583.7

◎ 출처 : 환경부, "국가온실가스배출통계", 2011.07.29.

에너지연소에 의한 CO_2 배출은 전환부문(에너지 생산에 따른 에너지 형태 전환)이 36.8%로 가장 높은 비중을 차지하고 있으며, 산업(32.4%), 수송(19.4%), 가정 · 상업(10.6%) 순이다. 온실가스별 배출량은 이산화탄소가 전체 배출량의 89.5%를 차지하고 있다. 다음 표는 온실가스별 배출량 현황을 나타낸다.

〈표 1.3〉 온실가스별 배출량 현황(2007)

이산화탄소 (CO_2)	메탄 (CH_4)	아산화질소 (N_2O)	수소불화탄소 (HFCs)	과불화탄소 (PFCs)	육불화황 (SF_6)	합계
554.6 (89.5)	24.4 (3.9)	11.7 (1.9)	7.3 (1.2)	2.9 (0.5)	19.2 (3.1)	620.0 (비중%)

◎ 출처 : 에너지관리공단, "에너지 기후편람", 2011.08.

02 기후변화 대응 동향

기후변화 대응은 선진국을 중심으로 국가 간 기후협약을 체결하여 글로벌 차원의 기후변화 대응을 추진함으로써 온실가스 배출에 대한 규제가 강화되고 있는 상황이다. 이러한 규제들이 새로운 무역장벽이 되어 자국에 유리한 분야를 중심으로 효율과 성능을 강화하였으며, 수입품에도 동일한 수준의 기술규격을 요구하고 있다. 예를 들면 EU의 자동차 이산화탄소 배출량 규제는 EU자동차업계에서 신규 등록차의 이산화탄소배출량을 2008년까지 95년 대비 25% 감축하는 자율협정을 체결하였고, 우리나라 또한 2009년까지 이산화탄소 가스 배출량을 186g/km→140g/km까지 감축하기로 EU와 협약을 체결하게 되었다. 그리고 1999년 4월에 반도체산업도 유럽, 일본, 미국 등이 반도체기업의 온실가스 중 하나인 PFCs 배출량을 2010년까지 1995년 기준으로 10% 이상 감축하기로 합의 하였다.

세계 주요 국가들은 자국의 특성을 반영한 기후변화 입장과 2020년까지의 감축 목표를 제시하고 있으며, 주로 에너지 효율과 같은 에너지정책에 초점을 맞추고 있다. 에너지정책의 중요성에 대한 인식이 증대되어, 이로 인한 신재생에너지 투자가 확대 되고, 에너지 효율화정책이 추진 및 강화되고 있다.

2.1 기후변화협약(UNFCCC)

온실가스로 인한 기후변화에 대응하는 행동들의 배경으로는 지구기온을 상승시키는 이산화탄소 등 온실가스의 대기 중 배출을 억제함으로써 지구온난화로 인한 해수 위 상승, 홍수범람, 생태계 파괴 등의 지구환경피해를 방지하기 위하여 1972년 2월 스위스 제네바에서 세계기상기구(WMO : World Meteorological Organization)주관으로 제1차 세계기후회의가 개최되었다. 이 회의를 통해 온실가스가 기후변화에 미치는 영향과 평가에 대한 논의가 진행되었다. 온실가스로 인한 기후변화 연구결과에 따라 선진국의 온실가스 배출량에 대한 감축필요성이 제기되었지만 기후변화에 대한 각국의 입장이 상반되어 실행 및 이의 조정을 위한 국제기구 및 협약의 필요성이 대두되었다.

그 이후의 기후변화 대응의 경위를 보면 1988년 11월 세계기상기구(WMO)와 유엔환경계획

(UNEP : United Nations Environment Program) 주관 하에 기후변화에 관한 정부간협의회(IPCC : Intergovernmental Panel on Climate Change)가 설립되었다. 그 후 1990년 8월 기후변화의 원인, 영향 및 대응에 관한 IPCC 종합보고서가 발표되었으며, 그해 11월 제45차 UN총회에서 기후변화협약 제정을 위한 정부간협상위원회(INC : Intergovernmental Negotiating Committee)를 설치할 것을 의결하여, 12월에 정부간협상위원회가 설립되었고, 1992년 5월 INC회의에서 기후변화협약을 채택하였다.

1992년 6월 브라질 리우데자네이루에서 각국 정부 대표가 중심이 되어 열린 유엔환경개발회의에서는 기후변화협약(UNFCCC : United Nations Framework Convention on Climate Change)이 담고 있는 온실가스의 방출을 제한하여 지구온난화를 방지하는 온실가스 규제문제, 재정지원 및 기술이전 문제, 특수상황에 처한 국가에 대한 고려 등의 구체적 이행 방안을 논의하기 위해 열리게 되었다. 기후변화협약은 인간이 기후체계에 위험한 영향을 미치지 않을 수준에서 대기 중 온실가스를 안정화하는 것을 목표로 하고 있으며, 형평성과 공통의 차별화된 책임, 대응능력, 지속가능발전 등의 원칙을 제시하고 있다. 모든 당사국에 대한 공통의무사항으로는 온실가스 배출저감 정책의 자체적 수립과 시행이 있으며 온실가스 통계와 정책이행에 대한 국가보고서를 작성하여 제출해야하는 의무가 있다. 우리나라는 1993년 12월에 세계에서 47번째로 기후변화협약에 가입하였다.

1992년 유엔환경개발회의(UNCED)에서 체결한 기후변화협약의 구체적인 이행방안을 논의하기 위해 매년 개최하는 당사국총회(COP : Conference Of the Parties)는 기후변화협약에 따른 최고의결기구의 역할을 수행하며, 협약 이행현황에 대한 주기적인 검토를 위해 매년(통상 11~12월) 2주간 개최된다. 기후변화협약 당사국총회 경과사항은 아래의 표와 같다.

〈표 1.4〉 기후변화협약 진행 경과 및 주요내용

회의명(개최지)	주요내용	대상국가
기후변화협약 (1992. 6. 리우)	‣ 2000년까지 1990년 수준으로 온실가스 감축 ‣ 개발도상국은 감축의무 부담 없음(미정)	157개국 (의무부담 35개국)
제1차 당사국 총회 (1995.3. 베를린)	‣ 베를린 위임사항(Berlin Mandate) 채택 ‣ 2000년 이후 감축목표에 관한 부속의정서를 제3차 당사국 총회에서 채택	
제2차 당사국 총회 (1996.7. 제네바)	‣ 각료선언(Ministerial Declaration) 채택 ‣ IPCC 제2차 평가보고서 공식 인증 등	
제3차 당사국 총회 (1997.12. 교토)	‣ 교토의정서(Kyoto Protocol) 채택 ‣ 2010년까지 1990년 수준의 평균 5.2% 감축 등	40개국 (의무부담)

제4차 당사국 총회 (1998.11. 부에노스아이레스)	‣ 부에노스아이레스 실천계획 채택 ‣ 2000년 제6차 당사국 총회까지 교토의정서의 세부 이행방안 확정키로 결의	
제5차 당사국 총회 (1999.10. 본)	‣ 주요의제에 대한 각국의 입장 확인 ‣ 우리나라 : 2018년 부터 자발적 감축참여 발표	
제6차 당사국 총회 (2000.11. 헤이그)	‣ 협상결렬(2001년 7월 독일 본에서 재논의 하기로 함) ‣ 우리나라 : 2002년 교토의정서 비준예정 발표	
제6차 당사국 총회 (2001.7. 본)	‣ 재정 및 기술지원, 의무준수체계, 조림부문의 4개 의제에 대한 정치적 합의에 도달(Boon Agreement로 명명)	
제7차 당사국 총회 (2001.10. 마라케시)	‣ 교토메카니즘, 의무준수체계, 흡수원(산림원) 등 3개 의제에 대한 합의	165개국 (43개국 비준)
제8차 당사국 총회 (2002.10. 뉴델리)	‣ 델리선언 채택, 교토의정서 운영규정 등 의제합의 ‣ 산유국 입장 및 청정에너지 수출에 대한 인정요구	165개국 (97개국 비준)
제9차 당사국 총회 (2003.12. 밀라노)	‣ 협약비부속서 I 국가보고서 내용검토 및 제출시기 결정 ‣ 개발도상국에 대한 기술 · 재정지원 ‣ CDM 메카니즘하에서의 조림 및 재조림 사업을 위한 적정방식과 절차 등 합의	171개국 (120개국 비준)
제10차 당사국 총회 (2004.12. 부에노스아이레스)	‣ '적응 및 대응조치에 관한 부에노스아이레스 활동계획'채택 ‣ 교토의정서 체제 이후의 의무부담방식 논의	180개국 (128개국 비준)
제11차 당사국 총회 (2005.12. 몬트리올)	‣ 교토의정서 발효 : 2005년 2월 16일 ‣ 2013년 이후 기후변화대응체제 논의를 위한 협의체 구성에 합의 ‣ 교토의정서 이행세부지침(마라케시 합의문)공식 채택	189개국 (128개국 비준)
제12차 당사국 총회 (2006.11. 나이로비)	‣ 1차 감축의무기간(2008~2012)이후 선진국의 감축의무 논의 ‣ 교토의정서의 주기적 검토	190개국 (129개국 비준)
제13차 당사국 총회 (2007.12. 발리)	‣ 모든 선진국 및 개발도상국의 참여방안 논의 ‣ Post-2012 기후변화 대응체제 논의 ‣ 발리로드맵 채택	192개국 (129개국 비준)
제14차 당사국 총회 (2008.12. 포츠난)	‣ 선진 · 개발도상국간 장기협력방안 논의 ‣ 2012년 이후 2차 의무감축국 및 목표 설정에 대한 논의	189개국
제15차 당사국 총회 (2009.12. 코펜하겐)	‣ 2012년 이후 선진국 추가감축, 개발도상국 감축 참여, 선진국 재정지원 등을 포함하는 새로운 기후변화체제 논의 ‣ 코펜하겐 합의문 승인	193개국

출처 : 지속가능경영원, 2010.

1995년 3월 제1차 기후변화협약 당사국총회가 열렸으며 그 이후 중요 당사국총회의 내용으로는 1997년 12월 제3차 당사국총회에서 2008년~2012년 동안 의무감축국 38개국이 1990년 대비 평균 5.2%를 감축키로 합의 하는 교토의정서를 채택하였다. 2007년 12월 13차 당사국총회에서는 포스트교토체제를 2009년 말까지 논의하기로 합의한 발리로드맵이 채택되었으며, 2009년에는 코펜하겐 합의문을 통해 기온 상승을 산업화 이전 대비 2℃ 이내로 억제하고 2010년 1월 31일까지 부속서 I (Annex I)국가는 중기감축목표를 제출하고, 비부속서 I (non-Annex I)국가는 자발적 감축행동을 제출하기로 했다.

브라질 리우회의에서 채택한 기후변화협약(UNFCCC)은 온실가스 감축 의무부담을 부속서 I (Annex I)국가와 비부속서 I (non-Annex I) 국가로 나누어 각기 다른 의무를 부과하였다. Annex I 국가는 산업화로 어느 정도 경제발전을 이룬 국가들로 선진국 및 동구권 국가가 포함되며, non-Annex I 는 개발도상국이다. 추가적으로 교토의정서 Annex II는 기후변화협약의 Annex I 국가 40개국을 기초로 하여 감축의무가 있는 터키와 벨라루스를 제외한 38개국으로 명기하였다. 또한 Annex II 국가는 Annex I 국가에서 동구권 국가가 제외된 OECD 24개국 및 EU를 말한다. Annex II 국가는 개발도상국에 재원 지원 및 기술이전 의무 부담을 가진다.

〈표 1.5〉 부속서 국가와 비부속서 국가

Annex I	Annex II	non-Annex I
Australia, Austria, Belarus, Belgium, Bulgaria, Canada, Croatia, Czech Republic, Denmark, Estonia, Finland, France, Germany, Greece, Hungary, Iceland, Ireland, Italy, Japan, Latvia, Liechtenstein, Lithuania, Luxembourg, Monaco, Netherlands, Ukraine, New Zealand, Norway, Poland, Portugal, Romania, Russian Federation, Slovakia, Slovenia, Spain, Sweden, Switzerland, Turkey, United Kingdom, United States of America (40개 국가 + EU)	Australia, Austria, Belgium, Canada, Denmark, Finland, France, Germany, Greece, Iceland, Ireland, Italy, Japan, Luxembourg, Netherlands, New Zealand, Norway, Portugal, Spain, Sweden, Switzerland, United Kingdom, United States of America (23개 국가 + EU ; 터키는 2001년 요청에 의해 Annex II 에서 제외됨)	대한민국을 포함한 152개국

출처 : UNFCCC, Parties&Observer states, http : //unfccc.int

2.2 교토의정서(Kyoto Protocol)

교토의정서는 기후변화협약에 따른 온실가스 감축목표에 관한 의정서로서 교토프로토콜이라고 한다. 교토의정서가 나오기 전, 1995년 3월 독일 베를린에서 열린 제1차 당사국총회에서 Annex I 국가는 1990년 수준으로 온실가스 감축을 위해 노력하기로 규정하였으며, 1997년 12월 교토에서 열린 제3차 당사국총회에서 교토의정서를 채택함으로써 선진국의 온실가스 감축목표치를 규정하였고 이에 대한 법적 구속력이 있는 온실가스 감축의무를 부여했다. 교토의정서를 비준한 국가 중 배출량을 줄이지 않는 국가에 대해서는 비관세 장벽을 적용하게 된다.

교토의정서의 발효요건으로 55개국 이상 비준하여야 하며 비준부속서의 국가의 배출량이 전체 부속서 국가 총 배출량의 55%이상이어야 하며, 이 조건이 만족된 후 90일 뒤에 발효가 되도록 설정되었다. 2004년 9월 당시 125개국이 비준한 상태였지만 비준부속서 추가의 배출량의 백분율이 44.2%였다. 그 다음 달인 10월에 러시아가 비준하면서 55%이상의 요건을 만족하였고, 그다음 11월에 러시아의 비준서가 기탁되면서 2005년 2월 16일에 교토의정서 체제가 출범하였다. 교토의정서 만료 시기는 2012년이며, 교토의정서 이행방안은 2001년 제7차 당사국총회에서 마라케쉬합의를 통해 최종 타결되었다.

교토의정서의 주요 내용으로는 규제 온실가스를 이산화탄소(CO_2), 메탄(CH_4), 아산화질소(N_2O), 수소불화탄소(HFCs), 과불화탄소(PFCs), 육불화항(SF_6)으로 6가지를 규정하였으며 비준국의 의무기간을 1차(2008년~2012년), 2차(2013년~2017년), 3차(2018년~2022년)로 지정했다. 또한 교토의정서는 온실가스 배출량 감축을 위한 국가전략을 수립하고 온실가스 배출량 및 흡수량에 대한 국가보고서 작성 및 제출을 요구했다. 선진국에 대한 특정의무사항으로 Annex I 국가는 1차 공약기간(2008년~2012년) 만료시 까지 1990년 대비 평균 5.2% 감축의무 부담을 가지게 되었으며, 각국의 의무감축량은 국가협상력, 경제성장, 산업구조 등의 차이로 -8%~+10%로 차별화된 감축량이 규정 되었으며, Annex II 국가에서는 개발도상국에 대한 재정 및 기술이전의 의무를 주었다.

교토의정서로 인한 주요국의 입장을 보면 EU는 교토의정서를 통한 실질적 주도권을 원하며, 2004년 8월에 온실가스 실제 감축량을 발표하여 완성차의 CO_2규제와 온실가스 배출권 거래제를 시행중에 있다. 미국은 교토의정서 비준을 거부하고 있었지만 오바마 정부가 출범하며 비준을 지지하고 있어, 향후 비준을 하게 되면 미국이 기후변화체제를 주도할 것으로 전망된다. 러시아는 시장 의존도의 50%를 EU가 차지하고 있기 때문에 EU의 WTO 가입의 제안을 수용하였고, 배출권 잉여분 거래를 희망하고 있다.

우리나라는 2002년에 교토의정서를 비준하였으나 non-Annex I (개발도상국)으로 분류되어 감축의무는 없는 상태이지만 포스트교토 체제에서 의무감축국에 포함될 여지가 있다.

우리나라 정부의 교토의정서에 대한 대응을 보면, 교토의정서 상에 개발도상국(non-Annex I) 지위 확보로 1차 공약기간 중 온실가스 감축의무는 없으나 에너지절약 및 온실가스 감축이 우리 경제의 장기 발전방향과 부합된다는 인식하에 정부종합대책을 수립하였다. 그 내용으로는 기후변화협약 관계장관회의 등 범정부대책기구를 구성하고, 기후변화협약 제1차 종합대책(1999년~2001년)을 수립 · 추진하였다. 제1차 종합대책은 부문별 감축대책으로써 총 36개 과제로 온실가스 감축기반 강화, 기술개발, 교토메카니즘 활용 등으로 구성되어 있다.

제1차 종합대책 이후, 국무총리훈령 제 422호에 근거, 관계부처 장관 등으로 구성된 기후변화협약대책위원회(위원장 : 국무총리)를 구성하고 기후변화협약 제2차 종합대책(2002년~2004년)을 수립하여 · 추진하였다. 제2차 종합대책은 협상능력 강화, 온실가스 감축기술 개발, 온실가스 감축대책 강화, 교토메카니즘 및 통계기반 구축, 국민참여와 협력유도 등 5대 부문 84개 과제로 구성되었다. 추가적으로 국회는 2001년 3월에 「기후변화협약대책 특별위원회」, 2004년 11월에 에너지 다소비 8개 업종(발전, 정유, 철강, 석유화학, 시멘트, 제지, 자동차, 반도체)에 대한 업종별 대책단 등 관련 조직을 구성하였다.

2004년 10월부터 4개월을 거쳐, 외교통상부, 산업자원부, 환경부 등 총 19개 부처와 에너지관리공단, 환경관리공단 등 유관기관이 참여하여, 3대 분야 90개 과제를 내용으로 하는 제3차 종합대책(2005년~2007년)을 수립하였으며 그 목표는 3가지로 구성되었다. 첫 번째 목표는 지구온난화 문제에 대응하기 위한 국제적 노력에 적극 동참, 두 번째 목표는 온실가스 저배출형 경제구조로의 전환을 위한 기반 구축, 세 번째 목표는 기후변화가 국민생활에 미치는 부정적인 영향의 최소화이다. 총 3개 부문 90개 과제이며 협약 이행 기반 구축사업, 분야별 온실가스 감축사업, 기후변화 적응기반 구축사업 부문으로 구성 되어있다.

그간 1~3차 종합대책 평가를 보면 자발적 협약으로, 청정개발체제 사업 등을 통한 온실가스 감축성과를 1999년~2001년에 4.5%, 2002년~2004년에 3.5%, 2005년~2007년에 2.8%를 이뤘으며, 기후변화 모니터링 및 연구개발 추진전략, 온실가스 감축잠재량 분석을 위한 통계기간 등 예측 · 적응 및 협약 이행기반 구축을 마련하였다.

제4차 종합대책의 3대 중점 핵심분야는 UNFCCC 및 IPCC 등의 추진체계와 연계하여 온실가스감축분야, 기후변화 적응분야, 연구개발 등 3대 핵심부문으로 중점 추진되었다. 온실가스감축부문은 에너지수급체계 개편, 신산업구조 유도, 탄소시장 활성화 방안 등으로 구성되었고 기후변화 적응분야는 부문별 적응대책 수립 · 시행, 지자체 · 산업체의 기후변화 대응 역량강화 및 국민 캠페인 전개 방안 등으로 구성되었으며, 연구개발 분야는 기후변화대응 기초원천기술 및 핵심분야 기술개발로 구성되었다.

결론적으로 교토의정서 발효에 의한 영향으로 배출권거래 시장이 활성화 되었으며, 선진국들의 조기 크레딧 확보를 위한 청정개발체제(CDM) · 공동이행제도(JI) 사업도 활성화 되었다.

2.3 교토메커니즘(Kyoto Mechanism)

대부분의 선진국들은 온실가스 배출량이 계속 증가되고 있어서 국내적 수단에만 의존하여 감축목표를 달성하는 경우 경제적 비용이 막대할 것으로 분석되고 있다. 경제 성장률이 낮고 신기술이 많이 보급되어 있어, 온실가스 감축의 한계 비용이 상대적으로 큰 선진국들이 적은 비용으로 더 많은 온실가스 감축이 가능한 동구권국가나 개발도상국에서 달성한 감축실적을 의무이행에 활용할 수 있도록 허용하고, 감축 실적을 상품처럼 거래 가능하도록 하는 제도가 교토메커니즘이다.

교토메커니즘은 교토의정서상의 온실가스 배출 의무감축국들이 의무 준수 비용을 감축하기 위해 교토의정서에 정해진 제도로 공동이행(JI : Joint Implementation), 국제배출권거래제(ETS : Emission Trading Scheme), 청정개발체제(CDM : Clean Development Mechanism) 세 가지로 구성되어 있다.

공동이행제도는 선진국(Annex I)이 다른 선진국(Annex I)에 투자하여 발생한 온실가스 감축분의 일정분을 자국의 온실가스 배출저감 실적으로 인정하는 제도이다. 이 제도는 주로 미국, 일본 등 OECD선진국이 현재 시장 경제 체제로의 전환 과정에서 어려움을 겪고 있는 동구권국가에 투자하여 노후설비의 개 · 보수 등을 통해 온실가스를 줄이는 사업 형태로 추진된다.

국제배출권거래제는 각국별로 할당된 온실가스 배출 허용량을 무형의 상품으로 간주하여 각국이 시장 원리에 따라 직접 혹은 거래소를 통해 거래함으로써 배출 저감 비용을 줄이고 저감 실현을 용이하게 하려는 제도이다. 미국, 캐나다, 호주 등 주요 선진국은 온실가스 저감목표를 효율적으로 달성하기 위해 배출권 거래제도의 도입을 검토 중이며 British Petroleum, Shell 등 다국적기업도 온실가스 배출권의 내부거래를 추진 중이다.

청정개발체제는 CDM(CDM : Clean Development Mechanism)이라 많이 불린다. 청정개발체제는 개발도상국 자체적으로 실시하거나, 선진국(Annex)이 개발도상국(non-Annex I)에 투자하여 발생된 온실가스 배출감축분을 자국의 감축실적으로 인정하는 제도이다. 이 제도는 선진국의 온실가스 감축 비용을 줄이는 목적 이외에 개발도상국의 지속 가능한 개발(Sustainable development)을 지원하는 데에도 그 목적이 있다. 현재 선진국들이 가장 유망한 투자대상으로 주목하는 개발도상국은 중국이다. 우리나라는 투자 유치 측면에서 다른 개발도상국에 비해 상대적으로 신기술이 많이 보급되어 있다는 점에서 불리하나 경제성장률이 높고 인프라가 많이 구축되어 있어 투자유치에 긍정적인 부분도 존재한다. 교토의정서 상의 선진국의 온실가스 감축의무가 시작되는 시기는 2008년 이지만 이 제도를 통한 온실가스 감축 실적은 2000년부터 소급하여 인정받을 수 있도록 규정되어 있다.

〈표 1.6〉 청정개발체제의 편익

편 익	편익의 효과
세계적 편익	‣ 온실가스 배출감축 비용의 절감 ‣ 민간부문의 참여확대 ‣ 세계적인 온실가스 감축대책 이행의 가속화
개발도상국의 편익	‣ 외자유치를 통한 경제개발 ‣ 기술이전 ‣ 고용창출 ‣ 사회간접자본 확충 ‣ 에너지 수입 대체 및 에너지 효율 향상
선진국의 편익	‣ 온실가스 배출감축 비용의 절감 ‣ 배출감축의무 달성에 유연성 확보 ‣ 신기술 및 첨단기술에 대한 시장확보 ‣ 새로운 투자기회의 확대

출처 : K.N.U Forest Resources Protection 티스토리 블로그, 기후변화(지구온난화)의 영향

배출량감축 프로젝트를 실시해 거둔 성과에 따라 획득한 크레딧(Credit)은 유효성심사 및 인증을 거친 후에야 비로소 배출권으로 인정받게 된다. 유럽에서 배출권을 할당받은 기업은 매년 CO_2배출량 보고서를 작성하여 공개해야 하며 허위로 작성한 사실이 드러나면 배출권 판매가 금지된다.

교토의정서 및 후속 합의서에 따르면 교토의정서의 이행에 따라 발생하는 배출권은 다음과 같이 네 가지 형태이다.

첫 번째, 할당배출권(AAU : Assigned Amount Unit) : 기후변화협약 부속서 I 국가에 대하여 2008년~2012년(1차 이행기간)에 걸친 1990년 대비 연간 온실가스 배출한도를 “1990년 기준 배출량 대비 백분율”로 명시하고 있다. 이에 따라 1차 이행기간의 배출한도를 계산하고 그에 상응하는 배출권을 당사국별로 할당하며, 이렇게 할당되는 배출권을 AAU라 한다.

두 번째, 흡수배출권(RMU : ReMoval Unit) : 교토의정서 3조 3항과 4항에 따르면 조림, 산림 경영 등을 포함하여 소위 흡수원(Sink)이라 칭하는 토지이용, 토지이용변화 및 산림 활동(LULUCF : Land Use, Land Use Change and Forestry)에 대해 1990년 이후에 수행된 인위적 노력에 따른 온실가스 흡수실적을 교토의정서상 감축목표 이행실적으로 인정하도록 규정하고 있다. 이는 국가별 온실가스 흡수량 만큼 추가적인 배출을 허용하는 것이며, 이러한 흡수량 만큼 RMU라는 배출권으로 할당되고 거래될 수 있다.

세 번째, CDM크레딧(CER : Certified Emission Reduction) : 교토의정서 제12조에 따르면 non-Annex I 국가(개발도상국)에서 시행되는 온실가스 저감사업은 해당 사업의 시행에 따라 추가적으로 저감되는 온실가스 양을 입증할 경우 이에 대해 CER을 획득할 수 있다. CER은 교토의정서 상에 Annex I 국가의 감축의무 이행을 위해 이용(감축의무 대신)할 수 있으며, 국가 간 거래도 허용된다.

네 번째, JI크레딧(ERU : Emission Reduction Unit) : 교토의정서 제6조에 따르면 부속서 I 국가 간에도 온실가스 저감사업을 시행하고 이로부터 인정되는 추가적인 저감실적을 ERU 형태로 획득할 수 있다. ERU 또한 부속서 I 국가의 감축의무 이행에 이용될 수 있고, 국제적인 거래도 허용된다. ERU는 감축의무를 부담하고 있는 부속서 I 국가에서 발생되는 배출권이므로 ERU의 발생분 만큼 해당국가의 AAU 혹은 RMU가 감소하게 된다.

이 외에도 교토메커니즘에 구속되지 않으면서 자체적으로 제3의 인증기관을 선정하고 이 기관을 통해 감축실적을 인정받음으로써 발생되는 배출권인 VER(Verified Emissions Reductions)이 있다. 예를 들면 국내 온실가스 감축사업을 통해 발급되는 K-CERs, 미국 시카고 기후거래소에서 발급하는 배출권(CEOs, CEACs 등)은 모두 VERs의 한 종류로 볼 수 있다. 배출권거래제에서 거래되는 교토의정서 감축단위의 종류는 아래의 표와 같다.

〈표 1.7〉 배출권거래제에서 거래되는 교토의정서 감축 단위의 종류

종 류	내 용
AAU(Assigned Amount Unit, AAU)	교토의정서 Annex B 국가의 할당량
RMU(Removal Unit)	Annex B 국가 조림/재조림(A/R, Afforestation/Reforestation) 사업과 부가적인 온실가스 흡수원 사업에 의한 배출 감축 분량
ERU(Emission Reduction Units)	JI 사업에 의한 Credit
CER(Certified Emission Reductions)	CDM 사업에 의한 Credit

출처 : 시장경제연구원, "탄소배출권 거래시장의 인프라 구축방안", 2007.12.

2.4 포스트 교토(Post Kyoto)

세계적인 차원에서 온실가스 저감을 위한 교토 의정서의 제 1차 의무감축기간(2008년~2012년)동안 배출권 거래(ET), 공동이행(JI), 청정개발체제(CDM)의 세 가지 교토메커니즘을 통해 1990년 대비 평균 5.2%의 온실가스 저감을 실현하고 있다. 교토의정서의 유효기간은 2012년까지 이므로 유효기간 이후의 포스트교토에 대한 논의는 세계의 이목을 집중시킨다.

교토의정서의 교토메커니즘을 통해 온실가스 저감을 실행해 왔으나 최근 비효율적인 사업진행절차, 지역 및 특정 프로젝트의 편중, 지속가능성에 대한 기여도, 기술이전에 대한 어려움 등의 문제가 지속적으로 제기되면서 CDM에 대한 개정이 검토되고 있다.

기존 메커니즘의 보안과 개정을 목적으로 2012년 이후에 Sectoral Crediting & Trading(산업별 배출권거래제), NAMA(Nationally Appropriate Mitigation Action), REDD(Reducing Emissions from Deforestation and Degradation) Crediting 등의 다양한 메커니즘의 도입방법이 검토되고 있다.

각 산업별 배출권거래제(Sectoral Crediting & Trading)는 EU 주도의 선진국에서 제안한 거래방식으로 기존의 국가단위 온실가스 감축에서 탈피하여 국가가 산업단위로 온실가스 감축목표를 설정하고 배출권을 거래하는 메커니즘이다.

Sectoral Crediting이란 개발도상국이 산업별로 감축량 목표를 달성하지 못해도 배출권 구매의무를 부과 받지 않는 "No-lose" 기준을 적용한 후 이를 초월한 감축을 달성할 시 국가가 사후에 배출권을 발급받는 방식이다. 산업별 BAU(Business As Usual : 배출전망치, 특별한 조치를 취하지 않을 경우 배출될 것으로 예상되는 미래의 전망치) 기준 배출량을 산정한 후 기술개발 등의 자발적 행동으로 감축할 수 있는 배출량을 감안하여 기준을 설정한다.

반면에 Sectoral trading의 경우 EU ETS 등 기존의 총량거래제(Cap and Trade)방식의 배출권거래제와 유사하게 국가가 산업별로 사전에 배출권을 할당받아 거래하는 구조이다. Sectoral trading은 Sectoral Crediting과는 달리 no-lose 기준을 적용받지 못해 감축목표 달성여부에 따라 국가가 배출권을 매매해야한다.

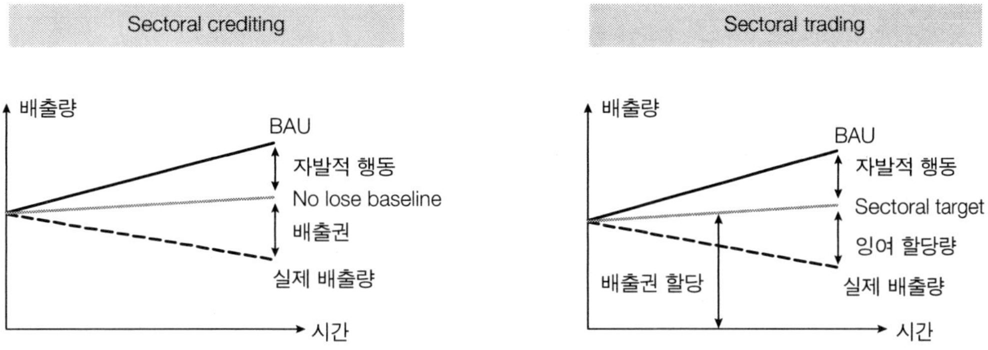

〈그림 1.13〉 Sectoral Crediting & Trading

NAMA는 개발도상국의 온실가스 감축역량과 국가 발전수준 등을 고려하여 3가지 유형으로 구분한다. 첫 번째 유형은 Unilateral NAMA로 개발도상국이 선진국의 도움 없이 자발적으로 감축활동을 실시하고 보고하며, 우리나라 같은 선진개발도상국에 적용한다. 두 번째 유형은 Supported NAMA로 개발도상국이 선진국의 지원으로 감축활동을 실시하고 선진국과의 합의에 기초하여 설정한 기준적용을 통해 검증을 받는 것으로 일반 개발도상국 등에 적용한다. 세 번째 유형은 NAMA Crediting으로 감축활동에 대해 선진국의 지원 외에 추가로 배출권을 부여받고, 국제적인 기준에 따라 검증받는 것을 뜻하며 저개발국 등에 적용한다.

REDD Crediting에서 REDD란 삼림벌채 및 훼손 등에서 발생하는 온실가스를 감축하기 위한 삼림 관리와 보전 활동에 대해 인센티브수단으로 배출권을 발급하는 개념을 말한다. 삼림벌채 및 훼손을 통해 발생하는 온실가스는 현재 전세계 온실가스 배출량의 약 20%로 높은 비중을 차지하고 있을 뿐만 아니라 상승하는 추세이므로 이에 대한 다양한 대응책이 검토되고 있다. 사업주체는 삼림관리와 보전 등의 활동을 통해 삼림의 이산화탄소 흡수량을 최대한 유지함으로써 이산화탄소 흡수량을 BAU기준으로 하였을 경우의 차이에 대해 배출권을 발급받는 구조이다.

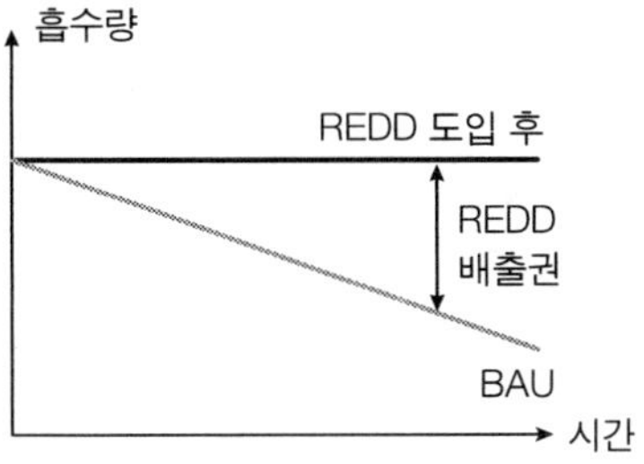

〈그림 1.14〉 REDD Crediting

2.5 포스트 교토 협상동향

교토의정서가 2012년에 만료가 되고 난 후 포스트 교토에 대한 협상동향의 주요 내용을 보면 선진국은 중국과 인도 등의 개발도상국에 대해 법적 구속력이 있는 감축목표 설정을 요구하며, 선진국의 감축의무이행과 개발도상국 감축행동 간의 연계 및 MRV(Measurable, Reportable and Verifiable : 측정, 보고, 검증)를 강조하고 있다. 또한 미국의 참여를 통한 기후변화 협의를 주장한다. 그에 따른 지원 요구사항으로는 선진국 간 분담 비율에 대한 논의와 기존의 원조기관 이용에 대한 주장, 지적재산권의 보호 등이 있다. 개발도상국의 주요내용은 선진국의 역사적 책임에 따라, 추가 감축목표를 먼저 제시할 것과, 선진국의 지원을 전제로 자율적인 완화된 행동 및 선진국의 감축의무이행과 개발도상국의 자발적 감축행동(NAMA)을 같은 틀 안에서 다룰 수 없다고 강조하고 있다.

이러한 선진국과 개발도상국의 입장차이로 생기는 현상을 크게 세 가지로 구분할 수 있다.

첫 번째, 선진국의 강제성을 동반한 개발도상국의 감축노력을 강조하고 개발도상국은 선진국의 역사적 배출책임을 강조하는 논점으로 포스트 교토체제가 불확실해졌다.

두 번째, 포스트 교토체제 합의의 불확실성이 존재하게 되었고, 개발도상국의 국가별 적합한 감축행동을 강조하게 되면서 우리나라의 의무감축국 포함여부가 불확실해졌다.

세 번째, 국가별 특수성을 고려한 자발적 감축활동이 대두되면서 기술개발을 위한 협력을 강화하게 되고 온실가스 감축등록 사업을 통한 CDM사업이 활성화될 것이다.

국가별 포스트 교토 협상동향의 주요내용으로 EU는 높은 수준의 감축목표를 선제 발표하는 공세적 견인 전략을 활용해 협상 당사자에게 환경분야의 선도국가로서 입지를 고수 및 강화하고 있다. 또한 EU-ETS를 근간으로 한 배출권거래제 시장 통합을 목표로 한다.

미국은 온실가스 다배출 제품에 대한 국경세를 협상도구로 이용할 것이며 이를 통한 기후변화 협상 주도권을 확보하고 녹색산업을 통한 고용창출과 경제성장을 도모할 목표를 가지고 있다.

일본의 경우 개발도상국을 포함한 글로벌 기후변화체제를 구축할 것이며, 개발도상국의 참여를 통한 에너지기술에 대한 수요 확대 및 경제성장의 발판마련에 초점을 두고 있다.

중국은 UN중심의 기후변화 협상논의와 공통되지만 차별화된 책임 원칙을 강조하고 있으며, 세계 최고 수준의 신재생에너지의 지원과 투자를 통한 온실가스 산업성장의 기회를 도모하고 있다.

인도는 감축의무를 강제로 수용할 수 없는 불가원칙을 고수하고 있으며, 동등성 원칙과 1인당 온실가스 배출량 수렴론을 주장하며 지속적 경제성장을 목표로 하고 있다.

각 국가별 포스트 교토에 대한 동향은 각 국가의 이익을 대변하는 전략으로 수립되어 있으며, 이로 인해 보다 중장기적 차원의 기후변화 대응 전략을 수립할 필요가 있다.

2.6 칸쿤회의

2.6.1 칸쿤회의 개요

멕시코 칸쿤에서 열린 제16차 유엔기후변화협약 당사국총회는 194개국 정부대표단(코펜하겐 회의 때와 달리 중국, 미국, 한국 등 주요국 정상 미참여) 및 NGO 등 12,000명이 참여하였으며 2010년 11월 29일에 개최하여 2010년 12월 11일에 폐막했다. 의제는 공유비전, 감축, 적응, 재정 및 기술지원, 산림악화 방지 등 포스트 2012 기후변화 대응체제이다. 특히 포스트 2012 기후변화 대응체제는 교토의정서에 따른 기후변화협약 이행합의안이 2012년 종료됨에 따라 2012년 이후 기후변화체제 구축을 위한 국제협상을 덴마크 코펜하겐에서 열린 15차 총회까지 마무리하기로 했지만 협상 타결에 실패함에 따라 칸쿤 회의의 주요 과제가 되었다.

칸쿤합의문은 코펜하겐합의문의 주요 내용을 반영한 것으로 정치적 합의수준에 머물렀던 코펜하겐 합의문과 달리 유엔체제로 공식 채택되었다는 점에 의미가 있다. 코펜하겐 합의문이 140개국의 지지를 받는 데 그친 것과 달리, 칸쿤합의문은 당사국 194개국 가운데 볼리비아를 제외한 193개국이 찬성하였다. 볼리비아는 합의문에 선진국들의 재정 기여 방안이 명시되지 않는 등 너무 미약한 합의라며 반대했다. 그러나 포스트교토체제 설정 및 의무감축국 목표설정 등 근본적인 이슈에 대한 합의도출에는 실패하여 절반의 성공이라는 평가가 주를 이루고 있다.

2.6.2 칸쿤회의 주요 합의 내용

세계기상기구(WMO)와 과학자들은 올해 지구 온실가스의 대기 중 농도가 최고조에 달해 있어 매우 긴박한 상황임을 194개국 협상 대표들에게 호소했다. 이상태가 유지된다면 2100년이 아닌 2060년에 지구기온이 4℃ 까지 상승할 수 있음을 경고했다. 지구온도 상승을 산업화 이전 대비 2℃ 이내로 억제하기 위한 '긴급행동'을 촉구 했고, 군서도서국 주장을 감안하여 지구온도 상승 억제목표치를 2℃에서 1.5℃로 강화하는 것은 추후에 검토하기로 예정했다. 추가적으로 산업화 이전 대비 지구온도 상승폭을 1.5℃까지 낮출 가능성에 대한 연구 및 산림파괴 방지, 각국의 기후변화 목표 모니터링 등을 합의했다.

지구온난화 억제 목표에 있어 선진국은 2009년에 제시한 온실가스 감축목표 실행을 촉구했고 교토의정서 연장에 관한 협상을 최대한 빨리 마무리하여 2013년 이후 감축에 차질이 생기지 않도록 하였다. 개발도상국은 각국 수준에 맞는 2020년 기준의 감축목표와 구체적인 감축계획을 제출하고 2년마다 이행 상황을 보고하기로 하였으며, 자발적 감축행동을 선진국 감축공약과 동일하게 참고문서 형태로 기후변화협약에서 공식 확인하였다.

각국의 온실가스 배출량 목표는 제17차 총회에서 결정하기로 하였다. 2012년 만료되는 교토의정서의 연장 여부에 대해서는 '교토의정서 2기'를 준비하되, 국가들의 참여를 강제하지는 않았다. 일본의 경우 온실가스 주요배출국인 미국과 중국, 개발도상국들이 의무 이행국으로 참여하지 않으면 교토의정서 연장을 반대한다는 견해를 밝혔고, 러시아 캐나다 또한 교토의정서의 연장을 반대하며 일본의 발언에 동조했다. 이 발언이 과거 산업화의 과정에서 온실가스를 발생시킨 선진국들이 기후변화에 책임을 져야 한다는 시각을 가진 개발도상국들의 격렬한 반발을 샀다.

온실가스 감축 분야에서 선진국의 교토의정서 연장 문제와 감축 이행을 제외하는 한편, 선진국과 개발도상국의 감축목표를 각각 별도의 참고문서에 수록하기로 하였다. 선진국 감축 목표를 참고문서에 수록하고, MRV(측정 · 보고 · 검증)를 강화하기로 한 반면, 개발도상국 감축행동(NAMA)은 선진국과 별도의 참고문서에 수록하고 지원받는 감축행동 뿐 아니라 자발적 감축행동도 등록부의 별도 섹션에 기록하기로 하였다. 또한, 국제적 협의 및 분석(ICA : International Consultation and Analysis) 실시 등 개발도상국 감축행동 모니터링에 대한 코펜하겐 합의 내용을 반영하였다.

선진국들의 녹색기후기금 조성에 있어서는 2020년까지 연간 1,000억 달러 규모의 녹색기후기금(Green Climate Fund)을 조성하고, 선진국들은 기후변화에 영향을 받는 개발도상국들의 긴급 지원이 필요한 부분에 대해서 2012년까지 총 300억 달러를 마련하기로 하였다. 이 기금의 용도는 개발도상국의 산림보호 조치를 지원하고, 청정에너지 기술의 이전과 기후변화로 생긴 환경변화에 개발도상국들이 적응하는 데 소요되는 비용을 지원하는데 사용되며 관리는 선진국과 개발도상국에서 각각 12명, 총 24명의 이사회가 주도하고 기금 운영은 국제환경기금(GEF : Global Environment Facilities)을 활용하기로 하였다. 미국의 요구에 의해 출범 이후 3년 동안은 세계은행의 감시를 받을 예정이지만, 구체적인 자금 조성방안에 대해서는 미합의 되었다.

기술이전은 기술집행위원회(Technology Committee)를 개발도상국 11명, 부속서 1국가 9명으로 한 총 20명의 위원으로 구성해 운영할 예정이며, 기후기술센터를 설립해 전 세계적인 환경기술 수요 공급망을 구축하고 기술 이전을 촉진하기로 하였다. 다만 기후기술센터의 구조와 위임전결규정, 기술집행위와의 관계, 기술 및 재정 메커니즘 간의 연계 등은 논의를 지속하기로 하였다.

〈표 1.8〉 칸쿤합의 주요내용

녹색기후 기금조성	• 재원마련 방법 합의 실패 • 2020년까지 매년 1,000억 달러씩 조성
산림보호 조처	• 재정마련과 감시방법 미합의 • 선진국의 재정적 보상으로 후진국들의 열대우림 보호
청정에너지기술 개발도상국 이전	• 기술집행위원회를 구성해 개발도상국의 수요와 정책분석, 기후기술센터를 설립해 전 세계적인 환경기술 수요 공급망을 구축
사업혁명 이전 대비 지구온도 상승폭 2도 억제	• 온실가스 감축목표는 설정 실패
교토의정서 연장 합의	• 2011년 제17차 남아공 더반총회에서 교토의정서 연장 합의 기약

칸쿤회의에 대한 전체적인 평가는 비록 낮은 수준이긴 하지만 3년 만에 '칸쿤합의'라는 국제적 합의를 이끌어낸 당사국총회로 평가된다. 그러나 칸쿤합의는 교토의정서를 대체할 법적 구속력 있는 국제협약과는 다르며 이번 합의에서 대표들은 "가능한 이른 시일 안에 교토의정서 연장에 관한 합의를 마무리 짓는다"는 합의에 그쳤다. 교토의정서 이후체제나 온실가스 감축목표 등 핵심과제에 대한 논의는 2011년 남아공 더반에서 열리는 차기 총회로 미뤄졌다.

2.7 더반회의

2.7.1 더반회의 개요

남아프리카공화국 더반에서 열린 제17차 유엔기후변화협약 당사국총회는 193개국 정부대표단 및 NGO 등 2만 여명이 참여하였고 우리나라의 수석대표로 환경부장관이 참석하였으며 회의기간은 2011년 11월 28일에 개최하여 2011년 12월 11일에 폐막했다. 폐막계획일은 12월 9일이었지만 합의도출에 시간이 소요되어 11일까지 연장되었다.

의제는 장기목표, 감축, 적응, 재정 및 기술지원, 산림악화 방지 등 칸쿤합의 이행을 위한 세부내용 합의 및 포스트 2012 기후변화 대응체제 전반에 대한 내용이다. 전체적으로 칸쿤회의에서 결정되지 못한 교토의정서 연장방안과 칸쿤회의 합의사항의 자세한 이행계획으로 볼 수 있다. 또한 2020년 이후부터 주요 개발도상국을 포함한 모든 당사국이 온실가스 감축체계에 참여하여 새로운 기후변화체계를 설립하는 더반플랫폼(Durban Platform)이 채택되었다.

2.7.2 더반회의 주요 합의 내용

새로운 기후변화체제로서 선진국과 개도국이 모두 참여하는 더반플랫폼이 채택되었다. 더반플랫폼의 내용은 2020년 이후부터 주요 개발도상국을 포함한 모든 당사국이 온실가스의 법적 감축체계에 참여하는 새로운 기후변화체계를 설립하는 로드맵이다. 교토의정서와의 다른점은 일부 선진국만 참가하는 것이 아닌 모든 당사국에서 '법적수단 혹은 강제력 있는 결과물(Legal instrument or agreed outcome with legal force)'을 갖춘 조치를 채택했기 때문이다. 그러나 '법적수단 혹은 강제력 있는 결과물'의 구체적 내용에 대한 합의는 도출되지 못했다. 법적 형태는 세 가지로서 의정서(Protocol), 다른 법적문서(Another legal instrument), 법적 효력이 있는 합의된 결과물(Agreed outcome of legal force) 중 선택하기로 하였다. 협상시기는 2012년 상반기에 시작하여 2015년까지 협상을 끝내고, 2020년에 발효를 목표로 하고 있다. 또한 '공통의 차별화된 책임'이라는 기후변화협약의 원칙사항에도 불구하고 선진국과 개도국의 구분을 삭제하는데 합의하였다.

교토의정서의 1차 의무기간(2008년~2012년)의 만료 문제로 1차 의무기간을 연장하기로 합의하였다. 2013년부터 5년 또는 8년을 연장하기로 합의하였으나 연장을 위한 구체적인 2차 의무기간은 내년 12월에 카타르에서 열리는 제18차 당사국회의에서 정하기로 하였다. 그러나 연장된 교토의정서에 대한 참여 여부가 유럽연합을 제외한 주요 선진국들은 불명확상태이다. 미국은 여전히 동의하지 않는 입장을 지키고 있으며, 일본, 캐나다, 러시아 등은 주요 온실가스 배출국인 중국, 미국, 인도가 의무감축에 참여하지 않기 때문에 2차 의무기간에 참여하지 않겠다고 입장을 밝히고 있다. 1차 의무기간에서는 1990년 대비 전체 감축목표의 5.2%를 하향식으로 의무감축 선진국들에게 배분하였지만, 2차 의무기간에는 각국별로 제시된 자발적 감축목표가 인정될 가능성이 크다.

칸쿤회의의 협의사항 이행을 위한 논의점으로는 2년 주기 감축보고와 이에 대한 검토 및 협의 절차 등의 보고체계를 강화하기로 하였으며, 새로운 시장메커니즘의 공통된 규칙을 마련하는데 있어 뉴질랜드, 호주, EU가 찬성하였지만 일본, 캐나다, 미국이 독자성을 내세우며 의견의 대립을 보이고 있어 워크숍과 워크프로그램을 운영한 후 제18차 당사국회의에서 시장메커니즘을 설립하기로 하였다. 또한 기술개발과 기술이전에 있어 개발도상국의 입장을 반영하여 20명으로 구성된 기술집행위원회와 기후기술센터의 설립에 합의하였다.

최대 1,000억 달러를 제공하는 녹색기후기금(Green Climate Fund)설립을 위한 설계위원회의 최종보고서가 채택되면서 녹색기후기금의 설립에 대해 합의가 이루어졌다. 이에 대한 지원금 마련 방안과 분담방식 등의 구체적 사안은 향후 논의하기로 하였다. 합의사항으로는 녹색기후기금 사무국 선정 기준 및 이사회 개최 등의 세부사항이 있으며, 이번 더반회의의 우리나라 수석대표인 환경부장관은 기조연설에서 사무국 유치의사를 밝혔으며 스위스에서 제1차 이사회를 개최한 이후 2차 이사회를 한국에서 개최하기로 하였다.

2.8 청정개발 체제(CDM : Clean Development Mechanism)

2.8.1 청정개발 체제의 정의와 특성

CDM의 정의는 non-Annex I 국가에서 수행된 온실가스 감축 활동으로, 감축실적을 UN에 인증 받아 발행된 배출권을 Annex I 국가의 감축의무에 활용하는 제도이다. 교토의정서 12조에 규정되어있는 내용은 선진국과 개발도상국의 온실가스 감축을 위한 협력 메커니즘, 선진국의 교토의정서 의무를 충족하는데 기여, 개발도상국의 지속 가능한 발전에 기여, 전 지구적 온실가스 방지 기여가 명시되어 있다. CDM의 일반적 컨셉은 non-Annex I 국가에서 수행된 온실가스 감축 활동으로, Annex I 국가의 감축의무에 활용하는 것이다.

CDM사업의 특징은 크게 세 가지가 있다.

첫 번째로, 추가성(Additionality)이 있다. CDM사업은 온실가스를 줄이기 위한 순수한 자발적인 활동이어야 한다는 것을 기반으로 네 가지의 추가성으로 다시 나눠지는데 이들 조건을 만족해야 CDM사업으로서 수행이 가능하다. 추가성의 종류로는 경제적으로 수익이 남지 않는 사업인 경제적 추가성, 해당국가에서 기술적으로 수행하기 어려운 사업인 기술적 추가성, 온실가스를 줄이기 위한 사업인 환경적 추가성, 해당 국가에서 법률상 강제성이 없는 사업인 법률적 추가성이 있다.

두 번째로 투명성(Transparancy)은 환경영향평가 및 베이스라인 등 사업관련 자료를 공개하고, 최신 온실가스 감축기술의 non-Annex I 국가로의 확산을 추진해야 되는 특징이 있다.

세 번째로 정책(Policy)에 기반하여야 한다. CDM사업은 CDM관련 의사결정기관의 정책에 크게 영향을 받는 특징이 있기 때문이다.

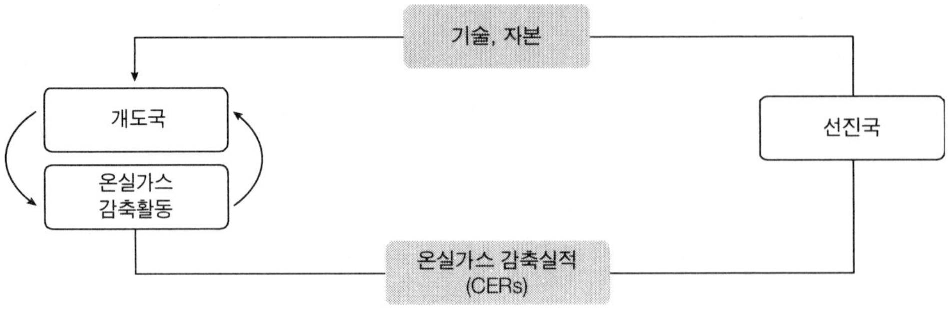

〈그림 1.15〉 CDM 개념도

2.8.2 청정개발 체제의 구분

청정개발체제는 Bilateral CDM과 Unilateral CDM으로 구분된다. Bilateral CDM은 선진국이 개발도상국에 투자하여 발생한 온실가스 감축분을 선진국의 감축실적에 반영하는 것을 말하며, Unilateral CDM은 개발도상국이 개발도상국에 투자하여 획득한 온실가스 감축분을 선진국에 판매하는 메커니즘이다. 하지만 Unilateral CDM은 국제적으로 정의된 경우가 없어서 사람들마다 Unilateral CDM에 대한 정의가 다르다. UNEP의 'CDM사업 정보 및 가이드 북'의 정보에 따르면 개발도상국(non-Annex I 국가)이 CDM사업을 발굴하고 투자하여 개발도상국이 CERs(Certified Emission Reductions)을 팔거나 이월하는 사업으로 정의하고 있다. 그러나 기후변화협약 당사국 총회에서 Unilateral CDM사업이 논의된 적은 없다.

온실가스 감축사업을 하여 UN에서 감축사업을 심사·평가해 일정량의 탄소배출권을 부여받게 되는데 이것을 CDM크레딧 또는 CER이라고 부른다. CER을 획득하기 위해서는 두 단계에서 CDM사업평가를 받아야 한다. 첫 번째로 사업계획 단계에서 타당성확인(Validation)을 받아야 하고, 두 번째는 사업 이행 과정에서 감축실적에 대한 검증(Verification)을 받아야 한다. 이러한 평가를 수행하는 전문기관을 CDM운영기구(CDM Operational Entity)라고 하며 UN기후변화협약 사무국에서 지정한다.

CER은 pCER(primary CER)과 sCER(secondary CER)로 구분되어 거래된다. 이러한 구분에 명확한 기준은 아직 없지만 통상 시장에서 통용되는 기준은 CDM프로젝트의 CER발행단계 이전인지 이후인지에 따라 구분되는 것이 가장 일반적인 기준이다. 그러나 일부의 경우 프로젝트 오너가 중개업자에게 처음 매매하는 기점을 기준으로 구분하기도 한다.

산림분야 CDM에 대해서는 산림흡수량의 비영속성을 고려하여 차기 이행기간으로 이월이 불가능한 한시적 크레딧을 인정하고 있다. 유효기간에 따라 tCER(Temporary CER)과 lCER (Long-term CER)로 구분한다.

2.8.3 청정개발 체제의 절차

청정개발 체제(CDM)의 등록절차는 아래 표와 같다.

〈표 1.9〉 CDM 등록 절차

절 차	세부 절차
사업 분석	‣ 해당 사업 분석 및 유사 사례 분석 ‣ 적용 가능한 방법론 조사
사업계획서(PDD : Project Design Docement) 작성	‣ 관련 데이터 수집 및 관계자 인터뷰 ‣ 사업계획서(PDD) 작성
타당성평가 (Validation)	‣ Desk-review 및 현장 실사 ‣ 국가승인
UN등록 신청 및 등록	‣ 등록 신청 ‣ 사업 등록 여부 심사
모니터링	‣ 모니터링 시스템 구축방안 수립 ‣ 모니터링 보고서
검증 및 인증	‣ CERs 발급을 위한 검증 및 인증 수행
CERs 발행	‣ CERs 발행

청정개발 체제는 사업 분석단계에서 적용 가능한 방법론을 결정해야 된다. 이 과정을 추진하려는 사업에 관한 방법론을 조사하고 해당 방법론의 적용 가능성을 분석한다. 그리고 해당 사업의 분석을 위해 관계자 인터뷰 및 관련 문헌을 검토하고 이해관계자의 의견수렴 실시 및 방안을 도출하며, 마지막으로 유사 사례를 분석한다.

사업계획서 작성 단계에서는 선택한 방법론 및 사업계획서 작성 원칙에 부합하게 계획서를 작성하고, 향후 국가 승인 단계를 대비해 사업계획서 국문도 작성한다.

〈표 1.10〉 사업계획서(PDD) 작성 기준

구분	작성기준	세부 내용
Section A	프로젝트 활동에 대한 일반적인 설명	‣ 사업명, 사업 설명, 사업참여자, 사업활동 위치 ‣ 예상 온실가스 저감량
Section B	베이스라인 & 모니터링 방법론 적용	‣ 본 사업에 적용한 방법론 기술, 배출원 및 사업경계 설정 ‣ 베이스라인 시나리오, 추가성 규명 및 온실가스 저감량 산정
Section C	프로젝트 운영기간 및 CERs 발급기간	‣ 사업기간, 사업시작일, 설비 수명, 유효기간 설정
Section D	환경 영향	‣ 본 사업에 대한 환경영향평가 수행 내용 기술
Section E	이해관계자 의견	‣ 이해관계자 간의 의견에 대한 기술

타당성평가 단계에서는 공개의견수렴을 UNFCCC 웹사이트에 30일간 해당사업의 사업계획서를 공개하여 실시하고, 제출된 사업계획서의 요건을 검토한 후 제안한 CDM 사업의 타당성을 검토한다. 그리고 본 사업에 관련한 이슈사항을 도출하여 검증기관의 Desk Review 및 현장실사를 받는다. 그 후 국가승인을 받아야 하는데 한국의 국가승인심의 기준은 다섯 가지로 지속 가능한 발전에 기여할 것, 온실가스 감축효과가 추가적으로 발생할 것, 환경영향평가를 거칠 것(환경영향평가 대상인 경우), 기술이전의 효과가 있을 것, 관련 국가정책에 배치되지 아니할 것이라고 명시되어 있다. 참고로 CDM사업에 참여하는 당사국은 DNA(Designated National Authority : CDM 사업 국가승인기구, 자국에서 추진중인 CDM 사업에 대해 승인 관리하는 기구)를 설치하여야 한다.

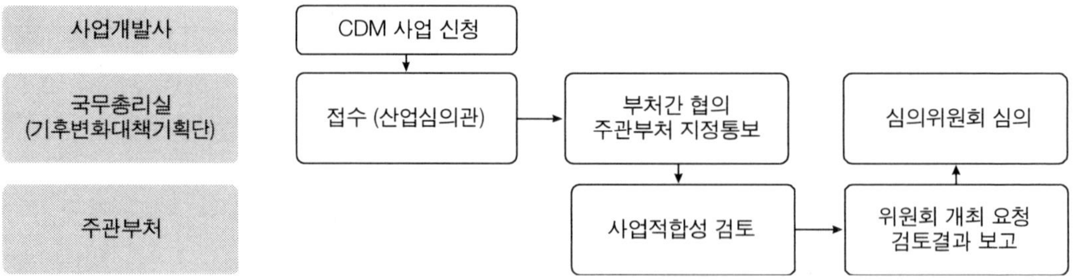

〈그림 1.16〉 타당성 평가 승인 절차

등록 신청 단계에서는 CDM EB(CDM Executive Board : CDM집행위원회) 심사를 통해 등록, 검토, 거절판정을 한다. CDM EB의 회의를 통해 본 사업이 등록되지 못하고 검토가 결정되면, 다음의 절차를 통해 차후 CDM EB회의에서 본 사업을 재심사한다. 등록된 CDM 사업은

UNFCCC 홈페이지에서 확인할 수 있다.

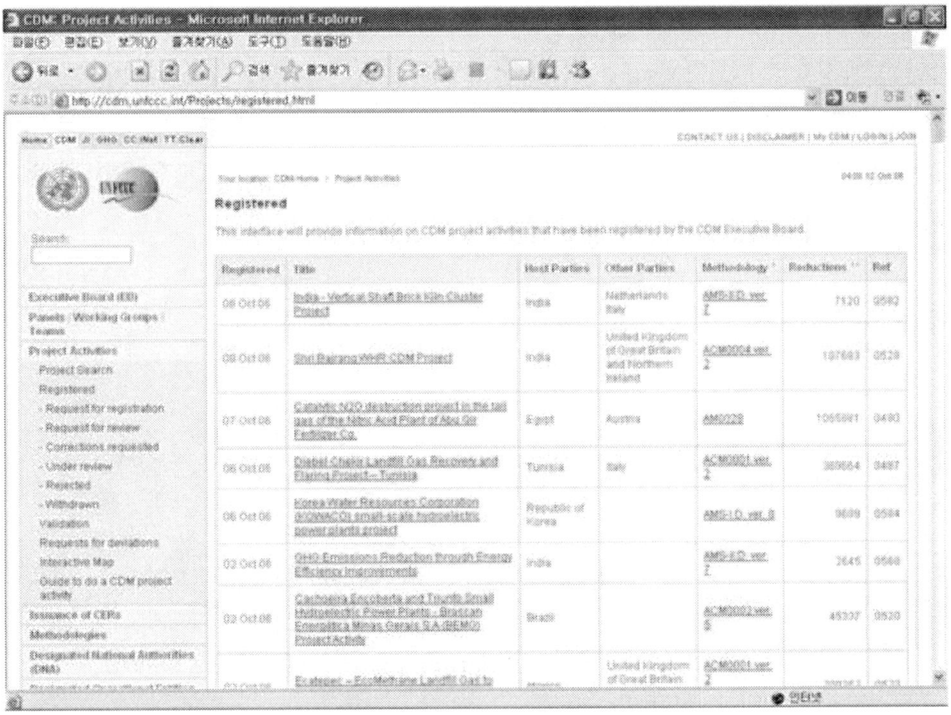

〈그림 1.17〉 UNFCCC 등록 홈페이지

◎ 출처 : http : //cdm.unfccc.int/Projects/registered.html

모니터링 단계에서는 CDM사업 등록 이후, 실제 CDM사업을 수행하여 발생한 온실가스 감축실적을 인정받기 위한 단계이다. 사업개발자(혹은 프로젝트 참가자)는 온실가스 감축실적 산정에 필요한 변수들을 모니터링하고 이를 보고서로 작성한다. 모든 모니터링 절차는 등록 당시 제출한 사업계획서에 기재된 모니터링 계획을 준수해야 한다.

〈표 1.11〉 모니터링 단계

단 계	내 용
1단계	방법론과 사업계획서의 모니터링 관련 부문 파악
2단계	모니터링 변수에 대한 측정 및 기록 절차 마련
3단계	담당자들에게 모니터링 관련 교육
4단계	모니터링 보고서 작성 계획 수립
5단계	모니터링 보고서 작성

검증단계에서는 사업개발자(혹은 프로젝트 참가자)가 작성한 모니터링 보고서를 검증하고, 측정자료의 정확성, 모니터링 계획의 이행여부 등을 점검하며 필요시 현장방문 및 검증을 실시한다.

인증단계에서는 모니터링 보고서의 검증이 완료된 후, 온실가스 감축량이 정확히 발생했음을 인증하는 과정으로 DOE(Designated Operational Entity : CDM사업 운영기구)는 검증 & 인증 보고서와 함께 CERs 발행을 EB에 요청한다.

CERs 발급 단계에서는 CDM EB는 DOE의 검증/인증 보고서를 검토한 후, 문제가 없을 경우 15일 이내에 CERs을 발행한다. CERs 발행절차는 아래 그림과 같다.

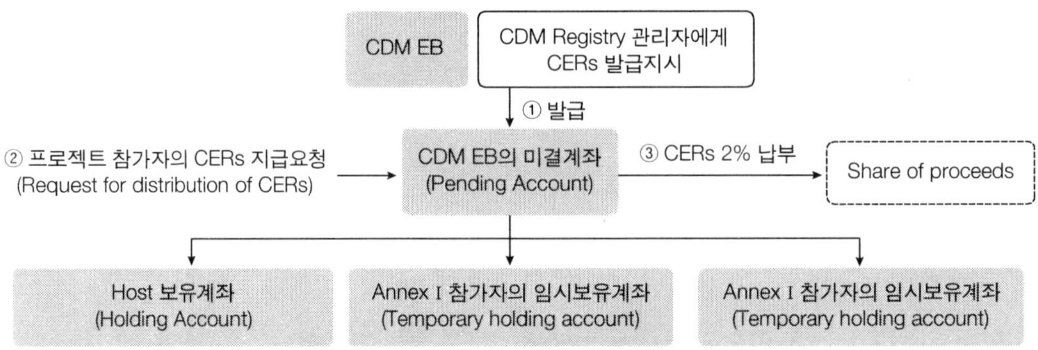

〈그림 1.18〉 CERs 발행절차

우리나라의 CDM사업 대표사례로는 2011년 3월에 수도권매립지관리공사가 진행한 매립가스자원화 CDM사업으로 확보한 탄소배출권(CERs) 394,672tCO_2 중 200,000tCO_2에 대한 판매를 완료해 약 34억 원의 수익을 창출했다.

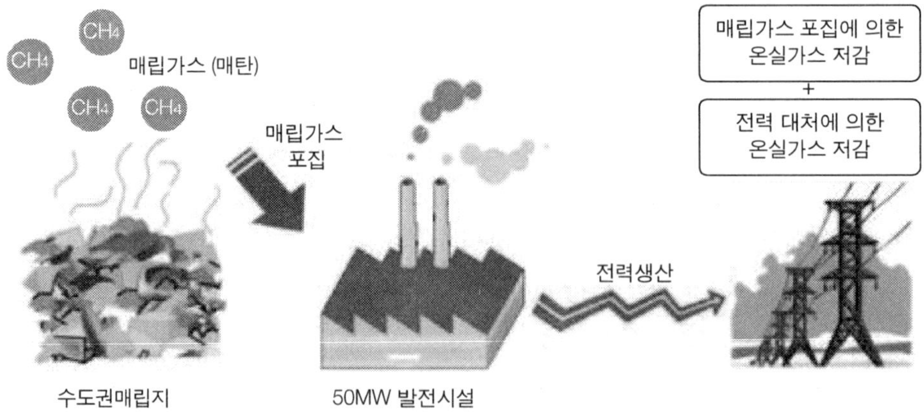

〈그림 1.19〉 폐기물에서 나오는 메탄가스를 이용해 에너지생산과 탄소배출권 확보

◎ 출처 : 환경일보, “세계 최대 매립지 CDM 확정”, 2010.05.03.

03 주요국가의 기후변화 대응 동향

주요 선진국들의 온실가스 감축목표는 2020년까지 기준시점 대비 20~30% 감축이라는 상당히 높은 감축목표를 제시하였지만 목표달성을 위한 법안을 제정하거나 사회적 합의 도출 등의 과정에서 국가별로 다양한 시각차를 보이고 있다.

〈표 1.12〉 주요 선진국의 온실가스 감축목표

국가명	2020년까지 감축목표
EU	1990년 대비 2020년까지 20% 감축. 단, 기후협상에서 주요국들 간 합의가 도출될 경우 2020년까지 1990년 대비 30% 감축
영국	1990년 대비 2020년까지 34% 감축 및 2050년까지 80% 감축
일본	1990년 대비 2020년까지 25% 감축. 단, 주요 배출국들이 야심적인 감축목표를 설정하고 공정하고 효과적인 국제적 합의가 도출될 경우에 한정한 목표
미국	2005년 대비 2020년까지 17% 감축

주요나라의 계획에 따른 공통적인 큰 세가지의 영향이 있다. 그 내용으로는 첫째, 주요국가의 온실가스 감축목표 제시를 통해 다른 국가들도 강도 높은 감축목표를 제시하고 있다. 둘째, 강화된 감축의무로 인하여 산업계의 경쟁력이 우려되고 있으며 배출 규모가 큰 산업계의 부담이 예상된다. 셋째, 에너지정책에 대한 중요성을 인식하고 관심이 증대되었으며, 신에너지 및 재생에너지 투자가 확대되고 에너지 효율화를 강하게 추진 중이다. 세계 주요 국가들은 자국의 특성을 반영한 기후변화 입장과 2020년까지의 감축목표를 제시하고 있으며, 주로 에너지 효율 같은 에너지 정책에 초점을 맞추고 있다.

〈표 1.13〉 토지이용변화 및 임업을 제외한 국가별 온실기체 배출량

(단위 : 100만 tCO_2)

국가명	1990년 배출량	2005년 배출량	1990~2005년 증가율(%)
오스트레일리아	418,275	525,408	25.6
오스트리아	79,053	93,280	18.0
벨기에	145,766	143,848	-1.3
캐나다	595,954	746,889	25.3
크로아티아	31,552	30,481	-3.4
덴마크	70,442	65,486	-7.0
유럽 연합	4,257,837	4,192,634	-1.5
핀란드	71,000	69,241	-2.5
프랑스	567,303	558,392	-1.6
독일	1,227,860	1,001,476	-18.4
그리스	108,742	137,633	26.6
헝가리	98,108	80,219	-18.2
아이슬란드	3,352	3,705	10.5
아일랜드	55,374	69,945	26.3
이탈리아	516,851	579,548	12.1
일본	1,272,043	1,359,914	6.9
라트비아	26,442	10,880	-58.9
네덜란드	212,963	212,134	-0.4
뉴질랜드	61,900	77,159	24.7
노르웨이	49,751	54,153	8.8
폴란드	485,407	398,952	-17.8
포르투갈	59,921	85,540	42.8
루마니아	248,734	153,654	-38.2
러시아	2,989,833	2,132,518	-28.7
스페인	287,366	440,649	53.3
스웨덴	72,191	66,955	-7.3
스위스	52,749	53,636	1.7
터키	170,059	296,602	74.4
우크라이나	923,844	418,923	-54.7
영국	771,415	657,396	-14.8
미국	6,229,041	7,241,482	16.3

출처 : UNFCCC, 토지이용변화 및 임업을 제외한 국가별 온실기체 배출량

3.1 미국

1992년 리우 환경회담에서 온실가스 감축량의 명시를 거부하고 과학적 불확실성의 이유로 추가 연구를 요청한 적이 있는 미국의 기후변화대책 추진체계는 행정부에 따라 변화한다. 클린턴 행정부 시기(1993년~2001년)에는 국가 전체적인 체계 없이 백악관 내에 단지 Task force만 설치하였다. 그 후 부시 행정부(2001년~2009년)가 들어서고 기후변화협약에 대한 국제적인 이행 압력이 가중됨에도 부시 행정부 말기 까지, 미국은 기후변화 제도 형성에 대해 소극적이거나 반대해 왔다.

오바마 정부(2009년 이후)의 기후변화 정책은 부시 정부에 비해 적극적으로 대응하고 있으며 친기업적 성향의 부시 정부 시절 소극적 대응에서 벗어나 현재는 환경 이슈를 정책의 중심으로 부각시켰다. 이에 따라 국제적인 포스트교토체제 논의 등 다자간 환경 협정에서 미국의 역할이 강화될 것으로 예측된다.

오바마 정부는 녹색 산업분야에 투자를 확대하여 미래 성장 동력으로 삼고 추가적으로 에너지 안보 또한 확보할 계획을 가지고 있다. 녹색산업 인프라를 확대하여 일자리 창출 등 경제효과를 기대하고 있으며, 당선자 시절 향후 10년간 녹색 에너지에 1,500억 달러를 투자하여 일자리 500만개 창출계획을 제시하였다. 또한 2009년 2월에 941억 달러에 달하는 대규모 녹색산업 투자 계획을 포함한 경기부양법안(ARRA : American Recovery and Reinvestment Act)을 발표하였다. 이 법안은 미국의 경기침체회복과 일자리 창출에 기여하며 중장기적으로 성장잠재력을 강화시킬 수 있는 부문에 대한 연방정부의 지원계획안이 주 내용이며, 이를 위해 2009년~2019년간 총 7,870억 달러의 연방정부 재정이 소요될 예정이다. 더불어 에너지 효율개선과 재생에너지에 대한 투자로 중동과 베네수엘라의 원유 수입 의존량를 줄이고 에너지 안보도 확보할 계획을 가지고 있다.

주요 환경규제 내용으로 미국청정에너지안보법(The American Clean Energy and Security Act of 2009)안이 찬성 219표(민주당 211표, 공화당 8표), 반대 212표(민주당 44표, 공화당 168표)로 하원을 통과하였다. 일명 Waxman-Markey법이라 불리는 이 법안은 오바마 정부의 녹색성장과 기후변화 정책의 틀을 만드는 법안으로서 녹색성장, 녹색고용, 온실가스 감축과 탄소배출권 거래를 통한 청정에너지경제의 달성 및 기후변화 대응에 필요한 모든 규율을 포괄적으로 규정하고 있다. 법안은 크게 네 가지 부문인 청정에너지 사용과 확대, 에너지 효율 향상, 온실가스 감축, 청정에너지경제로의 전환으로 구성되어 있으며 특히 온실가스 감축 부문에는 총량제한 배출권거래제도의 도입에 관한 사항이 규정되어 있다.

Waxman-Markey법으로 인해 설립될 미 탄소시장은 2020년 거래규모가 EU ETS의 2배인 1조 달러에 달하는 세계 최대 탄소시장이 될 것으로 분석되며 재생에너지를 통한 전력 생산 비중이 확대되고, 전력 회사는 재생에너지를 통한 전력 생산을 2012년 6%에서 2021년 20%까지 확대해야 한다. 또한 2020년부터 온실가스 배출 규제를 하지 않는 국가의 제품에 대해 국경조정세(관세) 도입을 규정하여 찬반 논란을 일으키고 있다. 미상공회의소, 전미무역협회 등의 관련협회는 녹색무역전쟁에 대한 우려를 표명하고, 공화당 및 일부 제조업 집중 주 출신 민주당 의원은 탄소누출(Carbon Leakage : 강화된 이산화탄소 배출규제로 인하여 규제가 미약한 지역으로 산업이 이전하는 현상)로 인한 미국 제조업의 보호를 위해 국경세 부과방침을 고수하고 있다.

미국의 정책 동향은 국내정치 구조가 큰 이슈사항이다. 2009년 말 미국 공화당 중심의 야당은 기후변화 법안의 통과를 저지하였으며 이 사건은 기후변화 국제정치 과정에서 미국의 리더십 형성 노력에 부정적 영향을 줄 것이다. 미국 의회가 논의해 온 기후법안의 핵심은 탄소거래제를 통한 감축조치가 주 내용인데, 현재 국제적 노력의 결과가 불확실한 상황에서 강화된 기후법안이 미 의회에서 통과될 가능성은 낮다. 더불어 2010년 말 중간선거에서 공화당이 하원의 다수를 차지함에 따라 상황은 불투명 해졌다. 공화당은 오일그룹의 로비가 강하고 기후변화가 인간 활동에 의해 유발되었다는 과학적 증거를 의심하는 시각이 강하기 때문에 실업과 경제침체 등을 이유로 기후변화 대응정책에 반대하고 있다. 반면에 민주당은 기존 화석연료 기반의 산업들에 제재를 가하고 신재생 사업들을 육성하려는 정책을 지지하고 있다. 결론적으로 정당에 따라 기후변화 대응 양상이 달라질 것으로 보인다.

미국의 대외적인 면으로 UNFCCC를 중심으로 다양한 우회로를 개발하고 있으며 특히 2009년 3월에 미국의 주도로 시작된 주요경제국포럼을 활성화해 UN협의의 장 밖에서 국가들의 합의 형성을 위한 노력을 하고 있다. 추가적으로 향후 심화될 기후변화대응체제의 정치과정에서 주도권을 발휘하려는 새 발판을 만들기 위해 다양한 유인책과 압력 수단을 개발하고 있으며 이를 위해 선진국들의 기금 제공이라는 유인책을 사용하는데도 적극적인 입장을 보이고 있다.

3.2 일본

일본은 1997년에 교토의정서가 채택됨에 따라 온실가스 총배출량을 2008년부터 2012년까지 1990년 기준으로 6%를 삭감목표를 달성해야 한다. 이에 1998년 10월에 '지구온난화 대책의 추진에 관한 법률'을 공포하여 1999년 4월에 시행하였고, 2005년 2월 16일에 개정법을 시행하여 지구온난화 대책을 종합적이고 계획적으로 추진하기 위해서 위 법률에 기초한 기관으로 '지구온난화대책본부'를 내각에 설치하였다. 그 이후 2010년 3월 12일에 "지구온난화대책기본법(안)"을 발표하였으며 주요 내용으로 중장기적 수치목표와 기본 시책으로 구성되어 있다.

중장기적 수치목표로는 주요국들이 의욕적인 삭감목표를 제시하고 지구온난화 방지를 위한 공평하고 실효성 있는 국제적 합의가 이루어졌을 경우를 전제로 하여 2020년까지 온실가스 총배출량을 1990년 대비 25% 감축으로 목표를 잡았다. 또한 2050년까지 온실가스 총배출량을 1990년 대비 60~80% 삭감하고, 2050년까지 세계 전체 온실가스 배출량을 최소 50% 삭감하는 것을 목표로 전 세계 국가들과 노력을 공유하기로 했다. 추가적으로 2020년까지 1차 에너지 총 공급량 대비 재생에너지 비율을 10% 확대하기로 하였다.

기본 시책으로는 국내 배출량거래제도를 총량규제방식을 기본으로 하되 원단위 방식도 병행하는 방법을 검토하여 시행하기로 하였다. 그리고 지구온난화대책세(환경세)의 도입을 검토하는 한편, 세제 전체의 그린화 추진계획도 포함되었으며, 재생가능 에너지 이용 촉진을 위해 발전 전량에 대한 "고정가격매수제도"를 신설하였다.

최근 정책동향으로 현재 일본은 에너지 소비량 중 3%만을 재생에너지로 충당하고 있지만, 가까운 시일 내에 원자력발전에서 재생에너지로 전환할 계획이며 2050년에는 모든 에너지를 재생에너지원으로부터 얻을 계획이다. 현재 일본은 원자력발전으로 에너지의 30%를 얻고 있어 원자력발전 의존도가 높으며, 일본 정부는 앞으로 신규 원자력발전소의 건설을 허용하지 않을 것이다. 일본 국민 대다수는 후쿠시마 원자력발전사태에 크게 동요하고 있으며, 국민의 2/3는 일본 정부의 태양광과 풍력발전 투자계획을 환영한다.

민주당 소속 오자와 사키히토 전 환경대신 등은 '지구온난화대책기본법안'에서 온실가스 25% 감축목표를 삭제한 수정법안을 만들어 자민당에 제시했다. 이 수정법안은 온난화대책세의 도입 시기 명기를 포기하고 배출량거래제도의 도입도 유보하는 등 당초 법안에서 대폭 후퇴했다. 자민당도 후쿠시마 대지진 피해와 원자력발전소 운전 정지 등으로 온실가스 감축목표 달성이 어려워진 만큼 25% 감축목표를 명시한 '지구온난화대책기본법안'의 철회를 요구하고 있다. 이 법안은 오자와 사키히토 전 환경대신이 위원장으로 있는 중위원 환경위원회에서 심의하고 있으며 민주당은 온실가스 25% 삭감 목표를 삭제하더라도 법안 성립을 우선하겠다는 입장이다. 산업계도 여건상 25% 감축목표는 무리가 있는 만큼 목표를 대폭 완화해야 한다는 입장이다. 그동안 일본은 하토야마 유키오 전 총리가 유엔 연설에서 2020년까지 온실가스를 1990년 대비 25% 삭감하겠다고 공언했고, 간 나오토 총리도 이를 계승해온 바 있어 방침 전환에 대해 논란이 예상된다.

대지진으로 피해를 입은 원자력발전소를 LNG발전이 대체할 경우 단기적으로 LNG 소비가 연간 380만ton에서 최대 1,020만ton으로 증가할 것으로 전망되며, 후쿠시마 원자력발전 사고로 인해 세계 각국들도 원자력발전의 증설을 꺼려하고 있다. 이에 대한 대안으로 신재생에너지가 선호될 것으로 예상되나, 신재생에너지보다는 비용측면에서 경제력이 있는 화력발전이 원자력발전의 많은 부분을 대체할 것으로 보여 세계 온실가스 배출량이 증가할 것으로 예상된다.

일본지진사태가 녹색성장 3대 전략 중 기후변화적응 및 에너지 자립 전략에는 부정적이지만 신성장동력 창출전략과 삶의 질 개선 및 국가위상 강화 전략의 추진여건은 호전될 전망이다. 아래의 표는 일본의 녹색성장 3대 전략을 나타낸다.

〈표 1.14〉 일본의 녹색성장 3대 전략

3대전략	위협 요인	기회 요인
기후변화적응 및 에너지 자립	‣ 원자력발전 추가 건설 추진 어려움으로 자립도 달성 차질 ‣ 장기적으로 감축비용 상승	‣ 에너지절약 및 신재생에너지 보급의 중요성 확대
신성장동력 창출	‣ 국제적인 그린레이스(기후변화와 같은 환경문제를 해결하고, 이를 이용하여 정치, 경제적인 기회로 활용하기 위한 경쟁) 심화 ‣ 에너지 가격 상승 ‣ 원자력발전 수출산업 위축	‣ 신재생에너지 기술개발 및 수출산업화 투자확대
삶의 질 개선 및 국가위상 강화	‣ 에너지안전성에 대한 불안 ‣ 기후변화협상 난항	‣ 녹색성장에 대한 국민인식 제고 ‣ 생활의 녹색화 촉진

출처 : 에너지경제연구원, "일본 지진사태와 녹색성장 전략", 20011.03.25.

일본의 녹색성장 3대 전략 중 기후변화적응 및 에너지자립 전략은 원자력발전소의 추가건설의 어려움과 화석연료의 가격상승으로 효율적 온실가스 감축과 에너지 자립 추진계획은 어려움을 맞게 되지만 기후변화 대응능력 여건은 호전상태이다. 중단기적 시각에서는 신재생에너지를 확대하고 에너지 효율의 향상은 가속화 되더라도 기존 원자력발전소의 에너지를 완전히 대체하기에는 한계가 있다.

신성장 동력 창출 전략은 강화될 전망이며 원자력발전을 대체할 신재생에너지 기술 및 온실가스 감축기술 등 녹색기술에 대한 투자가 녹색기술과 녹색산업에는 긍정적인 영향을 미칠 것이다. 단기적 전망으로 해외수입 농부산물(PKS : Palme Kernel Shell, 팜 껍데기, EFB : Empty Fruit Bunch : 팜열매 다발에서 팜열매를 떼어낸 뒤 속이 빈 껍데기)을 이용한 바이오에너지 산업의 경우 성장 가능성이 있으며, 장기적인 전망으로 신재생에너지 산업은 원자력발전을 대체할 수 있는 강력한 대안이 될 것으로 예상되며 원료수급, 부품, 소재 확보 활동의 경쟁이 심화될 전망이다.

녹색성장 3대 전략의 추진 시사점으로는 전 세계적으로 원자력발전의 안전성 및 위기 대응 체제를 재점검하는 계기가 되었으며, 신규 원자력발전건설 및 고준위방사성폐기물 처분 등에 대한 국민의 합의 도출을 위해서는 철저한 사전대비책을 제시할 필요가 있다. 추가적으로 녹색기술 개발 및 에너지안보에 대한 지원을 강화하여 원자력발전을 대체할 신재생에너지의 투자 및 신재생에너지와 스마트그리드를 연계시킨 정책을 강화시키고 화석연료로 인한 온실가스 저감기술의 적극적 투자가 필요하다. 또한 화석연료의 안정적 확보 및 공급의 중요성이 더욱 강조될 전망이므로 탈화석연료와 에너지자립을 위한 전략을 지속적으로 추진해야 된다.

무역규제에 있어서 광범위한 제품관련 환경규제로 제품 설계단계부터 친환경성을 강제하는 EuP(eco-design requirements for Energy using Products : 에너지사용제품에 대한 친환경 설계 지침)지침이 발효됨에 따라 이에 대한 대응으로 일본은 친환경 제품의 표준화와 홍보를 진행 중이며 일본공업표준조사회는 경쟁 우위에 있는 부분에 대한 에코프로필 작성 및 국제 표준이 되도록 노력하고 있다. 또한 친환경제품 개발에 대한 표준제정을 담당하고 있는 구주전기표준화위원회(CENELEC : 유럽 전기 안전규격 상호인증 제도. 벨기에 법률에 인정된 독립된 비영리기관으로서 목적은 가맹국간 상호 인증으로 무역에 장애가 되는 각국의 규격, 제품시험, 검사방법의 차이를 없애는 것이다.)와 정례회의를 개최하고 있다.

3.3 EU

EU는 기후변화협약에 적극 대응하고 있으며 타 국가에 비해 고급기술의 신재생에너지를 지속적으로 공급하고 있으며 추가적으로 기술의 적용을 위해 기존의 전력시스템의 개선이 필요하게 되었고 이에 대해 적극적으로 진행하고 있는 상태이다. EU는 Framework Programme7 (1984년에 시행된 Framework Programme은 개별적으로 분산된 연구 과제들을 통합해 제1차 프레임워크 프로그램(FP1)이 시행되게 된다. 1984년에 시행된 FP1은 지난 23여년에 걸쳐 6번의 변화 과정을 거치면서 유럽의 기술 발전에 주요한 역할을 수행해 왔다.)을 정하기 위해 2005년에 스마트그리드 계획을 발표하고 구축 전략을 5개 연구부문과 19개의 세부과제로 정하였다. 주요 과제로는 규제개혁방안, 고객 인터페이스 기술의 혁신과 표준화, 지속적인 운영과 전력공급관련 미래예측기술의 개발, 효율적인 장거리 에너지 공급, 송전 및 배전 시스템의 자산관리 등이 있다. 또한 2020년까지 전 건물의 80%에 스마트그리드 시스템을 적용하는 목표를 가지고 있다.

2008년 12월 EU가 2020년까지 전체 온실가스 배출량을 1990년 기준으로 20% 줄이고, 에너지 이용효율을 20% 향상시키며, 신재생에너지 보급비율을 20%까지 확대하는 20-20-20 기후 및 에너지 패키지(Climate and Energy Package) 법안을 통과시켰다. 법안은 배출권 거래제(ETS : Emission Trading System)의 개정, 회원국 온실가스 감축목표 설정, 탄소포집·저장(CCS : Carbon Dioxide Capture & Storage)의 법제화, 재생에너지 의무사용 비율 설정, 승용차 이산화탄소 배출 기준설정, 연료처리 시 발생하는 온실가스 감축목표 설정 등 6개의 주요내용을 포괄하고 있다.

2009년 10월 29일에 유럽연합(EU)의 27개 회원국 정상들은 지구온난화 방지를 위해 개발도상국과 후진국을 재정적으로 지원하기로 합의 하고 구체적인 액수와 회원국별 재정금액 분담에 합의하였다.

회의의 주요 내용으로 EU내 선진국은 감축목표를 2050년까지 1990년 대비 최소 80%에서 최대 95%까지 감축해야 하며, EU는 다른 선진국과 개발도상국의 감축 행동에 따라 2020년까지 30% 감축을 약속했다. 개발도상국의 재정 분담의 기준에 있어 GDP와 온실가스 배출량을 함께 고려하되 온실가스 배출량에 더 많은 비중을 두기로 강조하였으며, 온실가스 다배출 국가의 재정 부담을 확대하였다. 배출권거래제 시행에 관련해서는 EU내 산업이 ETS 비적용 국가로 이전하는 탄소누출(Carbon Leakage) 문제를 예방하기 위한 국제적 협상의 필요성을 논의하였다.

회의의 성과로는 개발도상국과 후진국의 기후변화 대응 재정지원 문제를 합의를 통해 도출해냈으며, 리스본 조약 발효 이후 기본권 조항과 관련하여 체코의 예외를 인정하는 등 EU회원국 간의 원활한 합의가 도출되었으며, 이 회의를 통해 EU의 포스트교토체제의 주도적 역할을 기대할 수 있게 되었다.

최근 정책 동향으로 2011년 7월 1일 EU집행위 기후위원장은 기후변화 대응을 위해 2014년~2020년 EU 예산 1조 €의 20%인 2,000억 €을 배정할 계획이라고 밝혔다. 집행위는 예산 확보 및 회원국별 예산 분담금 감소 부분을 상쇄하기 위해 1% 판매세와 금융 거래 발생 시 세금을 추가 부담하는 계획을 밝혔다. 한편, 이 계획은 회원국 모두의 합의가 필요하지만 영국이 반대 의사를 밝혀 정책진행의 어려움이 예상되고 있다.

예산 보고서 초안에 의하면 온실가스 배출 제한 정책과 기후변화적응 정책은 농업, 운송, 연구 등 모든 EU 핵심 계획에서 주요 요소로 다루어질 예정이다. 또한, 우선적으로는 민간 투자를 통해 필요 재원을 조달할 예정이며 EU 예산은 민간 투자자에게 장기적인 예측 가능성을 제공하여 투자 유입을 유도할 것이라고 밝히고 있다.

무역관세에 관해서는 자동차에 대한 온실가스 배출허용규제가 확산되고 있으며, 2009년 4월에 자동차 온실가스 배출기준을 2012년부터 130g/km에서 2020년 95g/km로 강화하고 미달 제작사에 대해 벌금을 부과하기로 하였다. 또한 2012년 이후 EU에 출입하는 모든 항공기에 대해 온실가스 배출량 상한선을 설정하도록 하였다.

3.4 영국

영국은 리우회의 이전부터 기후변화논의를 주도적으로 이끌어왔으며 보수당에서 노동당으로 정권교체가 이루어졌지만 기후변화협약에 대해 지속적으로 지지입장을 나타내고 있으며 교토회의 이후에는 기후변화정책을 다른 국가보다 적극적으로 추진하고 있다. 환경 및 정치학적 시각으로 보면 산업혁명 이후 산성비와 런던스모그 같은 환경문제를 제대로 다루지 않아 "유럽의 더러운 신사(Dirty man of Europe)"라 불렸던 이미지를 벗어나기 위한 의도가 포함되었다고 볼 수 있다.

에너지시장의 구조조정과 별도로 에너지 효율향상과 연료전환, 재생가능에너지의 확대가 가능하도록 한 영국의 주요한 기후변화정책수단으로 2000년에 발표된 "영국의 기후변화프로그램(UK Climate Change Program)"이 있다. 이 프로그램에 포함된 것들 중 대표적인 것으로 기후변화부과금(CCL : Climate Change Levy)과 배출권 거래제(ETS : Emission Trading Scheme), 기후변화 자발적 협약(VA : Voluntary Agreement)과 에너지 효율향상 협의(EEC : Energy Efficiency Commitment) 등이 있다. 2011년 4월에 도입된 기후변화부과금은 온실가스를 배출하는 산업계의 다양한 연료소비에 대해 부과되는 세금으로 전력생산자와 가정부문을 제외한 석탄과 전력을 사용하는 기업이나 농업, 정부를 대상으로 한다.

2008년 영국은 저탄소 경제로의 전환과 탄소 관리 체계를 개선하고 국제적 감축노력을 하고자 6가지의 내용이 담긴 기후변화법(Climate Change Act)을 발효하였다. 주요내용으로는 첫째, 법적구속력을 가진 의무 감축목표인 2050년까지 1990년 대비 온실가스 배출량의 80% 감축을 설정하였다. 영국은 EU가 설정한 2050년까지 1990년 대비 50% 감축목표보다 30% 더 높은 감축 목표치를 설정하고 이를 국내법으로 제정함으로써 영국 정부의 저탄소 사회를 구현하려는 강한 의지를 보여 주었다. 둘째, 2009년부터 2050년까지 온실가스 감축을 위한 탄소예산제도를 운영하는 탄소예산화제도(Carbon Budgeting System)를 수립하였다. 셋째, 매년 정부에 온실가스 배출목표량을 권고하고, 진행상황에 대해 의회에 보고서를 제출하는 기후변화위원회를 창설하였다. 넷째, 국제항공 및 해운의 온실가스에 관련하여 2012년 12월 31일 까지 온실가스 감축목표 대상에 포함시켜야 하며, 그렇지 않을 경우에는 그 이유를 명시하여 의회에 보고하도록 하였다. 다섯째, 온실가스 배출권 거래제도를 포함한 바이오 연료 사용의 증대 및 가정 폐기물 감축 방안 도입은 2차 법안을 통해 실시하여 온실가스 감축을 위한 추가조치 실시 권한을 부여하였다. 여섯째, 민간업체에게 온실가스 감축 기여도를 보고하는 의무를 부여하였다. 이 법안은 영국 정부의 온실 가스 감축 의무를 법적으로 구속하고 이를 위한 중장기적 목표를 제시한 법안으로서, 온실가스 감축 의무를 국내법으로 규정한 세계 최초의 법안이라는 점에 의의가 있다.

최근 정책동향으로는 2010년 11월 1일 부터 최근 배출권거래제를 통한 크레딧거래의 매입자에게 부가세(VAT : Value Added Tax)를 부가하는 '부가세 매입자 납부제'를 시행하였다. 영국 국세청은 탄소배출권 거래과정에서 회전사기가 급속히 증가하자 임시조치로 탄소배출권 거래에 적용되는 VAT 세율을 0%로 낮추었다. 회전 사기는 기업이 탄소배출권을 VAT 지불 없이 구입하고, 이 사실을 숨긴 채로 같은 배출권에 VAT를 포함시켜 되파는 행위를 뜻한다. '부가세 매입자 납부제'가 적용되면, VAT를 지불할 책임을 탄소배출권 판매자가 아닌 탄소배출권 구매자가 가지게 된다. 영국 국세청에 따르면, 이러한 조치는 EU 탄소배출권에 적용될 뿐만 아니라, 교토의정서에 따라 만들어진 청정개발체제(CDM)크레딧과 공동이행(JI)크레딧 판매에도 적용될 예정이다.

기후변화법에 의해 창설된 영국 기후변화위원회(Committee on Climate Change)는 2011년 5월 9일에 영국의 재생가능 에너지의 잠재량을 분석하고, 영국 정부의 재생가능 에너지 보급 목표 달성을 위한 권고사항을 담은 보고서인 '재생가능 에너지 검토보고서(Renewable Energy Review)'를 발간했다. 이 보고서는 크게 발전부문, 열부문, 수송부문, 재생가능 에너지 시나리오로 구성되어 있으며 발전부문에서 탈산소화를 위한 수단들로 재생 가능 에너지, 원자력, 탄소포집 및 저장과 해양 풍력과 해양 에너지의 불확실성과 비용문제를 다루고 있다. 열부문에서는 2015년~2030년 동안 열부문의 추가 지원 자금과 통합적인 관리의 필요성, 설치업자의 인가 문제를 설명한다. 수송부문에서는 바이오연료의 도입에 있어서 지속가능성이 확실해질 때까지 신중한 선택에 대해 이야기 하고 있으며, 재생가능 에너지 시나리오에서는 영국의 재생가능 에너지 전략(Renewable Energy Strategy)에 설정된 2020년 재생가능 에너지 보급 계획의 타당성에 대해 설명한다.

EuP(eco-design requirements for Energy using Products : 에너지사용제품에 대한 친환경 설계 지침) 대응 동향에 있어서는 EuP 지침에 따른 전자제품 협의서를 발간하였으며, 2020년까지 제품성능의 개선방법에 대한 분석을 설정하고 효율성을 제고하기 위한 목표와 표준에 대하여 제안하고 있다.

04 환경 · 에너지 규제 및 제도

4.1 저탄소녹색성장 기본법

이명박 정부가 집권한 후, '녹색경쟁'의 시대적 흐름에 앞서나가지 않고서는 일류 선진국가로 진입이 불가능함으로 녹색기술과 청정에너지를 통한 저탄소 녹색성장을 향후 60년의 새로운 국가비전으로 제시 하였으며, 저탄소 녹색성장 기본법은 2010년 1월 13일에 공포된 이후 3개월간의 공포기간을 거쳐 2010년 4월 14일에 본격적으로 시행되었다.

법의 목적은 장기 국가발전 비전인 '저탄소 녹색성장'을 법과 제도적 지원을 통해 효율적이고 체계적으로 추진하는 것이다. 저탄소 녹색성장 기본법의 배경을 보면, 세계 각국은 기후변화 위기에 대응하기 위해 국제경제 회복과 기후변화 및 에너지문제를 국가의 우선과제로 설정하고, 태양광, 풍력, LED, 2차 전지, 전기차 개발 등에 다양한 투자를 하고 있으며 영국처럼 에너지기후 변화부를 신설하는 등 관련 정부조직 개편과 법률의 제정 및 개정을 적극 추진하고 있다.

경제 수준에 비해 높은 에너지를 소비하는 우리나라는 낮은 에너지 효율을 나타내는 반면 에너지 수입의존도가 높은 나라들은 낮은 에너지원단위를 유지하면서 높은 에너지 효율을 보이고 있다. 아래의 표는 세계의 에너지 원단위에 대해 나타내고 있다.

〈표 1.15〉 세계의 에너지 원단위

1인당 GDP 순위	나라	Net Import(MTOE)	에너지원단위(TOE/2000USD)
4	미국	734.87	210
3	일본	438.98	110
15	독일	214.47	180
23	한국	176.26	340
18	이탈리아	159.33	160
17	프랑스	143.3	190
21	스페인	124.68	210

출처 : IEA, Key World Energy Statistics, 2007, 재구성

이런 국제적인 상황에서 우리나라는 기후변화 문제와 고유가 시대의 에너지 문제를 대응하기 위해 '저탄소 녹색성장'을 국가발전 전략으로 추진하였다.

국가발전 전략 중 하나인 '저탄소 녹색성장 기본법'은 다른 법률인 기후변화대책기본법, 지속가능발전법(변경전 지속가능발전기본법), 에너지법(국가에너지기본계획수립과 국가에너지기본법을 통합) 등에 우선하여 적용하고, 다른 법률을 제정 또는 개정하는 경우에는 이 법의 목적과 기본원칙에 맞도록 하여야 한다.

〈표 1.16〉 저탄소 녹색성장기본법 주요 내용

조 항	내 용
제9조 저탄소 녹색성장 국가전략	정부는 국가의 저탄소 녹색성장을 위한 정책목표 · 추진전략중점추진과제 등을 포함하는 저탄소 녹색성장 국가전략(이하 "녹색성장국가전략"이라 한다.)을 수립 · 시행하여야 함
제22조 녹색경제 · 녹색산업 구현을 위한 기본원칙	정부는 화석연료의 사용을 단계적으로 축소하고 녹색기술과 녹색산업을 육성함으로써 국가경쟁력을 강화하고 지속가능발전을 추구하는 경제(이하 "녹색경제"라 한다.)를 구현하여야 함
제40 · 41조 기후변화대응 및 에너지기본계획의 수립	정부는 온실가스 배출 중장기 감축목표 설정 및 부문별 단계별 대책, 에너지 수요관리 및 안정적 확보 등을 포함한 '기후변화대응 기본계획', '에너지기본계획'을 5년마다 수립 · 시행하여야 함
제43조 온실가스 감축의 조기행동 촉진	정부는 목표관리제 시행 이전 자발적으로 행한 감축실적에 대해 목표관리 실적 인정 및 자발적 온실가스 감축행동을 촉진함

◎ 출처 : 국무총리실 녹색성장정책과, "저탄소 녹색성장 기본법", 2010.01.13.

저탄소 녹색성장법이 시행됨으로 기후변화 대응을 위한 제도적 수단이 마련되어, 대응 활동이 법적 차원에서 실시되고 공공 및 민간 부문의 발전을 기대할 수 있다. 녹색성장은 지식집약적 녹색기술을 기반으로 함으로, 이를 통한 성장동력 및 기회로써의 수단뿐만 아니라, 국민의 녹색성장에 대한 인식과 공감대 형성이 필요하다.

저탄소 녹색성장기본법은 '녹색성장 국가전략 및 5개년 계획', '국가 온실가스 감축목표' 등이 포함된 정부의 각종 계획과 정책추진에 큰 역할을 하게 된다.

〈표 1.17〉 저탄소 녹색성장기본법 주요 규제 사항

조 항	내 용	조치사항
제42조 기후변화 대응 및 목표관리	‣ 온실가스 감축목표 ‣ 에너지절약 목표 및 에너지 이용 효율 목표 ‣ 에너지 자립 목표 ‣ 신재생에너지 보급 목표	‣ 감축잠재량 분석 ‣ 자발적 온실가스 감축목표 수립 ‣ 한계감축비용 분석
제44조 온실가스 배출량 및 에너지사용량 보고	‣ 온실가스 배출량 및 에너지 소비량 측정, 보고, 검증 가능한 방식으로 명세서 작성 ‣ 보고시 전문기관 검증	‣ 사내 온실가스 배출량 산정 체계 구축
제45조 온실가스 종합정보 관리 체계 구축	‣ 온실가스 종합정보관리 체계 구축 ‣ 에너지, 산업공정 분야의 정보 및 통계 작성	‣ 배출량 산정 및 사이드라인 개발 ‣ 온실가스 배출량 모니터링 실시
제46조 총량제한 배출권	‣ 온실가스 배출권 거래제 실시 ‣ 배출허용량 할당방법, 등록 및 관리방법, 거래소 설치 및 운영 등은 개별 법률 제정	‣ Cap & Trade 배출권 거래제 대응 방안 수립 ‣ 합리적 배출권 거래제 설계

◎ 출처 : 국무총리실 녹색성장정책과, "저탄소 녹색성장 기본법", 2010.01.13.

특히 이 법의 시행에 따른 온실가스 · 에너지 목표관리제도는 정부가 관리업체(온실가스 다배출 및 에너지 다소비 업체)를 대상으로 온실가스 배출량과 에너지 사용량에 대한 목표를 부과하고 이에 대한 실적을 점검 하고 관리해 나가는 제도로, 온실가스 배출량과 에너지 사용에 대한 정보를 체계적으로 관리하여 향후 국가 온실가스 관리의 밑바탕이 될 것이다. 정부는 목표를 초과달성하는 기업에 대해서는 다양한 인센티브 방안을 마련하여 기업들의 적극적인 참여를 유도하고 있다.

영국과 일본이 저탄소 사회구축을 위해 지속가능발전을 강조한 반면 한국의 녹색성장기본법은 저탄소 사회구축과 녹생성장을 통한 경제발전방식으로써 "새로운 국가 발전전략에 관한 법"이라 볼 수 있다.

녹색성장기본법에서 위임한 사항과 그 시행에 관하여 필요한 사항을 규정한 '저탄소 녹색성장 기본법 시행령'은 총 7개 장, 44개 조문으로 구성되었으며 시행령의 주요내용은 다음의 표와 같다.

〈표 1.18〉 저탄소 녹색성장기본법 시행령 구성현황

구 분	주 요 내 용
제1장 (제1조~제2조) 총칙	‣ 시행령의 목적 및 관리대상 온실가스 범위 정립
제2장 (제3조~제9조) 저탄소 녹색성장 국가전략	‣ 저탄소 녹색성장 국가전략 5개년 계획 수립 및 중앙정부기관 · 지방자치단체 차원의 녹색성장 추진계획 및 점검평가 내용 명시
제3장 (제10조~제15조) 녹색성장위원회 등	‣ 녹색성장위원회 · 분과위원회 · 녹색성장기획단 · 지방 녹색성장기획단의 구성, 운영, 관장업무 명시
제4장 (제16조~제22조) 녹색성장 추진	‣ 녹색기술 · 녹색산업의 표준화 및 녹색제품에 대한 공공기관의 구매촉진 명시 ‣ 중소기업의 녹색기술 · 녹색경영 지원사항 명시
제5장 (제23조~제38조) 저탄소사회 구현	‣ 국가 온실가스 감축목표(2020년 BAU 대비 30% 감축)설정 관리 및 온실가스 · 에너지 목표관리의 원칙 및 역할 정립 ‣ 기후변화 영향평가 및 적응대책 수립 명시 등
제6장 (제39조~제43조) 녹색생활 및 지속가능발전 실현	‣ 지속가능발전 기본계획의 변경에 대해 명시 ‣ 녹색국토 · 녹색건축물의 관리 및 기준에 대해 명시 ‣ 교통부문의 온실가스 감축 목표 명시
제7장 (제44조) 벌칙	‣ 온실가스 · 에너지 목표관리제 미이행에 따른 과태료 부과 명시

출처 : 녹색물류가이드, 한국무역협회

시행령 '제5장 저탄소사회의 구현'에서 국가 온실가스 감축목표를 2020년의 온실가스 배출전망치(BAU : Business As Usual) 대비 30%까지 감축하는 것으로 명확히 규정하고 있으며 목표달성과 국가차원의 온실가스 배출량 관리를 위해 온실가스 및 에너지 목표관리제 도입에 대해 설명되어 있다. 또한 목표관리제 주관부처와 부문별 관장기관의 지정 및 역할에 대해 명확히 제시하여 제도운영 과정에서 발생할 수 있는 혼란을 방지하였다.

4.2 온실가스 · 에너지 목표관리제

4.2.1 온실가스 · 에너지 목표관리제의 정의

온실가스 · 에너지 목표관리제는 정부와 관리업체가 서로 협의하여 온실가스 배출량과 에너지 사용량 목표를 정하며, 정부는 패널티를 이용해 목표 달성을 유도하고, 관리업체는 목표

달성을 위한 이행계획과 이를 뒷받침하는 관리체계 등을 설정하여 절감목표를 효율적으로 달성하는 제도이다.

정부는 목표관리제 추진을 위해 목표 관리업체 지정 기준, 온실가스 배출량 및 에너지사용량 보고, 목표설정 방식, 감축목표 이행계획 및 이행실적 제출, 검증기관 관리방안 등 주요 추진사안에 대해 다루고 있는 '목표관리제 운영에 관한 지침(이하 목표관리제 지침)'을 2011년 3월에 최종 고시하였다. 이제도는 2020년 예상 온실가스배출량 대비 30% 감축하는 국가감축목표를 위해 감축량을 부문별로 분배하여 감축활동들이 모든 분야에서 진행될 수 있도록 고시하였다.

목표관리제의 법적근거는 '저탄소 녹색성장기본법 제42조'와 '저탄소 녹색성장기본법 시행령 제26~36조'에 포함된 제26조(온실가스 · 에너지 목표관리의 원칙 및 역할), 제29조(관리업체 지정기준 등), 제30조(관리업체에 대한 목표관리 방법 및 절차), 제32조(검증기관 등), 제34조(명세서의 보고 · 관리 절차 등)에 의거하며 추진경위는 아래의 표와 같다.

〈표 1.19〉 온실가스 · 에너지 목표관리제 주요 추진 경위

일 자	주요 추진 경위
2009년 6월	비상경제대책회의에서 '에너지 수요관리 대책'을 의결하면서, 고유가와 기후변화에 효과적으로 대응하기 위해 이행강제수단을 강화한 목표관리제 도입 결정
2009년 11월	제6차 녹색성장위원회에서 국가 온실가스 감축을 위한 에너지목표관리제 도입과 시범사업 추진 발표
2009년 12월	에너지 목표관리제 시범사업 협약(47개 사업장)
2010년 1월	'저탄소 녹색성장 기본법'에 온실가스 및 에너지 목표관리제 도입 명시
2010년 4월	'저탄소 녹색성장 기본법' 시행령에 따라 온실가스 · 에너지 목표관리제 실시

출처 : 에너지관리공단, "2010에너지 · 기후변화 편람", 2010.07.

목표관리제 지침 개발의 요점은 관리업체의 온실가스 감축 및 에너지 절약을 직접적으로 유도하기 위한 체계를 마련하고, 국제적 수준의 MRV(측정 · 보고 · 검증)체계를 구축하여 국제 탄소시장의 참여를 준비하기 위해서이다. 추가적으로 정부와 기업의 입장을 고려한 최적의 목표설정(부문별 관장기관이 이 지침에서 정한 원칙과 절차 등에 따라 관리업체와 협의하여 온실가스 감축 및 에너지 절약 등에 관한 목표를 정하는 것)방법론의 개발을 통해 기업의 국제 경쟁력을 보호하고 기업의 조기행동 및 친환경기술의 도입을 장려하여 녹색성장의 기반을 만들고 지속가능한 발전을 이루고자 한다. 온실가스 · 에너지 목표관리제로 인하여 우리나라는 기후변화협약 비부속서 국가 중 최초로 개별기업의 온실가스 MRV(측정 · 보고 · 검증)체계를 갖추었다.

4.2.2 온실가스 · 에너지 목표관리제 중요 용어

목표관리제의 이해를 위해 '목표관리 등에 관한 운영지침' 중 중요 용어를 아래의 표와 같이 정리했다.

〈표 1.20〉 목표관리제 용어정의

용 어	정 의
검증	온실가스 배출량과 에너지 소비량(이하 "온실가스 배출량 등"이라 한다.)의 산정과 조기감축실적 및 외부감축실적의 산정이 이 지침에서 정하는 절차와 기준 등(이하 "검증기준"이라 한다.)에 적합하게 이루어졌는지를 검토 · 확인하는 체계적이고 문서화된 일련의 활동
공정배출	제품의 생산 공정에서 원료의 물리 · 화학적 반응 등에 따라 발생하는 온실가스의 배출
관리업체	해당 연도 1월 1일을 기준으로 최근 3년간 업체 또는 사업장에서 배출한 온실가스와 소비한 에너지의 연평균 총량이 모두 25,000ton 또는 100TJ 이상인 경우(최초 지정된 관리업체 기준)
기준연도	온실가스 배출량 등의 관련정보를 비교하기 위해 지정한 과거의 특정기간에 해당하는 연도
내부심의	검증기관이 검증의 신뢰성 확보 등을 위해 검증팀에서 작성한 검증보고서를 최종 확정하기 전에 검증과정 및 결과를 재검토하는 일련의 과정
리스크	검증기관이 온실가스 배출량 등의 산정과 연관된 오류를 간과하여 잘못된 검증의견을 제시할 위험의 정도 등
매개변수	두 개 이상 변수 사이의 상관관계를 나타내는 변수로서 온실가스 배출량 등을 산정하는 데 필요한 배출계수, 발열량, 산화율, 탄소함량 등
목표 설정	부문별 관장기관이 이 지침에서 정한 원칙과 절차 등에 따라 관리업체와 협의하여 온실가스 감축 및 에너지 절약 등에 관한 목표를 정하는 것
배출계수	당해 배출시설의 단위 연료 사용량, 단위 제품 생산량, 단위 원료 사용량, 단위 폐기물 소각량 또는 처리량 등 단위 활동자료 당 발생하는 온실가스 배출량을 나타내는 계수
불확도	온실가스 배출량 등의 산정결과와 관련하여 정량화된 양을 합리적으로 추정한 값의 분산특성을 나타내는 정도
벤치마크	온실가스 배출 및 에너지 소비와 관련하여 제품생산량 등 단위 활동자료 당 온실가스 배출량(이하 "배출집약도"라 한다.) 등의 실적 · 성과를 국내 · 외 동종 배출시설 또는 공정과 비교하는 것
사업장	동일한 법인, 공공기관 또는 개인(이하 "동일 법인 등"이라 한다.) 등이 지배적인 영향력을 가지고 재화의 생산, 서비스의 제공 등 일련의 활동을 행하는 일정한 경계를 가진 장소, 건물 및 부대시설 등

산정등급 (Tier)	활동자료, 배출계수, 산화율, 전환율, 배출량 및 온실가스 배출량 등의 산정방법의 복잡성을 나타내는 수준
성장률	온실가스를 배출하거나 에너지를 사용하는 시설의 가동률(연간 생산 가능량에 대한 당해 연도 실제 생산량 또는 연간 작업 가능시간에 대한 당해 연도 실제 작업시간의 비율), 활동자료, 제품생산량, 입주율(연간 이용 가능한 건축물 연면적에 대한 실제 이용한 연면적의 비율 등)의 증감률 등
최적가용기술 (Best Available Technology)	온실가스 감축 및 에너지 절약과 관련하여 경제적 · 기술적으로 사용이 가능하면서 가장 최신이고 효율적인 기술, 활동 및 운전방법
활동자료	사용된 에너지 및 원료의 양, 생산 · 제공된 제품 및 서비스의 양, 폐기물 처리량 등 온실가스 배출량 등의 산정에 필요한 정량적인 측정 결과

◎ 출처 : 환경부, 목표관리 등에 관한 운영지침, 2011.

4.2.3 온실가스 · 에너지 목표관리제 운영체계

최초 지정된 관리업체는 최근 4년간의 명세서를 부문별 관장기관에 제출하여야 하며 해당 연도 9월에 감축목표를 설정하고 그 다음해부터 목표 이행에 들어간다.

온실가스 · 에너지 목표관리제의 추진절차는 3월에 '저탄소 녹색성장기본법' 시행령의 온실가스 배출과 에너지 소비 기준에 부합하는 관리업체를 부문별 관장기관이 예비로 선정한다. 환경부는 예비로 선정된 관리업체의 중복과 누락 및 적절성을 확인한다.

이를 다시 관장기관에 통보하면 6월에 관리업체 지정 및 고시 총괄기관인 환경부의 확인을 거쳐 부문별 관장기관이 관리업체를 지정하여 관보에 게재하고 이에 대한 이의 신청을 받는다.

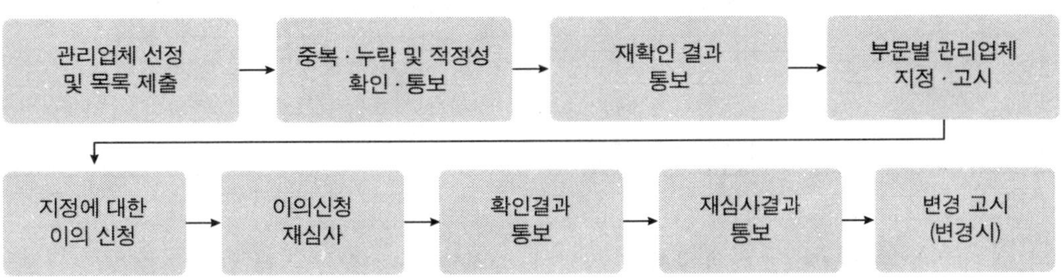

〈그림 1.20〉 관리업체 지정 절차

9월에는 목표설정을 부문별 관장기관이 관계부처와 민간 전문가로 구성된 목표설정 협의체를 구성하여 관리업체의 다음 연도 온실가스 감축, 에너지 절약 및 에너지 이용효율 목표를 설정하고 관리업체에 통보한다.

12월에 관리업체는 목표달성을 위한 이행계획을 시행령의 요구사항에 따라 작성하여 부문별 관장기관에 제출한다. 관장기관은 이행계획서들을 취합한 후 온실가스 종합정보센터에 제출한다. 이행계획서 수립시 포함사항은 5년 단위의 연차별 목표와 이행계획, 온실가스 배출량 및 감축계획과 에너지 사용량 및 절약계획, 온실가스 배출량 및 에너지 소비량 산정방법(계산 및 측정방식 포함), 온실가스 감축·흡수·제거 실적이 있다.

〈표 1.21〉 배출량 산정·보고 절차

순서	절 차	세부 설명
1	조직경계의 설정	‣ 사업장 부지경계 식별 ‣ 사업장 분류형태(업종 등) 파악
2	배출원 구분	‣ 사업장내 온실가스 배출원 구분, 식별 ‣ 공정설계자료, 설비의 목록, 연료 등의 구매 전표 등을 활용
3	모니터링 방법 설정	‣ 활동도, 온실가스 모니터링 유형 선정 ‣ 지침에서 요구하는 모니터링 기준 충족 여부 확인
4	배출량 산정체계 구축	‣ 배출원별 배출량 산정 체계 구축 ‣ 모니터링 체계 구축
5	배출원별 배출량 산정방법론 선택	‣ 계산기반 혹은 연속측정방법 및 최소 산정등급 요구사항 근거 ‣ 각 매개변수에 대한 자료 수집 방법 설정 및 모니터링
6	배출량 산정	‣ 배출활동별 세부 산정방법에 따라 온실가스 배출량 산정
7	명세서의 작성	‣ 온실가스 명세서 작성 ‣ 배출량 산정 보고 자료는 차기년도 검증 목적으로 내부적 기록 관리
8	배출량 등의 제 3자 검증	‣ 환경부장관이 지정한 검증기관을 통해 명세서 검증
9	명세서 및 검증보고서 제출	‣ 온실가스 배출량 등의 명세서와 검증보고서를 부문별 관장기관에게 전자적 방식으로 제출

그 다음해 3월에 관리업체는 이행계획을 실행한 실적과 해당년도 온실가스 배출량 및 에너지 소비량에 대한 명세서를 부문별 관장기관에게 제출한다. 그 후 관장기관은 실적보고서의 정확성과 MRV(측정·보고·검증) 방식을 확인하고 관리업체의 이행실적이 목표에 미치지 못하거나 보고의 내용이 미흡한 사실이 발견되는 경우 개선명령 조치를 내린다. 개선명령을 받은

관리업체는 개선사항을 이행계획 수립 시 반영한다.

관리업체가 온실가스 및 에너지 소비량에 대한 명세서와 검증결과를 제출하면 관장기관은 내용을 검토한 후 온실가스종합정보센터에 제출하며, 제출물은 온실가스종합정보센터의 등록부에 포함되어 공개를 원칙으로 관리된다. 단, 명세서의 비공개를 요청하는 관리업체는 비공개 사유서를 제출하면 기업의 영업상 기밀 등은 최대한 보호하기 위해 온실가스종합정보센터의 심사위원회가 공개여부를 심사한다.

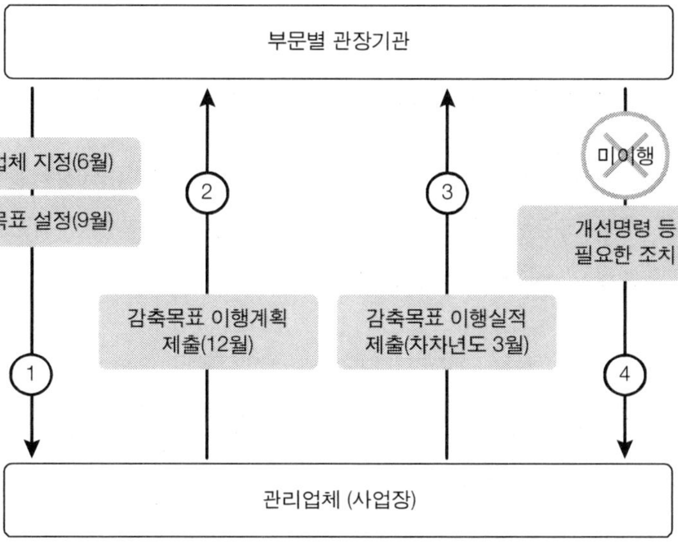

〈그림 1.21〉 목표관리제 추진절차

온실가스 · 에너지 목표관리제의 운영체계는 아래 그림과 같이 각 부문별 관장기관(농림수산식품부, 지식경제부, 국토해양부, 환경부)이 관리업체를 지정한다. 환경부가 목표설정 후 이행실적을 평가하며 모든 총괄 기능을 맡아 '온실가스 종합정보센터'를 운영하고, 국가 온실가스 인벤토리를 구축한다. 더불어 통합관리시스템을 통해 목표달성 실적과 온실가스 정보를 관리하며 부문별 온실가스 감축목표를 설정하고 지침을 마련한다. 부문별 관장기관은 단일창구(Single Window : 문서를 한 기관에 제출할 수 있도록 하는 것)의 원칙으로 관리업체를 관리한다.

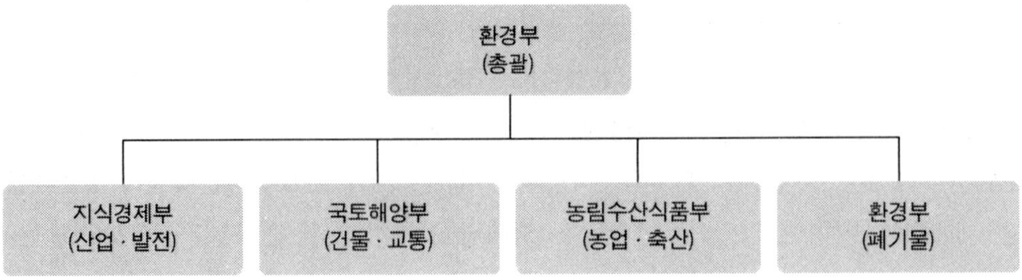

〈그림 1.22〉 목표관리제 부처별 운영체계

4.2.4 온실가스 · 에너지 목표관리제의 관리업체 현황

온실가스 · 에너지 목표관리 지침에서 중요한 것은 관리업체의 선정기준이 매년 높아진다는 점이다. 그 이유는 매년 목표관리제에 참여하는 관리업체의 수를 점진적으로 증가시켜 '온실가스 · 에너지 목표관리제'의 영향을 국가 전체로 확대하여 운영하기 위한 방법으로 볼 수 있다.

〈표 1.22〉 연차별 업체, 사업장 선정 기준

업체 선정 기준

업체 온실가스 배출량 기준	
2011.12.31까지	125,000 $tonCO_2$ 이상
2012.01.01부터	87,500 $tonCO_2$ 이상
2014.01.01부터	50,000 $tonCO_2$ 이상

업체 에너지 소비량 기준	
2011.12.31까지	500 TJ 이상
2012.01.01부터	350 TJ 이상
2014.01.01부터	200 TJ 이상

사업장 선정 기준

사업장 온실가스 배출량 기준	
2011.12.31까지	25,000 $tonCO_2$ 이상
2012.01.01부터	20,000 $tonCO_2$ 이상
2014.01.01부터	15,000 $tonCO_2$ 이상

사업장 에너지 소비량 기준	
2011.12.31까지	100 TJ 이상
2012.01.01부터	90 TJ 이상
2014.01.01부터	80 TJ 이상

출처 : 환경부, "목표관리 등에 관한 운영지침", 2011.

목표관리제를 처음 시행한 2011년의 지정된 관리업체의 수는 총 470개로서 해당 관리업체들의 배출량은 국가 온실가스 배출량의 60% 이상을 차지하는 양이다. 부문별 관리업체 지정 현황을 보면 산업 · 발전부문이 374개, 건물 · 교통 46개, 농업 · 축산 27개, 폐기물 23개로 지정되었으며 배출량으로 구분하면 산업 · 발전이 96.4%, 폐기물이 1.6%, 건물 · 교통이 1.4%, 농업 · 축산이 0.6%의 순이다.

2012년의 지정된 관리업체의 수는 총 458개로써 해당 관리업체들의 부문별 관리업체 지정 현황을 보면 산업 · 발전부문이 366개, 건물 · 교통 45개, 농업 · 축산 26개, 폐기물 21개로 지정되었으며 배출량으로 구분하면 산업 · 발전이 95.4%, 폐기물이 2.9%, 건물 · 교통이 1.4%, 농업 · 축산이 0.3%를 차지한다. 2011년에 470개였던 지정 관리업체의 수가 458로 줄어든 이유는 폐업, 합병, 배출량 감소 등으로 12개 업체가 대상에서 제외되었기 때문이다.

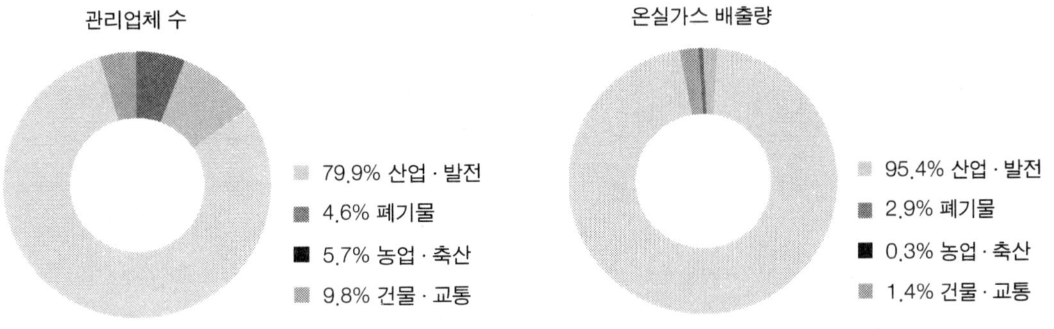

〈그림 1.23〉 2012년 부문별 관리업체 지정 현황

4.2.5 온실가스 · 에너지 목표관리제의 감축목표 설정

목표관리제 감축목표는 책임배분의 원칙에 따라 부문, 업종, 사업장 단위로 감축목표를 할당하는 과정을 거치게 된다. 이때, 부문별 관장기관은 정부와 관리업체간의 국가목표와 기업여건의 조화를 이룰 수 있는 합리적이고 투명한 방법론으로 목표설정협의를 실시하며, 관리업체의 과거배출량, 에너지사용실적 반영, 관리업체의 신 · 증설 계획, 국제경쟁력 · 기술수준 · 감축 잠재량 · 경제적 비용 등을 고려하여 감축목표를 설정한다.

목표관리 지침에서는 목표를 설정할 때 과거배출 실적의 인정범위를 결정할 기준이 필요하기에 관리업체 지정 직전 3개년의 평균 온실가스 배출량을 기준연도 배출량으로 설정하였다. 또한, 신 · 증설된 관리업체의 경우 최근 1~2년간 온실가스 배출량을 기준연도 배출량으로 설정하였다.

목표설정 시 부문별, 업종별 온실가스 감축목표와 해당 관리업체가 배출하는 배출량의 비율을 고려하여 산정하며 관리업체의 신증설 부문을 위한 예비 배출허용량도 같이 고려하여야 한다. 관리업체들의 총 온실가스 배출허용량이 업종별 목표를 초과하는 경우에는 업종별 배출허용량을 초과하지 않도록 조정계수를 적용한다. 목표설정을 할 때는 5가지의 원칙이 있으며,

이에 대한 설명은 다음 표와 같다.

〈표 1.23〉 목표설정의 원칙

원칙	설 명
공표성	목표의 설정 방법과 수준을 관리업체가 예측할 수 있도록 사전에 공표한다.
투명성	다수의 이해관계자들의 신뢰를 확보한다.
역사성	과거 온실가스 배출량과 에너지 사용 이력을 반영한다.
예측성	신·증설계획과 국제 경쟁력을 고려한다.
경제성	관리업체의 기술수준, 감축 잠재량 및 경제적 비용을 고려한다.

목표설정은 기본적으로 관리업체의 기존시설의 배출허용량과 신·증설부문의 배출허용량을 합산하여 관리업체의 배출허용량으로 설정한다. 목표설정의 방법으로는 과거실적 기반의 목표설정방법과 벤치마크(온실가스 배출 및 에너지 소비와 관련하여 제품생산량 등의 활동자료 당 온실가스 배출량 등의 실적 및 성과를 국내·외 동종 배출시설 또는 공정과 비교하는 것) 기반의 목표설정방법이 있다.

2012년 목표설정에 대해서는 100% 과거배출실적을 기반으로 배출허용량을 설정하고 2013년 이후 목표설정 시, 최적가용기술(BAT : Best Available Techniques : 온실가스 감축 및 에너지 절약과 관련하여 경제적, 기술적으로 사용이 가능하면서 가장 최신이고 효율적인 기술, 활동 및 운전방법을 지칭)을 고려한 벤치마크 방식에 따라 관리업체의 배출허용량을 설정하도록 되어있다.

벤치마크의 장점으로는 현재 이용 가능한 감축기술 수준을 고려하여 배출시설 및 공정에 대한 최적가용기술(BAT)을 도출할 수 있다. 그리고 단순 과거실적에 비례한 목표설정방법과 비교할 때, 벤치마크 방식은 중장기적인 국내 감축기술의 개발과 고효율 설비로 시설교체를 유도할 수 있다. 또한 고효율설비 시설교체, 공정개선 등 과거에 이미 조기감축노력을 실시한 관리업체는 이를 합리적으로 인정받게 된다.

4.3 배출권거래제도(Emission Trading)

4.3.1 배출권거래제도의 정의와 종류

배출권거래제도는 국가마다 할당 된 의무감축량의 실행을 위해 자국의 기업별, 부문별로 배출량을 할당하고 할당된 온실가스 감축의무를 이행하지 못할 경우 외국기업에게 할당량을 매입할 수 있도록 하는 제도이다. 온실가스 배출 할당량은 국가별로 부여되지만 탄소배출권 거래는 대부분 기업들 사이에서 이루어지며, 우리나라는 2015년에 도입할 예정이다.

배출권 거래제는 배출총량 거래제(Cap and Trade System)와 기준인정방식 거래제(Baseline and Credit System)로 구분할 수 있다. 배출총량 거래제는 총량제한의 거래 방식으로 할당된 양의 여분을 거래할 수 있는 제도로써 배출허용 총량설정, 배출허용 총량할당, 온실가스저감사업 배출권거래, 보고 & 측정(Reporting & Monitoring), 미준수시 벌금제제의 순서로 적용된다. 기준인정방식 거래제는 청정개발체제(CDM), 공동이행(JI)과 같은 프로젝트 시장에서 발생된 크레딧을 이용하여 배출권을 거래하는 제도로써 온실가스 저감사업 발굴, 온실가스 저감사업 인증, 온실가스 저감사업 시행, 보고 & 측정, 크레딧 발급의 순으로 적용된다.

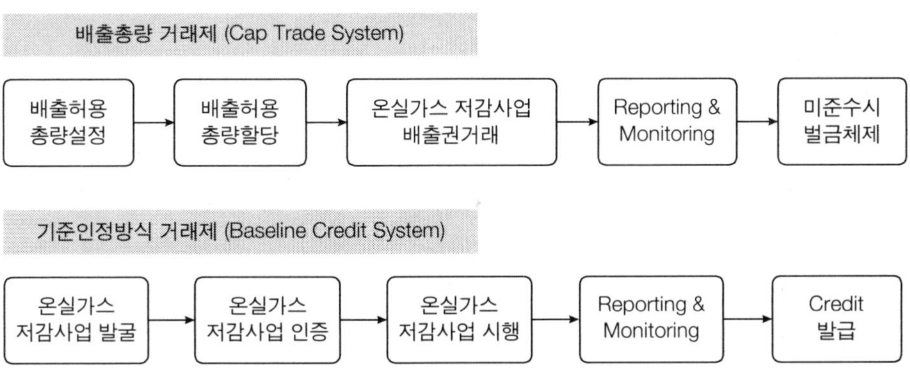

〈그림 1.24〉 배출총량 거래제와 기준인정방식 거래제

탄소시장이란 온실가스 배출권을 거래하는 시장을 의미하며, 크게 할당량 거래시장(Allowances Market)과 프로젝트 거래시장(Project-based Market)으로 구분된다.

할당량 거래시장은 온실가스 배출량이 할당된 국가나 기업들이 할당량 대비 잉여분과 부족분을 거래하는 시장으로서 EU ETS(EU Emissions Trading Scheme)와 미국의 CCX(Chicago

Climate Exchange)가 대표적이다. EU ETS는 EU가 교토의정서에 의한 온실가스 감축목표를 효과적으로 달성하기 위하여 기업들로 하여금 배출권을 거래할 수 있도록 2005년부터 개장한 세계최대의 탄소시장이다. 미국의 CCX는 2003년 개장하였으며 참여주체들은 자발적이지만 법적 의무가 따르는 배출량을 부여받아 배출권을 거래한다.

프로젝트 거래시장은 온실가스 감축프로젝트를 실시해 거둔 감축량에 따라 획득한 크레딧을 배출권 형태로 거래하는 시장으로 청정개발체제(CDM)와 공동이행(JI)이 대표적이다. 아래의 그림은 배출권 시장의 거래제도를 도식화 하였다.

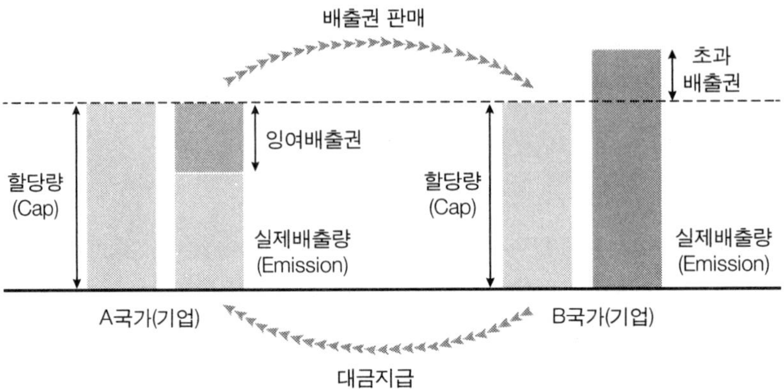

〈그림 1.25〉 배출권 거래제도의 도식화

◎ 출처 : 기후변화 홍보포털, "배출권거래제", http : //www.gihoo.or.kr

탄소시장은 감축의무 준수 대상을 크게 기업을 중심으로 금융권, 브로커, 청정개발체제(CDM) 사업 참여자 등으로 다양하게 구성되어 있으며, 거래소를 통한 장내거래와 브로커를 통한 장외거래로 구분된다.

장내거래(Exchange Market)는 거래소를 통한 배출권을 매매하며 ECX(European Climate Exchange : 유럽에 위치한 기후거래소), Bluenex(프랑스에 위치한 전력거래소, 구 Powernext) 등이 있다. 거래의 특징으로는 거래상대방이 물색협상 시 시간과 비용이 절감되며, 청산서비스를 통한 지불 불이행의 위험이 감소되고, 투명한 정보 접근과 취득이 용이하며, 대부분 1,000tCO_2의 거래최소단위를 적용한다. 그렇지만 거래수수료 외에 가입비, 연회비 등의 부대비용이 소요된다.

장외거래(OCT Market : Over the CounTer Market)는 네트워크를 형성하고 있는 브로커를 통한 배출권 매매로 장내거래(Exchange Market)와 비교시 거래상대방을 물색하기 쉽고, 매매물량 및 조건협상이 용이하며 별도의 가입비, 연회비 등의 비용이 들지 않는 장점과 거래시 상대방의 신용에 대한 안정성 확보를 해야 하는 주의점이 있다.

4.3.2 각국의 배출권거래제의 동향

전체적인 배출권거래제 동향을 보면 EU는 탄소배출권시장의 지속적 발전을 이루었으며, 포스트교토 체제와 미국, 일본, 호주, 뉴질랜드 등 배출권거래제 도입에 따라 탄소배출권시장의 성장속도가 가속화 될 것으로 예상된다.

일본의 배출권거래제로 Tokyo-ETS와 JV-ETS가 있다. Tokyo-ETS는 참여대상으로 동경내 산업 부문 전체 온실가스 배출량의 44%에 해당되는 1,400개 사업을 대상으로 하고 있으며, 연간 원유 1,500k l 환산 배출량을 참여기준으로 하여 사업장을 지정하였다. 또한 JV-ETS는 감축목표 달성과 사업장 효율 개선, 할당량 배정을 위한 보조금 수급 대상자인 32개 사업장을 참여대상으로 하며 다른 탄소배출권시장과 다른 점은 대상온실 가스로 CO_2만 취급하고 있다.

뉴질랜드의 NZ-ETS는 임업, 에너지 및 산업공정, 수송, 농업 및 폐기물 등 전 산업부문을 대상으로 하고 있으며 참여기준으로는 토지 및 삼림 소유자, 연료 및 에너지 공급자, 최종 배출자, 비료 공급자, 유제품 가공자, 폐기물 관리자를 대상으로 하고 있다.

미국의 CCX(Chicago Climate Exchange)는 참여대상을 전력생산업체, 정유업체, 서비스업체 등 대규모 및 소규모의 온실가스 배출원, 배출권 제공자 및 모집자, 기관과 개인 등 기타 회원을 대상으로 하고 있으며, 참여기준은 의무감축을 자발적으로 참여한 회원사에 한해 거래를 허용하고 있다.

4.4 신에너지 및 재생에너지 개발 · 이용 · 보급 촉진법

4.4.1 신재생에너지의 정의

신에너지 및 재생에너지를 일컬어 신재생에너지라 하며 신재생에너지는 "신에너지 및 재생에너지 개발 · 이용 · 보급촉진법 제2조"의 규정에 의하여 "기존의 화석연료를 변환시켜 이용하거나 햇빛, 물, 지역, 강수, 생물유기체 등을 포함하여 재생 가능한 에너지를 변환시켜 이용하는 에너지"로 정의하고 11개 분야로 구분한다.

재생에너지는 8개 분야로 태양광, 태양열, 바이오, 풍력, 수력, 해양, 폐기물, 지열이 있으며 신에너지 3개 분야로 연료전지, 석탄액화가스화 및 중질잔사유(원유를 정제하고 남은 잔재물) 가스화, 수소에너지로 구분된다.

이러한 신재생에너지의 특성은 비고갈성 에너지로 태양광, 풍력 등 재생가능 에너지원으로 구성되며, 기술에너지로 연구개발에 의해 에너지자원의 확보가 가능하다. 또한 친환경 청정에너지로 화석연료 사용에 의한 이산화탄소 발생이 매우 적다. 그리고 공공미래에너지로서 시장창출 및 경제성 확보를 위한 장기적인 개발 보급 정책이 필요하다. 그렇기에 신재생에너지 산업 육성으로 지속가능한 경제발전 에너지 시스템을 구축해야 한다.

신재생에너지는 과다한 초기투자를 해야 하는 점에도 불구하고 화석에너지의 고갈문제와 환경문제에 대한 핵심 해결방안이라는 점에서 선진국에서는 신재생에너지에 대한 과감한 연구개발과 보급정책 등을 추진하고 있다. 기존에너지원에 비해 가격경쟁력을 확보하게 되면 신재생에너지산업은 정보기술(IT : Information Technology), 생명공학기술(BT : Bio Technology), 나노기술(NT : Nano Technology) 산업과 더불어 미래 산업, 차세대 산업으로 급성장 할 가능성이 있다.

〈표 1.24〉 신재생에너지의 분류와 정의

에너지	정 의
태양광	햇빛을 받으면 광전효과에 의해 전기를 발생하는 태양전지를 이용한 발전방식
태양열	일사된 태양복사에너지를 고비율로 집광하여 회수된 고온(250~1200℃)의 열에너지를 이용하는 발전방식
풍력	공기의 운동에너지를 기계적 에너지로 변환시켜 전기를 사용
바이오	태양광을 이용하여 광합성 되는 유기물(주로 식물체) 및 동 유기물을 소비하여 생성되는 모든 생물 유기체(바이오매스)의 에너지를 사용
수력	물의 유동에너지를 변환시켜 전기를 사용
폐기물	사업장 또는 가정에서 발생되는 가연성 폐기물 중 에너지 함량이 높은 폐기물을 이용하여 열분해에 의한 오일화, 성형고체연료 제조, 가연성 가스 제조, 소각에 의한 폐열을 회수하여 사용
지열	지표면의 얕은 곳에서부터 수km 깊이에 존재하는 뜨거운 물과 암석을 포함하여 땅이 가지고 있는 열에너지를 사용
해양	이용 방식에 따라 조력, 파력, 온도차, 해류, 염분차 등 여러 형태로 존재하며, 고갈될 염려가 없고, 풍부하며 공해문제가 없는 에너지를 사용
연료전지	연료의 산화에 의해서 생기는 화학에너지를 직접 전기에너지로 변환시키는 전지 일종의 발전방식
수소에너지	물, 유기물, 화석연료 등의 화합물 형태로 존재하는 수소를 분리, 생산해서 사용
석탄 가스화	석탄, 중질잔사유 등의 저급원료를 고온 · 고압의 가스화기에서 수증기와 함께 한정된 산소로 불완전연소 및 가스화 시켜 일산화탄소와 수소가 주성분인 합성가스를 만들어 정제공정을 거친 후 가스터빈 및 증기터빈 등을 구동하여 사용

※ 출처 : 고려대학교, "신재생에너지 개요", 장길수

4.4.2 신재생에너지 기술 개발 및 이용, 보급 기본계획

2000년 이후 우리나라의 신재생에너지 공급확대 정책을 보면 2003년 12월에 신재생에너지 공급비중을 2006년에 3%, 2011년에 5%로 늘려가는 계획을 토대로 한 "제2차 신재생에너지 기술개발 및 이용, 보급 기본계획"이 수립되었으며, 그 후 2004년 12월에 공공의무화, 발전차액지원제도(FIT : Feed in Tariff), 사업지원화 등의 내용이 들어간 신재생에너지 관련법 개정이 이루어졌다. 2007년 7월에는 신재생에너지업체의 부도 및 빈번한 민원을 줄이기 위해 에너지관리공단이 신재생에너지설비 통합 A/S신고센터를 만들었다. 2008년 9월에 "제3차 신재생에너지 기술 개발 및 이용, 보급 기본계획"이 수립되고 같은 해 12월에 확정 발표되었다. 이 법의 기본계획 수립의 법적근거는 '신에너지 및 재생에너지 개발 · 이용 · 보급 촉진법 제5조 (기본계획의 수립)'의 규정에 따라 기본계획을 수립하였으며 계획기간은 10년 이상이고 주요내용으로는 기술개발 및 이용 · 보급 목표, 발전량 비중, 추진방법 등이 있다.

〈그림 1.26〉 신재생에너지설비 통합 A/S신고센터

출처 : http : //ascenter.energy.or.kr

"제3차 신재생에너지 기술 개발 및 이용, 보급 기본계획"의 기본방향은 크게 네 가지로 구성되어 있다. 첫 번째는 보급달성에 집중해야할 분야와 R&D에 집중해야할 분야를 구분하였다. 보급달성에 집중할 분야는 기술적으로 성숙된 풍력, 바이오, 폐기물, 지열 등 이며, 단기적으로 보급목표를 달성하기 힘들 것으로 판단되는 태양광, 수소 · 연료전지 등이 R&D에 집중할 분야가 된다.

두 번째는 자원고갈 및 기후변화 등 신재생에너지를 둘러싼 정책환경 변화에 효율적으로 대응하기 위한 기본방향을 설정하였다. 기본방향으로는 에너지안보, 에너지믹스 다양화, 환경편익 등을 고려한 에너지원별 가치를 재평가하고, 자발적 시민운동이나 소비자 운동에 근거한 녹색전력 시장, 녹색가격제도, 녹색에너지 인증서 거래 등의 활성화, 신재생에너지를 중심으로 한 주택, 마을 또는 소규모 도시 단위의 분산형 에너지시스템의 확산, 지자체를 중심으로 지역의 특성에 적합한 신재생에너지를 개발 · 공급 및 소비하는 지속가능한 에너지수급체제의 구축이 있다.

세 번째는 국제 상호 비교와 국내 정책목표에 부합하는 다양한 기준의 보급목표를 제시하였다. 기준으로는 국내기준(1차에너지 기준, 최종에너지 기준), 국제에너지기구(IEA : International Energy Agency)기준, EU기준 등이 있다.

네 번째는 국가기본계획과의 정합성을 위해 전망기간도 중기(2011~2020년), 장기(2009~2030년)로 구분하였다.

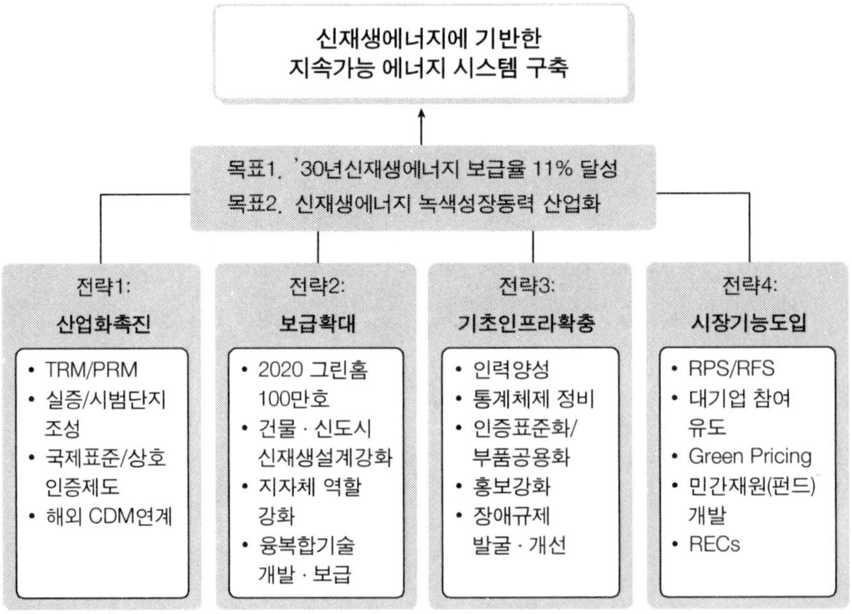

〈그림 1.27〉 정책목표 및 추진전략

◎ 출처 : 제3차 신재생에너지 기술개발 및 이용 · 보급 기본계획, 2008.12.

제3차 신재생에너지 기술개발 및 이용 · 보급 기본계획의 단위별 전망 목표 안에 따르면 해양에너지, 지열, 태양열, 풍력 등의 증가율이 높게 나타나는 반면, 현재 공급비중이 높은 폐기물과 수력의 증가율은 낮을 전망이다. 그리고 바이오에너지의 경우 증가율은 비교적 낮은 편이지만 증가량은 가장 많을 것으로 전망되며 2030년에도 폐기물은 여전히 가장 큰 비중을 차지지만 2008년 비중대비 45% 수준으로 크게 감소할 전망이다. 폐기물 중심의 공급구조에서 바이오에너지, 태양에너지, 풍력 등 자연 재생에너지 중심의 공급구조로 전환될 목표를 가지고 있다.

〈표 1.25〉 신재생에너지 수요전망 목표 전망

(단위 : 1,000TOE, %)

	2008년	2010년	2015년	2020년	2030년	연평균 증가율
태양열	33 (0.5)	40 (0.5)	63 (0.5)	342 (2.0)	1,882 (5.7)	20.2
태양광	59 (0.9)	138 (1.8)	313 (2.7)	552 (3.2)	1,364 (4.1)	15.3
풍 력	106 (1.7)	220 (2.9)	1,084 (9.2)	2,035 (11.6)	4,155 (12.6)	18.1
바이오	518 (8.1)	987 (13.0)	2,210 (18.8)	4,211 (24.0)	10,357 (31.4)	14.6
수 력	946 (14.9)	972 (12.8)	1,071 (9.1)	1,165 (6.6)	1,447 (4.4)	1.9
지 열	9 (0.1)	43 (0.6)	280 (2.4)	544 (3.1)	1,261 (3.8)	25.5
해 양	0 (0.0)	70 (0.9)	393 (3.3)	907 (5.2)	1,540 (4.7)	49.6
폐기물	4,688 (73.7)	5,097 (67.4)	6,316 (53.8)	7,764 (44.3)	11,021 (33.4)	4.0
합 계	6,360	7,566	11,731	17,520	33,027	7.8
1차 에너지 (100만TOE)	247	253	270	287	300	0.9
비 중	2.58%	2.98%	4.33%	6.08%	11.0%	

◎ 출처 : 지식경제부, "제3차 신재생에너지 기술개발 및 이용보급 기본계획", 2008.12.

4.4.3 RPS

'제3차 신재생에너지 기술 개발 및 이용, 보급 기본계획'의 주요 보급정책 추진방안 중 하나인 신재생에너지 공급의무화(RPS : Renewable Portfolio Standard)가 2012년부터 도입되었다.

신재생에너지 공급의무화(RPS)는 일정규모 이상의 발전사업자에게 총 에너지공급량의 일정비율 이상을 신재생에너지로 공급하도록 의무를 부과하는 제도로서 그 일정비율을 '의무비율'이라 부른다.

의무비율은 2012년에 3%를 설정하고 매년 상향조정하여 2020년에는 10%를 적용할 계획이며, 의무비율에 대해서는 3년마다 재검토 된다. 이 계획으로 신재생에너지 공급의무화(RPS) 도입을 통해 신재생에너지 공급의 혁신과 함께 사업자·에너지원간 경쟁을 통한 보급효율성의 향상을 기대해 볼 수 있다. 기존 발전차액 지원제도는 2012년부터 신재생에너지 공급의무화(RPS)로 전환되며 기존 발전사업자에 대한 발전차액지원은 계속 유지된다.

〈표 1.26〉 공급의무자의 의무비율

연도	'12	'13	'14	'15	'16	'17	'18	'19	'20	'21
의무비율(%)	2	2.5	3	3.5	4	5	6	7	8	9

출처 : 에너지관리공단 신재생에너지센터, "RPS"

공급의무자의 범위는 신재생에너지 설비를 제외한 설비규모 500MW 이상의 발전사업자, 수자원공사, 지역난방공사가 대상이다. 해당 발전사업자로 한국수력원자력, 남동발전, 중부발전, 서부발전, 남부발전, 동서발전, 지역난방공사, 수자원공사, 포스코파워, K-파워, GS EPS, GS파워, MPC 율촌전력 등 13개 발전회사가 있다.

현재 우리나라는 2002년부터 차등적인 차액지원제도(FIT : Feed in Tariff)를 적용하여 운용해왔다. FIT는 차액지원제도 혹은 고정가격제도라고 불리며, 신재생에너지 시설을 통해 발전한 전기를 원가와 이윤을 포함한 일정한 고정가격으로 매입해주는 방식으로 신재생에너지의 불확실성과 기술적 한계를 극복하여 빠르게 성장시킬 수 있는 제도이다.

FIT와 RPS의 큰 차이는 FIT는 가격조정제도이고 RPS는 수요조정제도이다. FIT는 정부가 신재생 에너지에 대한 가격을 책정하면 시장에서 발전량이 결정되며 RPS는 정부가 신재생에너지의 발전 의무량을 부과하면 시장에서 가격이 결정되게 된다. RPS와 FIT의 장단점을 본다면 RPS는 사업자간의 경쟁을 촉진시켜 지속적인 생산 비용을 절감할 수 있고 진보된 기술력의 개발이 가능해질 수 있다. 또한, 발전량을 예측 및 관리할 수 있게 되는 장점이 있다. 반면 FIT는 신재생에너지의 불확실성을 정부의 지원으로 보완하여 시장의 안정성을 유지해 많은 참여자를 유도해낼 수 있다. 그렇지만 정부의 지원으로 인한 안정성은 기업간의 경쟁이 약화되어 생산비용의 절감 및 기술개발의 노력이 줄어들게 된다.

4.5 에너지경영시스템(EnMS : Energy Management System)

4.5.1 에너지경영시스템의 개념

에너지경영시스템의 정의는 기업이 에너지이용 효율 목표를 설정하고 이를 달성하기 위하여 인적 · 물적 자원 및 관리체제를 일정한 절차 및 기법에 따라 체계적이고 지속적으로 관리하는 전사적 에너지관리활동이다.

에너지경영시스템의 기본 개념은 최고경영자를 포함하여 조직 구성원 전체가 에너지절약 및 효율개선과 관련된 일련의 활동을 체계적으로 계획하고 지속적으로 이행하는 것을 규정하는 에너지관리의 표준화된 기법이다.

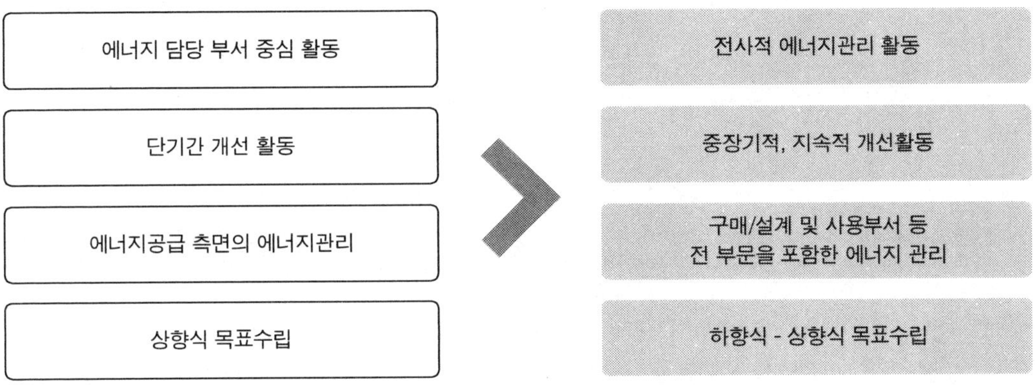

〈그림 1.28〉 에너지경영시스템 개념

위의 그림에서 보듯이 에너지경영시스템은 최고경영자의 의지를 요구하여 필요에 의한 에너지 절약 시스템이 아닌 지속가능한 경영을 추구하는 시스템이다. 기존의 방식이 최고경영자의 지시에 따른 에너지부서의 책임으로 이루어지는 시스템이었다면 에너지경영시스템은 전사적 에너지 관리 활동이라는 타이틀처럼 회사 전체의 의식 개선 및 최고 경영자의 지속적인 참여를 요구하게 된다.

에너지 다소비 기업에서 일일 자동 정산되는 에너지 원가 관리 및 예측관리, 에너지 소비량 관리 등을 하는 회사는 현재 우리나라에서 극소수에 불과하다. 우리나라 기업은 기기나 설비투자 이외에 에너지 관리의 수준향상에 따른 에너지 절감에는 매우 서툰 편이므로 적은 투자로 지속적인 효과와 관리를 할 수 있는 전사 차원의 에너지경영시스템을 구축할 필요성이 있다고 볼 수 있다.

에너지경영시스템 구축이 필요하게 된 배경으로는 기후 및 환경의 변화, 원유의 고갈에 대한 대비 등이 전세계적으로 문제가 되면서 국제 사회는 교토의정서 발효 이후 현재까지 국제적인 환경보호 및 기후변화 대비 체제의 틀을 위한 협의를 논의하고 있다. 또한 에너지문제가 산업 체제의 전반을 무너뜨릴 수 있다는 점과 환경문제를 초래 할 수 있다는 점에서 국내와 해외에서는 에너지 효율 향상과 절약 유도를 위한 노력이 법으로 의무화되고 있다.

이러한 배경과 해외 추세에 맞춰 국내에서는 녹색성장기본법 및 온실가스에너지 목표관리제 등의 규제 정책과 자발적 노력에 대한 촉구가 시작되었다. 따라서 기업에서는 기후변화에 대한 이슈 및 에너지 사용에 대한 관심을 꾸준히 경영활동에 반영하고, 에너지정보 공개요구에 대응이 가능하도록 다양한 대응방안을 수립하고 있다.

대외적으로는 각 국가별로 에너지 관리의 효율성을 제고하기 위해 에너지경영시스템 혹은 에너지효율성프로그램을 개발하여 적용하고 있다. 국제적 수준의 정의와 국가별 에너지 절약 및 설비 고효율화에 힘입어 에너지경영시스템이 시행 혹은 준비 중에 있다. 유엔 산업개발기구(UNIDO : United Nations Industrial Development Organization)에서는 국제표준으로 ISO50001을 제정했으며 각 나라별 진행 현황은 다음 표와 같다.

〈표 1.27〉 주요국의 EnMS 추진현황

국 가	추진현황
	‣ 유럽표준(EN 16001) 제정(2009년) 및 인증제도 운영 : Directive 2006/32/EC : 2016년까지 9% 에너지절감 목표달성수단으로 EnMS 활용 ‣ ISO경영시스템(환경, 품질 등) 인증체제 활용(ISO 신뢰 문화) ‣ 에너지목표관리제 참여기업에 EnMS인증의무화(덴마크, 스웨덴 등)
	‣ SEP(Superior Energy Performance) 제도 추진 : EnMS 및 에너지원단위 개선에 대한 검증(등급부여(3등급)) ‣ GSEP(Global SEP)[국제상호인증제도] 개발 추진(2010년~) : 건물/산업부문 에너지 효율향상제도(클린에너지장관회의 채택(2010년 7월), 10개국+EC 참여 : 미국, 한국, 일본, 인도, 프랑스, 스웨덴, 캐나다 등
	‣ 국가표준(GB/T 23331)을 제정(2009)하고 시범인증사업을 추진 ‣ EnMS보급 확대에 국가적인 큰 관심과 지원
	‣ 개발도상국의 에너지효율향상을 위한 핵심시책으로 EnMS 보급확대 : GEF IEE 프로젝트 : 2010~2015년(5,000만 달러, 중국, 러시아, 인도 등 15개국) ‣ 중소기업을 위한 EnMS 실행가이드라인 및 교육과정 개발 추진 중

✪ 출처 : 에코시안, "에너지경영시스템 도입 현황과 개념", 엄기현, 2010.12.22.

4.5.2 ISO50001

국제표준화기구(ISO : International Organization for Standardization)는 에너지관리 시스템을 ISO50001로 명명하고, 2011년 6월15일에 국제표준 최종안을 발표했다. 우리나라에서는 2007년에 국가표준으로 KS A 4000을 제정하여 에너지관리시스템 인증에 활용하고 있었다.

KS A 4000과 ISO50001을 비교하면 표준 구조 및 내용에 있어 매우 유사한데 그 이유는 국가표준 제정시 미국과 유럽을 표준으로 벤치마킹하였기 때문이다. 요구사항을 비교하면 ISO50001은 7장 24개의 요구사항으로, KS A 4000은 6장 27개의 요구사항으로 구성되었다. 전체적으로 요구사항을 봤을때 KS A 4000의 경영책임 부분이 많으며 ISO50001은 경영검토 부분이 더 많다.

ISO국제표준이 확정된 이후 국가표준원은 국제표준을 받아들여 2011년 8월에 KS A 4000을 폐지하고 2011년 10월에 KS A ISO50001을 제정하여 인증제도를 운영하고 있다.

ISO50001의 방향과 특징으로는 산업, 건물, 수송 부문 등 모든 형태 조직과 대기업이나 중소기업 등 모든 규모에 적용 가능하도록 하였으며, 타 ISO경영시스템(ISO14000 : 환경경영, ISO9000 : 품질경영 등) 병용 가능하도록 제정되었다. 또한 에너지 성과(Energy Performance) 개선에 중점을 두고 문서가 간소화 되었다. 에너지 기획에서는 에너지측면분석, 베이스라인 설정, 목표수립, 개선과제를 두었으며, 개선과제에 의한 에너지 성과 개선에 대한 검증(Verification)을 요구하며, 최고경영자(Top Management)의 의지를 강조한다.

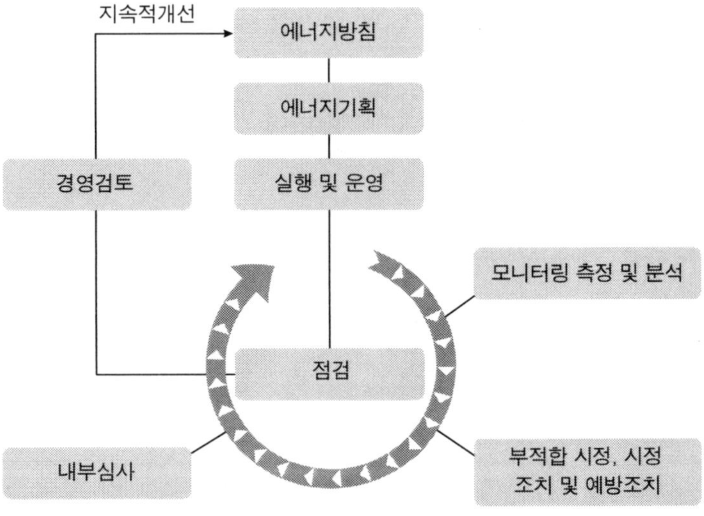

〈그림 1.29〉 ISO50001의 에너지 경영프로세스

에너지경영시스템을 도입하면 전사적으로 에너지 및 지구온난화에 대한 근본적인 생각을 바꿀 수 있다. 즉, ISO50001을 조직 내에 잘 적용 한다면, 인증을 획득하는 과정만으로도 에너지 절약과 효율을 크게 향상시킬 수 있다. 에너지경영시스템 도입에 따른 효과를 간단히 정리해보면 다음과 같다.

첫째, 국가 온실가스 감축 및 지구온난화 방지에 기여할 수 있다. 에너지의 효율적 사용과 낭비되는 에너지 절약을 통한 온실가스 감축 노력은 새로운 감축 기술개발과 이미 상용화된 기술을 적용 및 결합하여 사용자의 지속적인 노력을 추구하는 것이므로 기업의 녹색성장과 더불어 온실가스 감축을 달성할 수 있게 된다.

둘째, 에너지 사용에 대한 베이스라인 구축의 효과가 있다. 국내외에 다수의 사업장을 갖고 있는 기업의 경우 회계 장부상에 간략하게 언급되어 있는 에너지사용 비용에 대한 짧은 언급이 아니라 각 사업장, 생산제품, 공정, 년, 월, 일 등을 기준으로 에너지 사용정보 및 기타 에너지원에 대한 사용정보 등 비용으로 계산되는 에너지에 대한 모든 데이터를 수집 후 체계화 및 정보화함으로써 에너지 사용에 대한 베이스라인 구축이 가능하다. 베이스라인 구축 다음단계부터 에너지를 감축하고 효율을 높이기 위한 모든 활동이 시작되므로 가장 중요한 기준이라고 할 수 있다. 이를 통해 기업의 합리적 목표수립이 가능해지고 에너지성과 MRV(측정 · 보고 · 검증)의 기반이 구축된다고 볼 수 있다. 더불어 온실가스 목표관리제의 구체적 이행 수단으로 사용할 수도 있다.

셋째, 에너지의 효율적인 사용으로 비용 절감이 가능하다. 온실가스 · 에너지 시스템으로부터 수집된 방대한 데이터 및 비교 가능한 시스템정보를 통해 발견할 수 없었던 많은 낭비요소와 비효율 요소를 찾아내어 개선을 통해 에너지를 감축하고 비용절감이 가능해진다. ISO50001은 국제적으로 공인된 에너지효율향상을 위한 핵심 수단으로써, 체계적 관리만으로도 10～30% 에너지 절감이 가능하다고 보고하고 있다.

4.5.3 용어와 정의

ISO50001 표준의 이해를 돕기 위해 에너지경영시스템 국가표준에서 발췌한 중요한 용어에 대해 아래의 표로 나타냈다.

〈표 1.28〉 용어 설명

용 어	설 명
경계 (boundaries)	조직에 의해 규정된 물리적 또는 사업장 한계 또는 조직 한계 (예 공정 : 공정의 집단, 전체 조직 : 조직의 관리 하에 있는 복수 사업장)
지속적 개선 (continual improvement)	에너지경영시스템과 에너지성과의 향상을 이끄는 순환 프로세스
에너지베이스라인 (energy baseline)	에너지성과 비교를 위한 기반을 제공하는 정량적인 기준
에너지목표 (energy objective)	개선된 에너지성과와 관련된 조직의 에너지방침을 충족하기 위한 특정한 결과물 또는 실적의 집합
에너지성과 (energy performance)	에너지 효율, 이용 및 사용량과 관련된 측정 가능한 결과
에너지성과지표 (energy performance indicator, EnPI)	조직에 의하여 정의된 에너지성과의 정량적 수치 또는 측정값
에너지방침 (energy policy)	최고경영자에 의해 공식적으로 제시된 에너지성과와 관련된 조직의 전반적인 의도 및 방향
에너지검토 (energy review)	개선을 위한 기회의 파악을 이끄는 데이터 및 그 밖의 정보에 근거한 조직의 에너지성과 결정
에너지세부목표 (energy target)	조직전체 또는 일부에 적용되는 구체적이고 계량 가능한 에너지성과 요구사항으로써 에너지목표 달성을 위해 설정되고 충족될 필요가 있는 것
내부심사 (internal audit)	요구사항에 대한 충족되는 정도를 결정하기 위하여 증거를 수집하고 객관적으로 평가하기 위한 체계적이고 독립적이며 문서화된 프로세스

출처 : 에너지관리공단, "에너지경영시스템 국가표준(안)", 2011.05.

4.5.4 ISO50001의 구성

ISO50001의 구성은 아래의 표와 같다.

〈표 1.29〉 ISO50001의 구성

항 목	세부항목
1. 적용범위	
2. 인용규격	
3. 용어 및 정의	
4. 에너지경영시스템 요구사항	4.1 일반 요구사항 4.2 경영자 책임 4.3 에너지 방침 4.4 에너지 기획 4.5 실행 및 운영 4.6 성과 측정 4.7 경영 검토
부속서 A : 표준 이용안내	
부속서 B : 각국 지역의 규격, 법규와 비교 테이블	

각 단원별로 구성을 보면 '1. 적용범위'는 에너지경영시스템을 수립, 실행, 유지 및 개선하기 위한 요구사항을 규정한 내용이며, '2. 인용규격'은 인용표준이 인용되어 있지 않는 상태이다. 이항이 존재하는 이유는 단지 다른 ISO경영시스템 표준과 번호 일치를 위하여 있는 것이다. '3. 용어와 정의'는 전 단락에서 다루었으며, '4. 에너지경영시스템 요구사항'은 7가지 세부사항으로 나누어진다. '부속서A'는 이 표준의 사용을 위한 지침을 다룬 내용이며, '부속서B'는 에너지경영시스템(ISO50001), 품질경영시스템(ISO9001), 환경경영시스템(ISO14001), 식품안전경영시스템(ISO22000)과의 대조표이다.

4.5.5 ISO50001의 프로세스

ISO50001의 흐름은 PDCA(Plan-Do-Check-Act 계획-실행-점검-조치) Cycle로 운영되고 있으며, Plan단계에서 에너지검토를 수행하고 조직의 에너지방침 및 에너지성과 개선의 기회와 일치하는 결과를 달성하는데 필요한 베이스라인, 에너지성과지표(EnPI : Energy Performance Indicator), 목표, 세부목표 및 실행계획을 수립한다. Do단계에서는 에너지경영 실행계획의 이행과 세부목표의 이행을 실시한다. Check단계는 에너지방침 및 목표에 대한 에너지성과를 결정하는 프로세스와 그 운영의 주요 특성들에 대한 모니터링, 측정 및 그 결과를 점검하며 마지막으로 Act단계에서는 에너지성과 및 에너지경영시스템을 지속적으로 개선하기 위한 활동을 한다.

ISO50001의 구성은 아래의 그림과 같이 경영책임 및 에너지방침, 에너지 기획, 실행 및 운영, 성과 점검, 경영검토로 구성되어있다.

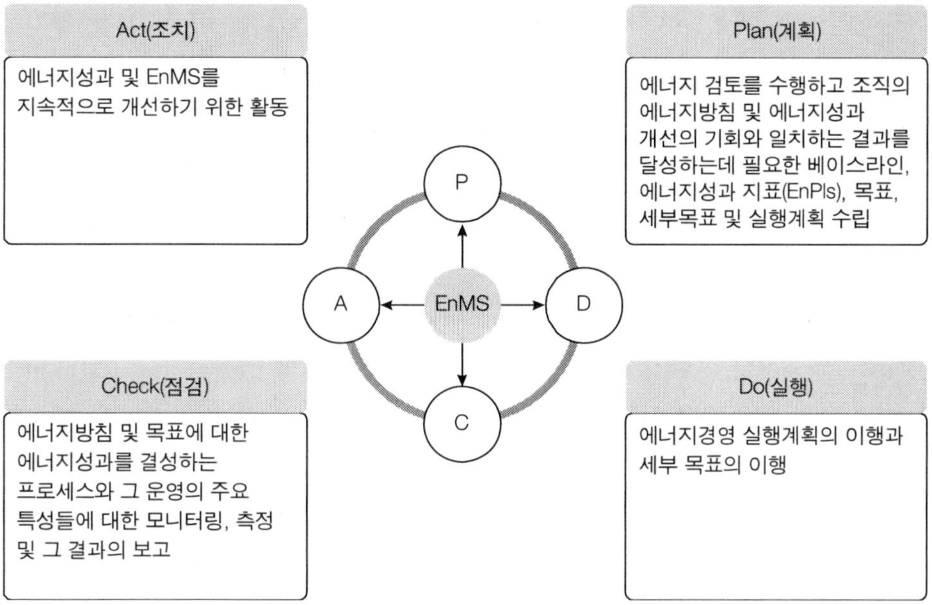

〈그림 1.30〉 ISO50001 PDCA 운영 흐름도

4.5.6 ISO50001 인증 및 심사

ISO50001의 인증 절차는 '제11조 제3항'에 관련하여 프로세스는 아래의 흐름도와 같이 운영된다.

〈그림 1.31〉 ISO50001 흐름도

인증신청조직은 인증신청서를 인증심사기관에 제출하여 접수한 후, 인증심사여부를 결정하고 인증심사반을 구성하여 인증신청조직에 송부하면 인증신청조직은 인증심사반 구성을 확인한다. 인증심사반은 문서심사를 위해 인증신청조직에게 매뉴얼, 절차서를 제출받고 사업장의 에너지경영보고서를 심사한다. 시정조치에서는 문서심사보고서를 작성한 후 현장심사계획을 수립하여 인증신청조직에게 송부하고 인증신청조직은 부적합사항에 대한 시정조치를 실시한다. 현장심사에서는 부적합사항의 시정조치를 확인하고 에너지경영시스템의 구축 이행을 확인 및 현장심사보고서를 작성한다. 인증결정을 위해 인증심의위원회는 인증여부를 결정하며, 결과를 인증신청조직에게 통지하고 인증신청조직은 인증심사결과를 확인한다. 마지막으로 인증서를 발행하여 송부하면 인증신청조직은 인증서를 수령한다.

주요한 인증심사기준 점검항목으로 일반요구사항에서는 에너지경영시스템 수립, 문서화, 실행, 유지 및 개선사항이 있다. 경영책임에서는 에너지경영책임자 임명의 적정성 및 책임과 권한을 갖는 활동평가가 있다. 에너지방침에서는 에너지 성과 개선에 대한 조직의 의지 표명 여부를 점검한다. 에너지 기획에서는 에너지기획 프로세스의 문서화 및 이행여부와 에너지 검토 방법의 개발, 기록 및 유지 여부와 베이스라인 구축의 적절성과 에너지성과지표(EnPI)의 확인과 에너지 목표 및 세부목표 수립여부를 점검한다. 실행 및 운영에서는 에너지 기획 프로세스로부터 도출된 결과물과 실행계획의 이용사항과 필수 문서화 요구사항의 문서화 및 관리여부와 운전관리, 설계, 구매 활동 관리 및 기록을 점검한다. 점검부분에서는 주요 특성 모니터링, 측정 및 분석과 기록유지를 확인한다. 마지막으로 경영검토에서는 최고경영자가 조직의 에너지경영시스템을 계획된 주기로 검토 및 그 기록의 유지를 확인한다. 인증서를 연장하기 위해서는 매 3년마다 갱신 심사를 실시하여야 한다.

4.6 EU환경규제

4.6.1 국제환경규제의 개요

제품과 관련된 환경규제는 유럽에서 시작되었는데 그 바탕은 2003년 6월 18일부터 적용되기 시작한 통합제품정책(IPP : Integrated Product Policy)이다. 통합제품정책(IPP)은 환경개선을 위한 성과를 가장 효과적으로 달성하기 위해 제품의 전 과정을 통한 노력을 실행하자는 취지이다. 즉, 원료물질의 추출, 디자인, 부품의 제조 및 최종제품 생산, 마케팅 및 유통, 제품 사용 및 폐기에 이르기까지 단계를 세분화하여 각 단계가 환경에 미치는 영향을 개선하도록 종합적으로 추진하는 것이다.

전 세계적인 제품환경 규제는 대부분 유럽의 규제를 모델로 삼고 있다. 유럽의 제품환경 규제는 기술과 재료의 집합체인 자동차와 전기전자 제품을 중심으로 유해물질 함유 제한과 재활용률에 대해 시작되었다.

EU에서 조약(Treaties)은 EU 회원국 간에 동의한 1차적인 법원을 형성하며 EU 통합을 위한 관련조약, 예산 관련조약, 신규회원국 가입조약 등이 이에 해당 된다.

EU규범의 종류는 규정(Regulation), 지침(Directive), 결정(Decision), 권고(Recommendation), 의견(Opinion) 등 5가지로 구성되어 있으며, 규정, 지침, 결정은 법적 구속력이 있으며 조약에 근거하여 이사회, 집행위원회, 유럽의회에서 제정한 2차적 법원이다. 그에 비해, 권고, 의견은 구속력이 없다. 규정(Regulation)은 회원국정부, 개인, 법인을 망라하여 EU전체에 직접 적용되는 가장 강력한 EU 법규이다. 지침(Directive)은 달성해야 할 전반적인 목표와 제정시한만을 제시하며 구체적인 시행방법은 개별회원국에 일임 된다. 지침이 국내적으로 효력을 가지기 위해서는 개별회원국에서 별도의 자국법이 제정되어야 한다.

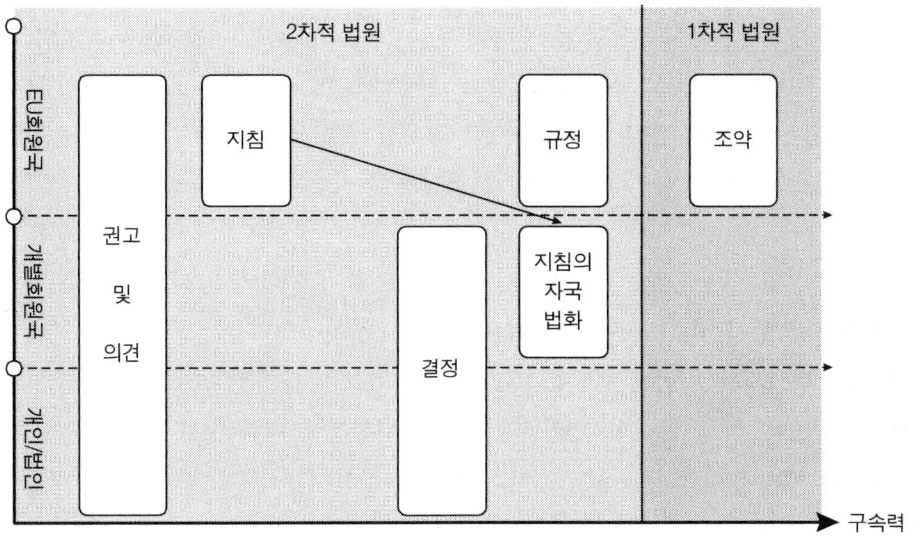

〈그림 1.32〉 EU 법규 유형

EU는 크게 전기전자산업, 자동차산업, 화학산업, 기타 등으로 4가지 분류의 환경규제가 있다. 규제의 종류는 WEEE(폐전기 · 전자제품 처리 지침), RoHS(전기 · 전자제품 유해물질 제한 지침), EuP(에너지사용제품에 대한 친환경 설계 지침), ELV(폐차 처리 지침), REACH(신화학물질 관리 정책), 아조염료 규제, 도료 휘발성유기화합물(VOC : Volatile Organic Compounds)규제 등 여러 가지가 있다. 아래의 표는 유럽의 대표적인 제품환경규제가 제품의 전 과정에 미치는 영향이다.

〈표 1.30〉 유럽의 제품환경규제가 제품의 전 과정에 미치는 영향

규제명	시행일	규제분야	원료	생산	사용	폐기
WEEE	2005년 8월 13일	폐기물				○
RoHS	2006년 7월 1일	유해물질	○	○		○
EuP	2008년 8월 11일	친환경설계	○	○	○	○
ELV	2000년 10월 21일	폐기물 유해물질	○	○		○
REACH	2007년 6월 1일	화학물질	○	○	○	○

출처 : 묘인봉 블로그, 국내외 제품 환경 규제의 이해와 필요성, http : //myoinbong.tistory.com/23

4.6.2 WEEE

폐전기 · 전자제품 처리 지침, WEEE(Waste Electrical and Electronic Equipment)는 유럽에서 판매되는 전기 · 전자제품 및 제품에 포함된 부속품과 하위 조립품 및 소모품에 대하여 재사용, 재활용 및 재생을 통해 전기 · 전자 폐기물 발생을 줄임으로써 자원 사용량을 줄이고 폐기물로 인한 환경오염을 예방하기 위해 2005년 8월부터 시행되었다. WEEE가 적용되는 제품의 대상은 교류 1,000V, 직류 1,500V 미만의 전압을 사용하는 전기 · 전자제품으로 가전제품, 정보통신 장비, 조명기기, 전동공구, 자동판매기 등이 있으며 부속서에 명시된 10대 분류에 속하는 전기 · 전자제품인 보안장비, 군수품, 전략물자 등은 제외하였다.

적용 제품을 생산하는 기업은 재활용 마크를 부착하고 폐제품을 무상으로 수거해야 하며 명시된 재사용, 재활용, 재생 목표치의 달성과 제품의 재활용에 대한 정보를 제공해야 한다. 또한 제품의 폐기 시 재사용과 재활용을 고려하여 설계해야 하며 제품 회수시스템을 구축하거나 가입해야한다.

〈표 1.31〉 WEEE 재생 및 재활용 목표

대상제품군	재생률	재사용/재활용률
대형가전, 자동판매기	85% 이상	80% 이상
정보통신장비, 소비가전	80% 이상	70% 이상
소형가전, 조명기기, 전동공구, 검사 및 통제기기, 완구 및 레저스포츠장비	75% 이상	55% 이상
가스방전램프 (네온사인 등)	-	85% 이상

WEEE에서 생산자의 정의는 자사 브랜드로 전기 · 전자제품을 만들거나 판매하는 자, 다른 공급자에 의해 생산된 장비를 자사의 브랜드로 재판매하는 자, 회원국 내에서 전문성에 기초하여 전기 · 전자제품을 수입하거나 수출하는 자로 되어있다. 제조자는 자사의 판매법인 없이 OEM(Original Equipment Manufacturing, A, B 두 회사가 계약을 맺고 A사가 B사에 자사상품의 제조를 위탁하여, 그 제품을 A사의 브랜드로 판매하는 생산방식 또는 그 제품) 등으로 수출하는 자가 있다. 생산자는 기본적으로 재활용 목표 달성, 비용부담, WEEE마크 부착, 재활용 정보 제공, 생산자 등록, 보고의 의무를 가지게 되며, 제조자는 WEEE마크 부착과 재활용 정보 제공의 의무만 가지게 된다.

WEEE 프로세스는 국가별 법규와 제도 및 운영기관을 확인하고 규제 대상과 생산자 및 제조자를 확인하여 국가별 대상 규제를 모니터링 한다. 그 후 규정에 따른 WEEE마크의 부착여부를 확인하고, 소비자 및 재활용업체에 대한 정보를 제공한다. 그 다음에 수출 대상국의 재활용 기관 또는 정부당국에 등록 신청을 하며 회사정보, 판매실적, 재활용 계약서 등을 제출한다. 재활용 목표 달성 여부의 확인 및 수출 대상국별 가입 재활용 제도의 청구유형에 따라 회수처리 비용을 부담하고 연간 재활용 실적 및 방법은 매년, 판매실적은 매월 보고한다.

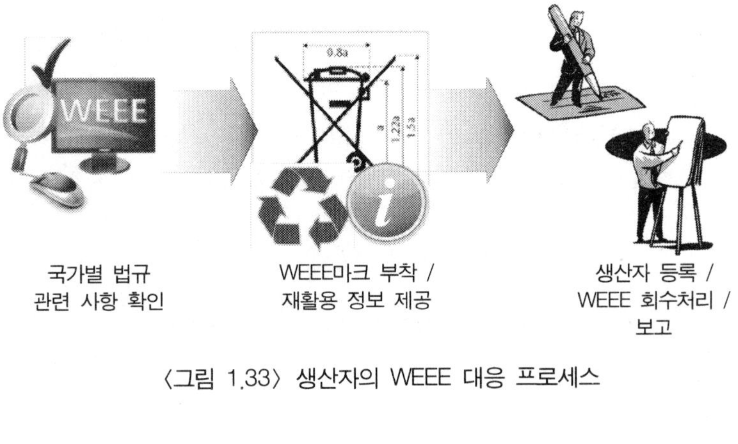

〈그림 1.33〉 생산자의 WEEE 대응 프로세스

WEEE마크를 부착할 때 위치는 제품 본체 및 부속품에 표시하나 제품 크기가 작거나 제품 기능에 영향을 줄 경우, 꼬리표, 전원 케이블, 품질보증서, 제품 설명서, 외장 포장재에 표시할 수 있다. WEEE마크는 WEEE symbol을 부착해야하며 브랜드 명, 상표 또는 각국 생산자 등록 기관에 기록된 이름을 표시해야 한다.

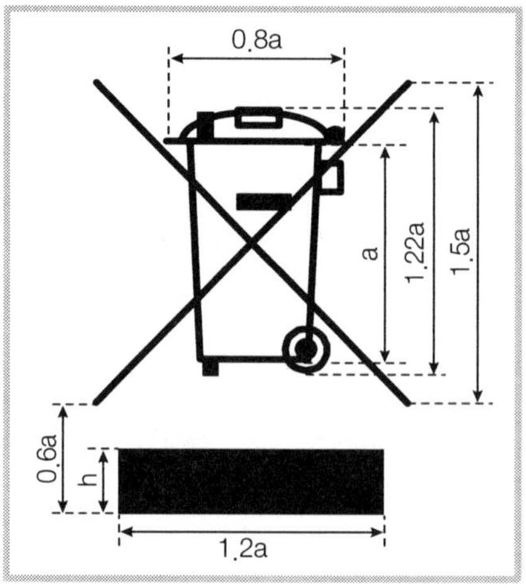

〈그림 1.34〉 WEEE Symbol

출처 : weeeregistration.com, "WEEE Symbol"

4.6.3 RoHS

전기 · 전자제품 유해물질 제한 지침, RoHS(Restriction of Hazardous Substances in electrical and electronic equipment)은 전기 · 전자제품의 폐기물 처분과 재활용 과정에서 발생할 수 있는 환경오염을 사전에 예방하기 위해 6가지 특정 유해물질(납, 카드뮴, 6가 크롬, 수은, 브롬계 난연제인 폴리브롬비페닐(PPB : Polybrominated Biphenyl)과 폴리브롬디페닐에텔(PBDE : Polybrominated Diphenyl Ethers)의 함유를 제한하는 지침으로 2006년 7월부터 시행되고 있다. 카드뮴의 경우 최대농도 100ppm(Parts Per Million, 100만분의 1)까지 허용하고 있으며 나머지 5가지 물질에 대해선 최대농도 1,000ppm까지 허용하고 있다.

〈표 1.32〉 RoHS의 6대 유해물질 농도 제한치

유해물질	납	카드뮴	수은	6가 크롬	PBB	PBDE
농도 제한치	1,000ppm	100ppm	1,000ppm	1,000ppm	1,000ppm	1,000ppm

출처 : 국제환경규제 사전대응 지원시스템, "EU 전기 · 전자제품 내 유해물질 사용제한지침"

현재 RoHS의 적용되는 대상의 범위는 WEEE의 대상에서 의료장비와 검사 및 통제기기가 제외되며, 가정용 조명기기는 포함된다. 그러나 2014년 1월부터는 의료장비와 2017년 1월부터는 산업 모니터링 및 제어기기가 포함될 예정이다. 기술적으로 유해물질의 대체소재를 개발하기 어려운 분야에 대해서 예외를 적용하고 있으며, 형광램프의 소량 수은, 음극선관 및 전자부품용 유리에 함유된 납, 합금에 미량 사용된 납, 솔더링용 납 등이 있다. 아래의 그림은 RoHS의 추진 현황이다.

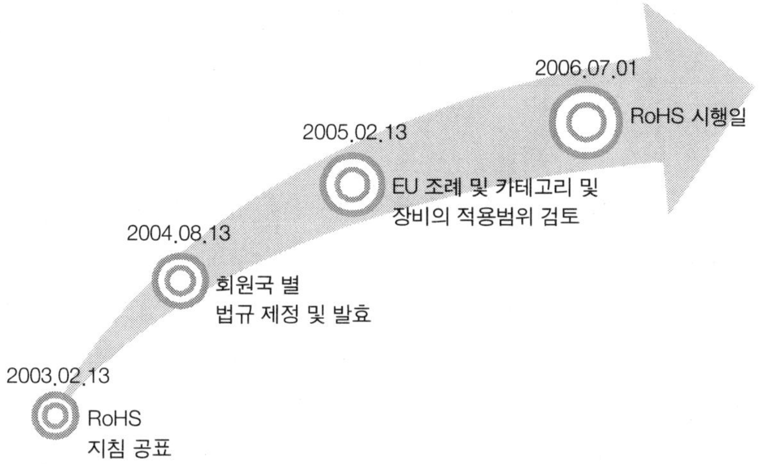

〈그림 1.35〉 RoHS 진행사항

RoHS의 대응 프로세스는 제품이 수출대상 국가의 RoHS법규에 포함되는지 확인하고 6대 유해물질이 제품의 어떤 부품 및 소재에 사용되는지 파악한다. 그 후 RoHS법규 예외사항에 제품이 포함되었는지 여부와 제품에 포함된 6대 유해물질 농도를 확인하여 유해물질 제한기준 초과 여부를 분석한다.

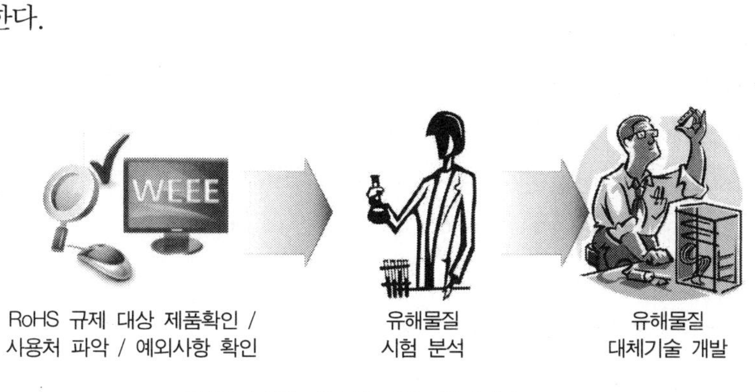

〈그림 1.36〉 RoHS 대응 프로세스

4.6.4 EuP

에너지사용제품에 대한 친환경 설계 지침, EuP(Eco-design requirements for Energy using Products)는 제품 디자인에 관한 EEE(Electrical and Electronic Equipment)지침과 에너지 효율 재고에 대한 EER(Energy Efficiency Requirement)지침이 통합되어 유럽 지역에서 판매되는 에너지 사용 제품의 환경성과를 개선하도록 하는 친환경설계 지침이다.

EuP는 제품설계 및 개발 단계에서 환경측면을 접목시키기 위한 틀을 마련하여 에너지 사용 제품이 시장에서 자유롭게 이동되는 것을 보장 하는 것을 목적으로 하고 있다. EuP의 적용 범위는 현재 EU 내에서 20만대 이상 판매하는 운송제품을 제외한 전제품을 대상으로 하며 제품의 작동을 위해 전기, 화석연료, 재생연료를 에너지원으로 사용하는 제품, 보일러나 Heat pump처럼 에너지를 만들거나, 변환 또는 측정하는 제품, 외장하드디스크처럼 시장에 단독으로 출시되어 거래되는 에너지 사용제품에 합체되는 부품으로 단독으로 환경성 평가가 가능한 것을 대상으로 한다.

EuP는 에너지사용 제품의 친환경설계의 의무를 부과하여 제조업체는 제품별 주요 환경측면에 대한 성과 개선을 위해 친환경 설계 필요 요건을 만족하도록 제품을 설계해야 한다. 이 과정에서 전 과정평가(LCA : Life Cycle Assessment) 및 환경성 분석표(Ecological profile) 작성 등의 수행 방법이 고려되어야 한다. 또한 적합성 평가의 수행을 위해 관할 운영기관의 정보 제공 요청에 대응할 수 있는 시스템을 구축하여 기업은 제품을 개선함으로써 친환경 제품설계 필요 요건의 만족 여부를 평가할 수 있게 조직, 프로세스, 성과관리 체계 등을 운영해야 한다. 특히, 기업은 제품별 관리대장 혹은 기술문서대장을 구비하여 친환경 제품설계 시스템을 갖췄음을 입증해야 한다.

2008년 7월 16일에 EuP 지침이 개정된 ErP(Energy related Products)안이 제출되었는데, 그 개정안의 요점은 기존의 대상이었던 에너지사용제품(EuPs : Energy using Products)에서 에너지관련기기(ErPs : Energy related Products)로 확대하는 내용이다. EuPs는 에너지를 사용하거나 발생하거나 만들거나 이송하거나 또는 측정하는 제품으로 전자 제품, 가스, 화석 연료, 보일러, 온수기, 컴퓨터, TV, 산업제품군 등이 포함된다. ErP는 에너지를 사용할 필요가 없는 제품이나 에너지 사용에 영향을 줄 수 있는 제품으로 창, 절연 물질, 샤워꼭지, 수도꼭지와 같이 에너지 절약에 일조하는 제품이 포함된다.

ErP지침은 보다 많은 에너지 효율성을 요구하고 있으며, 목표는 제품의 전 과정에 걸쳐 발생되는 총체적인 환경적 영향을 다루는 것이다.

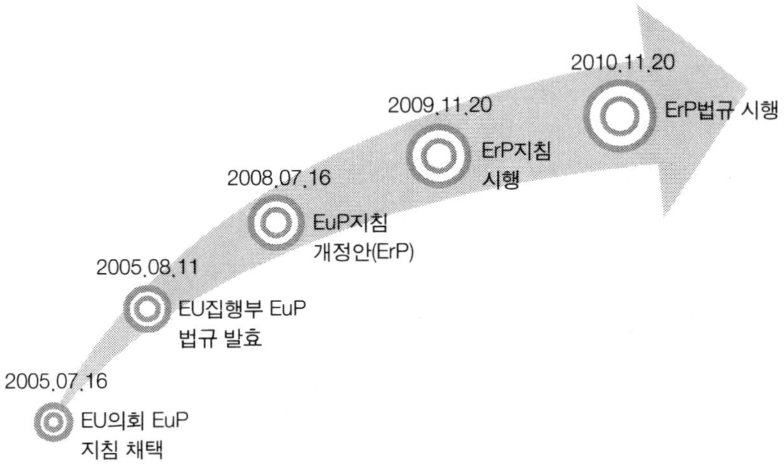

〈그림 1.37〉 EuP 진행사항

친환경 설계 지침은 에코디자인 적용, CE마크 부착, 적합성 평가 및 환경정보 공개로 구성되며 에코디자인을 위한 세부 이행방안은 제품별로 수립하고 있다.

CE(Conformity European) 마킹은 친환경 제품설계에 필요한 요건을 충족한 제품에 대해 마크를 부착하고, 제품이 시행 규칙을 준수하였다는 것을 대외에 선언하는 표시이다. 안전, 건강, 환경 및 소비자 보호와 관련된 제품은 CE 마킹을 의무화하여 EU시장 진출을 위한 상품의 비자처럼 사용되고 있다. EuP는 제조업체에게 자체 선언서 혹은 제품 인증서를 요구하기 때문이다.

〈그림 1.38〉 CE마크

◎ 출처 : ce-marking홈페이지, http : //www.ce-marking.org

제품 환경성에 대한 정보를 소비자에게 제공하는 방법으로 친환경제품의 사용시 유의사항, 혹은 필요시 제품의 환경성 분석표(Ecological Profile) 및 친환경 특성을 소비자에게 제공한다.

또한 제조업체는 제품의 환경측면과 관련된 제조공정 정보, 소비자가 비교할 수 있는 제품의 주요 환경특성 정보, 친환경제품의 설치, 사용, 유지보수, 폐기와 관련된 정보, 제품의 해체, 재활용 및 최종 처리시 필요한 정보를 제공한다.

EuP의 대응 전략은 기업 내부 시스템 정비를 위해 경영, 제품, 생산에 있어서 환경 전략 및 기술 도입을 구축한 후 협력업체에 대한 친환경제품설계 교육 및 인식 확대를 위해 활동한다. 제품환경 관련된 전 과정평가(LCA), Ecodesign 등 관련 기법을 습득 및 적용하고 다양한 환경 규제에 대한 대응 계획 수립을 통한 규제 정보 수집과 분석 및 고객사 요구사항을 파악한다.

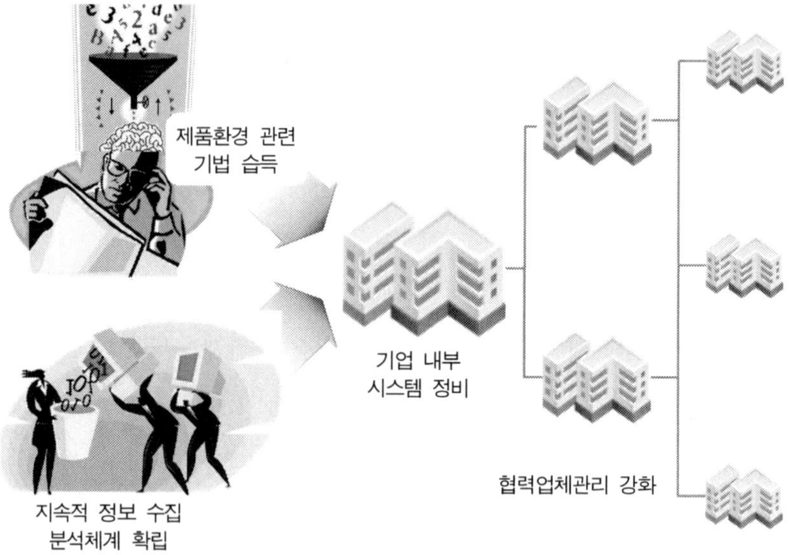

〈그림 1.39〉 EuP 대응 전략

4.6.5 ELV

폐차 처리 지침, ELV(End of Life Vehicle)는 예비부품과 교체부품을 포함한 9인승 이하 승용, 승합, RV(Recreational Vehicle : 여가활동용 차량) 및 차량 중 중량 3.5ton 이하 트럭과 3륜 차량(3륜 모터사이클 제외)을 대상으로 폐차 시 발생하는 폐기물을 줄이고 자원의 재이용을 확대하기 위해 폐차 처리비용을 자동차 생산자가 부담하는 것을 목표로 하고 있다. 주요내용은 유해물질 사용제한, 수거 및 수거비용 부담, 재활용 목표치 달성 및 정보 공개로 요약할 수 있다. 유해물질 사용 제한은 2003년 7월부터 판매한 차량에 대해 시행하고 있다. 하지만 현재 기술수준 및 업계 상황 등을 고려해 2003년 7월 이전에 판매된 차량의 수리를 위한 부품과 전자부품 및 회로의 솔더링 납, 주요 부품표면의 내식성 코팅에 사용된 6가 크롬 등 적용예외 및 유예 사항을 규정하고 있다. 제조사와 판매사는 자사의 차량에 대해 중고차를 포함하여 수거 의무가 있으며 수거된 폐차에 대한 재활용 및 회수율을 달성해야 한다. 신차는 출시 후 6개월 이내에 해체 정보를 제공해야 하며 필요 시 부품의 재질과 위험성 물질의 위치를 명시해야 한다.

2003년 7월 1일부터 4대 중금속으로써 납, 카드뮴, 6가 크롬, 수은의 사용을 제한한다. 아래의 표는 ELV 지침의 주요 의무사항 및 이행주체에 대한 표이다.

〈표 1.33〉 ELV 지침의 주요 의무사항 및 이행 주체

구 분	주요내용	영 향	이행주체
중금속 사용금지	‣ 4대 중금속 사용금지/예외(부속서II) ‣ 2003년 7월 1일 이후 EU 판매차량	수출 벌금	OEM & 협력업체
폐자동차 무상 회수	‣ 2002년 7월 1일 이후 판매 : 무상회수 ‣ 2002년 7월 1일 이전 판매 : 2007년 1월 1일부터 무상회수 ‣ 경제운영자가 회수 시스템 구축	비용	OEM (제조업체)
폐자동차 재활용	‣ 생산자에 대한 의무 폐차	비용	OEM
자동차 형식승인	‣ 재활용 가능률(85%) ‣ 재생 가능률(95%) 형식승인	자동차 판매	OEM (제조업체)
정보제공	‣ 신차종 출시 6개월 이내에 해체정보 제공 ‣ 부품 재질 표기	수출	OEM (제조업체)

출처 : 국제환경-규제 기업지원센터, "국제환경규제 바로알기"

4.6.6 REACH

신화학물질 관리 정책, REACH(Registration, Evaluation, Authorization and restriction of Chemicals)는 EU내에서 제조 또는 수입되는 화학물질과 이를 함유한 제품에 대해 제조업자 또는 수입업자에게 위해성 입증 책임을 부여하고 등록, 평가, 승인을 의무화하는 제도로 2007년 6월부터 시행되고 있다. 등록은 연간 1톤 이상 사용되는 모든 화학물질이 대상인데, 2개 이상의 물질로 구성된 혼합물의 경우도 각각의 화학물질이 1톤을 넘으면 등록해야 한다. 화학물질이 고위험성 물질인 경우는 허가를 받아야 하며 전자제품, 자동차, 가구, 장난감과 같은 최종 제품에 포함된 화학물질의 경우는 주 기능이 아닌 부가 기능에 의한 의도적 배출이 1톤을

넘으면 등록해야 한다. 비의도적 배출인 경우는 고위험성 물질이며 완제품 대비 0.1% 이상이고 연간 1톤 이상인 경우에 신고해야 한다. 농수산물을 제외한 거의 대부분의 제품은 화학물질로 구성되어 있기 때문에 REACH는 산업 전반에 적용되는 정책이다. 따라서 기업들은 우선 유럽으로 수출하는 제품의 물질과 수량이 기준에 해당되는지 확인하며, 해당되는 경우 등록 또는 신고절차를 진행해야 한다.

〈표 1.34〉 의무이행의 주체

대상	정 의	의 무
제조자	‣ 화학물질을 제조하는 EU내의 모든 자연인 또는 법인	‣ 화학물질의 등록, 신고, 허가, 제한 규정의 이행/준수 ‣ SDS 작성 및 공급망 내 전달
수입자	‣ 화학물질 및 화학물질을 포함하는 제품을 EU내로 수입하는 EU내의 모든 자연인 또는 법인	‣ 화학물질의 등록, 신고, 허가, 제한 규정의 이행/준수 ‣ SDS 공급망 내 전달
하위 사용자	‣ 자신의 산업적 또는 전문적 활동과정에서 화학물질을 사용하는 EU내의 모든 자연인 또는 법인(판매자, 소비자는 하위사용자의 범주에 포함되지 않는다.)	‣ 공급자에게 사용용도에 대한 정보 제공(미등록 시, 자체등록 필요) ‣ 공급망 내에 SDS 전달 ‣ 소비자를 위한 안전 및 사용정보에 관한 정보전달
유일 대리인	‣ 비EU권의 수출자를 대리해 REACH의무를 대행할 수 있는 EU내의 자연인 또는 법인	‣ 의뢰자의 모든 의무요건 이행 ‣ SDS 최신 정보 공급 ‣ 고객관련 최신정보 유지

4.7 에너지 효율제도

에너지효율관리제도는 3개의 프로그램으로 에너지효율등급표시제도, 대기전력저감프로그램, 고효율에너지 기자재인증제도로 구성되어 있다. 이 제도들은 에너지소비를 줄이고 절약하기 위해 주요 에너지 소비 품목을 정하여 효율등급을 의무적으로 표시하도록 하는 제도이다. 표시는 제품의 에너지 소비효율에 따라 가장 좋은 것을 1등급에서 나쁜 것을 5등급으로 구분하여 표시한다.

4.7.1. 에너지효율등급표시제도

에너지효율관리제도의 목적은 이 표시를 통해 소비자들이 구입하려는 제품의 에너지효율을 쉽게 판단할 수 있도록 도와준다. 또한 생산자들에게는 생산단계에서 에너지절약형 제품을 생산하게 유도하는 것이다. 동일 품목의 경우 1등급 제품은 5등급 제품보다 30~40%가량 에너지를 절약할 수 있다.

〈그림 1.40〉 에너지소비효율등급표시 인증마크

◎ 출처 : 에너지관리공단 효율관리제도 홈페이지, "에너지소비효율등급표시제도"

에너지소비효율등급표시제도는 23개 품목대상에 마크를 의무적으로 표시해야 하며, 최저 소비효율기준에 미달하는 제품은 생산 및 판매가 금지된다. 하지만 어댑터, 충전기, 형광램프용 안정기, 삼상유도전동기는 제외한다.

에너지소모가 온실가스 배출량의 84%를 배출하기 때문에 지식경제부와 에너지관리공단은 기후변화에 대비하기 위하여 주요 대상품목의 에너지 소비효율등급라벨에 이산화탄소 배출량을 표시하였다. 왜냐하면 전기에너지의 발전량의 상당부분은 화석연료를 연소시켜 생산되기 때문에 이산화탄소 배출에 큰 비중을 차지함으로 이산화탄소 배출량을 표시하여 에너지절약과 기후변화에 대한 소비자의 경각심을 알리는 것이 목적이다.

이산화탄소 배출량 표시는 에너지소비효율등급제도 대상품목 중 19개 품목에 대하여 시행하며 품목별 시행시기는 아래의 표와 같다.

〈표 1.35〉 에너지효율등급표시제도 이산화탄소 배출량 표시 품목별 시행시기

시행시기	이산화탄소 배출량 표시제품(19개)
2008년 8월 1일 부터	자동차
2009년 7월 1일 부터	전기냉장고, 김치냉장고, 식기건조기, 전기진공청소기, 선풍기, 공기청정기, 백열전구, 안정기내장형램프
2009년 8월 1일 부터	전기세탁기, 전기드럼세탁기
2010년 1월 1일 부터	전기냉동고, 전기냉방기, 식기세척기, 전기냉온수기, 전기밥솥, 형광램프, 삼상유도전동기, 상업용 전기냉장고

◎ 출처 : 에너지관리공단 효율관리제도 홈페이지, "에너지소비효율등급표시제도"

이 프로그램은 '에너지이용합리화법 제15조 및 제16조'와 '효율관리기자재 운용규정(지식경제부고시 제2010-124호, 2010.6.16)'을 근거로 하고 있다.

4.7.2. 대기전력저감프로그램

대기전력이란 가전제품이나 사무기기 등 실제로 사용하지 않는 대기상태에서 소비되는 전력을 뜻한다. 대기전력 소비량은 상당하며 근무시간 내내 켜져 있고 사용시간이 적은 복사기의 경우 전체전력 소비의 약 80%를 차지하는 것으로 추정된다. 이러한 대기전력으로 낭비되는 에너지비용이 국내 가정·상업부문 전력사용량의 10%를 차지한다. 대기전력저감프로그램에 등록된 에너지절약마크제품은 사용하지 않을 시 슬립모드로 자동 전환되어 최소 전력만을 사용하는 방법으로 에너지를 절약한다. 이러한 절전형제품을 구매하여 대기전력을 줄일 수 있고 지구환경 보호운동에도 참여할 수 있다.

에너지절약마크는 제조 및 수입업체 자체보증으로 대기전력저감기능을 보증하며, 정부가 제시한 기준을 만족한 제품에 대해서만 마크를 부착할 수 있다. 대기전력저감기준 미달제품은 의무표시를 해야 하며 대기전력저감기준 만족제품은 임의표시 할 수 있다. 20개 대상품목은 의무적으로 대기전력저감프로그램을 표시하여야 한다. 정보통신기기로는 어댑터, 충전기가 의무 대상이며, 기준 미달 시 경고라벨을 의무적으로 표시하여야 하며 자연적으로 미달제품은 생산 및 유통을 억제하는 기능이 있다.

〈그림 1.41〉 대기전력저감프로그램 인증마크와 기준미달 시 경고마크

◎ 출처 : 에너지관리공단 효율관리제도 홈페이지, "대기전력저감프로그램"

〈표 1.36〉 대기전력 경고표시제 대상품목 시행시기

시행시기	경고표시제 대상품목
2008년 8월 28일 부터	TV
2009년 7월 1일 부터	컴퓨터, 모니터, 프린터, 복합기, 셋톱박스, 전자레인지
2010년 7월 1일 부터	팩시밀리, 복사기, 스캐너, 비디오, 오디오, DVD플레이어, 라디오, 도어폰, 유무선전화기, 비데, 모뎀, 홈 게이트웨이

◎ 출처 : 에너지관리공단 효율관리제도 홈페이지, "대기전력저감프로그램"

이 프로그램은 '에너지이용합리화법 제18조, 제19조, 제20조 및 제21조'와 '대기전력저감프로그램 운용규정(지식경제부 고시 제2010-49호)'을 근거로 하고 있다.

4.7.3. 고효율기자재인증제도

고효율에너지기자재는 시험기간에서 측정한 품질시험결과와 에너지소비효율을 만족하여 에너지관리공단에서 인증을 받은 제품을 뜻한다. 1996년 12월부터 시행되고 있는 고효율기자재인증제도는 '에너지이용합리화법 제22조 및 제23조'와 '고효율에너지기자재보급촉진에관한규정(지식경제부고시 제2010-223호)'을 근거로 하며 고효율기자재의 보급을 활성화하기 위하여 일정기준 이상 제품에 대하여 인증하는 효율보증제도이다.

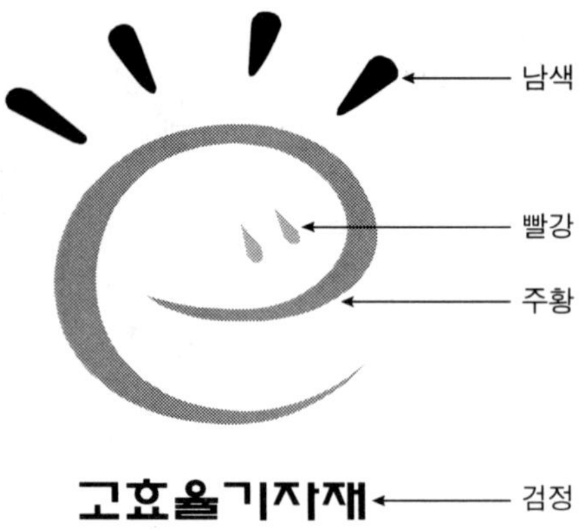

〈그림 1.42〉 고효율 에너지기자재 마크

◎ 출처 : 에너지관리공단 효율관리제도 홈페이지, "대기전력저감프로그램"

4.8 탄소발자국

4.8.1 탄소발자국의 정의

탄소발자국 2006년 영국의회 과학기술처에서 처음 사용한 용어로 사람의 삶과 생산·소비 등 온갖 활동에서 직·간접적으로 생겨나는 이산화탄소의 총량을 수치화한 것이다. 즉 원료의 생산으로부터 제품 제조, 운송, 사용 및 폐기까지의 전 과정에 걸친 지구온난화가스의 발생량을 이산화탄소 발생량으로 표현한 것을 말한다. 추진 경우에 따라서 탄소성적표지, 탄소라벨링, 탄소발자국, Carbon Footprint라 정의하기도 한다.

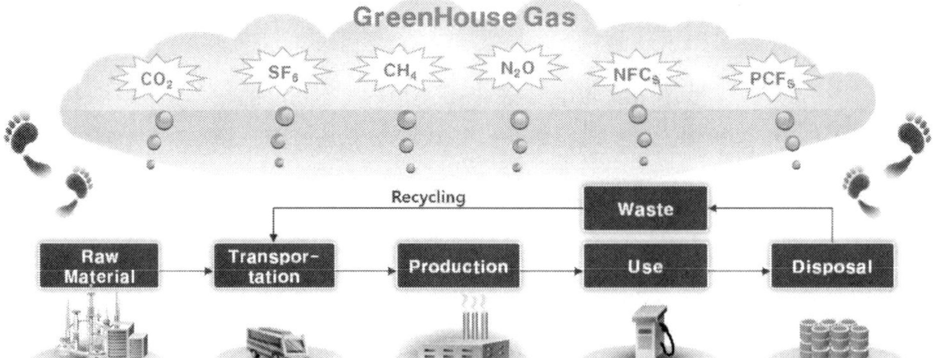

〈그림 1.43〉 전 과정 탄소발자국 산출과정

표시 단위는 무게의 단위인 g, kg 또는 우리가 심어야 하는 나무 그루수로 표현한다. 예를 들어 코카콜라 PET병 500ml 1개는 총 164g의 탄소배출량을 가지는데, 이를 제품의 전 과정 상에서 분석해 보면 제조 전 단계 76%, 제조단계 25%, 사용단계 0%, 폐기단계에서는 -1%의 탄소가 배출되는 걸로 나온다. 탄소발자국, 즉 제품의 전 과정에서 발생하는 온실가스 총배출량을 제품에 표시하도록 하는 제도를 '탄소라벨링' 혹은 '온실가스 라벨링'이라하며 우리나라에서는 '탄소성적표지제도'가 있다. 이 제도는 제품의 탄소배출량에 대한 정보를 소비자들에게 알려줌으로써 녹색구매를 활성화시키고 자연스럽게 기업의 저탄소제품 개발을 자극하기 위해서 시행되고 있다.

즉, 탄소발자국 산출이 필요한 이유로는 탄소발자국 산출을 통해 제품의 탄소 영향정보를 고객에게 공개하고, 기업은 탄소 배출량을 저감시킬 수 있도록 개선의 기회를 마련하게 된다. 또한 고객에게 기후변화에 대한 영향이 작은 제품을 선택할 수 있도록 정보를 제공한다.

탄소발자국 산출을 통해 제품 전 과정의 탄소 배출 현황을 분석할 수 있고, 배출현황을 분석함으로써 원부자재 및 공정의 문제를 파악하여 감축요소를 도출할 수 있다. 이를 통해 궁극적으로 저탄소 제품을 생산할 수 있는 기틀을 마련할 수 있다.

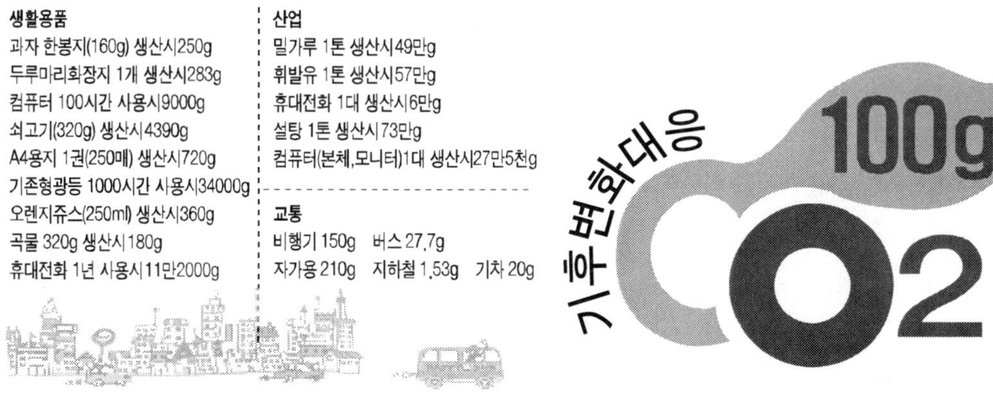

〈그림 1.44〉 일상속의 탄소발자국과 우리나라의 탄소성적표지

◎ 출처 : 공감코리아 홈페이지, "내가 배출한 탄소발자국 계산해 보니…", 문화체육관광부 홍보지원국, 2009.04.21.

제품의 탄소발자국이 크다는 것은 그만큼 탄소를 많이 배출한다는 말이고, 이는 각종 기후변화 규제 정책으로 인해 시장에서 경쟁력을 가지지 못한다는 뜻이다. 이러한 탄소성적표지의 목적은 소비자 주도의 저탄소 소비문화를 확산시켜, 기업의 저탄소상품 기술개발을 유도함으로써 온실가스를 줄일 수 있다.

이러한 움직임은 투자활동에도 이어진다. 전 세계적으로 탄소감축을 위한 활동이 점차적으로 활발해지고 있는데 이와 관련된 규제대응비용 및 탄소배출권 수익 등 기업의 재무성과에 대한 영향력이 커지면서, 투자결정시 탄소정보가 중요한 이슈가 되는 것이다. 탄소정보공개프로젝트(CDP : Carbon Disclosure Project)는 투자자들을 대신하여 기업의 온실가스 배출량을 공개, 취합하는 활동을 하고 이를 통해 탄소위험을 관리하기 위한 주요정보를 제공하고 있다. 하지만 단순 기업별 배출량은 기업활동이 활발해지고 제품생산, 매출규모가 늘어나면 탄소발생량이 증가함으로, 절대량이 아닌 제품별 원단위인 탄소발자국 개념이 필요하게 되었다.

위와 같은 기업의 탄소발자국은 투자대상 기업을 선별하는 기준으로 활용되며, 기업은 탄소경영을 통해 기업의 사회적책임(CSR : Corporate Social Responsibility)을 준수하는 의미와 투자유치를 위해서 탄소배출량 공개와 지속적인 감축활동이 필요하다.

4.8.2 탄소라벨링 동향

해외의 동향을 보면 영국의 표준 협회(BSI : British Standards Institution)는 DEFRA (Department for Environment, Food and Rural Affairs) 및 'Carbon Trust'사와 함께 탄소라벨 지침인 PAS(Publicly Available Specification) 2050을 개발하고 코카콜라 등 20개 회사가 PAS 2050을 적용하여 배출량을 산출하고 있다.

스웨덴은 국내와 가장 유사한 방식의 제도를 취하고 있다. 스웨덴은 환경성적표지의 일환으로 2007년부터 "Carbon declaration"을 추진하였으며 현재 과자용 코팅 종이박스 등 6품목을 인증대상으로 하고 있다.

미국은 2008년 3월에 캘리포니아 주 의회에서 '탄소라벨법'을 제정하였고, 2008년부터 'The carbon Conservancy'에서 저탄소 제품 등급제인 'Carbon conscious product label'을 운영해왔다.

일본은 기후변화 대책 추진법 개정을 통한 탄소라벨의 법적 근거를 마련하였으며, 경제산업성에서 주관하여 30개 기업이 참여한 시범인증을 2008년에 실시하였다. 경제산업성은 유통업체와 제휴하여 2009년부터 상품에 온실가스 배출량을 표시하는 정책을 실시하고 있다.

캐나다는 2007년에 비영리 법인인 'Carbon Counted'사에서 'Carbon counted Carbon label'을 운영하고 있으며, 독자적 방식으로 온실가스 배출량을 계산하여 사업장 온실가스 감축 분에 대해 제품별로 분배한 결과를 제시하고 있다.

국내의 경우 한국환경산업기술원이 탄소성적표지제도 시범인증사업을 통해 탄소성적표시제도인증을 확정하였으며, 2011년 11월 29일 기준 전체 466개 제품 및 서비스가 탄소성적표지 인증을 획득하였다.

〈표 1.37〉 탄소성적표지 인증제품 현황

구 분	인증제품현황
비내구재 일반제품	246
내구재 일반제품	16
생산재 일반제품	78
서비스	14
에너지사용내구재	112

◎ 출처 : 탄소성적표지 홈페이지, "인증제품현황", 2011.11.29.

2009년 11월에는 국내 탄소성적표지제도 인증기관인 한국환경산업기술원과 영국의 탄소라벨링기관인 'Carbon Trust'사가 제도협력을 위한 양해각서를 체결하였으며, 이로 인해 수출품이 영국 탄소라벨 인증을 취득 시 인증수수료를 절감할 수 있게 되었다. 국내외 탄소라벨링 추진 현황은 아래의 표와 같다.

〈표 1.38〉 국내외 탄소라벨링 추진 현황

한국	영국	스웨덴	스위스	프랑스	미국
탄소성적표지	Carbon Reduction Label	Climate declaration	Climatop	Indice Carbone	Carbon Conscious Carbon Lael
호주	**일본**	**대만**	**태국**	**캐나다**	**중국**
					비공개
Carbon Reduction Label	Carbon Footprint	Product Carbon Footprint	Product Carbon Footprint	Carbon Counted Carbon Label (진행중)	Product Carbon Footprint (진행중)

◎ 출처 : 기후에너지신문, "탄소성적표지 신규인증제품 출시", 2010.12.27.

4.9 ESCO사업

ESCO사업은 에너지 사용자가 에너지 절약을 위하여 기존의 에너지 사용시설을 보완하고 싶지만 기술적 및 경제적 부담으로 사업을 시행하지 못할 경우 에너지절약전문기업(ESCO)이 기술, 자금 등을 제공하고 투자시설에서 발생하는 에너지절감액으로 투자비를 회수하는 사업을 영위하는 기업을 의미한다.

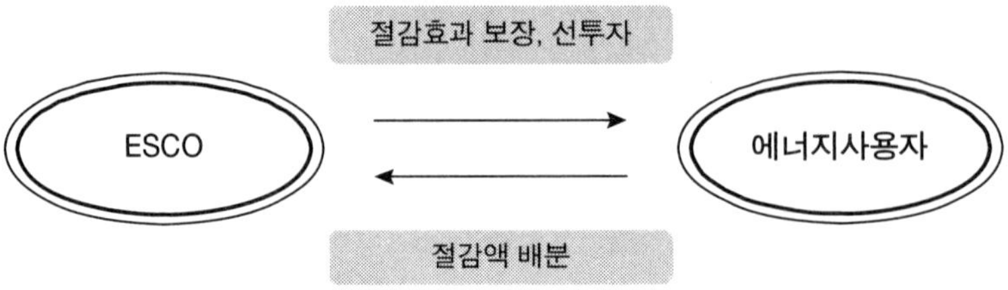

〈그림 1.45〉 ESCO의 개념

ESCO(Energy Service Company)는 에너지절약전문기업이란 뜻으로 '에너지이용합리화법 제25조' 및 '동법 시행령 제30조'의 규정에 의한 장비, 자산 및 기술 인력을 갖추고 지식경제부장관에게 등록한 업체를 말한다.

ESCO사업의 도입 배경은 1970년대 말에 미국에서 시작한 에너지절약 투자방식으로 현재 대략 50개 국가에서 시행중이며 에너지 저소비 사회구조로 전환하기 위해 도입을 하고 있다. 우리나라에선 1991년에 '에너지이용합리화법' 개정 시 에너지절약전문기업 제도의 근거가 마련되었으며 1992년 4개 업체가 등록요건을 갖추고 활동을 하였다. 이 제도는 정부주도하의 에너지절약운동에서 민간에 의한 에너지절약을 유도하기 위한 방법으로 도입되었다.

ESCO를 통한 에너지절약형 시설투자의 장점으로는 에너지절약시설 설치에 따른 초기 투자비 부담 없이 에너지비용을 절감할 수 있어서 경제적이며 기술적인 위험부담도 줄일 수 있다. ESCO로부터 절약시설에 대한 전문적 서비스를 제공 받을 수 있으며 에너지사용자는 에너지절약시설 설치로 인한 세제지원 혜택도 받을 수 있다.

ESCO로 등록하기 위해서는 규정에서 정한 일정기준이상의 자산, 기술인력 및 장비를 갖추어야 하며, 등록구분은 에너지절약 투자시설의 설비 종류에 따라 1종과 2종(열), 2종(전기)로 구분한다. 그 구분의 기준은 아래의 표와 같다.

〈표 1.39〉 ESCO 등록구분과 요구사항

구 분			1종	2종(열)	2종(전기)
자산	법인	자본금	5억 원 이상	2억 원 이상	2억 원 이상
	개인	자산평가액	10억 원 이상	4억 원 이상	4억 원 이상
기술인력			▸ 기술사 : 2명 이상 ▸ 기사 : 5명 이상 ▸ 기능사 : 1명이상	▸ 기술사 : 1명 이상 ▸ 기사 : 3명 이상 ▸ 기능사 : 1명 이상	▸ 기술사 : 1명 이상 ▸ 기사 : 3명 이상 ▸ 기능사 : 1명 이상
장비			가스분석기 등 15종	가스분석기 등 11종	전력분석계 등 12종

출처 : 에너지관리공단, "ESSCO사업 안내서", 2009.07.

ESCO사업 계약방식은 크게 3가지가 있다. 첫 번째는 에너지절감금액인 '에너지절약 성과배분'이다. 이 방식은 시설설치에 투자되는 자금인 자체자금, 민간자금, 정책자금 등은 ESCO기업이 조달하고, 시설투자에 의한 절감액은 에너지사용자와 에너지절약전문기업이 약정에 의하여 배분하며, 에너지절약전문기업의 투자비 회수가 종료되면 에너지절감 비용은 에너지사용자의 이익으로 돌아간다. 성과 배분의 약정 배분율에 따라 투자비 상환기관은 가변적이다. 다르게 표현하면 성과를 전액 투자상환에 배분할 경우 투자비 상환기간이 최단기간으로 단축된다. 이 방식은 현재 ESCO 투자사업의 주된 계약 방식이다.

성과배분의 계약은 ESCO가 자금을 조달하기 때문에 에너지사용자 입장에서는 비용적 측면에서 초기 투자비 부담이 없지만, ESCO의 입장에서는 부채비율이 증가하는 부담이 있다. 현재 국내에서 계약하는 대부분이 성과배분계약 방식이며 에너지절약시설 투자재원 조달을 ESCO가 부담함으로 에너지사용자가 선호하는 계약방식이다.

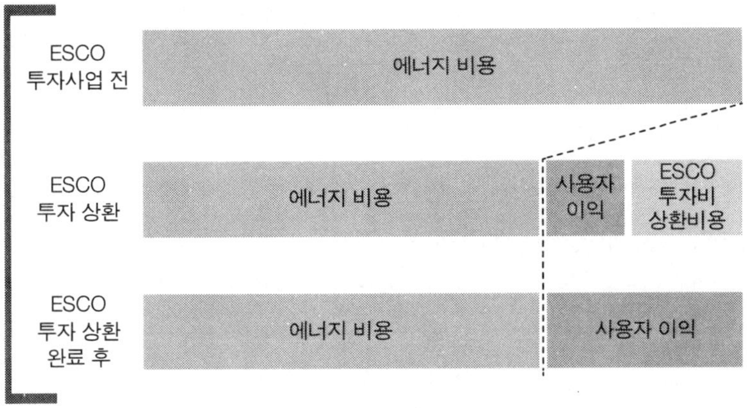

〈그림 1.46〉 에너지절약 성과배분

두 번째는 '에너지절약 성과보증' 방식이다. 이 방식은 시설투자에 소요되는 자금은 에너지사용자가 조달하고, 시설투자에 의한 절감액을 에너지절약전문기업이 에너지사용자에게 보증하고 투자시설에 대하여 사후관리를 실시한다. 사업계획 수립 시 에너지절약전문기업과 에너지사용자가 상호 합의하여 보증절감량 및 목표절감량을 설정하고 사업완료 후에 실제 측정결과에 따라 차액을 보전 또는 초과성과배분 하는 등 보증조치를 이행한다. 단, 목표절감량의 80%를 초과해야 한다. 이 방식은 2004년 1월부터 신규 계약방식으로 시행되고 있다.

성과보증의 계약은 미국에서 가장 보편적으로 사용되는 계약형태이며 국내에서도 ESCO의 부채부담 완화 및 전문적인 절약서비스 제공 방안의 일환으로 2004년도부터 도입하여 시행하고 있다. ESCO로서는 투자재원 조달에 대한 부담이 경감되므로 에너지사용자에게 보다 전문적인 서비스 제공이 가능하다는 장점이 있지만 자금조달에 따라 에너지사용자의 부채는 증가한다.

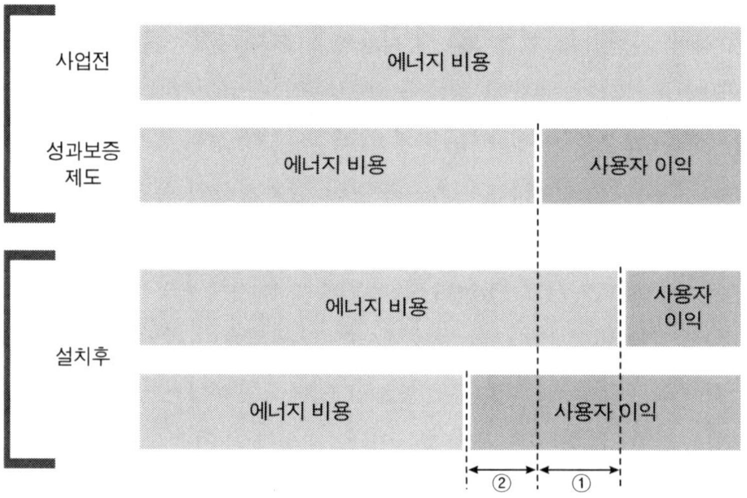

① 보증절감 〉 실제측정 절감량 : ESCO가 에너지사용자에게 차액을 보전한다.
② 보증절감량 〈 실제측정 절감량 : ESCO가 에너지사용자의 합의결과에 따라 차액을 배분한다

〈그림 1.47〉 에너지절약 성과보증

세 번째는 에너지절약 신성과배분이다. 이 방식은 성과배분방식과 성과보증방식의 장점을 결합한 다른 형태의 모델이다. 시설설치에 투자되는 자금은 ESCO기업이 조달하고, 시설투자에 의한 절감액은 고객(에너지사용자)과 에너지절약전문기업이 약정에 의하여 배분하고, 에너지절약전문기업의 투자비 회수가 종료되면 에너지절감 비용은 에너지 사용자의 이익으로 돌아간다. 추가적으로, 시설투자에 의한 절감액을 에너지절약전문기업이 에너지사용자에게 보증하고 투자시설에 대하여 사후관리를 실시한다. 사업계획 수립 시 에너지절약전문기업과 에너지사용

자가 상호 합의하여 보증 절감량 및 목표절감량을 설정하고 사업완료 후 실제측정 결과에 따라 차액을 보전 또는 초과성과배분 등 보증조치를 이행한다. 단, 보증 절감량은 목표절감량의 80%를 초과해야 한다. 이 방식은 2011년 2월부터 신규 계약방식으로 시행된다.

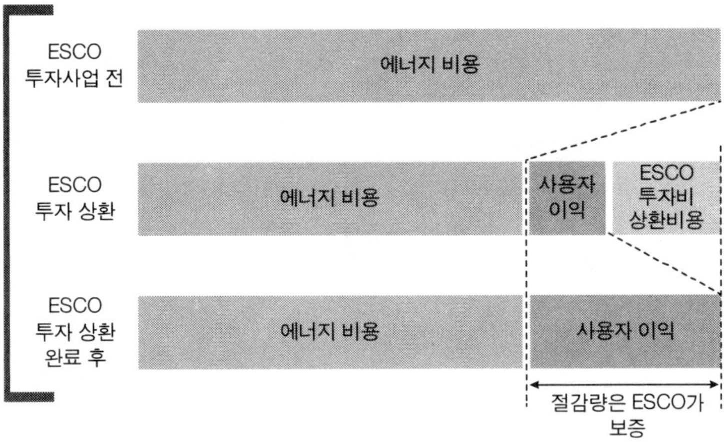

〈그림 1.48〉 에너지절약 신성과배분

신성과배분의 계약은 ESCO가 자금을 조달하기 때문에 에너지사용자 입장에서는 비용적 측면에서 초기 투자비 부담이 없지만, ESCO의 입장에서는 부채비율이 증가하는 부담이 있다. 게다가 ESCO기업이 에너지절감량 및 금액을 보증하는 계약으로서 에너지사용자에게 전문서비스를 제공할 수 있게 되며, 에너지절약시설의 투자재원 조달을 ESCO가 부담하고 ESCO가 절감량에 대해서 보증을 함으로써 에너지사용자가 선호하는 계약 방식이다.

〈그림 1.49〉 ESCO 사업수행 범위

ESCO의 주요 사업으로는 고효율 조명 개체사업, 노후 보일러 개체사업, 산업체 공정개선 사업, 폐열에너지 회수설비 설치사업, 산업체 · 건물 열병한 발전사업, 냉난방 · 동력설비 설치 사업이 있으며, 사업 수행 범위로는 에너지사용시설의 에너지절약을 위한 관리 · 용역사업, 에너지절약형 시설투자에 관한 사업, 에너지절약형 시설 및 기자재의 연구 개발사업이 있다.

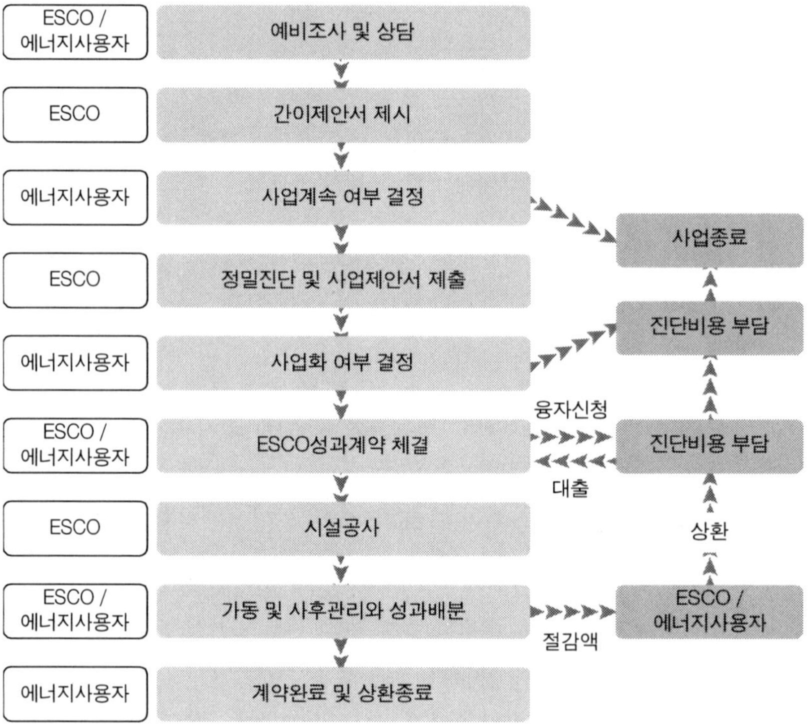

〈그림 1.50〉 ESCO 투자사업 흐름도

◎ 출처 : 에너지관리공단, "ESCO사업 안내서", 2009.07.

ESCO의 투자사업의 프로세스는 에너지절약시설에 대한 투자를 희망하는 에너지사용자와 ESCO간의 에너지절약시설 투자상담을 하고 ESCO는 절약시설에 대한 예비조사 등을 통하여 간이 제안서를 제시한다.

투자상담 후 ESCO는 에너지사용시설의 열 및 전기 사용현황을 조사하고 운전현황 및 에너지효율 분석을 통하여 에너지절감 항목에 대한 예상 절감량 및 투자비를 산출한다. 이러한 에너지관리진단을 통하여 에너지사용자와의 계약을 위한 사업제안서를 제시한다.

ESCO의 사업제안서를 토대로 에너지사용자와 ESCO간 에너지절약시설 투자계약을 체결하며 계약은 총 투자규모 및 절약시설투자로 발생하는 에너지절감액의 회수 방법에 합의하고 에너지 절감량 산출방식의 기본조건 및 사후관리 등의 세부조건 등을 규정한다.

ESCO사업의 금융지원은 1996년까지 일반절약시설자금에서 20~50억원씩 지원하였으며, ESCO사업 투자확대에 따라 1997년부터 지원액이 꾸준히 증가하고 있다. 2011년 2월에 기존 ESCO업체의 기업구분으로 자금지원을 하던 구조를 실제 수혜자인 에너지사용자의 기업구분으로 자금을 지원하는 구조로 변경되었다. 그리고 ESCO활성화를 위해 2010년 1,350억원이었던 정책자금이 2011년 3,900억원으로 대폭 확대 하였다.

ESCO사업의 세제지원은 ESCO를 통해 절약시설 투자를 한 에너지사용자에게 세제감면 혜택을 받을 수 있도록 관련 근거를 1998년 1월에 마련하여 조세특례제한법에 의해 세제혜택이 가능하다. 또한 중소 ESCO기업의 경우 세제감면을 받을 수 있도록 조세특례 제한법 제7조가 2010년에 마련되었다.

PART 2

그린IT 2.0

01 그린IT의 개요

1.1 그린IT의 등장 배경

인류의 산업 활동으로 원유의 고갈과 함께 지구온난화가 중요한 사회적 문제로 관심을 모으고 있다. 이산화탄소를 비롯하여 온실 가스 농도의 상승에 따르는 기후변화는 지구상에서의 온도 및 수자원의 분포 변화를 통하여 식량생산력의 분포 이동을 일으켜, 지역적 및 세계적인 식량공급에 큰 영향을 미치고 있다.

정보화 사회의 진전으로, IT는 우리 생활과 밀접한 관계를 맺음과 동시에 다양한 환경에 영향을 미치고 있다. 인터넷 통신량의 증가는 그에 따른 IT 기기의 증가 및 해당 IT 기기의 전력 소비량 급증으로 이어지고 있으며, 하드웨어적 제품 관점에서 보면 생산, 사용, 폐기 단계에 이르는 제품생명주기에 따라서 지속적으로 환경에 영향을 미친다. 컴퓨터를 생산하기 위해서는 전력과 다양한 원자재, 그리고 화학물질이 필요하며, 유해한 폐기물과 CO_2를 발생시킨다. 또한 IT시스템 운용에 사용되는 에너지는 점차 증가하고 있으며, 가트너 보고에 의하면 IT부분의 탄소 배출량이 전 세계 배출량의 2%를 차지하며, 이는 전 세계 항공기 배출량과 유사하다고 하였다. 또한, 전 세계 기업의 전산설비 전력 소비량은 한해 1천억kW로 이는 자동차 1,400만대의 CO_2배출량과 유사하다고 발표하였다. 특히 대형IDC 하나가 사용하는 전기량은 인구 3~4만의 도시의 전력 소비량과 유사한 것으로 추정되어 IT 부문의 탄소 배출량은 매우 높은 것으로 인식되어가고 있다.

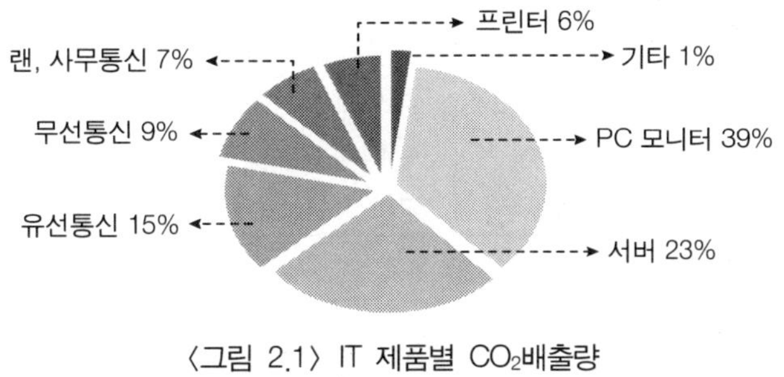

〈그림 2.1〉 IT 제품별 CO_2배출량

◎ 출처 : 산업은행 경제연구소, "친환경 그린IT의 현황 및 시사점, 2008.

1.2 그린IT의 정의

최근 지구 온난화 및 환경규제의 강화에 대한 대응 수단으로 IT기술을 활용한 에너지 절감 기술인 그린IT의 중요성이 점차 높아지고 있다. 세계자연보호기금(WWF)의 2008년도 보고서에 의하면, 그린IT는 최소 7%에서 최대 25%의 탄소배출 저감에 기여할 것이라 분석되고 있으며, 그린IT는 저탄소 녹색성장의 국가과제에 중요한 역할을 하게 될 것이다.

Green IT는 Green Computing이라는 용어에 기원을 두고 있으며, 초기의 그린IT는 IT부문의 에너지 절감과 그에 따른 CO_2 감축활동을 뜻하는 용어로 주로 사용되었으나, 최근에 그린IT는 타 산업분야를 포함하여 기후변화 대응 방안으로까지 개념이 확장되고 있다.

그린IT는 환경을 의미하는 녹색(Green)과 정보기술(IT)의 합성어로 아직 명확히 규정된 정의는 없으나 "IT 부문의 녹색화(Green of IT)", "IT를 통한 비즈니스 녹색화(Green by IT)", "IT 기반 신 비즈니스 창출(New Green Biz)"을 포괄하는 용어로 사용되고 있다. 그린IT에 대해서는 주요 기관별로 다음 표와 같이 다양하게 정의를 내리고 있다.

〈표 2.1〉 주요기관별 그린IT의 정의

주요기관	그린IT의 정의
Gartner (2007)	환경을 파괴하지 않고 지속될 수 있는 IT를 유지하며, IT를 활용함으로써 IT 스스로 친환경 보존에 공헌케 함
IBM (2008)	전력 소모를 줄이면서도 같은 효과를 내는 활동의 시작으로, 에너지 효율과 관련해 기업의 사회적 책임에 긍정적인 영향을 주는 개념
IDC (2008)	IT 제품의 설계, 제조, 유통, 재활용에 관한 모든 것에 관여하는 개념
Accenture (2008)	환경 보호에 기여하는 측면에서 비즈니스 요구에 맞는 효율적인 자원을 제공하고 운영비용을 절감하기 위한 솔루션
한국정보사회진흥원 (2008)	환경을 의미하는 녹색과 정보기술의 합성어로 "IT 부문의 친환경 활동"과 "IT를 활용한 친환경 활동"을 포괄하는 의미
KT 경제경영연구소 (2009)	IT 부문과 비IT 부문의 환경오염 방지와 에너지소비 및 탄소배출 저감활동을 의미하는 개념, 인터넷 시대의 에너지 소비 최소화 실현과 함께 에너지 효율성에 대한 IT 기여도의 극대화 추구

그린IT의 목표는 IT기업으로서 사회적 책임, 성능개선, 경제성 달성이라는 세 가지를 동시에 달성하는 것이다. 목표달성 여부는 환경의 지속가능성, 에너지 효율의 경제성, 폐기와 재활용 비

용을 반영한 총소유비용의 개선이라는 차원에서 평가된다. 그린IT의 관심 영역은 다음과 같다.

〈표 2.2〉 그린IT의 관심 영역

No.	그린IT 범위
1	지속가능한 환경을 위한 제품/서비스 설계
2	에너지 효율적인 컴퓨팅
3	전력 관리
4	데이터센터의 설계, 구획 및 장소
5	서버의 가상화
6	책임 있는 폐기와 재활용
7	환경 규제 준수
8	그린화 평가 지표, 평가 도구 및 방법론
9	환경 관련 위험 완화
10	재생에너지 자원의 사용
11	IT제품에 대한 에코 라벨링

출처 : "그린IT 활용 : 원칙과 실천", 정책연구센터, 2008.

1.3 그린IT 기술의 분류

그린IT는 일반적으로 초기의 IT산업 자체에 대한 친환경화를 의미하는 협의의 그린IT(Green of IT)와 IT를 활용하여 타 산업군을 친환경화 시키는 광의의 그린IT(Green by IT)로 구분할 수 있다.

협의의 그린IT(Green of IT)의 의미는 IT산업에서 사용하는 에너지를 절약하는 고효율 IT제품과 그린IT기술이 적용된 IT분야의 에너지 절감 기술을 의미한다. 광의의 그린IT(Green by IT)는 기존의 제품 단위에서 건물, 산업군, 발전설비 등의 에너지를 소비하는 모든 업종 및 설비를 대상으로 IT를 이용한 에너지 절감기술을 의미한다.

〈표 2.3〉 그린IT의 분류

구 분	설 명	예 제
협의의 그린IT (Green of IT)	IT산업에서 사용하는 에너지를 절약하는 고효율 IT 제품과 IT분야에 적용된 에너지 절감 기술	서버, PC 등의 전기 소모량 및 CO_2 배출 감소
광의의 그린IT (Green by IT)	기존의 제품 단위에서 건물, 산업군, 발전설비 등의 에너지를 소비하는 모든 업종 및 설비를 대상으로 IT를 이용한 에너지 절감기술	FEMS, BEMS를 활용한 에너지 관리

포레스트 리서치의 경우 기존 분류 방식과는 큰 차이가 없지만 그린IT를 1.0(Green for IT)과 2.0(IT for Green)으로 구분하고 이를 다시 4가지의 유형으로 분류하고 있다. 그린IT 1.0은 주로 기업의 IT자산 운용과 인프라의 지속 가능성을 추구하는 활동들로서 주로 데이터센터의 에너지 효율화에 초점을 두고 있으며, 그린IT 2.0은 IT부문을 포함하여 기업 전체 운영과 사회 전반의 지속 가능성을 향상시키는데 IT를 활용하는 것을 의미한다. 다음 그림은 포레스트 리서치의 그린IT 분류를 나타낸다.

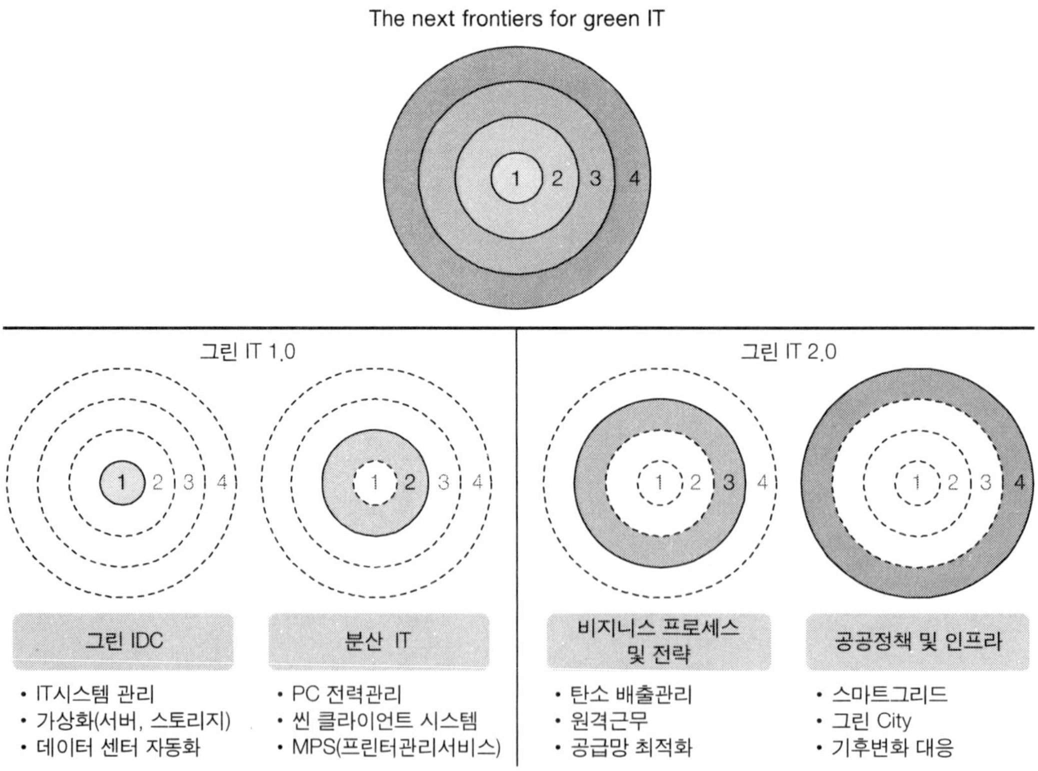

〈그림 2.2〉 포레스트 리서치의 그린IT 분류

1.3.1 IT 부문 녹색화(Green of IT)

IT제품 및 서비스의 라이프사이클 전반을 녹색화하는 것, 즉 IT를 대상으로 한 그린화 기술을 Green of IT라고 한다. 세계적으로 IT의 중요성과 활용범위가 넓어지면서 IT분야 자체에 대한 환경문제가 중요시 되고 있다. IT제품을 생산하는 과정에서도 에너지의 효율이 높은 부품을 사용하고, 운영 과정에서도 에너지 효율을 높이는 것이다. 지식경제부에서 발표한 기술 분류체계에서는 IT산업의 녹색화를 위한 기술을 컴퓨터에 소요되는 전력의 관리 및 모니터링 기술인 '컴퓨터 자원관리기술', 기술적으로 IT 장비들의 전력소모를 최소화하기 위한 '그린 플랫폼 기술', 컴퓨팅 자원의 추상화를 통한 가상적인 분할 및 통합을 이용하여 컴퓨팅 자원 활용을 극대화하기 위한 '자원 가상화 기술'로 구분하고 있다.

〈표 2.4〉 Green Of IT의 기술 분류

기술 분류	세부 기술	기술 내용
그린 플랫폼 기술	그린서버 그린PC 기술	‣ 저 전력 컴퓨터 ‣ 저 전력 CPU
	그린 스토리지 기술	‣ SSD 스토리지 기술 ‣ MAID ‣ HDD 동작관리 기술
	Cooling 및 전력 분배 기술	‣ 그린 공조, PSU, UPS
컴퓨터 자원 관리 기술	동적 부하 관리 기술	‣ 그린 OS 기술 ‣ 디바이스 제어 기술 ‣ 소비전력 모니터링 기술 ‣ 전력 제어 프로토콜 기술
	자원 모니터링 관리 기술	‣ 부하, 전력 모니터링 기술 ‣ ACPI, IPMI, SMASH(DMTF 표준기술)
자원 가상화 기술	서버 가상화 기술	‣ Xen3, Hypervisor4, VM Ware
	스토리지 가상화 기술	‣ 중복데이터 제거 기술 ‣ 스토리지 가상시스템 기술
	네트워크 가상화 기술	‣ 고속 연결망 기술
	클러스터링 기술	‣ 이 기종 단일 컴퓨팅 시스템기술

자료 : 녹색성장위원회, "그린IT 국가 전략", 안건, 2009년

1.3.2 IT를 통한 비즈니스 녹색화(Green by IT)

Green by IT는 IT와 비IT부분의 융합으로 에너지/자원의 효율적 이용을 극대화하여 저탄소 사회 전환을 촉진하고, 실시간 환경 감시 및 조기 재난 대응 체계를 마련하여 기후변화 대응력을 강화 시키는 것이다. Green by IT는 기준 관점에 따라 다양한 방법으로 분류할 수 있지만 본 도서에서는 적용분야를 대상으로 건축물, 산업, 전력, 물류, 가정, 사무실로 분류하고 각 분야별 세부기술을 소개하였다.

〈표 2.5〉 Green By IT의 기술 분류

대분류	적용분야	세부기술
Green By IT	건축물	BEMS(Building Energy Management System : 건축물 에너지 관리 시스템)
		빌딩 정보 모델링
		빌딩 에너지 시뮬레이션
		지능형 빌딩시스템
		LED 디밍
	산업	FEMS(Factory Energy Management System : 공장 에너지 관리 시스템)
		에너지소비모니터링
		열원설비 최적화
		컴프레서(Compressor : 압축기) 에너지 절약제어 시스템
		BTG(Boiler Turbine Generator : 보일러, 터빈, 발전기설비를 보유하는 원동력시설 또는 생산시설) 최적화 시스템
		생산프로세스의 효율화
	전력(SMARTGRID)	지능형 소비자(AMI, EMS, 양방향통신네트워크 기술)
		지능형 운송(전기차 ICT 서비스 플랫폼, V2G)
		지능형 신재생(마이크로그리드, 전력거래 인프라)
		지능형 전력서비스(실시간 요금제, 수요반응)
	가정	HEMS(Home Energy Management System : 가정 에너지 관리 시스템)
	사무실	원격근무
		화상회의
		원격교육
	농업	농업분야 에너지 관리
	교통/물류	운송네트워크 설계 최적화
		물류추적/관리지원 SW
		친환경 공급망 관리

1.4 그린IT의 발전 방향

그린IT의 개념은 과거 1990년대 초반 IT산업의 환경 유해와 에너지 소비에 대한 사회적 인식으로 시작되었다. 1990년대 후반에는 IT제품 및 운영환경에 대한 제조, 유통, 사용, 폐기의 제품 수명주기에 대한 친환경화와 환경규제가 시행되었다. 2000년대 중반에는 IT이외의 산업 영역과의 융합과 그린IT 솔루션을 활용한 타 산업에 대한 친환경이 진행되고 있다. 그린IT의 추후 발전 방향으로는 신재생 에너지 개발 등 실질적인 에너지 생산에 기여하는 기술개발과 IT부문 에너지의 자급자족을 실현하는 것으로 전망할 수 있다. 다음 그림은 이와 같은 그린IT의 발전 단계를 도식화 한 것이다.

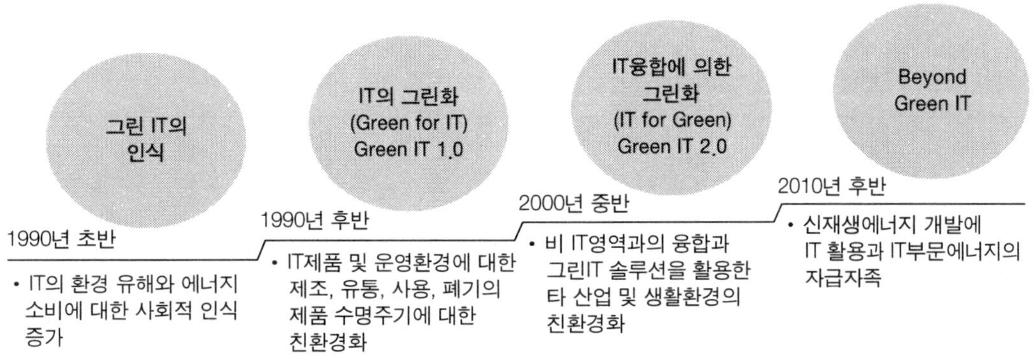

〈그림 2.3〉 그린IT의 발전 단계

1.4.1 그린IT 전략 동향분석

(1) 국내 동향분석

우리나라는 IT 제품 환경규제 및 전자폐기물 중심으로 IT 부문의 환경문제를 다루어 왔으나 최근 기후변화 문제가 글로벌 이슈로 떠오르면서, CO_2 배출에 초점을 둔 그린IT에 관심이 높아지고 있다. 그린IT는 기후변화 대응과 고유가 극복이라는 두 가지 국가 현안을 동시에 해결할 수 있다는 점에서 국가 차원의 종합적이고 체계적인 정책 수립이 필요하다.

현재 국내에서 추진되는 대표적인 그린IT 정책은 2005년 시작된 대기전력 절감 로드맵에 따른 "Stand by Korea 2010"과 2011년에 국내 대표 그린IT기업 56개사가 공동 참여한 국내외 BEMS와 Energy 그리드에 대한 시범사업인 "KMEG"을 들 수 있다. 지식경제부는 신정부 IT 전략으로 제시한 "뉴IT 전략" 12개 세부 과제중 하나로 그린IT를 선정하고 IT 제품 에너지 효율을 2012년까지 20% 향상한다는 목표를 제시하였다.

〈표 2.6〉 국내 기업 및 정부의 그린IT 전략

구 분	전 략
환경부	‣ 환경산업 신성장 동력 육성 ‣ 환경 영향 평가법(가칭) 제정
지식경제부	‣ 그린오션 창출을 위한 기업 지원 ‣ 선진국의 환경규제 대응 지원
삼성전자	‣ 친환경 부품 사용, 전제품 납 사용 중단 ‣ 전 협력사를 대상으로 친환경 인증제도 실시
LG전자	‣ 친환경 부품 사용 ‣ 전 협력사를 대상으로 친환경 인증제도 실시 ‣ 웹 기반의 유해물질 관리 시스템 운영

(2) 해외 동향분석

① 유럽의 친환경 IT 전략

국내와 비교하여 유럽은 덴마크와 영국을 중심으로 상당히 진보적으로 그린IT와 관련된 정책이 진행 중이다. 대표적인 진행 프로그램으로는 전력 네트워크를 효율적으로 관리할 수 있는 IT기반의 분산 인텔리젼스를 연구하기 위한 BUSMOD(Business models for distributed power generation)프로젝트와 CRISP(Critical Infrastructure for Sustainable Power)프로젝트를 들을 수 있으며, 각 유럽 국가별 그린IT 전략은 다음 표와 같다.

〈표 2.7〉 유럽의 그린IT 전략

국 가	프로젝트	내 용
EU	BUSMOD프로젝트 CRISP프로젝트	‣ 전력 네트워크를 효율적으로 관리하기 위한 IT기반의 분산 인텔리젼스를 연구
	데이터센터 행동규범 (Code of Conducton Data Centers)	‣ 데이터 센터 에너지 절약을 목적으로 추진
독일	Triple Twenty	‣ 2020년까지 전력생산의 20%를 신재생에너지로 충당 ‣ 2030년까지 원자력발전을 모두 폐기하기로 결정

영국	그린 ICT 추진단 (Green ICT Delivery Group)	‣ 그린ICT 실현을 위한 모범 사례 인식을 제고 ‣ 시행중인 부처에 지원 및 자문을 제공
	Greening Government ICT : (Efficient, Sustainable, Responsible)	‣ 정부 내 그린IT 가이드라인 18개 지침을 제시
덴마크	Green IT Action Plan	‣ 친환경적 IT 사용과 지속가능한 미래를 위한 IT 솔루션 개발을 위한 과제 제시

특히, 영국은 정부 차원의 그린IT 비전을 제시하고, 최고 정보 책임자 위원회에 의해 그린 ICT 추진단(Green ICT Delivery Group)을 설치하여, 시행중인 부처에 지원 및 자문을 제공하며, 내각부(Cabinet Office)는 2008년 7월 정부기관에서 하고 있는 IT 장비의 CO_2 배출 감축 계획을 발표하고, 정부 내 그린IT 가이드라인 18개 지침을 다음과 같이 제시하였다.

〈표 2.8〉 영국 정부의 그린IT 가이드라인

구 분	세부지침
PC 모니터	‣ 데스크 톱 PC에서 액티브 스크린세이버 제거 ‣ 5분 동안 사용하지 않을 경우 모니터 대기 모드로 전환 ‣ 근무 이외 시간에 컴퓨터 전원 끄기 ‣ 일정 시간 사용하지 않을 경우 절전모드 전환 ‣ 컴퓨터 장비 재사용 및 친환경적 처분 ‣ 저전력 CPU 및 고효율 전원장치 전환 ‣ 씬 클라이언트 기술 적용
기타 사무용 IT 기기	‣ 사용하지 않은 IT 장비의 자동 전원 끄기 타이머 적용 ‣ 양면, 흑백 등 친환경 인쇄 설정 ‣ 프린터 전력절감 슬립 모드 최적화 ‣ 프린터 병합으로 프린터 수 감소 ‣ IT 기기 병합으로 IT 기기 수 감소
데이터센터	‣ 가상화 기술, 다중계층저장 방법 이용을 통한 서버 최적화 ‣ 데이터 센터 실내 온도 최적화 ‣ 사용하지 않는 데이터센터 서버 전원 차단 ‣ 저전력, 저전압 서버 및 고효율 전원장치 전환 ‣ 서버 장비 재사용 ‣ 데이터센터 장비 배치 재점검

② 일본의 그린IT 이니셔티브

환경과 에너지 분야에 선도적 역할을 하고 있는 일본은 그린IT를 국가 차원의 정책 개발은 물론 해외와 협력하면서 산관학이 연계하여 국민운동으로 추진하기 위하여 그린 IT 이니셔티브를 시행하였다. 일본의 IT 정책을 총괄하는 IT전략본부는 IT를 활용한 환경 친화적 사회, 에너지와 자원의 효율적 이용이라는 IT개혁전략과 함께 다음과 같은 구체적인 실행 계획인 5가지 기본 전략을 제시하였다.

〈표 2.9〉 ICT 최우선 정책의 5가지 기본 전략

No.	기본전략
1	IT를 활용하여 환경 관련 정보를 수집, 정리, 축적, 제공
2	IT를 활용하여 에너지 관리 개선, 물리적 유통/교통 흐름 효율화
3	IT 장비의 에너지 사용 조절
4	산업 폐기물 관리 문서 전자화 촉진
5	IT를 활용한 폐기물 이력관리 개선을 통하여 자원 재활용 촉진

일본의 경제 산업성은 지구 온난화 문제 해결을 위한 IT역할 모색을 위해 2007년 12월 전자정보 분야의 주요업체를 초청하여 그린IT 이니셔티브 컨퍼런스를 개최하여, 환경 보호와 경제성장이 양립하는 사회 구축을 위한 'IT 분야의 에너지 절약'과 'IT를 활용한 에너지 절약'의 중요성을 강조하였고, 일본이 높은 수준의 기술력을 확보하고 있는 제조 기술과 환경 및 에너지 절약 기술을 통해 생산, 사회, 국민 생활 등 모든 면에서 변화를 이끌어 내기위해 '그린IT 이니셔티브'를 수립하였다.

이와 함께 일본은 2011년 세계 그린IT 혁명의 선도 주자가 된다는 목표로 2001년, IT기반을 정비하는 e-Japan전략을 시행하였고, 2003년에는 IT 이용 및 활용에 중점을 둔 2차 e-Japan전략을 시행하였으며, 2006년에는 IT 구조개혁을 추구하는 IT 신개혁 전략을 시행하면서 목표 달성을 위한 실천을 하고 있다.

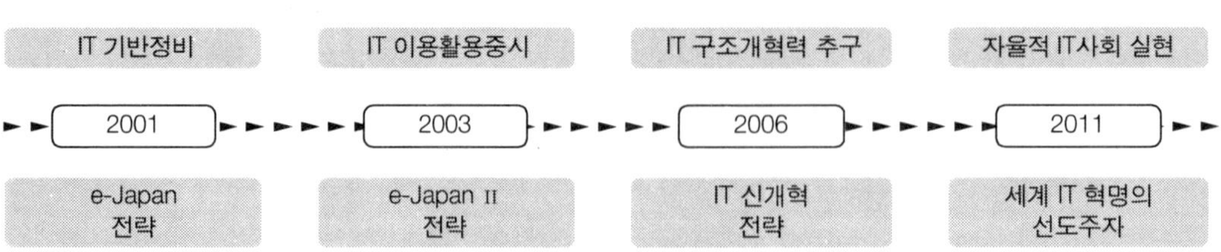

〈그림 2.4〉 일본의 IT정책 추진전략

◎ 출처 : 강희종, "일본의 그린IT 이니셔티브", 과학기술정책, 2009

③ 미국의 그린IT 추진 전략

미국은 기후변화 대응에는 국제사회에 비협조적인 태도를 보이지만, 그린IT에 대해서는 적극적이다. 그린IT의 중요성에 관한 논의가 미국에서 시작되고 대표적인 환경 및 에너지 절약 프로그램인 'Energy Star'를 개발하였으나, 국가 보다는 대형 민간 IT사업자 주도의 그린IT를 실천하고 있다.

미국은 신규 발전소 건설에서 그린IT는 전력소비증대에 대응하기 위한 전력 효율증대와 데이터센터 그린화에 초점을 두고 있으며, 델, 인텔, IBM등이 핵심역할을 하고 있다.

〈그림 2.5〉 IntelliGrid Architecture Framework

◎ 출처 : CEIDS, 미국 전력인프라 지원 협회 컨소시엄

1992년 에너지 효율 증대 방안으로 실천하고 있는 에너지 스타(Energy Star)프로그램은 초기에는 컴퓨터 제품을 대상으로 진행하였으나, 점차적으로 다양한 전기전자기기로 대상을 확대하였다. 또한, 안정적이고 저렴하게 전력을 공급하기 위한 방안으로 2003년부터 전력과 IT를 결합한 스마트 전력망인 인텔리그리드(Intelligrid) 프로젝트를 추진하고 있다. 인텔리그리드 프로젝트는 미국에서 진행 중인 스마트그리드 관련 프로젝트 중 가장 활발하게 진행되고 있는 프로젝트로 2003년 미국 에너지성(DOE)의 지원을 받아 미국전력연구소(EPRI : Electric Power Research Institute)의 주도로 시작됐다. 현재

EPRI를 중심으로 세계의 수많은 전력회사, 연구소 및 대학 등이 참여하여 과제를 수행하고 있는데 한국전력연구원에서도 연구비를 출연하고 2차 개발 프로그램부터 참여하고 있다.

인텔리그리드의 주요 연구 분야는 아키텍처와 컨슈머 포털, DER · ADA, FSM의 네 개의 분야이며, 이외에도 스마트 칩, 전력저장기술, 연료전지 등의 연구를 진행하고 있다.

1.5 그린IT의 도입 효과

그린IT의 도입 목표는 온실가스 감축과 에너지 절약을 통하여 사회적 책임달성과 지속성장 가능한 사회구현이다. 이와 같은 목적을 달성하는 과정에서 그린IT는 온실가스절감, 에너지절약, 기업의 이미지 개선이라는 3가지의 효과를 통하여 경제적 이익을 얻을 수 있다. 기업은 그린IT를 도입하여 연간 약 1백만kWh의 전력을 줄인다고 가정했을 때 전기비용의 절감 및 탄소배출권과 관련하여 총 50억원 가량의 비용절감 효과가 발생할 것으로 예상된다. 연간 1백만kWh의 전력 절감은 소규모 데이터센터에서 가상화 기술 도입과 서버 통합을 통한 전력 비용 절감이 아닌 데이터센터의 Floor 구조와 배선 개선, 랙 사이의 온기/냉기 통로 설치, 외부 공기의 유입 등 상대적으로 단순한 그린 데이터 센터 구축 방법론을 적용해서도 가능하다. 다음은 그린IT를 활용한 저탄소 사회 구현 시 절감되는 2020년의 예상 배출전망이다.

〈표 2.10〉 IT를 통한 분야별 이산화탄소 배출량 감축 전망치(2020년)

그린IT 기술	이산화탄소 절감 효과
원격근무, 화상회의	3.6억톤
건물에너지관리 최적화	16.8억톤
스마트 그리드 구축	23.8억톤
교통/물류 지능화	22.8억톤
종이 사용 절감	1.3억톤
제조공정 고효율화	9.7억톤

◎ 출처 : 박병주, "그린IT 국가전략의 의미와 기대효과", 경남정책, 2009.10.30

기업은 그린IT 도입을 통하여 사회적 책임과 환경 친화적 기업 홍보 효과를 얻을 수 있다. 기업 이미지 개선에 따른 기업 가치 증가와 친환경 제품에 대한 선호도 증가 등 간접적인 효과를 고려하였을 때 그린IT의 도입효과는 매우 크다고 할 수 있다. 미국의 경우 그린IT 시장의 규모는 2014년에는 2,190(US$, millions)로 성장 할 것으로 예측되고 있다. 다음 그림은 세계시장의 그린IT 규모를 나타낸다.

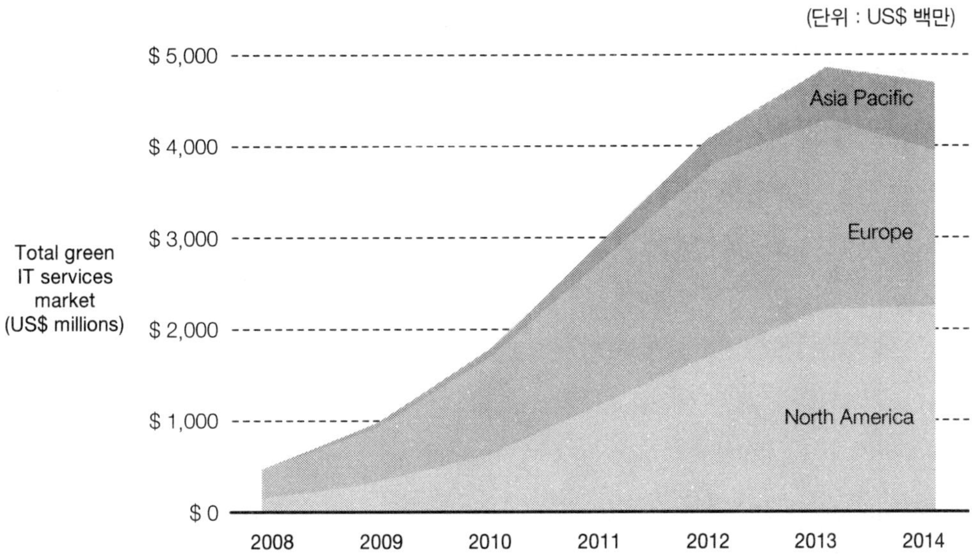

	2008	2009	2010	2011	2012	2013	2014
Asia Pacific	$30	$60	$120	$215	$370	$570	$760
Europe	$290	$580	$1,040	$1,610	$2,045	$2,075	$1,690
North America	$150	$305	$1,090	$1,090	$1,690	$2,160	$2,190

〈그림 2.6〉 세계그린IT시장 규모 전망

◎ 출처 : Forrester사

02 건축물 분야

건축물분야는 국내 전체 에너지 소비량 중 24.2%를 차지하는 주요 에너지 다소비 분야이며, 건물에 사용하는 주요 에너지는 냉·난방, 조명, 운영에 사용된다. 2011년 온실가스·에너지 목표관리제가 본격적으로 시행되면서, 470개의 업체가 관리대상으로 지정되었다. 건물 분야는 온실가스 배출량이 307.90 백만톤 CO_{2eq}로 두 번째로 배출량이 많은 산업군으로, 35개의 업체가 지정되었으며, 온실가스 감축목표율은 26.9%가 할당되었다.

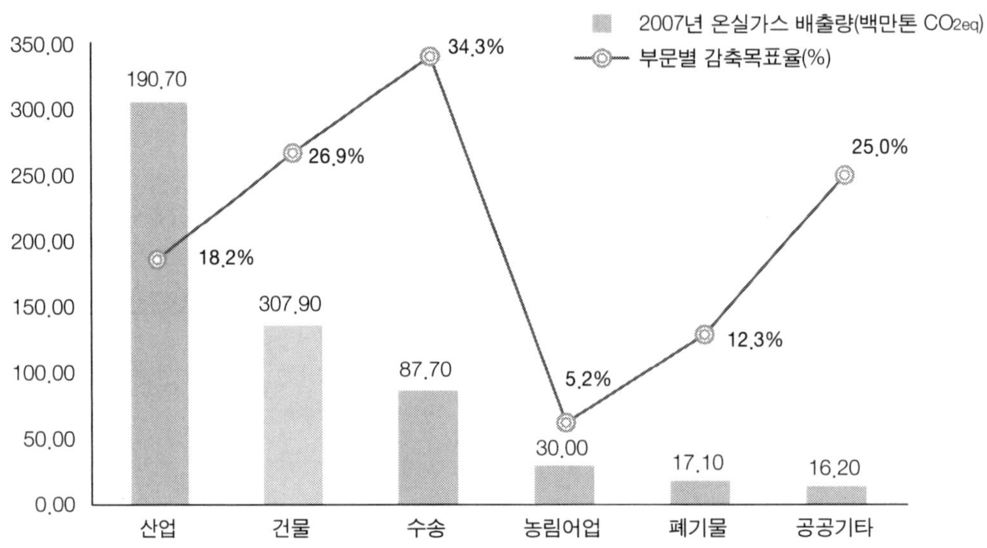

〈그림 2.7〉 목표관리대상 온실가스 배출량 감축목표율

건축물의 에너지 절약은 설계, 건축, 운영에 이르기까지 건물의 자산을 효율적으로 관리하기 위한 기술요소의 전체적인 집합이다. 주요 관련 기술로는 건물에서 사용하는 에너지 관리시스템, 검침 기술, 환경 센서, 조명 관리시스템, 에너지 감시 및 최적화 소프트웨어, 통신 네트워크 등이 있다.

2.1 제로 에너지 빌딩

2.1.1 제로 에너지 빌딩의 정의

제로 에너지 빌딩은 주택 부하구성비에 맞는 절약 및 대체 에너지 핵심 요소 기술을 선별하고 체계적으로 단계별 기술을 적용하여, 화석연료나 외부 전원공급 없이 주택 자체에서 모든 에너지를 자급하는 미래 지향적 기술이다.

〈그림 2.8〉 일본 동경가스의 제로 에너지 빌딩과 옥상에 설치된 태양열 발전판

제로 에너지 빌딩은 건물을 구성하는 자재 및 부품, 건설 공정, 건물 운영 및 유지관리, 폐기에 이르기까지의 저탄소와 저에너지를 수반하는 건축 기술로 신재생 에너지를 도입하여 발전량이 부하치를 초과 할 경우는 연계 계통으로 역 전송하여 발전한 전력을 판매할 수 있다. 제로 에너지 빌딩은 의미에 따라 다음과 같이 구분 할 수 있다.

〈표 2.11〉 제로 에너지 빌딩의 구분

구 분	설 명
Net zero site energy use	신재생에너지원으로부터 제공되는 에너지총량이 빌딩에서 쓰는 에너지 총량과 같음
Net zero source energy use	생산하는 에너지 총량이 빌딩에서 쓰는 총량과 전력을 빌딩으로 보내는 에너지의 합한 값과 같음
Net zero energy emissions	화석연료 사용으로 인해 발생된 탄소배출 총량을 제로 에너지 빌딩의 탄소 배출이 없는 신재생에너지 사용으로 균형을 맞춤

Net zero cost emissions	에너지 구입비용을 자가발전으로 생긴 전력을 연계 계통을 통한 판매로 균형을 맞춤

2.1.2 제로 에너지 빌딩의 설계와 운영

제로 에너지 빌딩을 구축 시에는 설계 측면과 운영 측면을 고려하여야 한다. 설계 측면은 빌딩의 건설부터 외부 환경을 고려해서 에너지 절약형 건물을 시공하는 것이고, 운영 측면은 빌딩 에너지 관리 시스템의 활용을 통한 것으로 두 가지 모두 에너지 효율을 높여 전력 사용의 최소화를 목적으로 한다.

(1) 제로 에너지 빌딩의 설계

제로 에너지 빌딩의 신축이나 보수 시 설계 측면에서는 크게 건축, 전기설비, 통신, 신재생에너지발전의 4가지가 고려되어야 한다.

〈표 2.12〉 제로 에너지 빌딩 설계 시 고려사항

설계요소	설 명
건축	외부 환경을 고려하여 배치 방위 최적화를 통해 일조량을 높이고 슈퍼 창호, 단열로 열에너지를 보존하고, 폐열 회수 시스템을 통해 낭비되는 에너지를 최소화한다.
방위, 구조	최적의 채광과 태양광시스템의 효율을 고려하여 남향의 동서로 긴 평면 구조를 가지며 북측 창호를 줄여 열손실을 최소화한다.
단열 설계	고단열 고기밀 시공을 하여 난방비를 절감하고 창호를 통한 열손실을 고려해서 창호를 최소화한다.
지붕 설계	건물외곽에 PV(Photovoltaic System)시스템 적용 시 효율이 높은 각도와 유지보수를 고려하여 여유 공간을 설계한다.
기반 설계	지열 시스템 도입 시 사전 지반조사가 수행되어야하며, 환기시스템을 위한 지중 덕트 시공도 고려되어야 한다.

① 전기설비

제로 에너지 빌딩의 전기설비 측면에서는 고효율 전기기기, 고효율 전력 변환장치, 대기전력 차단, 변압기, 역률 개선 장치, 고효율 조명 및 자연채광 등을 고려하여야한다.

〈표 2.13〉 제로 에너지 빌딩의 전기설비

전기설비 요소	설 명
고효율 전기기기	고효율 전기기기는 첨단 전기기기로써 같은 용량의 기존 모터에 비교하여 효율은 2~3% 정도 증가하고 무게는 1/3, 부피도 1/2 수준으로 감소한다. 전동기는 전력에너지 사용량의 60% 이상을 차지하기 때문에 많은 에너지 절감 효과를 가져 올 수 있다.
고효율 전력변환장치	고효율 인버터는 최대 주파수를 부하 특성에 맞게 조정하여 회전속도를 제어하며 전력을 최소화하는 장치이며, 고효율 인버터를 설치 할 경우 약 34%의 전력을 절감 할 수 있다.
고효율 조명	고효율 조명은 전자식 안정기가 내장된 조명기기로 일반 조명 등에 비해 소비전력이 1/5 수준이고, 수명 또한 약 8배 길다. 고효율 조명기기에는 절전형 형광램프, 전구식 형광램프, 전자식 안정기, 고조도 반사갓, 인체 감지 조명기구, 고출력 방전등이 있으며, LED는 대표적인 고효율 조명이다.
대기전력 차단	대기전력은 빌딩 전력 사용량의 10%를 차지하며 off, Passive Standby, Active Standby, Sleep 4가지 모드로 구분된다. 이중 전원버튼을 이용해 전원을 꺼도 소비되는 off 모드와 리모컨을 이용해 전원을 꺼도 소비되는 전력인 Passive Standby가 대기전력 저감 프로그램의 주요 대상이다. 대기전력 차단하는 방법에는 파워서플라이 자체 대기전력 차단과 대기전력 차단 콘센트, 대기전력 차단 멀티 탭 등이 있다.
변압기	변압기로 인한 에너지손실은 연간 2,000억원에 달하며, 고효율 친환경 변압기로 교체할 경우 연간 300억원의 절감 효과가 예상된다.
역률개선장치	역률개선장치를 사용해서 에너지 효율을 높이는 방법이 있는데 장치 종류에는 절전회로에 장착해 전기제품의 전력효율을 높임으로써 전력소비를 줄이는 역률 개선기(PFC), 전력의 품질을 높여 전력절감을 할 수 있는 장치인 복합부하개선장치, 무효전력을 보상함으로써 전체적인 역률을 개선 전력용 콘텐서(SC)등이 있다.

② 통신

제로 에너지 빌딩에 설치된 각 기기의 제어를 위해 건물내외에 통신이 원활하게 되어야 한다. 제로 에너지 빌딩의 통신은 무선원격조정을 통해 시스템을 제어 하며, 스마트 그리드 기술을 응용하여 유비쿼터스 기술을 활용한다.

〈표 2.14〉 제로에너지 빌딩의 통신

통신요소	설 명
스마트 그리드	IT 기술을 이용해서 공급자와 소비자가 양방향으로 실시간 정보를 교환, 에너지 효율을 최적화하는 차세대 전력망
무선원격조정	무선통신시스템은 조작과 모니터링을 위해 'backbone'통신을 선택하고 PATC에 설치되어 있는 DLC 장치를 조작한다. 각 구역의 온도와 전기 사용량과 수요를 측정해서 반영한다.

유비쿼터스	유비쿼터스는 장소와 시간에 무관하게 정보통신망에 접속하여 다양한 정보통신 서비스를 활용 할 수 있는 환경을 의미하며, 유비쿼터스를 응용해서 제로 에너지기능을 동반해야 하고 각 기기의 제어를 위해 건물내외에 통신이 원활하게 되어야 한다.

③ 신재생에너지발전

신재생에너지는 신에너지와 재생에너지의 합성어로, 기존 화석연료를 변환하여 이용하거나 햇빛, 물, 강수, 생물유기체 등을 포함하여 재생이 가능한 에너지로 변환하여 이용하는 에너지를 의미한다.

〈표 2.15〉 신재생에너지발전

신재생에너지	설 명
태양광 발전	태양광발전은 태양광을 직접 전기로 변환할 수 있는 태양광전지를 활용한다. 태양광발전의 설치는 지상 또는 건물일체형 태양광발전(Building Integrated Photovoltaic 또는 BIPV)으로 알려진 건물의 지붕이나 벽면이다. 빌딩에 적용성이 가장 높기 때문에 제로 에너지 빌딩 발전원으로 가장 많이 사용된다.
태양열 발전	태양열 발전은 햇빛을 반사판을 통해서 집중시켜 섭씨 1,000도 가까운 열을 얻은 다음 이 열을 이용해서 전기를 생산한다. 이때 반사판은 집열판의 경우 간접광도 이용하는 것과는 달리 직광 만을 이용할 수 있기 때문에, 태양열 발전을 하기에는 구름이 적고 햇빛이 강한 지역이 적합하다.
풍력	풍력발전이란 공기의 유동을 가진 운동에너지의 공기역학적 특성을 이용하여 회전자를 회전시켜 기계적 에너지로 전기를 얻는 기술이다. 이와 같은 풍력 발전은 무공해와 무한정의 자원으로서 대체에너지 중 가장 저렴한 비용으로 전기를 얻는다는 장점 때문에 현재 전 세계적으로 가장 각광받는 에너지원 중 하나로서 사용되고 있다.
지열 시스템	지열 시스템은 지구 내부에서 표면을 거쳐 외부로 나오게 되는 열을 활용하는 것으로, 지구는 중심부로 갈수록 온도가 높아져 지구 중심부의 온도는 4,000℃에 달한다. 이러한 지열은 열전도에 의해서나 가스, 온수 및 화산분출 등에 의해 유출되는데, 그 양은 지역적으로 크게 다르지만 지구의 전 표면에서 방출된다. 엄밀히 말해 지열 에너지는 재생이 불가능한 에너지원이지만 지구 자체가 가지고 있는 에너지이므로 굴착하는 깊이에 따라 잠재력은 거의 무한하다고 할 수 있다.
연료전지	연료전지란 연료와 산화제를 전기화학적으로 반응시켜 전기에너지를 발생시키는 장치로 전기화학적 반응은 전해질 내에서 이루어지며 일반적으로 전해질이 남아있는 한 지속적으로 발전이 가능하다. 연료전지는 '전지'라는 말이 붙어있기는 하지만 일반적인 전지와는 다르다. 전지는 닫힌계에 화학적으로 전기에너지를 저장하는 반면 연료전지는 연료를 소모하여 전력을 생산한다. 또한, 전지의 전극은 반응을 하여 충전/방전 상태에 따라 바뀌지만 연료전지의 전극은 촉매작용을 함으로 상대적으로 안정하다.

소수력 발전	소수력발전은 물의 유동을 이용한 시설용량 15,000kW 이하의 소규모 수력발전을 의미한다. 국내에서는 시행규칙 개정 전에는 시설용량 3,000kW 미만을 소수력발전('82.3소수력 개발 기본 방침에 의거)이라 불렀으나, 보통 10,000kW 이하를 소수력발전(대체에너지 개발 및 이용 보급촉진법 시행규칙 개정 '03.1.3)으로 부르고 있다. 소수력 발전은 일반적인 대규모 수력 발전과 원리에서는 차이가 없으나, 대규모 수력발전이 환경에 부정적 영향을 미치는 점을 생각한다면 국지적인 지역 조건과 조화를 이루는 규모가 작고 기술적으로 단순한 수력 발전이라고 할 수 있다.

(2) 제로 에너지 빌딩 운영

제로 에너지 빌딩의 운영에는 조명제어, 공조시스템 제어, EMS의 3가지 측면을 고려해야 한다.

① 조명제어

조명제어 방식에는 주광이용제어, 재실감지제어, 적정조도제어, 타임스케줄제어, 타 설비와 연동제어 등이 있다. 각 조명제어 실시의 효과는 주광 이용에 의한 창 측 조명제어 ON/OFF 제어의 경우 약 5~10%, 연속 조광제어의 경우 약 10~15%이며, 적정조도 유지 제어 시 약 10%이며, 타임 스케줄 제어 시 약 10~15%의 조명 제어 효과를 얻을 수 있다.

〈표 2.16〉 조명제어 방식

조명제어방식	설 명
주광이용제어	주광의 유입량에 따라 능동적으로 조명의 조도를 조절 하는 것인데 광센서를 이용해서 건물 어디서나 균등한 조도를 유지한다.
재실감지제어	인체로부터 열에너지를 감지해서 일정시간 부재 시 소등 하고 입실시 점등하는 시스템이다.
적정조도제어	조명기구는 시간경과와 기구 반사판의 오염, 램프 광속저하에 의해 설비 초기에 설계조도에 비해 20~30% 높게 운용하는데 센서 설치를 통해 밝기 조절을 하여 불필요한 전력낭비를 방지한다.
타임 스케줄 제어	오피스 빌딩의 경우 점심시간, 퇴근 등 하루 스케줄에 있어 조명을 자동적으로 점·소등 하는 것이다.
타 설비와 연동제어	대표적인 시스템은 키 관리 시스템으로 키를 일정 장소에 삽입하면 점등되고 키를 회수하면 소등되는 시스템이다.

② 공조시스템 제어

대형 건물에서는 공조시스템을 이용하여 냉 · 난방, 환기를 조절하는데 수많은 전동기 사용으로 인해 건물 내 소비전력의 상당량을 차지하고 있어 공조시스템 제어는 주요한 전력절감 방법으로 인식되고 있다. 공조시스템 자동제어는 적용 후 평균 10%의 운행 절감 효과가 있으며, 그 방법으로는 최적 기동 제어, 최적 정지 제어, 절전 운전 제어, 엔탈피 제어 등이 있다.

〈표 2.17〉 공조시스템 제어 방식

공조시스템제어	설　명
최적 기동 제어	빌딩 재실시간 전 미리 공조 시스템 가동을 통해 초기 운전 시 과부하로 인한 에너지 소비를 최소화 하는 것이다.
최적 정지 제어	빌딩 재실시간 이 후 쾌적 한계를 초과하지 않고, 적절한 시기에 공조 시스템을 정지 하는 것이다.
절전 운전 제어	공조기의 급기팬과 환기팬을 주기적으로 중지해서 팬 운전 시간을 줄여서 전력절감을 하는 것으로 실내온도와 CO_2농도를 입력으로 팬 가동/정지 제어를 수행한다.
엔탈피 제어	주간 냉방 운전 시 엔탈피 에너지가 적은 외기 도입을 통해 실내 공기의 엔탈피 에너지 감소를 목적으로 한다. 이러한 공조 시스템 제어를 통해 전체 전력 사용량의 10% 정도의 절감 효과를 볼 수 있다.

③ 에너지관리시스템(EMS : Energy Management System)

EMS(Energy Management System)는 건물에서 사용하는 에너지의 모니터링 및 축적된 데이터의 분석으로 부하관리 및 효율적 전력관리를 통해 전력비용을 절감 하는 것이다. EMS에는 지능형 설비 시스템, AMI, 부하관리장치 등이 있다.

〈표 2.18〉 EMS의 요소

EMS 요소	설　명
지능형 설비 시스템	변압기 병렬운전시스템과 자동역률제어 두 가지가 있는데 변압기 병렬운전시스템은 대용량 전압을 수용하는 대형건물에서 부하용량에 따른 최적의 변압기 운용으로 변압기 손실을 줄이는데 목적이 있다. 자동 역률제어는 선로의 역률이나 무효전력을 모니터링 하고 콘덴서 뱅크를 조절해서 최적화된 역률을 갖게 한다.
AMI (Advanced Metering Infrastructure)	기존의 AMR(Automated Meter Reading)의 진보된 시스템으로 한정된 검침 기능 외에 유틸리티 회사와 수요자의 유기적 연결 구축을 통해서 에너지를 효율적 사용한다. 그로 인해서 피크제어를 할 수 있어 전력 요금의 절감 효과를 볼 수 있다.

부하 관리 장치	부하관리방법에는 직접부하관리, 최대전력관리, 최대부하이동이 있다. 직접 부하관리는 실시간 부하의 전력사용을 감시 데이터화를 통해 자동적으로 부하를 조절하는 것이고 최대전력관리는 실시간 전력감시를 통해 기준 전력 초과 시 부하를 차단해서 피크전력의 절감 효과를 얻는 것이다. 최대 부하 이동은 축열 시스템 등과 연계하여 경부하시 에너지를 저장 하고 피크전력을 절감하고 부하율 향상을 통해 설비요량 감소와 비용절감을 한다.

2.2 건물 에너지 성능 인증제도

국내의 가정, 상업건물 분야의 에너지사용량은 국내 총 에너지 소비량의 24%를 차지하는 막대한 양이며, 국내의 에너지 수입 의존도가 97%에 달하는 점을 감안할 때 건물에서의 에너지 절약은 매우 중요한 과제이다.

다시 말하면 국가적인 차원에서 커다란 에너지절약효과를 기대하기 위해서는 에너지 소비량이 많아 절약 잠재량이 큰 기존건물과 새로 지어지는 신축건물을 대상으로 에너지관리를 하는 것이 필요하다. 이에 따라 기술선진국을 중심으로 건물의 에너지 효율성을 높이기 위하여 국가적인 차원에서 관련 법규 및 제도를 시행하여 평가하고 있다.

2.2.1 국내 건물에너지 성능 인증제도의 현황

(1) 그린빌딩 인증제도

그린빌딩 인증제도란 1990년 이래 전 세계 20여 선진 국가에서 실시되어온 건물에너지 성능인증제도의 한 유형으로, 건물의 전 과정(계획/설계/시공/운영/폐기)에 결쳐 환경에 미치는 영향을 최소화하기 위한 평가 시스템으로, 6개 부문, 111개 문항, 4개 등급으로 구성되어 있다. 그린빌딩의 구성요소는 에너지 부하 저감기술, 고효율 설비 기술, 실내공기 오염 조절, 주변 생태계에 대한 환경영향의 최소화로 구분할 수 있다. 그린빌딩의 인증절차는 계획 및 설계단계, 시공 및 준공단계, 운영관리 단계로 나뉘어지며, 세부항목은 아래와 같다.

<표 2.19> 그린빌딩 인증절차

구 분	단 계	세부절차
계획 및 설계	인증신청 ↓ 설계(기본 · 실시설계) ↓ 인증심사 ↓ 예비인증	‣ 계획단계 : 그린빌딩 인증을 위한 타당성 검토 ‣ 설계단계 : 환경친화적 설계요소 계획 및 설계 반영 → 자체평가서 작성 ‣ 인증심사 : 인증심사 및 심의위원회 개최 ‣ 예비인증 : 인증서 수령→분양홍보
시공 및 준공	시공 · 준공단계 ↓ 인증심사 ↓ 본인증	‣ 시공 및 준공 : 환경친화적 설계요소 시공 및 감리확인 ‣ 인증심사 - 자체평가서, 도면, 관련자료 검토 및 현장확인 - 인증 심의위원회 개최 및 인증 확정 ‣ 본인증 : 인증서 수령→건물부착
운영 관리	건물운영 ↓ 인증심사 ↓ 재인증	‣ 관리단계 - 운영관리 매뉴얼에 따른 건물을 관리함으로써 인증유지(유효기간 설정)

출처 : "환경친화건물에 대한 그린빌딩 인증취득", 삼성물산, 2000

(2) 건물 에너지 효율등급 인증제도

건물 에너지 효율등급 인증제도는 건축물 부문의 에너지 절약을 보다 합리적이며 적극적으로 추진하는 것이 건축물 에너지 성능 인증제도의 설립이 목적이다. 에너지 저소비형 건물 보급의 촉진을 위하여 에너지절약 설계 기준 등 관련법규에서 규정한 기준이상의 에너지이용 효율향상을 실시한 신축 공동주택을 대상으로 정부에서 등급별로 인증을 부여하는 제도이다. 이러한 인증 제도를 통해 건물주는 건물의 에너지절약 성능에 대한 대외 신인도를 높일 수 있어 건물가치가 상승되며 건물사용자는 저렴한 에너지 비용으로 쾌적한 삶의 질을 확보할 수 있으며, 국가적으로는 제도운영을 통해 에너지 절약 효과를 거둘 수 있다. 건물 에너지 효율등급 인증제도의 도입 효과는 다음과 같다.

〈표 2.20〉 건물 에너지 효율등급 인증제도의 도입효과

관 점	내 용
소비자	▸ 사용자가 건축물의 에너지 성능이나 주거 환경의 질과 같은 객관적인정보를 제공받을 수 있다. ▸ 건물에 소요되는 에너지비용에 대한 정보를 사전에 제공받을 수 있으며, 에너지절약에 대한 의지를 고취시킬 수 있다. ▸ 건물의 관리에 요구되는 에너지비용을 절감할 수 있다. ▸ 겨울철에 단열이 덜 된 주택보다 편안하고 쾌적한 생활을 즐길 수 있다. ▸ 고단열 창호를 사용함으로써 쾌적한 실내환경 및 외부소음을 줄일 수 있다. ▸ 환경오염 및 천연자원의 보호 등 보다 환경친화적인 커뮤니티 조성에 기여할 수 있다.
건물주	▸ 건물설계단계에서 에너지절약에 관한 인식을 제고시키고, 건물에너지 비용에 대한 정확한 정보를 제공할 수 있다. ▸ 건물분양 시 마케팅전략으로 사용할 수 있다. ▸ 소비자들에게 에너지절약 및 쾌적한 실내환경(Indoor Environment Quality) 관련 홍보 자료로 활용할 수 있다. ▸ 마감재 위주로 흐르고 있는 주택시장을 건축물의 성능향상을 위한 차원으로 유도할 수 있다. ▸ 보일러 등 설비시스템에 대한 용량 감소 및 최적화 시스템을 구축하여 원가절감을 유도할 수 있다.
국가	▸ 에너지부문의 24%를 차지하고 있는 건축물분야에 대한 에너지절감을 통해 에너지 및 외화를 절약할 수 있다. ▸ 미래에 발생하게 될 에너지위기에 덜 민감해 질 수 있다. ▸ "기후변화방지에 관한 정부간 협의" 이행당사자로서 국제사회에 이산화탄소방출량 감축을 위한 정책수립자료로 제출할 수 있다. ▸ 침체된 건설시장 극복을 위한 방안으로 활용될 수 있다. ▸ 친환경건축물 인증제도와 관련하여 에너지부분의 기반을 정비할 수 있다. ▸ 21세기 환경시대에 대응한 건축정책의 일환으로 활용될 수 있다. ▸ 경제사회의 변화·기술개발의 진전에 대응한 건축물의 에너지절약 정책 수립에 활용 될 수 있다.

인증등급 평가 방법은 예비인증등급 평가와 본인증등급 평가로 구분하여 진행한다. 예비인증은 신청건물의 완공 전에 설계도서 등을 통하여 평가된 결과를 토대로 에너지효율등급을 인증하는 것을 의미하며, 본인증은 신청건물의 완공 후에 최종설계도서 및 현장확인을 거쳐 최종적으로 평가된 결과를 토대로 에너지효율등급을 인증하는 것을 의미한다. 예비인증등급평가방법은 신청주택의 각 세대 및 단위공동주택별 에너지소요량 및 표준주택에 대한 에너지소요량을 산출하고 이에 대한 총 에너지 절감율로서 평가한다. 본인증 등급 평가방법에서는 공동주택 완공 후 에너지절감 관련항목의 현장확인 및 실사를 통해 측정된 자료를 이용하여 신청주택의 각 세대 및 단위공동주택별 에너지소요량을 재산출하고 이를 표준주택에 대한 총 에너지 절감율의 최종 평가 자료로 사용한다.

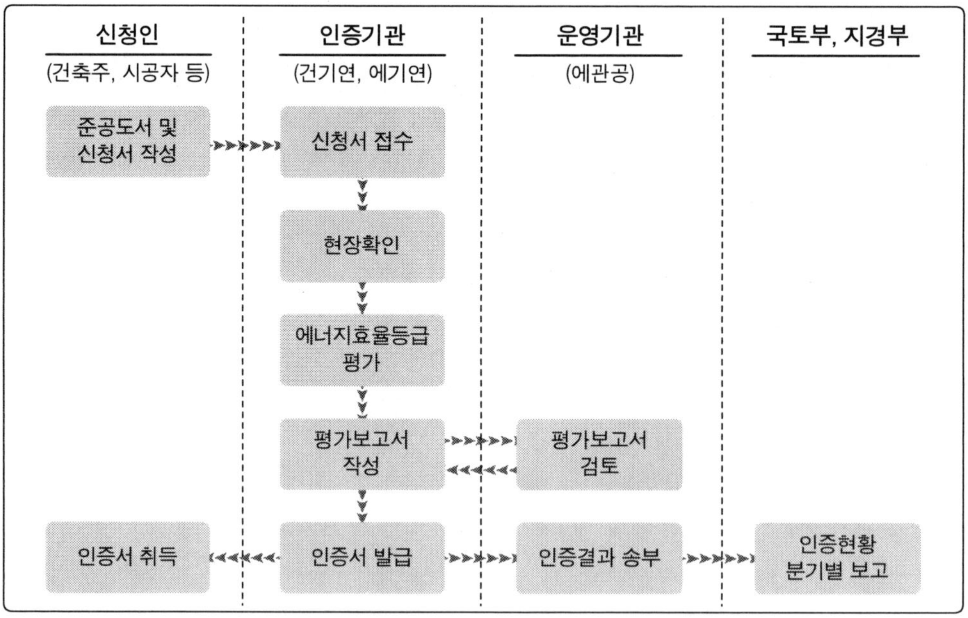

〈그림 2.9〉 인증절차(예비인증)

◎ 출처 : 에너지관리공단, "건물인증제도", 2004

또한 에너지관리 공단 웹상에서는 에너지성능평가 프로그램을 제공하고 있으며 다음 주소에서 사용할 수 있다.

http : //www.kemco.or.kr/building/v2/buil_cert/buil_cert_4_1.asp

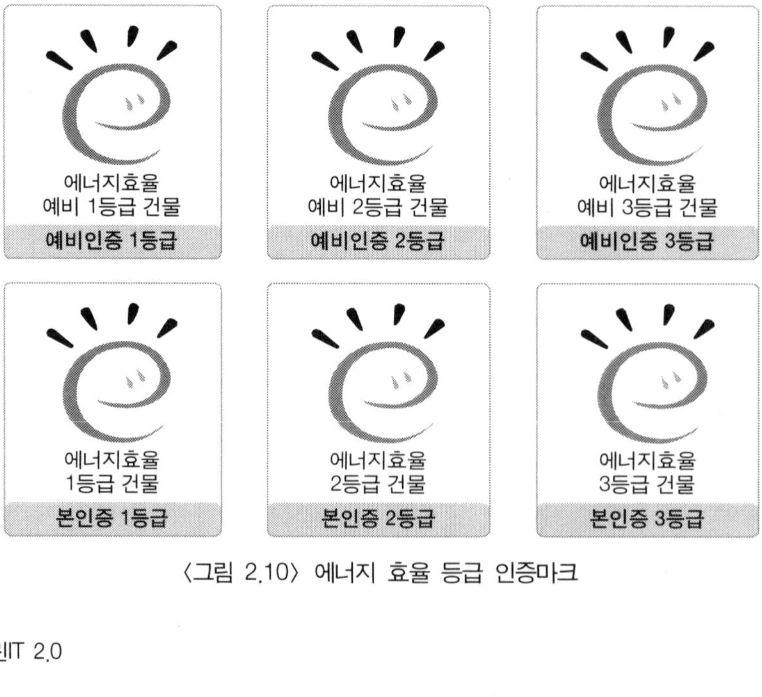

〈그림 2.10〉 에너지 효율 등급 인증마크

2.2.2 국외현황

해외도 건물 에너지효율에 대한 인증 제도가 활발하게 운영되고 있으며, 다음과 같은 유사인증제도가 있다.

〈표 2.21〉 외국의 건물 에너지 절약 법규

국가	인증제도명	운영방법	적용대상
일본	환경공생주택인증제도 (1999)	‣ 필수요건 : 에너지절약성능, 내구성, Barrierfree, 실내공기의 질 ‣ 제안유형 : 에너지절약형, 자원의 고도유효 이용형, 지역적합, 환경친화형, 건강, 쾌적, 안전안심형	주택이외의 건축물
미국	LEED(Ledership in Energy and Environmental Design)(1999) 	LEED Building 플래티넘 : 81%(36점)획득 LEED Building 골드 : 71~80%(31~35점) LEED Building 실버 : 61~70%(27~30점) LEED Building 브론즈 : 50~60%(22~26점) ※ 40점을 만점으로 한다.	사무소, 업무, 교육용건물, 고층공동주택
	HERS(HOME Energy Rating System) 	‣ 1990년부터 주단위로 시행하고 있으며, 현재 32개주에서 시행 ‣ EEM(Energy Efficient Mortgage)라고 부르는 장기저리융자제도와 연계	
	Energy Star Home Program, Energy Star Building Program 	1994년부터 환경청과 에너지부에서 시행하는 에너지절약인증제도	
영국	BREEAM (Building Research Establishment Environmental Assesment Method)(1991, 1998)	‣ BREEAM은 환경적 목표에 따른 등급점수제 ‣ 적절(pass), 양호(good), 매우양호(very good), 우수(excellent)	사무소, 상업용건물, 주거, 광장

	SAP & SAP 80+ initiative	‣ 주택 및 업무용건물의 초 에너지절약을 유도하기 위한 목적으로 시행 ‣ 건축법규에서 요구하는 기준이상의 초 에너지절약 설계를 목표 ‣ 1982년에 시작된 이래 8000채의 주택이 인증을 받았으며 800개 이상의 R-2000 인증 주택건설업체가 있음 ‣ 이 제도의 시행으로 주택자재, 고단열창호, 에너지절약설비기기 등의 기술개발이 유도되었음	주택 및 업무용건물
캐나다	BREEAM CANADA (1996)	공공건축물에 채택, 운영 중이며, 평가제도 자체에 영향력은 없다.	사무실
	R-2000, C-2000	‣ 주택 및 업무용건물의 초 에너지절약을 유도하기 위한 목적으로 시행 ‣ 건축법규에서 요구하는 기준이상의 초 에너지절약 설계를 목표 ‣ 1982년에 시작된 이래 8000채의 주택이 인증을 받았으며 800개 이상의 R-2000 인증 주택건설업체가 있음 ‣ 이 제도의 시행으로 주택자재, 고단열창호, 에너지절약설비기기 등의 기술개발이 유도되었음	주택 및 업무용건물
핀란드	Eco-Prop(2000~2001)	민간의 자발적인 참여를 원칙으로 하며 정부는 홍보차원에서 지원, 인증비용의 40$까지 지원	
네델란드	Eco-Quantum(1996)	1998년 암스테르담의 사무실에 대한 두 가지 설계대안 평가, 1999년 10개의 지방자치단체에서 50개의 주거건물 프로젝트에 사용	주거, 오피스건물 개보수
노르웨이	Eco Profile		사무실, 주거건축물
남아공	BEARS(1997) Building Environmental Assessment & Rating System)	약 50여개의 기존 사무실 건물평가에 활용	상업사무소
스웨덴	Eco Effect (1999)		주거건축물
뉴질랜드	Green Home Schem(1997)	각 지역의 공인 평가자	주택

출처 : 박성훈, "웹 기반 건물에너지 성능 평가 도구 개발에 관한 연구", 연세대학교, 2002.06.

2.3 BEMS(Building Energy Management System)

2.3.1 BEMS의 정의

BEMS는 건물 에너지 성능의 최적화를 위한 관리 시스템으로 건축물에 설치하여 건물 내에 관련된 상황을 표시하는 데이터를 자동적으로 수집 · 집약 · 보존하고 그 거동을 분석할 수 있는 장치 또는 시스템으로, 건축물의 열원 및 공조, 전력 및 조명 기타 위생설비 등의 에너지 사용량과 실내 온 · 습도 및 조도와 외기 등의 상태에 대한 에너지 · 환경정보를 기반으로 건축물 단위의 종합적인 에너지를 관리할 수 있는 시스템이다. 다음 그림은 BEMS의 구조를 나타낸다.

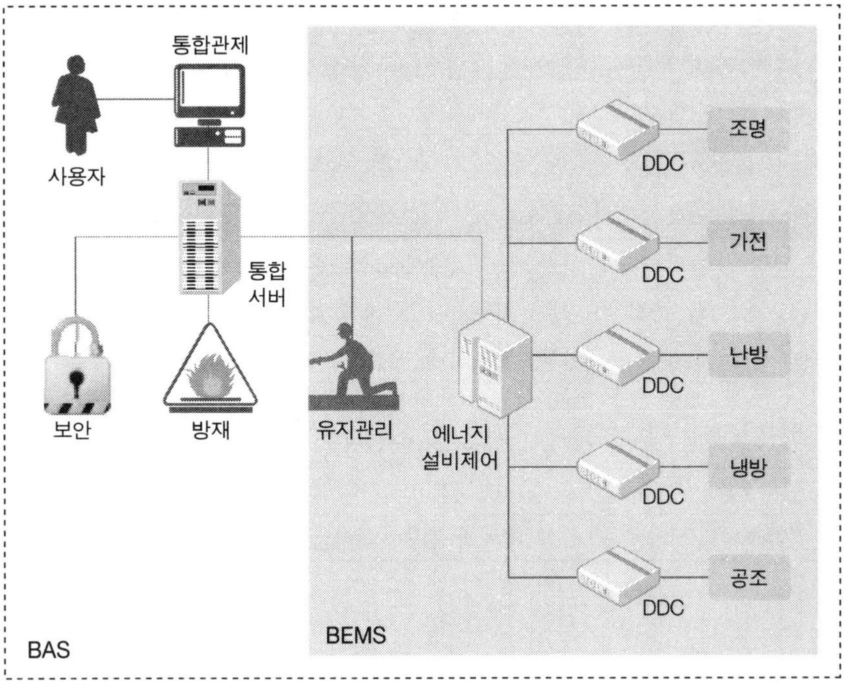

〈그림 2.11〉 BEMS의 시스템 구조

◎ 출처 : 김용찬, "건물에너지관리시스템(BEMS) 특성 및 기술개발 동향", ESCO협회지, 2011.

2.3.2 BEMS의 중요성

국내 전체 에너지 소비량 중 건축부문의 에너지 소비량은 24.2%를 차지하는 주요 에너지 다소비 분야이다. 사무실 건축물에서 소비되는 용도별 에너지 구성비의 경우 공조용 에너지가 약 50%, 조명 및 콘센트용 에너지가 약 33%를 차지하여, 건축물의 에너지 소비는 건축 설비용 에너지가 전체의 83%를 차지하고 있다. 이러한 건축물의 에너지 소비현황에서 BEMS의 구축을 통한 열원 및 공조설비와 조명 및 전열설비, 기타 위생설비에 대한 에너지 절약제어 및 운영정보의 체계적 분석 등을 통한 에너지 성능의 극대화 및 설비의 수명 연장의 요구가 증가되고 있다.

2.3.3 BEMS의 주요 기능

BEMS의 기능은 크게 건물의 에너지 관련 데이터 처리 및 관리를 위한 기본기능과 에너지 사용현황 및 추이분석 등을 위한 확장 기능으로 구분할 수 있다.

〈표 2.22〉 BEMS 주요기능

구분	주요기능	설 명
기본 기능	에너지 소비량 파악	건물 전체 기준 에너지 종별, 설비별, 업무용도 별 등
	각종 보고서 작성	일보, 월보, 연보, 정기 보고서 등
	장기데이터 보존	가동시간, 트렌드 값, 원격 검침 값 등
확장 기능	열원 및 환경분석	에너지절약 및 제어 성능평가, 에너지 절약 시뮬레이션, 온·습도, CO_2와 같은 실내 쾌적성 평가
	공조시스템 성능분석	실시간 및 일정기간 수집된 데이터를 통해 추이분석
	수집 데이터 분석	이상 데이터 검출, 데이터 통신 상태감시, 사용량 집계 및 분석 등

2.3.4 BEMS의 에너지 절약 방법 및 효과

BEMS의 에너지 절약 포인트로는 다음과 같이 네가지로 구분할 수 있다.

첫 번째로, 열원 및 공조 시스템과 전력 및 조명시스템이 연계된 에너지절약 제어 알고리즘에 의한 최적운전을 통해 에너지 절약을 할 수 있다.

두 번째로, 실내외 환경상태를 실시간으로 모니터링하면서 소비하지 않아도 되는 상황을 인지하여 불필요한 에너지 소비를 최소화 시킨다.

세 번째로, 각 설비의 에너지 운전시간과 부하상태에 따른 에너지 소비 모니터링을 통하여 해당 설비의 효율과 성능 저하를 미리 예측 진단하여 대응함으로써 적정한 효율과 성능 유지를 지속가능하게 함으로써 에너지를 절약한다.

네 번째로, 건축물 전반에 대한 에너지 원단위의 세분화된 분석 자료를 토대로 해당 건축물에 대한 전략적 에너지 수급정책을 통하여 에너지를 절약할 수 있다. 다음 그림은 건물에너지 관리를 위한 주요 구성요소 및 관련기술을 나타낸다.

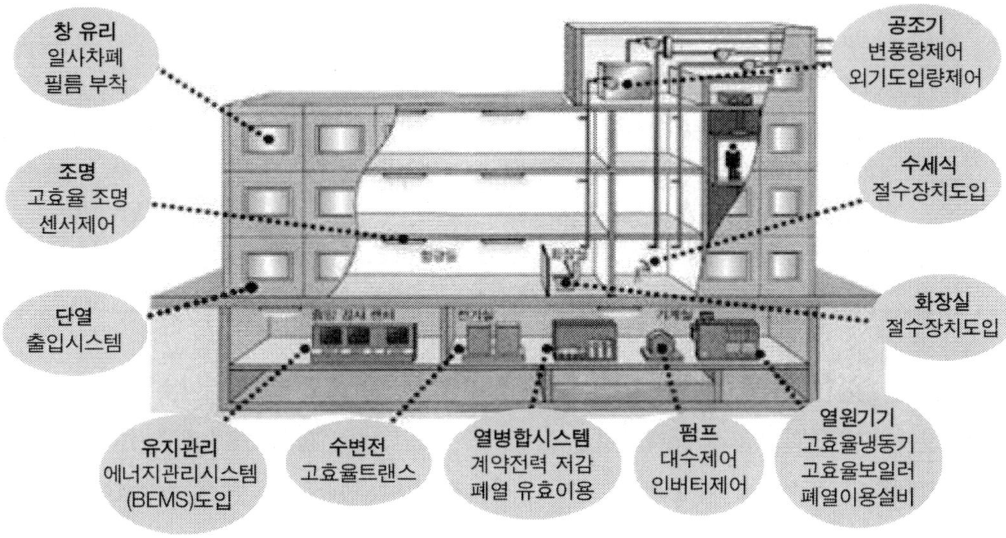

〈그림 2.12〉 건물에너지 관리를 위한 주요 구성요소 및 관련기술

◎ 출처 : 이태원 외 3명, IT를 활용한 건물에너지 관리시스템, 건설 Brief 제10호, 한국건설기술연구원, 2010.03

BEMS는 다음과 같은 일반적 관리항목별 에너지절감 대책을 사용하여 에너지를 절감하게 된다.

〈표 2.23〉 관리항목별 에너지 절감 대책

관리항목	에너지 절감 대책
일반관리	‣ 에너지소비원단위를 파악하여 에너지절감의 지표로 활용한다. ‣ 에너지절감의 관리목표를 설정한다. ‣ 계측기 설치하여 에너지사용상황을 관리 및 파악한다. ‣ 에너지절감의 관리체계를 정비 · 확립한다. ‣ 기기의 현재상태의 효율을 계측 · 관리한다. ‣ 소비 장소별 에너지 사용량을 파악한다. ‣ 에너지데이터를 그래프화 함으로써 에너지 사용의 경향을 파악한다.

공조설비	• 실내환경에 맞추어 외기도입량을 조정한다. • 보일러 및 직화식 흡수냉온수기의 공기비를 적정하게 관리한다. • 계절에 맞추어 냉수출구 온도설정을 변경한다. • 냉각탑의 출구온도관리의 적정화, 쇼트서킷 방지한다. • 브라인드 및 커튼을 닫아 하절기 아침의 냉방부하를 경감하고 동절기에 열방산을 방지한다. • 냉각수요금의 감면조치를 수행한다. • 증기밸브의 보온을 수행하여 증기밸브로 부터의 방열을 방지한다. • 펌프의 대수제어를 적정화한다. • 공조 옥외기의 위치 및 방향을 조정하고 배기의 쇼트패스를 회피한다. • 워밍업시 도입외기량 제어를 실시한다. • 실의 사용시간에 맞춘 스케쥴운전을 실시한다.
급·배수 위생설비	• 의음(擬音)장치(음향 효과를 인공적으로 만들어 내는 장치) 등을 도입하여 화장실의 절수를 수행한다. • 절수꼭지 및 절수형 샤워기 등 절수기구를 도입하여 절수를 수행한다. • 연소 및 기계실의 환기에 필요한 최소한의 적정 환기량을 실시한다. • 탄산가스센서 및 간헐운전에 의해 필요 최소한의 주차장환기를 수행한다.

다음 표는 일본 NEDO(New Energy and industrial technology Development Organization : 일본의 신에너지 산업기술 종합개발기구)의 BEMS 도입 지원 사업으로 채택된 건물에 대해서 BEMS 도입 후의 실적치를 바탕으로 실제의 에너지 절감 효과가 큰 기술 및 절감량을 나타낸다.

〈표 2.24〉 일본의 BEMS의 효과 기술 및 절감량

분류	개선활동 및 기술	절감량
외기도입 환기	외기냉방의 유효성 확인·조정	50.7MJ/m^2·년
	외기도입량 제어시스템 설정 값 개선	26.2MJ/m^2·년
	작업시간 이외의 환기운전 정지 공조	
공조	공조시간 단축·간헐공조 실시	33.1MJ/m^2·년
	설비가동시각 개선	
	설정온도 개선	
열원제어	대수운전 개선	1.4MJ/m^2·년
	열원기기운전 순서 및 2차 펌프 운전대수조정	15.3MJ/m^2·년

2.3.5 BEMS의 기술 동향

국내의 경우 BEMS 기본 기능 위주의 구축 사업이 주를 이루고 있으며, 확장기능은 초기 적용 시험 중으로 BAS(Building Automation System : 빌딩자동화 시스템)에 센서와 미터링 기능을 추가하여 에너지 소비 데이터 모니터링 및 자동제어를 제공하는 요소기술이 시범 적용 중이다. BEMS 기능의 적용 범위와 구축 환경의 차이로 선진국에 비하여 국내 BEMS의 적용 효과가 다소 미흡한 실정이다.(선진국 : 20%, 국내 : 5~8%)

〈표 2.25〉 국내외 BEMS 업체현황

구분	업 체	기술 및 사업 현황
국내	㈜코엑스	▸ 에너지 절약형 BEMS 패키지 기술 개발 사업 ▸ 냉동부하 예측 기반 시간대별 종류별 냉동기 최적 제어 기술 ▸ 강원랜드, 송도컨벤시아, 포스코사옥 등에 BEMS 구축 운용
	㈜삼성SDS	▸ 빌딩자동제어시스템 관련 S/W, H/W 솔루션 구축 및 운용 사업 ▸ u-Town 등 복합개발 사업 및 초고층 빌딩 IBS 시스템 적용
	㈜나라컨트롤	▸ BAS 제어 장치 및 BAS 통합 기술 개발 ▸ BAS/IBS(IBS : Intelligent Building System : 지능형 빌딩 시스템)/SI/에너지절약사업(ESCO), 통합 방범방재시스템 등 자동제어 사업
해외	지멘스	▸ 빌딩 자동 제어 시스템, HVAC(Heating, Ventilation & Air-Conditioning) 관련 제품, 보안 및 방재 시스템 사업 ▸ 체계적이고 다양한 빌딩 제어 프로토콜 수용을 위한 개방형 APOGEE 연구 ▸ 노후화된 시설의 에너지효율개선을 지원하는 에너지절약 전문기업
	슈나이더(앤도버)	▸ 빌딩오토메이션, 전력 모니터링 및 제어, 전력 공급 및 냉각 서비스 등 제공 ▸ 에너지안전성, 신뢰성, 효율성, 생산성 향상을 위한 통합 솔루션 분야
	하니웰	▸ 통합 빌딩 자동 제어 시스템 EBI(Energy Building Integrator) 개발 ▸ 빌딩 유지 관리 및 개·보수 서비스 사업
	Azbil 야마다께	▸ BEMS 전문 솔루션인 savic-net FX를 보유함 ▸ 기존 자동제어 솔루션에서 발생한 에너지 관련 데이터를 분석하여 현황, 소비예측, 효율개선의 기능을 제공

일본의 경우 BEMS는 센서·액츄에이터에서 에너지 절약 프로그램, 에너지 관리 소프트웨어까지 전체적으로 제공할 수 있는 제품군을 이루어 건물에 공급되고 있다. 기존 건물 관리 시스템과 연동한 확장된 BEMS 기술을 2000년도 초반부터 개발하여 현장에 적용하고, 현재는 다양

한 건물로 확대 보급되고 있으며, 신축 건물 뿐 아니라 건물의 리모델링 시 에너지 효율 개선을 위하여 BAS 설비 교체와 함께 BEMS 기술을 적용하여 에너지 소비 효율을 높이려고 시도한다.

2.3.6 BEMS의 적용사례

(1) 한국종합무역센터

COEX와 ASEM은 전시장, 컨벤션센터 그리고 ASEM타워, COEX Mall 등이 복합되어 있는 국내 최대 규모의 종합단지로 연면적 792,200m^{2}에 설치된 방대한 설비를 효율적으로 운전하고 에너지 절약제어를 하기 위하여 빌딩자동화 시스템과 연계하여 BEMS시스템을 구축하였다. 도입된 시스템은 BAS의 운전데이터를 DB화하여 부하예측, 에너지 종류별 단가, 시간별 작동 설비의 원가 산출 등의 기능이 적용되어 있다. 에너지절감 효과로는 연간 에너지 비용을 4~5% 절감할 수 있었으며, 이를 금액으로 환산하면, 2003년의 경우 8억원의 에너지 요금이 절감 가능하다고 보고하고 있다.

〈그림 2.13〉 COEX의 BEMS 관제시스템

◎ 출처 : 코엑스블로그, [Green Coex Story] IT로 에너지 절감해요_BeMS&BAS, 2010.01.21.

(2) 삼성물산

삼성물산은 빌딩의 주요 설비에 대한 에너지 사용량 및 장비의 효율적 운영 상태를 감시할 수 있는 S-BEMS(Samsung Building Energy Management System)를 개발하여 신축 건물뿐만 아니라 기존 건물의 운영단계에서 사용되는 에너지를 약 5~10% 이상 절감할 수 있는 솔루션을 제공하고 있다. 삼성물산은 2007년 서초동에 신축한 삼성타운 건물 중 삼성전자

사옥 및 삼성물산 사옥에 S-BEMS를 설치하여 운영한 삼성물산 사옥의 경우 2008년 대비 2009년 운영단계에 소비되는 에너지가 11% 절감되었다.

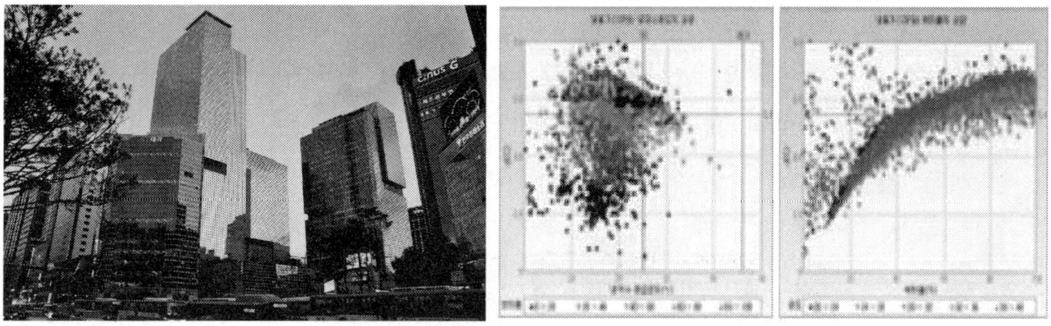

〈그림 2.14〉 삼성타운과 S-BEMS의 장비성능평가 화면

◎ 출처 : 삼성물산, "지속가능경영보고서", 2010.

(3) 일본 JFS, Triton Square Building

하루미 아일랜드 토리톤 스퀘어 빌딩은 101,100m^{2}면적에 155m(33층)의 건물이다. 2001년 건물 신축 시 야마다께의 BEMS를 도입하여 운영하고 있다. 토리톤 스퀘어 빌딩에 설치된 BEMS는 Office Tower X, Y, Z, W의 4개의 건물을 통합적으로 관리, 제어가 가능하며 공조, 전기, 방재를 중심으로 종합적으로 감시가 가능하다. 토리톤 스퀘어 빌딩은 일반적 유사면적 건물과 비교하여 28%의 에너지 절약효과를 확인하였다.

〈그림 2.15〉 토리톤 스퀘어 빌딩의 통합 관제와 BEMS

(4) 일본 UCHIDA YOKO

일본 도쿄에 위치한 우치다요꼬는 9층 규모의 사옥을 친환경 그린빌딩으로 리모델링하면서 조명을 중심으로 한 BEMS를 도입하였다. 우치다요꼬 사옥의 BEMS는 조명을 개별적으로 모니터링 및 제어를 할 수 있으며, 불필요한 조명의 사용자에게는 알람을 보내주는 기능과 모바일로 제어가 가능한 앱을 함께 운영하고 있다. 우치다요꼬 사옥은 모든 조명을 LED로 교체하고 LED Dimming을 BEMS시스템에 병행 운영함으로 약 50%의 조명에 사용되는 에너지를 절감하였다.

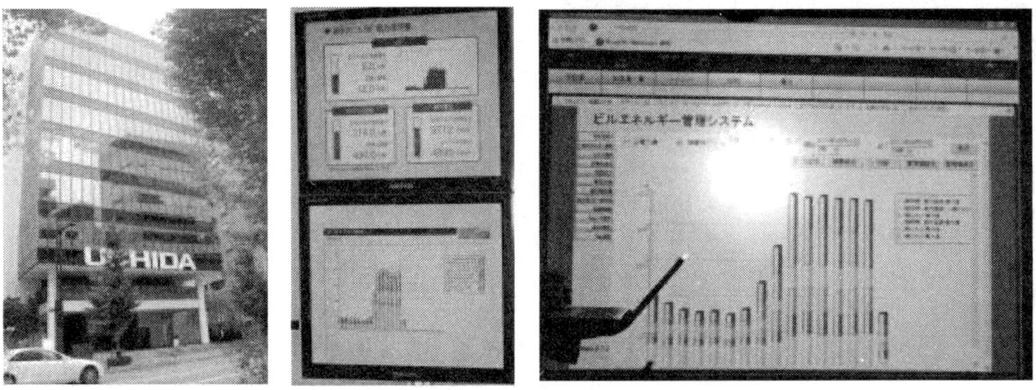

〈그림 2.16〉 우치다요꼬 전경과 주요 BEMS화면

(5) 아일랜드 더블린 대학교

아일랜드에 위치하고 146,000m^2 면적의 더블린 대학교에서는 연간 100,000£의 투자비를 사용하여, 외부의 밝기와 온도 등의 환경 정보 분석을 통한 조도제어와 온도제어를 캠퍼스에 적용하여 10%의 에너지 절약 효과를 보았다. 연간 절감 금액은 350,000£에 해당한다.

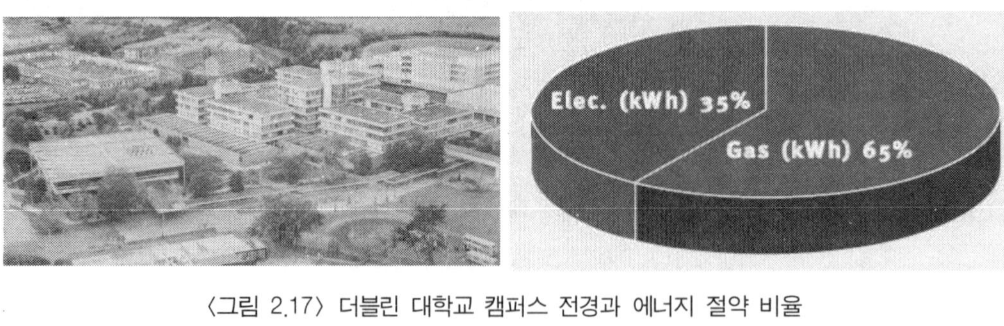

〈그림 2.17〉 더블린 대학교 캠퍼스 전경과 에너지 절약 비율

◎ 출처 : IRISH ENERGY CENTRE, "BUILDING ENERGY MANAGEMENT SYSTEMS AT UCD BELFIELD"

2.4 빌딩 정보 모델링(BIM : Building Information Modeling)

2.4.1 빌딩 정보 모델링의 정의

BIM은 빌딩의 전 과정을 3D로 정보화하여 건물 전 생애주기 동안 발생하는 정보(설비 교환 주기, 에너지 소비량, 단열성능 등)을 관리하는 설계기법으로 공정계획을 결합하여 비용, 자원 및 리스크를 예측하여 19.6%의 에너지 절감 및 22.4%의 공사비 절감효과를 기대하는 시뮬레이션 방법이다. 예전의 건축물 설계는 도면상에서 2차원의 기호정보를 통하여 정보를 표현해 왔지만, BIM에서는 건물의 실제 형상과 정보를 표현하여 3차원 기반으로 렌더링하고 다양한 변수와 요소들을 Database를 통하여 정보화하고, 목적에 맞는 형태로 데이터 변환 및 정보 표현이 가능하다.

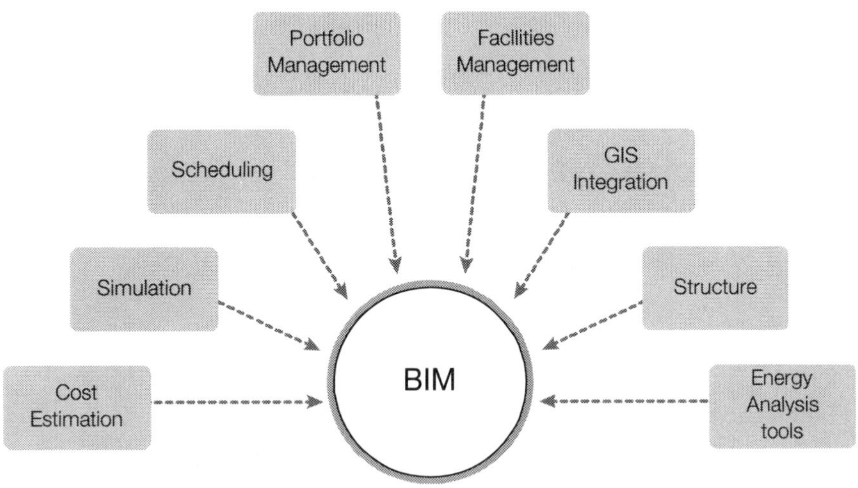

〈그림 2.18〉 Building Information Modeling Service

2.4.2 빌딩 정보 모델링의 중요성

현재 운영중인 빌딩뿐만 아니라 신축건물에 대해서 정확한 설계와 지리적, 환경적인 요소들을 고려하여 최적의 빌딩 설계 및 운영이 필요하다. 현대의 빌딩은 기술의 발달로 수명주기가 길고, 내구도가 좋기 때문에 BIM을 통해 설계된 빌딩 수명주기만큼 건물의 생산성과 효율성을 높일 수 있다. 빌딩 설계자는 빌딩의 물리적인 목적을 위해 가용 자원을 활용하고 설비들의 생명주기를 관리하여 리스크를 예측해야한다. 그리고 모델링된 설계를 통해 생산성을 향상시키고 모델로 구조화된 운영을 통해 빌딩의 설계를 재검토하여 수정할 수 있다. 그리고 운영될 빌딩을 해석하고 빌딩 운영의 시행착오를 방지하여 에너지 효율성을 높이고 비용을 절감할 필요가 있다.

2.4.3 빌딩 정보 모델링의 주요기능

BIM에서 건축물의 모든 구성요소를 객체화하였을 때, 해당 개체의 속성들을 측정 가능한 기하정보로 표현한다. BIM모델에서 정의된 객체들은 기본 속성을 포함한 연관된 속성을 확장하고 프로토타입을 통해 객체들 간의 상호작용을 정의할 수 있다. 그리고 3D 모델과 2차원 도면이 단일 환경에 통합되어 개별적 도면작업에서 통합자동화로 개선되고 자유로운 디자인 정보를 통한 자동화와 정확한 수치표현을 통해 빌딩의 구조화된 설계를 지원한다.

2.4.4 빌딩 정보 모델링의 에너지 절약 방법 및 효과

BIM이 적용된 건축물은 모델링 시 요소들의 연관관계와 제약사항들을 미리 고려하여 산출된 많은 정보들을 좀 더 효율적이고 다양한 방법으로 해석할 수 있으며, 이를 통해 다양한 장점과 설계상의 문제점을 파악할 수 있다. 이런 장점으로 국내에서 신 건축물을 중심으로 설계단계에서부터 BIM 도입을 확대하여 건축물의 지리적, 환경적, 물리적 목적에 맞는 최적의 건물을 모의하고 있고 이를 통해 빌딩의 에너지 절약을 유도할 뿐만 아니라 향후 제어시스템의 효율을 향상시켜 최대 60%의 에너지 절감효과를 기대할 수 있다.

빌딩의 공간계획, 빌딩 시스템의 흐름을 파악하고 에너지 환경분석을 통해 에너지 효율과 지속가능성을 향상시킬 수 있으며 에너지 예측 및 정확한 비용예측을 통해 신뢰성과 설계완성도를 높일 수 있다. 그리고 공정 시뮬레이션을 통해 공정의 시각적인 커뮤니케이션이 가능하고 가상건물을 통한 설계품질, 건물의 성능이 향상될 수 있다.

2.4.5 빌딩 정보 모델링의 기술 동향

시뮬레이션 기능은 BIM 이후에 에너지 효율 및 결과를 검토하고 해석하기위한 가상 시나리오로 구성되어있다. 시뮬레이션 방법은 설계된 빌딩에 대하여 빌딩제어시스템을 모의 운영하고 결과를 산출한다. BIM을 기반으로 구성된 시뮬레이션은 다양한 객체의 변수와 운용 전략을 적용할 수 있으며, 운용방식 및 시나리오를 통한 시뮬레이션을 진행하여 빌딩의 에너지 형태를 사전에 평가할 수 있게 한다. BIM을 기반으로 구현되는 시뮬레이션 소프트웨어는 이미 활발하게 사용되고 있으며 많은 건축물 설계과정에서 중요한 역할을 하고 있고 친환경 빌딩 설계를 위한 중요한 도구로서 역할을 수행하고 있다.

〈표 2.26〉 BIM의 발전 단계

발전단계	내 용
단위기능 BIM	‣ 단순기능의 3D CAD 활용
업무단위 BIM	‣ 특정 업무처리 프로세스 적용 ‣ BIM 프로세스 지원을 위한 별도 팀 및 절차
A/E(Architect Engineering : 설계용역) BIM	‣ BIM 기반으로 타 시스템 및 업무가 통합된 프로세스 ‣ 자발적인 BIM 서비스 제공
A/E/C(Architect Engineering & Construction : 설계용역 & 건설) BIM	‣ 시공단계의 정보 연계 ‣ 비용 조달 일정 시공 등의 정보 연계
Life-cycle BIM	‣ 시설물 유지관리 ‣ 계획 및 자료의 재활용 체계구축

출처 : CMAK, "BIM기반 프로젝트에서 건설사업관리자의 역할과 비전", 2010.10.04.

2.4.6 빌딩 정보 모델링의 적용 사례

(1) 핀란드의 YIT

핀란드는 높은 국가 경쟁력을 갖추기 위해 건설 산업에 BIM 기술을 적용하여 생산성 및 산업경쟁력을 높이고 있으며 지금은 대부분의 건설회사 및 설계사무소에서 3D CAD를 기반으로 BIM 기술을 활용하고 있다. 핀란드의 YIT 건설회사는 3D CAD인 ArchiCAD를 이용하여 공간사이의 간섭 체크, 시공성 검토, 물량산출, 4D 공정관리, 공사 일정에 따른 주요 자재 구매관리를 BIM 기술을 적용하여 지식관리 시스템을 구현하여 높은 생산성 및 경쟁력을 확보하고 있다. 현재 BIM 기술을 적용하여 약 2~3% 정도의 에너지를 절감하고 있으며, 에너지절감형 건축물의 그린빌딩 구현과 함께 친환경 건축자재 활용에 기여하고 있다.

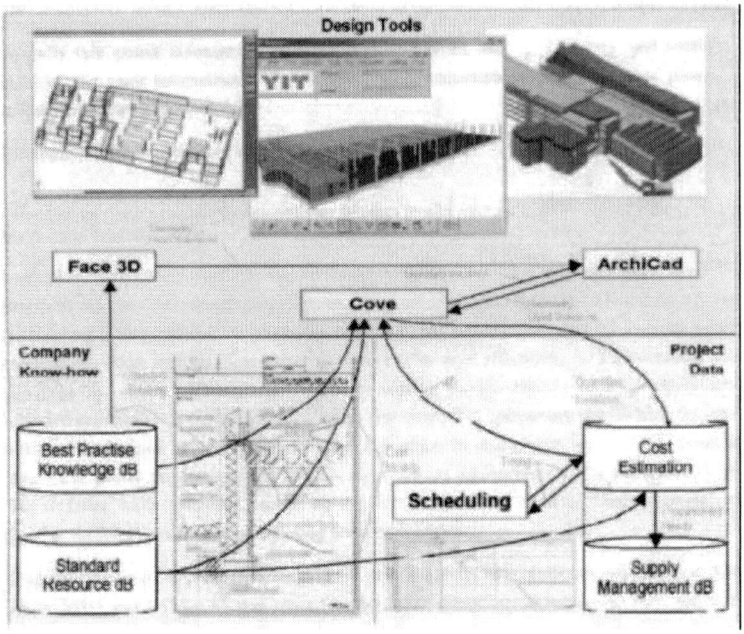

〈그림 2.19〉 YIT사의 ArchiCAD 기반 COVE(COst&Value Engineering) 시스템

◎ 출처 : CAD & Graphics, "BIM의 적용과 그 방향", 2008.10.

(2) 미국의 Gehry Technology

게리테크놀로지는 구겐하임 미술관, 디즈니 콘서트 홀 등을 설계하고 비정형 건축물을 효과적으로 설계, 관리한 BIM 기술지원 회사이다. 이 회사의 설립자인 저명한 건축학자 프랭크게리는 자유로운 형태의 건축물을 3D CAD로 디자인하고, 디자인된 3D CAD 모델로부터 2D CAD 도면을 자동으로 생성하였다. 그리고 건축, 설비, 전기 등의 각 공종간의 간섭을 자동으로 검토하고, 카티아(CATIA)를 기반으로 하여 3D 모델로부터 건축물량을 자동으로 산출하여 BIM을 구현하고 있다. 이를 통해 3D 시공성 검토로 인한 효과로 10%의 비용을 절감하였고 19.6%의 에너지가 절감되는 성과를 거두었다.

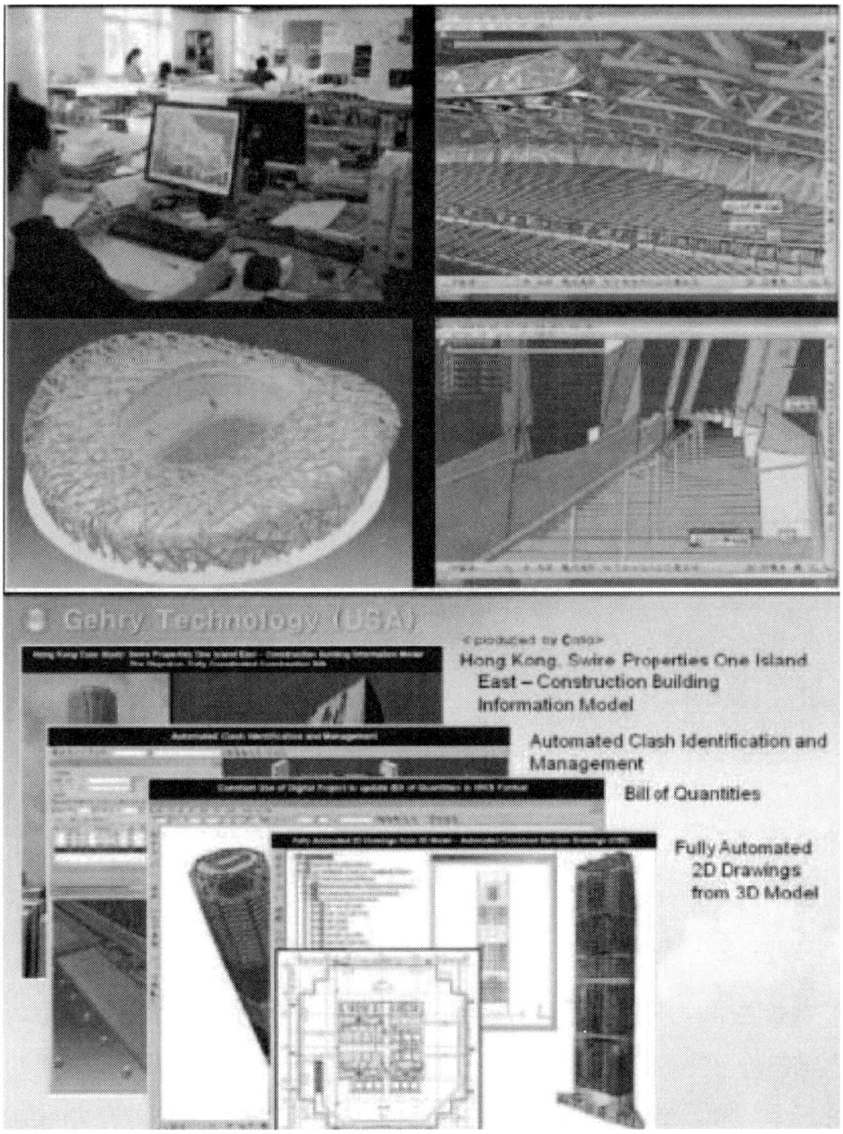

〈그림 2.20〉 CATIA 기반 게리테크놀로지의 디지털프로젝트

◎ 출처 : CAD & Graphics, "BIM의 적용과 그 방향", 2008.10.

(3) 독일 Nemetschek

독일 Nemetschek사의 Allplan Engineering은 시공과정상에서 BIM을 구현하였다. Nemetschek은 건설 산업용 3D CAD엔진을 개발을 통해 Allplan을 개발하였다. Allplan Engineering은 건축 및 토목구조물과 특수 구조물의 설계 등을 BIM 개념으로 설계하여 철근의 3D 자동 배근과 철근 Shop 도면 자동 작성 및 물량산출에 탁월한 성능을 갖고 있어 생산공정을 80~90%까지 높이고, 자재물량도 20~40%까지 절감하여 장기적으로 5% 이상의 에너지를 절감하고 있다.

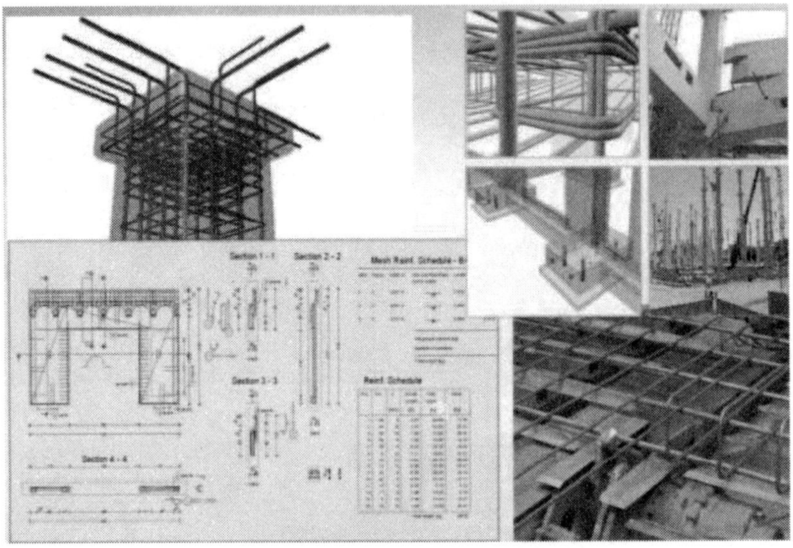

〈그림 2.21〉 독일 Nemetschek사의 Allplan Engineering

◎ 출처 : CAD & Graphics, "BIM의 적용과 그 방향", 2008.10.

(4) 롯데 캐슬 프레지던트

롯데 캐슬 프레지던트 프로젝트는 2D설계도시의 시공 전 사전검토 및 3D기반으로 공종별 간섭체크를 위한 시공성 검토를 진행하였다. 철골구조물과 공조배관의 간섭이 발생한 사례로 시공 전에 구조해석, 철골 Shop 등의 정확한 제작 및 일정을 관리하여 수행하였다. 타공 오류를 줄이고 품질향상을 위해 3D CAD를 통한 BIM으로 검토하여 다양한 자재가 건축물의 에너지 소비 성능에 미치는 영향을 예측해 10%의 에너지를 절감하여 차별화된 에너지 절감형 건축물을 모델링 하였다.

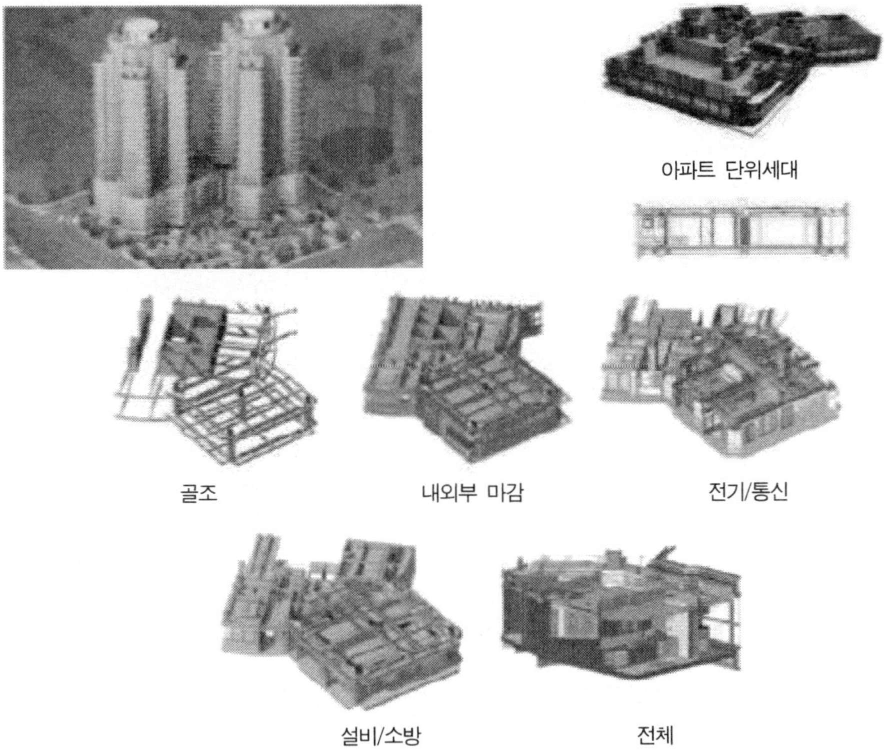

〈그림 2.22〉 마포, 롯데 캐슬 프레지던트

◎ 출처 : 박정욱 외 4명, "사례 분석을 통한 국내 BIM 적용 문제점 및 대안 도출에 관한 연구", 2009.08.

2.5 빌딩 에너지 시뮬레이션(Building Energy Simulation)

2.5.1 빌딩 에너지 시뮬레이션의 정의

빌딩 에너지 시뮬레이션은 BIM의 적용형태에 따라 입력자료와 운용 방식을 위한 알고리즘이 적용되고 시뮬레이션의 분석 목적과 요구사항에 따라 결과를 출력하게 된다. 빌딩에서 실제 에너지 흐름은 외부환경의 상태와 기후변화에 따라 전도, 대류, 복사의 모든 열 전달현상이 달라지고 각 요소들 사이에 상호영향을 주는 연관관계가 있기 때문에 동적시스템으로 구성되어야한다. 그러나 가상의 환경을 실제 환경과 동일하게 묘사하는 것은 많은 어려움이 있어 시뮬레이션 모델링에는 수 많은 가정요소를 경우의 수로 정의하고 연관관계나 규칙을 단순화시키는 제약사항이 불가피하다. 그래서 시뮬레이션 방법론의 적용방법에 따라 시나리오를 통한 산출물의 결과 해석이 달라지게 된다.

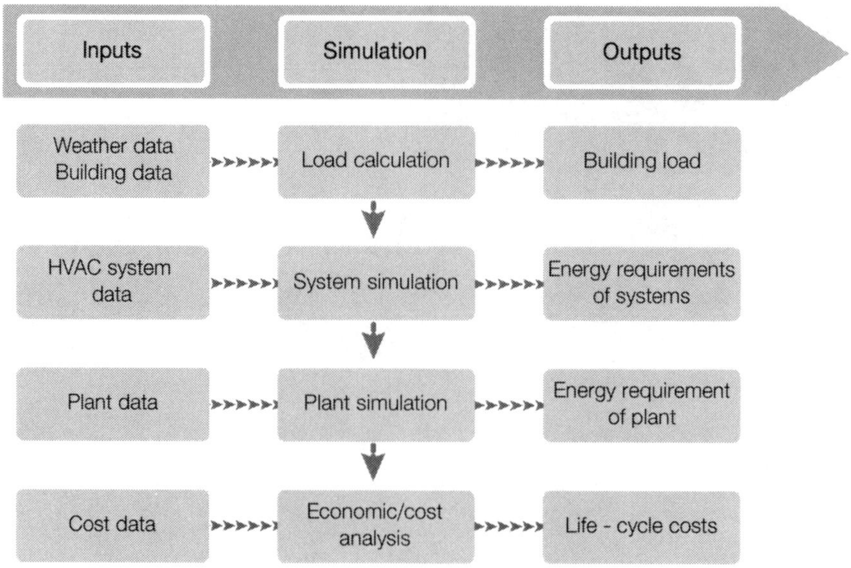

〈그림 2.23〉 Building Energy Simulation의 프로세스

2.5.2 빌딩 에너지 시뮬레이션의 주요기능

빌딩 에너지 시뮬레이션은 쉽고 편리한 인터페이스를 바탕으로 빌딩 운영에 필요한 자원, 에너지 등의 입력 자료를 통해 가상의 빌딩을 시뮬레이션 하여 건물 운영데이터 현황 및 에너지 소비와 결과를 출력한다. 그리고 빌딩 에너지 시뮬레이션은 외피의 열류 출력, 단면의 온도 변환 출력 및 분포 등의 열흐름을 알 수 있고, 열관류율, 시간지연, 감쇠율 등을 계산하여 빌딩 내부 설비들의 규모와 수명을 통한 에너지 해석 및 경제성 분석이 가능하다. 그리고 분석된 결과의 재사용을 통해 다른 운영형태로 분석하여 최적의 운영결과를 유도하고 설계나 운영의 요소가 한계가 있는 경우 빌딩의 문제점을 파악하는데 도움이 된다.

2.5.3 빌딩 에너지 시뮬레이션의 에너지 절약 방법 및 효과

빌딩 에너지 시뮬레이션 소프트웨어는 건축물 객체들의 프로토타입을 정의하고 평가하는 물리적인 과정을 재사용과 라이브러리 사용을 통해 시간을 절약하고 모델의 완성도를 높일 수 있다. 그리고 정의된 객체들의 연관관계와 제약사항들을 유기적으로 활용하고 에너지 흐름을 모의하여 친환경을 위한 빌딩 설계를 위한 도구로 활용되는데 현재 건물 에너지 시뮬레이션을 위한 소프트웨어는 다양하며 활용도가 높다.

2.5.4 빌딩 에너지 시뮬레이션의 기술 동향

빌딩 에너지 시뮬레이션은 공조설비, 소비에너지, 환경요소 등의 빌딩 세부 사양까지 상세하게 설계하여 데이터베이스와 연동되고 있다. 대상 빌딩의 생애주기(설계, 시공, 운영 및 관리, 철거)에 걸쳐 비용관리 및 시설관리를 위한 빌딩 생산프로세스를 관리할 수 있으며 빌딩의 냉·난방 소비에너지를 CO_2로 환산하여 탄소배출량을 최소화하는데도 사용되고 있다. 또한 이를 통한 모든 시뮬레이션 정보를 생산, 관리, 출력하는 통합 도구로 사용되고 있다. 그리고 공기의 흐름, 온도 분포를 파악하기 위해 공조기기로부터 공기의 움직임을 열유체 해석 소프트웨어로 시뮬레이션하여 빌딩의 에너지를 절약하고 운용 시스템의 성능을 향상하는데 사용되고 있다.

〈표 2.27〉 건물 에너지 시뮬레이션 소프트웨어

소프트웨어	내 용
DOE-2	‣ 미국 Lawrence Berkeley 랩에서 개발 ‣ 건물의 에너지 성능 평가를 위해 전 세계적으로 사용 ‣ BDL Processor, LOADS, SYSTEM, PLANT, ECON의 5개 모듈로 구성되어 있어 계산 구조로 연산속도가 떨어짐 ‣ HVAC 시스템 용량 산정 및 경제성 분석에 활용 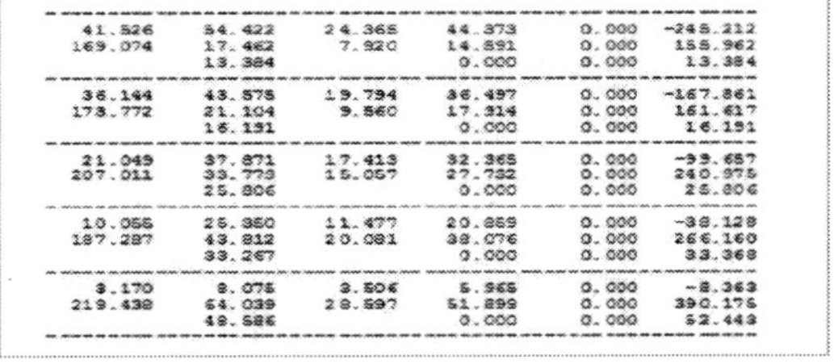

```
DOE-2.2-47d  11/26/2010   18:28:05  BDL RUN  2
              WEATHER FILE- TMY  SEOUL        KR
--------------------------------------------------------
 WIN SOL    OCCUP    LIGHTS    EQUIP    SOURCE    TOTAL
--------------------------------------------------------
  41.526   54.422   24.365   44.373    0.000  -245.212
 169.074   17.462    7.920   14.891    0.000   155.962
           13.384             0.000    0.000    13.384
--------------------------------------------------------
  36.144   43.575   19.794   36.497    0.000  -167.861
 173.772   21.104    9.560   17.314    0.000   161.617
           16.191             0.000    0.000    16.191
--------------------------------------------------------
  21.049   37.871   17.413   32.365    0.000   -93.657
 207.011   33.773   15.057   27.782    0.000   240.975
           25.806             0.000    0.000    25.806
--------------------------------------------------------
  10.056   25.350   11.477   20.869    0.000   -38.128
 187.287   43.812   20.081   38.076    0.000   266.160
           33.267             0.000    0.000    33.368
--------------------------------------------------------
   3.170    8.075    3.506    5.965    0.000    -8.363
 219.438   64.039   28.597   51.899    0.000   390.176
           48.586             0.000    0.000    52.443
--------------------------------------------------------
```

TRNSYS	‣ 1975년 태양열 시스템의 동적인 시뮬레이션 및 설계를 위한 프로그램으로 미국 Wisconsin 대학에서 개발 ‣ ASHRAE의 전달 함수법을 기본 알고리즘으로 적용 ‣ 현재 세계 각국에서 개발(독일과 프랑스 등) ‣ 버전 14.2부터 본격적인 GUI 적용 ‣ 동적 열부하 계산, HVAC시스템의 해석 및 규모산정, 태양열 시스템의 해석, 제어시스템의 분석 등 적용범위가 넓음 ‣ Open Source를 통한 구성요소 수정 및 개발이 가능 ‣ Fortran을 이용해서 부하해석 모듈을 작성 ‣ 건물 구조체의 성능보다는 설비요소와 같은 시스템의 해석능력에 응용됨 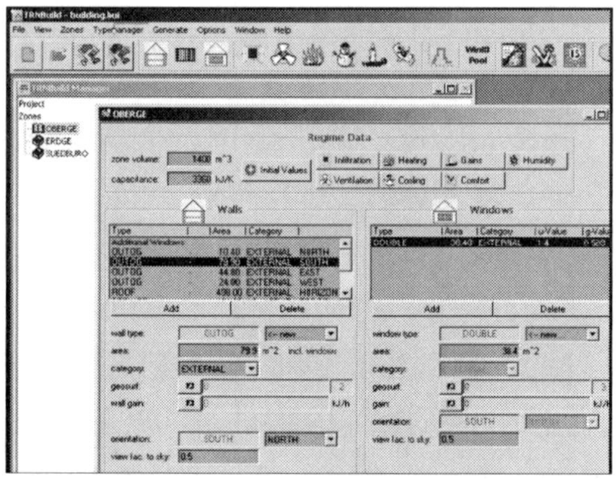
ESP-r	‣ EU에서 자연형 태양열 건물해석 표준프로그램으로 지정 ‣ 전문가를 대상으로 개발되었으나 윈도우환경은 비지원 ‣ 건물의 상세 정보를 입력하여 에너지의 소비량, 열 흐름 및 빛 분포 등을 모의 ‣ 유한 체적법을 기본 알고리즘으로 적용 ‣ 자연채광이용, 자연환기, 난방, 전력생산, BIPV 입면, CFD 시뮬레이션 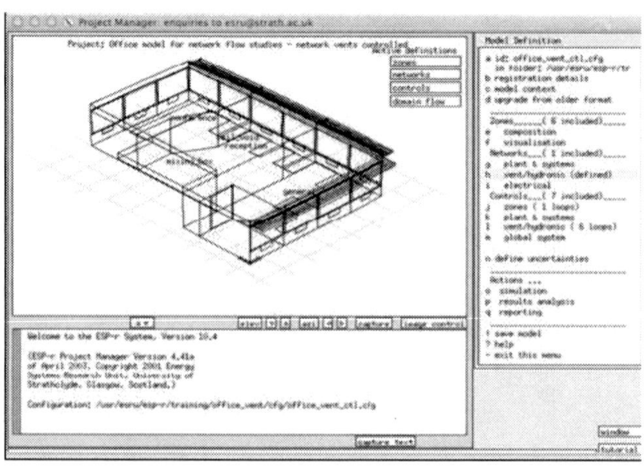

<table>
<tr><td>EnergyPlus</td><td>
‣ DOE-2와 BLAST의 장점을 적용하여 미국 국방성의 지원으로 Illinois 대학에서 개발
‣ 개발자가 사용자 인터페이스를 개발하여 컴포넌트로 제공 가능
‣ 기상자료를 이용하여 부하계산과 에너지 소비 특성을 해석
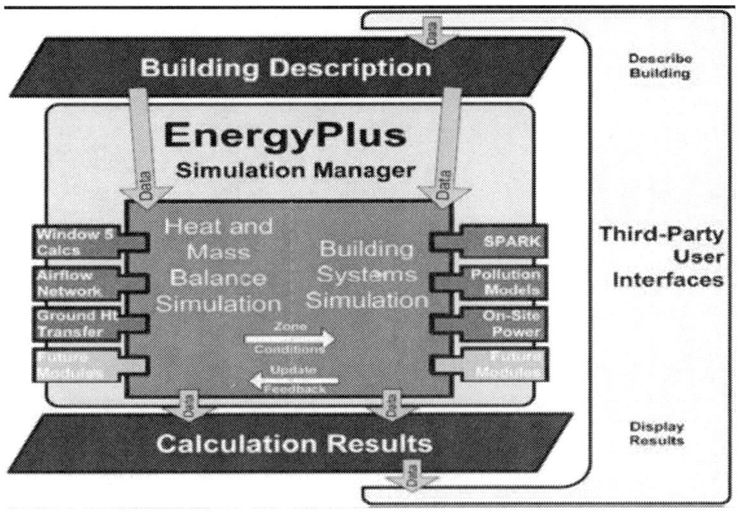

</td></tr>
<tr><td>K-load</td><td>
‣ ASHARE의 전달 함수법을 채택
‣ 쉽고 편리한 인터페이스를 제공
‣ 간단한 최대부하계산에 장점
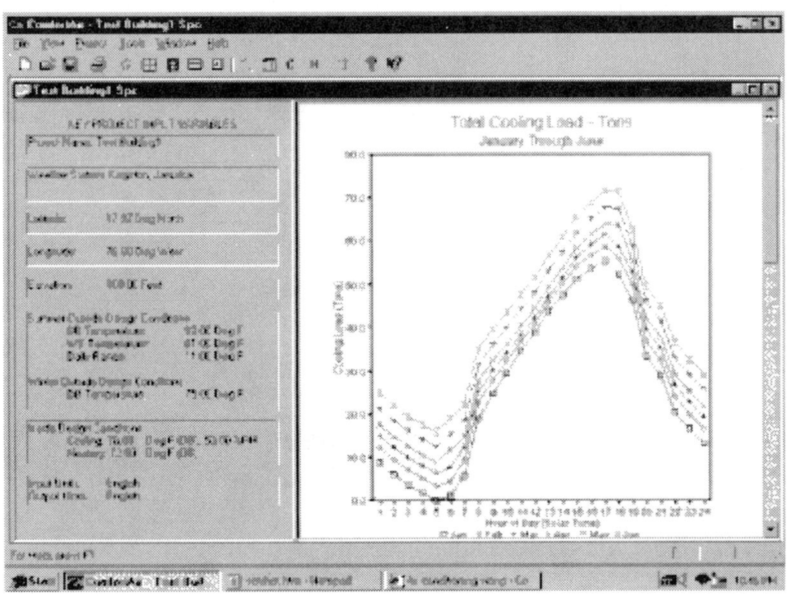

</td></tr>
</table>

Sanalyst	• 일관된 절차로 일조환경을 분석하는 체계화된 프로세스 • 개발된 알고리즘에 따른 독립적인 일조분석 시스템 • 다양한 분석 결과 및 시뮬레이션 지원 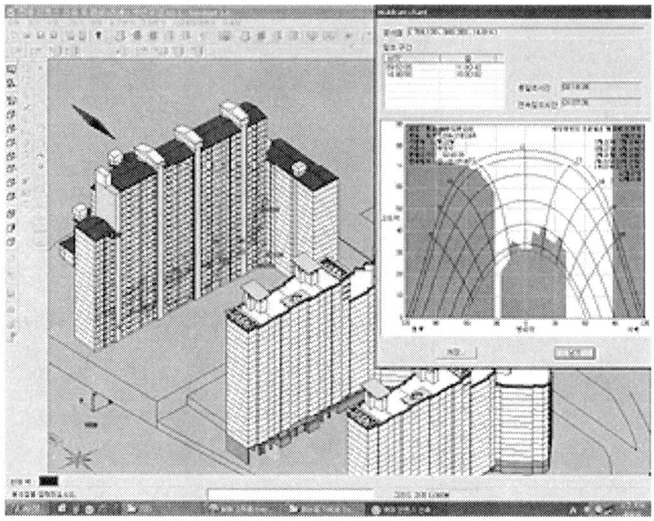
Visual DOE 2.0	• TEXT DOE 2.1E를 기반 소프트웨어 • 뛰어나고 편리한 GUI • 신속하고 자세하게 건물 에너지 분석 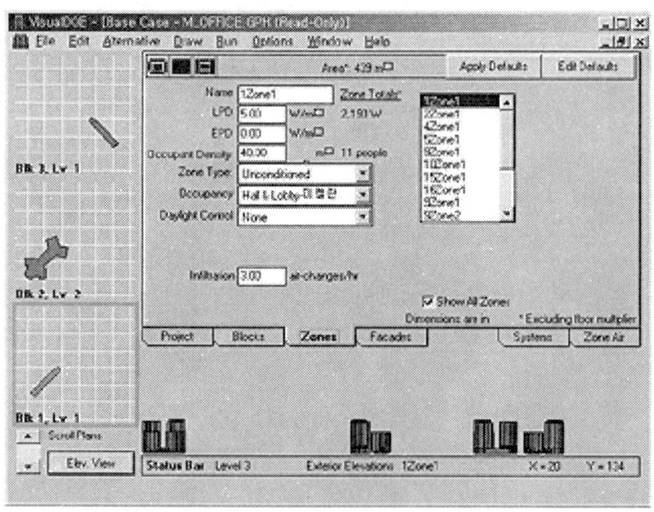

Opaque	‣ 상세한 외피모델링 및 열류 출력 ‣ 열관류율, 시간지연, 감쇠율 등을 계산 ‣ 단면의 온도변화 출력 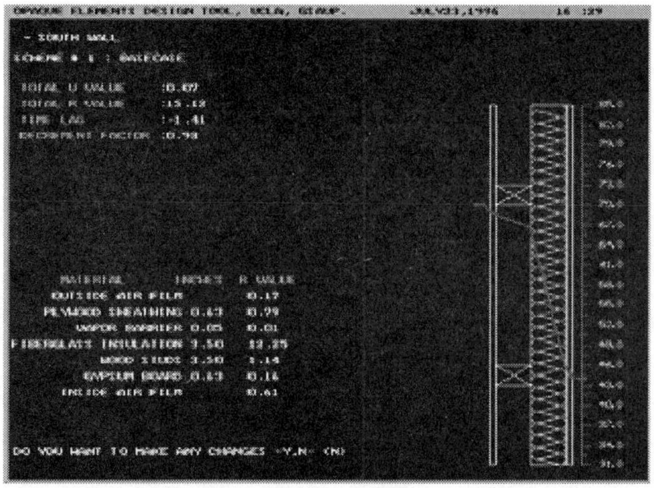
Building Energy Modeling and Simulation Self-Learning Modules	‣ 건물 에너지 모델링과 시뮬레이션을 훈련 및 학습 ‣ WEB상에서 Courseware를 통해 제공 ‣ 건물 정보입력을 통한 에너지 소비량, 열흐름 등을 시뮬레이션 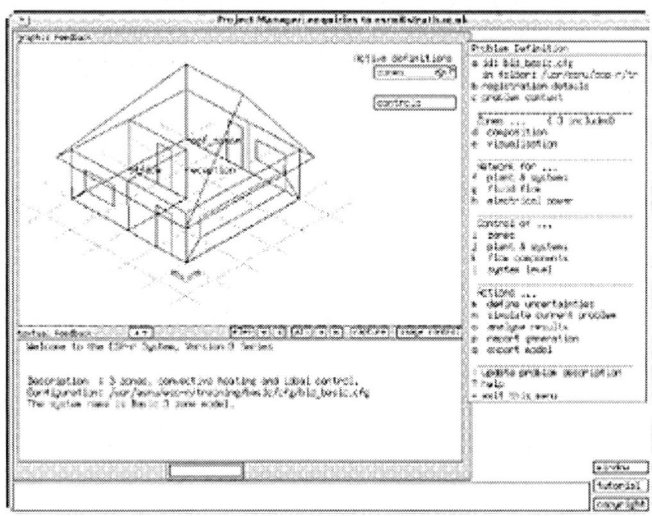

◎ 출처 : 홍구표 외 1명, 건물에너지 평가 프로그램 소개 및 이를 이용한 사례분석, 쌍용건설 기술연구소, 2010.12.

2.5.5 빌딩 에너지 시뮬레이션의 적용 사례

(1) 그리스, Chemical Engineering Building & Rural and Surveying Engineering Building

Chemical Engineering Building은 1985년 설립된 건물로 에너지소비 절감, 열과 조명에 대한 쾌적성을 향상시키고 새롭게 필요한 사무실과 연구실의 공간을 배분하기 위해 2002년 리모델링 되었다. 건물의 디자인을 통합적으로 접근하여 최적화된 열적, 조명적인 쾌적성을 얻기 위해 사용된 자연형 태양열, 태양광 시스템과 같은 혁신적 에너지 절약방법뿐만 아니라 일반적 조합을 사용하여 화석연료의 사용을 줄이고 전기에너지를 절약할 수 있게 되었다. 이는 TRNSYS 14.2를 사용하여 시뮬레이션 한 결과 기존의 건물보다 난방에너지 소비는 약 34.5% 절약하고, 냉방에너지는 전체 소비량의 68.6%, 조명으로 인한 에너지 소비는 약 55%를 절약하였다.

〈그림 2.24〉 Chemical Engineering Building 리모델링

◎ 출처 : ENARCHI블로그, "태양에너지 시스템을 통합 적용한 리모델링", 2010.07.18.

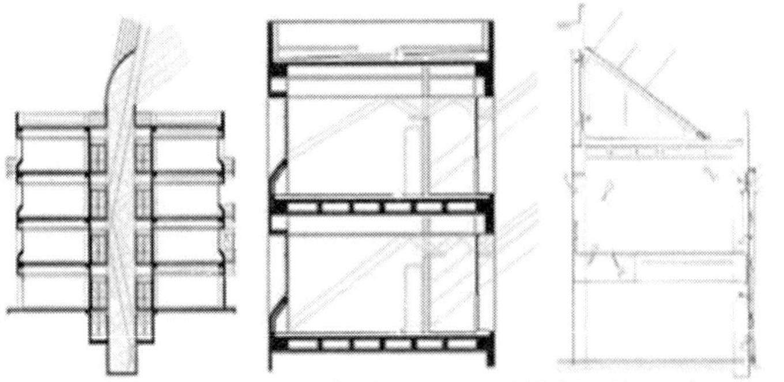

〈그림 2.25〉 Chemical Engineering Building 리모델링 계획요소

◎ 출처 : ENARCHI블로그, "태양에너지 시스템을 통합 적용한 리모델링", 2010.07.18.

Rural and Surveying Engineering Building은 1965년 완공된 건물로 2003년 리모델링이 실시되었다. 이 건물은 태양광 판넬, 광선반, 차양장치를 리모델링하고 시뮬레이션하여 약 46%의 난방에너지와 73.3%의 냉방에너지를 절약하였고 전기 에너지는 45% 절약할 수 있다.

〈광선반, 차양장치, PV panels(남측)〉

〈차양장치, thermosiphonic panels(남측)〉

〈광선반, PV panels(남측)〉

〈리모델링 후 북측면〉

〈그림 2.26〉 Rural and Surveying Engineering Building의 리모델링

◎ 출처 : ENARCHI블로그, "태양에너지 시스템을 통합 적용한 리모델링", 2010.07.18.

(2) 미국, Conde Nast Building

LEED 1.0 표준으로 평가한 최초의 에너지 절약 초고층 건물로써 Occupancy 센서, 효율적인 창유리, BIPV 판넬, 에너지 절약형 조명 시스템 등을 사용하고 에너지 절약방법으로는 가스를 이용한 냉 · 난방과 LED 조명을 적극 사용하고 속도 감응형 펌프, 모터, 팬, 절수형 장비 등을 사용하였다. 그리고 65% 건설 폐기물 재활용과 부지 내 기존 기초건물 재사용 등의 시나리오를 적용하여 DOE-2 시뮬레이션을 실시하였고 이를 통해 열 흐름을 개선하였다.

또한 환경 개선의 방법으로 충분한 외기 도입, 100% 외기 정화 시스템, 층별 공기 조정 시스템, 친환경 재료 사용, 지속가능한 나무 수종의 식재 등의 시나리오를 적용하여 설계당시 건축물 대비 에너지 사용량을 40% 감소하고, 연간 약 21GWh의 전력량을 감소하였으며 CO_2발생량 9,190ton을 감소하는 등의 성과를 거두었다.

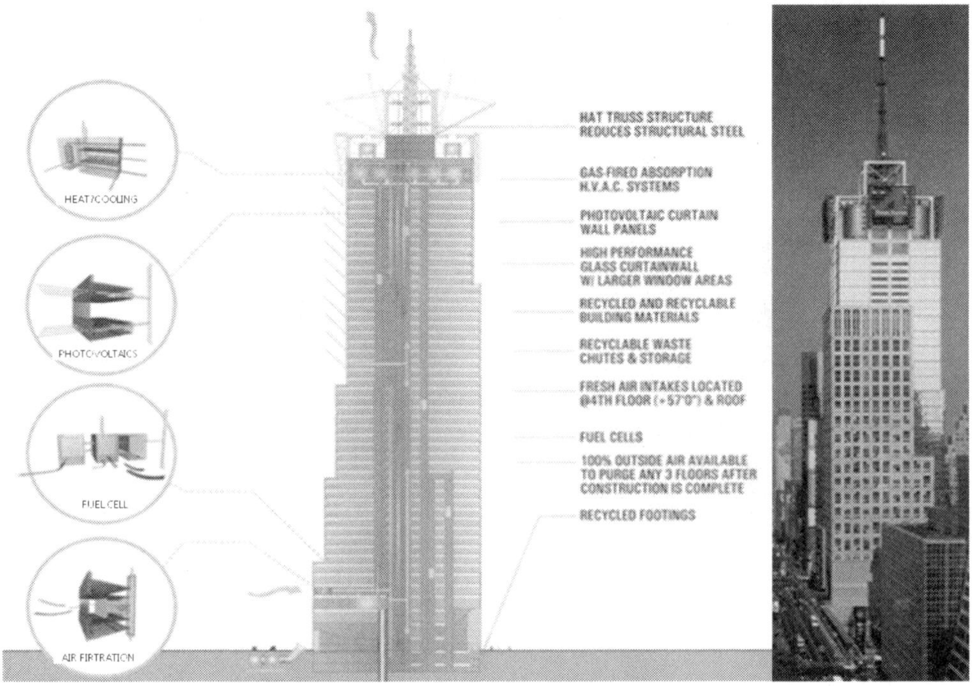

〈그림 2.27〉 Conde Nast Building

◎ 출처 : FXFOWLE, "Commercial Building Planning, Design", 2011.

(3) 에코시안, 광주시청사

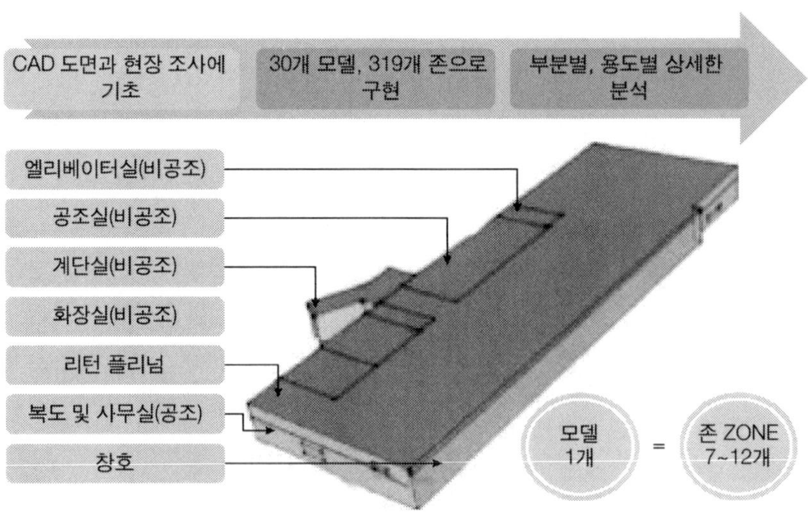

〈13층 기준모델의 예〉

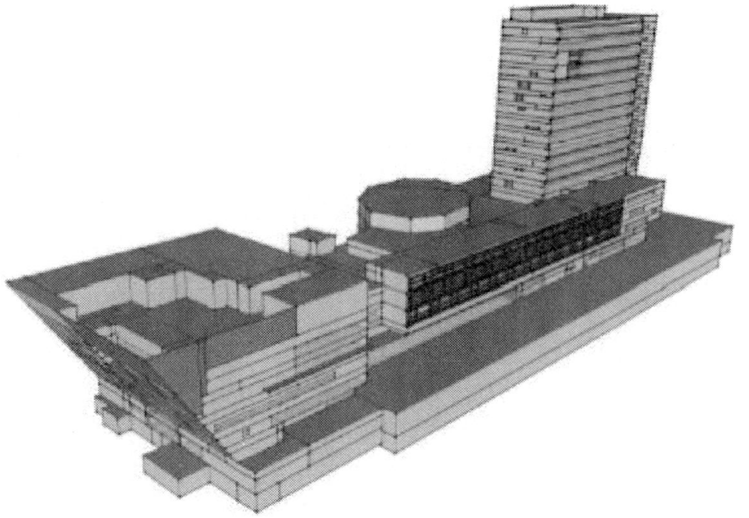

〈그림 2.28〉 광주시청사의 건물 3D모델링

◎ 출처 : 에코시안, "건물에너지평가 프로그램 설명서", 2010.

에코시안은 광주시청사의 최적의 효율화 방안을 도출하기 위해 도면과 현장조사를 통해 기초 자료를 수집하여 여러 가지 에너지 효율화 기술을 적용하여 EnergyPlus, OpenStudio, CAD를 이용하여 시뮬레이션 하였다.

빌딩 내 특정지역에 대한 피크데이 시기에 냉·난방에너지, 실내온도 및 실외온도를 분석하고 건물특성을 고려하여 저층부 일부 창호에 전동차양으로 일사량을 저감하고 로이[Low-E 창호는 로이 유리로 만들어진 제품으로 Low-E에서 'E'는 Emissivity(열의 복사, 방사)의 뜻으로 저 방사 코팅 유리 제품을 말한다. 로이 제품은 창을 통해 들어오는 외부의 가시광선과 적외선을 통과시켜 실내를 밝고 따뜻하게 해주고, 내부의 열은 빠져나가지 않도록 도와준다.]를 도입하여 맑은 유리 창호를 로이유리 창호로 교체하였다. 그리고 LED 조명을 도입하여 일반형광등을 동일 조도의 LED로 교체하고 서쪽 지붕에 100[kW]용량의 태양광 발전을 도입하는 등의 적절한 방안을 전략으로 선택하여 시나리오에 적용함으로써 열 사용량과 전력 사용량에 대한 아래 그림과 같은 효과를 예측할 수 있었다.

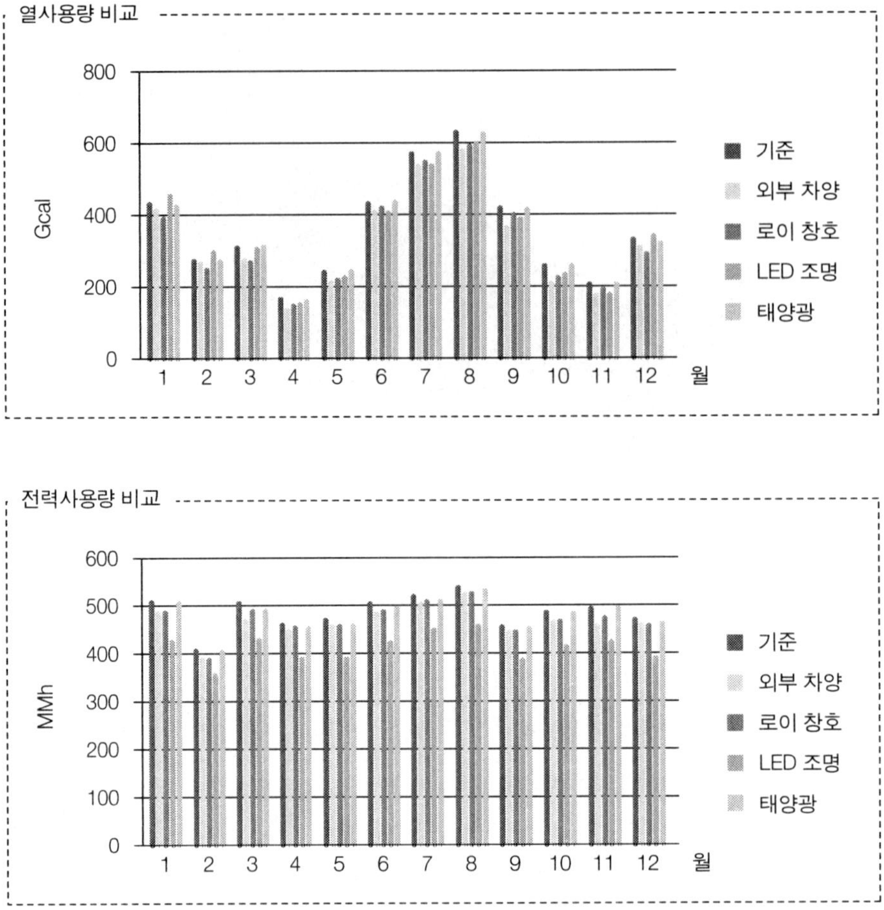

〈그림 2.29〉 광주시청사 빌딩 시뮬레이션을 통한 열사용량과 전력사용량 비교

◎ 출처 : 에코시안, "건물에너지평가 프로그램 설명서", 2010.

2.6 지능형 빌딩시스템(IBS : Intelligent Building System)

2.6.1 지능형 빌딩시스템의 정의

IBS(Intelligent Building System)는 빌딩자동화시스템, 정보통신시스템, 사무자동화시스템 등의 기본 시스템을 기능과 용도에 맞게 통합된 온라인으로 지원하는 시스템이다. 빌딩의 단순한 공간 활용의 개념을 벗어나 빌딩의 구성요소들에 대한 정보시스템을 구축하여 정보교류를 위한 통신 서비스를 지원하고 최적의 에너지 효율을 관리하기위한 빌딩제어를 유도한다. 쾌적한 실내 환경을 구성하여 이를 실제 사용자에게 제공하고 활용하여 효율적인 에너지 관리로 소비에너지를 절약하고 빌딩 운영의 경비를 절감할 수 있는 시스템이다.

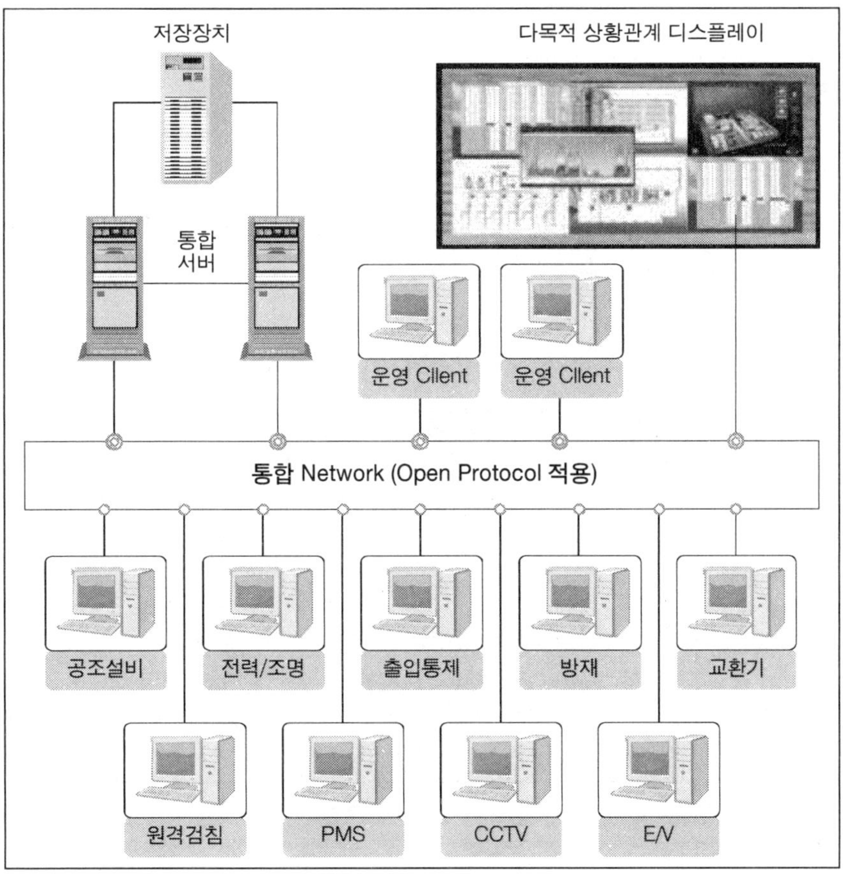

〈그림 2.30〉 IBS 네트워크 구성도

◎ 출처 : (사)벤처기업협회, "그린 SW 기술 및 시장 동향 Smart Building 분야", 2009.12.

2.6.2 지능형 빌딩시스템의 중요성

건물의 규모, 용도 및 기능에 부합되는 각종 정보 시스템을 도입하여 구축하고 이를 통해서 최적화된 쾌적한 건물 환경을 제공할 수 있고, 지능화된 공간 사용형태와 공간문화를 창출 할 수 있다. 정형화된 정보시스템은 공조, 조명, 냉 · 난방 등 주요 에너지 소비원에 대한 자동제어를 유도하고 에너지 소비 원인을 분석하여 문제점을 해결하고 관리자를 통해 에너지 효율을 달성하도록 유도한다. 그렇기 때문에 빌딩의 모델링과 네트워크 등의 IBS 구축은 물리적 장비의 에너지 소비절감 효과를 추구하고 인간에게 쾌적하면서도 에너지 효율을 높일 수 있는 필수적인 제어시스템이다. 그리고 IBS의 확장성을 고려하여 정확한 시스템 간 정보교류와 빠르고 안전한 정보서비스를 지원할 수 있으며 효율적인 IBS 운용을 통해 건물 운용의 에너지 절감과 비용 절약이 가능해진다.

2.6.3 지능형 빌딩시스템의 주요기능

기존의 빌딩제어시스템이 시스템 및 공정의 자동화와 생활환경의 질을 높이는 것이 목표였으나 최근 그린 환경이 이슈화되고 그 활용도가 높아지면서 기존 시스템뿐만 아니라 에너지 효율향상을 위해 다음 사항의 중요성이 높아지고 있다.

〈표 2.28〉 지능형 빌딩시스템의 주요 기능

기 능	내 용
실시간 모니터링	실시간으로 에너지의 사용량을 모니터링하여 온도분포 및 흐름을 파악하여 현재의 에너지 사용형태를 분석하고 예측하여 불필요하거나 잘못된 에너지 활용처나 그 구성요소를 찾아 해결하고 차후 운영에 적용
에너지 사용 패턴 분석	공기의 흐름과 열의 흐름을 정보화하여 과거의 에너지 사용형태를 통해 에너지 사용을 예측하고 에너지 사용 패턴을 분석하여 보고
장비의 자동제어	설비와 장비의 위치를 정보화하여 상황에 따른 조명조절과 냉 · 난방 통제를 통해 빌딩 운영을 위한 에너지 효율을 향상시키고 불필요한 에너지 사용을 방지하여 관리 비용을 절감

2.6.4 지능형 빌딩시스템의 에너지 절약 방법 및 효과

지능형 빌딩 시스템은 광범위한 영역에서 근접한 거리에 수 많은 센서 노드들의 위치와 수량을 고려하여 조밀한 배치로 구축하고 다양한 센서장비들을 일관성있게 통합하여야 한다. 그리고 건물운영 데이터 및 정책을 전달하기위한 데이터를 응용서비스 서버와 연동하고 운용목적에 맞게 실행한다. 운용형태에 따라 센서값의 변화량 및 특정 지역의 모든 환경 정보를 실시간으로 수집하여 모니터링하고 데이터베이스에 저장한다. 그리고 그 결과를 통계적 자료로 분석하여 빌딩의 에너지 소모량을 예측 및 표현하고 필요에 따라 제어시스템을 통해 바로 적용한다. 이를 통해 단기적으로 빌딩의 안전진단이나 온도, 습도와 같은 환경정보를 얻어 실시간으로 대응할 수 있는 장점이 있고 장기적으로 빌딩의 유지보수에 대한 비용문제를 효율적으로 줄일 수 있게 된다.

센서 정보는 센서 자체적인 지능화로 공조시스템인 바닥공조, 개별 난방 시스템의 온도별로 운용이 가능하며 온도, 습도, 진동, CO_2, 가스등의 정보를 통해 빌딩을 관리, 감시하고 유지한다. 그리고 구조적인 문제에 대한 균열정보 및 화재예방을 위한 가스나 온도 정보, 환경을 위한 CO_2정보, 에너지 절약을 위한 온도 및 조도 정보 등을 통해 탄소배출량을 절감하고 효율적인 에너지 사용을 유도할 수 있다.

그리고 스케줄, 사용자 그룹을 기준으로 조도변화에 대응한 감광제어 활용이나 네트워크에 의해 조명기구, 전동블라인드 등과도 연동하여 실내외 조명군에서 에너지 유지비용을 최소화하고 적정한 밝기의 조명을 제공한다. 이때 조명제어는 HVAC, 보안, 화재 등의 다른 빌딩 시스템과 통합하여 건물내의 안전과 보안에 대한 신뢰성을 제공해야 한다.

각 층마다 조명용 분산 제어장치를 통해 조명 설비를 시간과 이벤트를 고려하여 제어하고 구역마다 조명회로를 점소하는 등 원격제어를 지원한다. 그리고 창가측의 조도센서를 통해 조도를 감지하여 불필요한 조명사용을 제어하게 된다. 실내 공기 환경은 실내에서 발생하는 오염물질에 노출되어 있기 때문에 오염물질 발생량과 허용농도는 의사결정에 따라 이루어진다. 외부의 신선한 공기의 유입과 실내의 오염물질은 배기를 통해 외부로 제어되고 열교환기를 이용해 외부 공기와 실내 배기의 열교환을 실행한다.

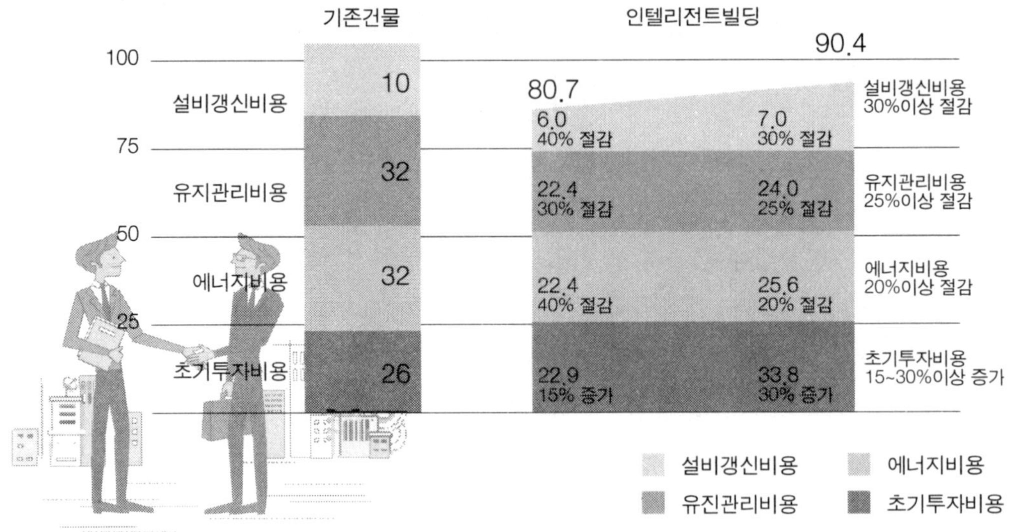

〈그림 2.31〉 IBS 시스템 구축 효과

◎ 출처 : ㈜시리우스소프트, "IBS 사업소개 홈페이지" 2010.

2.6.5 지능형 빌딩시스템의 기술 동향

최근 통신환경이 발달하면서 IBS는 빌딩 자동화 중심에서 정보통신과 사무자동화 영역으로 비중이 점차 증가하고 있다. 건설업체들도 대규모 복합 건물에 대한 신축 및 증축 요구가 증가하고, 시설 관리에 대한 자동화 요구가 급증하는 상황에서 보다 많은 수익을 추구하기 위해 IBS를 도입하고 있다. 빌딩 제어 시스템은 중앙에 컴퓨터를 이용한 중앙 집중적 감시제어장치, 각 요소에 독자 운전기능을 가진 분산 제어장치, 최신의 전자식 현장 제어 기기들을 결합하여 건물의 전반적인 설비들을 도메인으로 구현한다. 그리고 단일 통신망에 수용하여 연계 운용되도록 함으로써, 에너지절약, 건물관리 효율의 극대화, 쾌적한 환경의 유지, 긴급 상황에서의 신속 정확한 조치 등을 지원하며 발전하고 있다.

IBS는 고도의 정보산업 발전에 대응할 수 있는 첨단시스템으로 진화하고 에너지 절감과 유지보수 비용 절감으로 인한 경제성을 고려하고 있다. 그리고 기업환경과 인간 공학적 환경을 갖추도록 노력하고 시설 관리에 대한 자동화 요구가 급증하는 상황에 대응하여 경쟁적으로 IBS를 도입하고 있다. 시설관리 시스템은 데이터베이스와 실시간 연동하여 통합 IBS를 구축하고 이를 이용한 설비, 전력, 조명, 원격검침, 통합방법, CCTV 등의 서비스를 추가로 지원하고 있다.

〈표 2.29〉 주요 기업의 IBS 기술동향

업체명	기술동향
삼성SDS	원격제어 및 빌딩 군 관리기능을 지원하고 초고층 빌딩에 적용하기 위한 IBS 적용을 확대하고 FMS와 연동시켜 통합시스템으로 구축하고 있다. 그리고 타 시스템과 상호 운영성을 극대화키시고 객체지향형 인터페이스를 지원하여 편리한 운영환경을 구축하고 있다.
LG CNS	SI(System Integration : 기업이 필요로 하는 정보시스템에 관한 기획에서부터 개발과 구축, 나아가서는 운영까지의 모든 서비스를 제공하는 일)통합 역량 외에 RFID(Radio Frequency Identification : IC(직접회로)칩과 무선을 통해 식품, 동물, 사물 등 다양한 개체의 정보를 관리할 수 있는 차세대 인식 기술, '전자태그' 혹은 '스마트 태그', '전자라벨', '무선식별' 등으로 불린다.) 및 원격관리 등 신규 부가서비스를 개발하고 있다. 그리고 서비스의 질과 양을 보장하기 위해 네트워크 인프라를 동기화하고 보안과 유지비용을 절감하며 빌딩의 통합 및 자동화를 지원하고 있다.
SK C&C	SK Telecom과 SK C&C의 유비쿼터스 사업의 중요한 모듈로 인식하고 그룹의 강점인 네트워크를 기반으로 정보통신과 사무자동화를 합쳐 시스템에 초점을 맞추고 있다. 그리고 정보통신망의 고도화 및 이중화를 통해 지속적인 성장환경 조성 및 정보서비스의 안정성을 확보하고 있다.
롯데정보통신	IBS를 미래 전략사업의 중요한 축으로 채택하고 건설 분야와 협력을 통해 유비쿼터스 사업에 참여하고 LED, 스마트그리드, 중앙관제 모니터링, 주차관제 등의 최첨단 기술을 지원하고 있다. 그리고 대기오염 감시, 지진감시, 환경측정 등의 외부 환경을 관리하는 기능을 지원하고 있다.
한화 S&C	미국 트리디움의 IBS 제품을 이용한 '한화 Eagle IBS'라는 대형 통합 솔루션 개발하고 RFID 출입카드 시스템과 무선랜, 인터넷 전화를 적용하여 유비쿼터스 시스템을 구축하고 있다.

2.6.6 지능형 빌딩시스템의 적용 사례

(1) KT, MOS의 빌딩제어 시스템

KT의 MOS는 Monitoring, Maintenance, Management Operation System을 적용한 것으로 KT에서는 기존의 KT 유무선 기반망과 운용관리 및 유지보수에 초점을 맞추어 KT MOS을 통해 최소의 인력으로 건물을 관리하고 있다. 목포 그린병원, 양산 에덴밸리 리조트 등에 구축되었는데, MOS는 통합 센터에서 원격제어를 통해 통합 모니터링 및 통합 제어, 관리를 수행하여 건물을 안정적으로 관리하고 기존의 인력과 수동으로 이루어진 건물의 관리를 자동으로 제어한다. 냉・난방에서부터 공조, 조명에 대한 제어를 통해 생활환경과 사무환경을 개선시키고 건물에서 발생하는 전체적인 에너지를 절약하는 효과가 있다.

건물의 설비를 비효율적으로 사용되는 것을 방지하고 설비 제어를 위해 설비가 위치한 곳에 인력을 투입하여 제어와 관리를 효율적으로 수행한다. 빌딩에서 방재와 보안도 고려하여 여러 사람이 같이 사용하는 건물에서의 지능형 빌딩 제어도 가능하게 지원한다. 무인화, 집중화를 통해 빌딩 유지관리 비용을 매년 10% 이상 절감하고 있고 건대 스타시티는 에너지 및 운영 관리비를 약 20% 절감하는 효과를 거두었다.

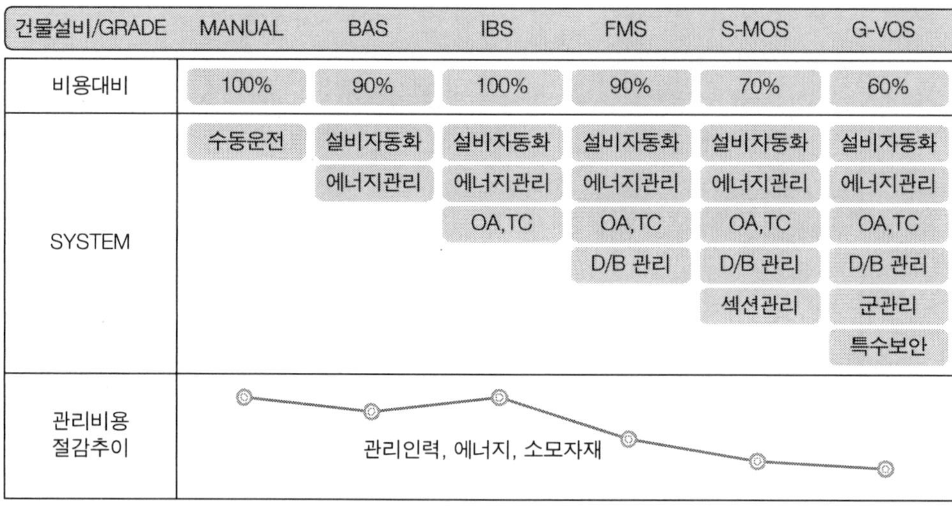

〈그림 2.32〉 KT MOS의 시스템 분류와 기능

출처 : alleh biz홈페이지, “alleh biz MOS”

(2) LS 사우타, GBS(Green Building Solution)

그린 빌딩 솔루션 GBS(Green Building Solution)는 제주 용수 파력발전소 등에 설치되었는데 이는 BEMS, 신재생에너지 솔루션, 에너지 효율화 솔루션, 친환경 전력기기 솔루션과 IBS를 포함한다. 그리고 에너지 소비를 효율적으로 관리하기 위해 에너지 사용량을 실시간 모니터링하여 분석하고 에너지를 최적으로 제어하는 통합 에너지관리시스템이다. 빌딩자동화 솔루션을 포함하여 정보통신 솔루션, 사무자동화 솔루션으로 구성되어 신재생에너지, 에너지 효율화 제품을 건축물에 적용해 온실가스 배출을 최소화하고 친환경 전력기기를 통해 환경오염을 줄여 일반 빌딩에 비해 에너지 소비량의 70~90% 절감 효과가 있다.

건물에 태양광 및 연료전지를 분산설치하여 청정에너지를 생산하고 에너지 저장장치를 통해 잉여 전력을 저장하고 빌딩에너지를 관리하고 통합감시를 제어하여 에너지 소비를 통합 관리한다. 그리고 전력 손실을 최소화하는 초전도 한류기, 친환경 고체절연 스위치 기어 등을 빌딩에 적용해 에너지의 효율적인 활용이 가능하도록 한다. GBS는 에너지 소비 분석에 의해 10%까지 절감이 가능하며 에너지 소비 제어에 의해 20%까지 절감 가능하다.

〈그림 2.33〉 Green Building Solution

◎ 출처 : ADT캡스 블로그, 그린빌딩엔 그린 보안 솔루션이 제맛이제! [그린빌딩솔루션], 2011.01.05.

(3) 한화 S&C, 포스트타워

포스트타워는 IBS 표준으로 계획되어 Web 기반으로 시스템을 단일화하는 통합관리 시스템을 구현하였다. 자동제어시스템, 출입통제, CCTV, 음향 · 영상시스템 등을 결합하여 쾌적하고 편리한 최첨단 빌딩시스템을 구축하여 첨단 인프라와 친환경 시스템을 도입하였다.

그리고 태양광 발전 시스템을 이용하여 전기를 생산하고 열병합 발전 시스템, 빙축열과 열병합 발전 등을 통한 에너지 절약방법으로 연간 5,000만원 정도의 비용절감 효과를 이루었다.

포스트타워는 시스템 통합 및 빌딩관리를 실시간 감시 및 통제하고 FMS(Facility Management System, 유지관리시스템, 시설물 관리를 위해 시설물이 설치된 환경이나 주변 공간, 설치장비나 설비, 그리고 이를 운영하거나 유지보수하기 위한 인력이 기본적으로 상호 유기적인 조화를 이룰 수 있도록 지원하는 시스템)을 지원하여 시설관리, 임대관리, 입주자관리, 수지분석 관리를 지원하고 전력부하 증가에 따른 전력감시와 조명제어 시스템을 통해 부하를 감소하고 에너지를 절감하고 있다. 각 층별 또는 개소의 분전반함의 원격검침 단위로 세대별 검침 데이터를 통합하고 주차통제 시스템을 통해 이용차량의 정보와 위치정보를 제공하였다. 그리고 건물의 보안과 인력 통제를 위해 통합방범시스템을 통해 빌딩을 운영하여 관리비용을 30% 이상 절감하고 있다.

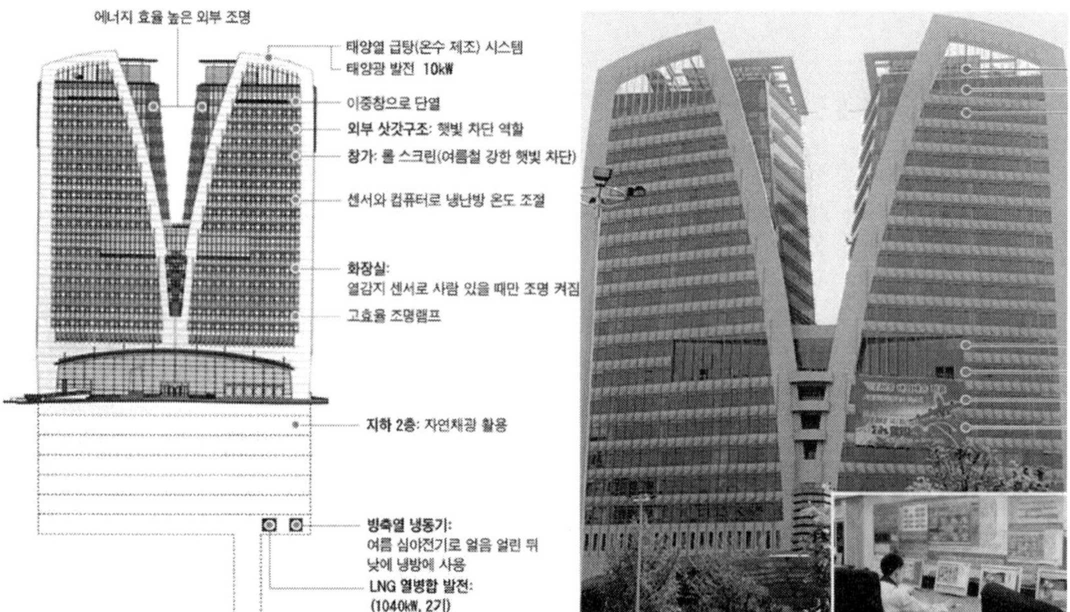

〈그림 2.34〉 포스트타워 IBS 개념도

◎ 출처 : hoonsolo&kimsanghoon블로그, "포스트 타워", 2009.06.22.

2.7 LED 디밍(LED Dimming)

2.7.1 LED 디밍의 정의

LED 디밍은 조명의 점등 및 소등하는 기본적인 제어와 조도를 제어하는 디밍제어로 구분된다. 이는 건물 내부의 절전스위치와 재실 감지센서를 이용하여 사용자의 재실 여부에 따라 조명, 콘센트 등의 전기 설비를 자동으로 제어하여 에너지 절약과 사용자의 편의성을 제공하는 시스템이다. 특히 LED는 수은이 없는 친환경 광원으로 진동 및 압력에 강하고 고속 응답성이 있어 이런 장점을 이용하여 LED를 이용한 광원개발이 증가하고 친환경 빌딩에도 빈번하게 활용되고 있다.

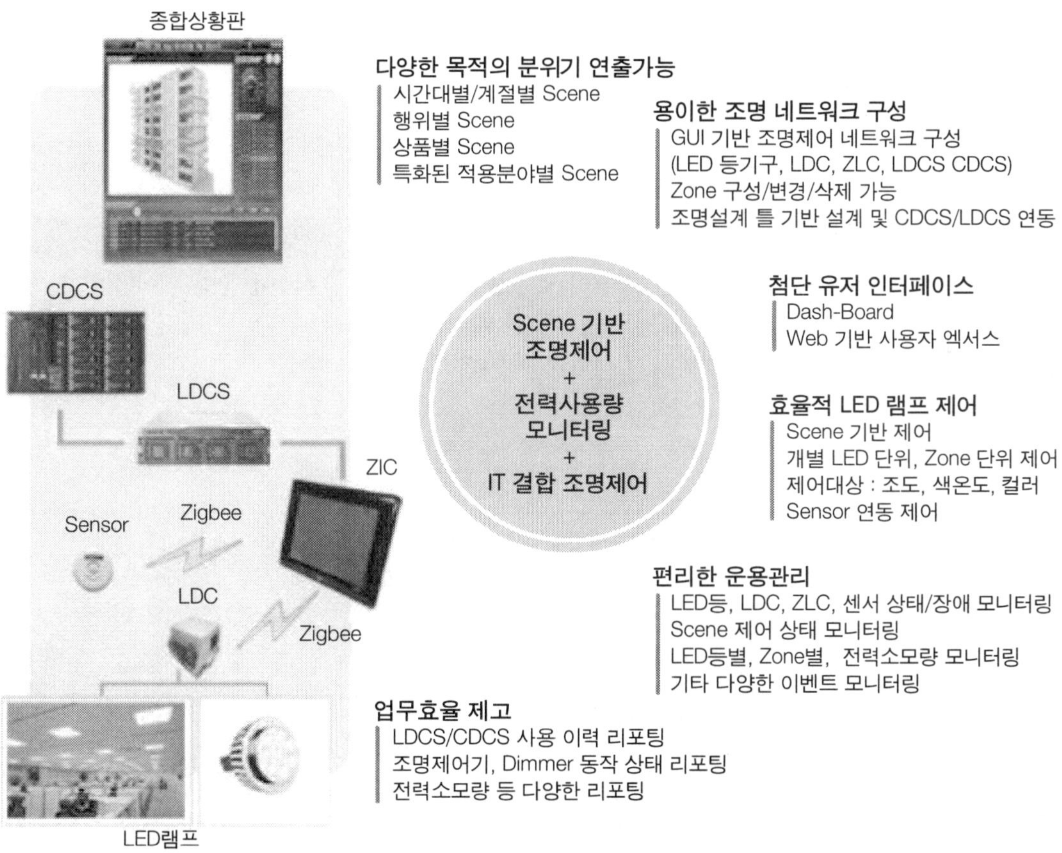

〈그림 2.35〉 지능형 LED 조명제어 시스템

출처 : JCSQUARE, "NEXECO 제품소개", 2011.

2.7.2 LED 디밍의 중요성

LED는 기존 형광등보다 에너지 절감효과가 탁월하고 수명도 10배 이상 길기 때문에 에너지 절감과 환경보호 차원에서 경쟁력이 있다. 그리고 조명분야의 에너지 절감을 위해 광원의 효율을 높일 필요가 있고 빌딩운영 스케줄과 재실 여부에 따라 LED의 조도제어를 이용한 밝기 조절과 점멸 주기제어를 통한 조명의 사용시간을 절약하여 에너지 사용량을 절감하는 환경을 조성할 필요가 있다.

2.7.3 LED 디밍의 주요기능

LED 디밍 조명 제어 시스템은 다양한 조명 목적의 LED를 조절하여 에너지 절감과 친환경 조명환경을 구축한다. 또한 색온도, 컬러 및 밝기를 상황별로 조절하는데 LED 디밍을 위한 조명제어 시스템은 다음과 같은 기능을 수행한다.

〈표 2.30〉 LED 디밍의 주요 기능

기 능	내 용
네트워크 제어	‣ LED 센서는 근거리 양방향 무선통신을 이용하여 운영 데이터가 수집 ‣ 상황별 시나리오를 기준으로 조명제어가 진행 ‣ 관리자는 LED 디밍을 통한 전력소모량을 확인 ‣ 조명기기의 상태를 관찰하여 필요시 조명을 제어
조명제어기 (독립적 제어)	‣ 조도, 모션, 온도 센서를 연동하여 조명을 ON/OFF ‣ 조도, 색온도 및 컬러를 점멸
디밍제어기 (고 효율 조명 제어)	‣ 조도에 따라 단계별로 선형조절 ‣ 256칼라의 RGB 색상을 조절 ‣ 색의 온도를 2400K~7000K 범위 내에서 조절 ‣ 부품의 온도 감시
신뢰성있는 조명기기	‣ 부품의 동작온도를 부품의 정격온도보다 낮추어 MTBF(Mean Time Between Failure : 디지털 장비를 처음 사용할 때부터 그 수명이 다해 사용할 수 없게 될 때까지 걸리는 평균시간의 통계적인 값)를 길게 유지함

2.7.4 LED 디밍의 방법 및 에너지 절약 효과

LED의 밝기를 조정하는 동안에 LED 스트링을 통한 전류가 작을수록 전력 MOSFET (Metal-Oxide Semiconductor Field-Effect Transistor, 게이트가 반도체층에 얇은 산화 실리콘막에 의해서 격리되어 있는 전계 효과 트랜지스터) 전압은 더 커지고 기준전압에 상응하는 오차를 선택하여 다이오드를 적절한 전압으로 실행시킨다. LED 디밍은 공간에서 움직임과 환경 특성을 감지하여 상황 및 이벤트에 적합한 조명을 전류의 높낮이로 조절하고 연출한다. 그리고 스마트 LED 조명은 친환경 빌딩의 내부와 외부에 설치된 LED 조명을 관리하고 기존 조명과 달리 환경, 인간의 행동, 감성, 생리, 건축 등의 각종 요소와 조명의 관계에 대한 지식을 바탕으로 LED, IT 등 다양한 기술을 접목해 에너지 절감이 가능하도록 구성할 수 있어 조명대비 에너지를 50% 절감할 수 있다. 2015년까지 국내에서 기존에 사용되는 조명을 LED로 교체시 매년 160억 kWh의 전력을 절약하고 약 680만 ton의 CO_2가 절감될 것으로 예측된다.

2.7.5 LED 디밍의 기술동향

최근에는 낮은 LED 칩 접점온도 구현과 최적 렌즈 설계와 함께 고효율화 광원기술을 확보함으로써 LED 평판조명을 사용하여 저가화 전략을 추진할 수 있고 신뢰성있는 고효율 LED 다운라이팅 조명기술을 갖추게 되었다. 그리고 저전력 무선 통신의 발전과 다기능 저가의 스마트 센서는 조명제어 시스템과의 연동을 통해 원격에서 운용현황 모니터링 및 조도와 온도 조절이 가능하다. 그리고 센서를 사용하여 관찰하려는 지역의 내부나 사람의 거주여부를 판단하여 해당 정보의 정확성을 판단하고 다각도에서 관찰하여 조명을 조절하기위한 제어방법론을 연구하고 있다. 그리고 자유로운 색 혼합과 색상 조절 특성을 이용한 감성 조명 분야에 적용되어 외벽 전체를 LED로 디자인하거나 경관 조명 사업에 적용되어 미관을 고려하여 소음과 발열의 문제점을 개선하고 있다.

2.7.6 LED 디밍의 적용사례

(1) 대림산업, 용산 e편한세상 주차장의 LED 자동조명 제어 시스템

용산 e편한세상의 지하주차장 1, 2층에 1700개의 LED 조명이 설치됐다. 그리고 기존 형광등에 비해 에너지 절감효과가 탁월하여 기존 주차장보다 30%의 전기요금이 절감되었고 LED 조명과 IT기술을 결합시켜 조명밝기와 전원을 자동으로 제어하였다. 그리고 입주차의 움직임을 센서로 실시간 감지하여 이동위치의 조명밝기를 조절함으로써 연간 75ton의 CO_2 발생량을 절감하는 효과를 거두고 LED 조명은 기존형광등보다 전력소비량을 50% 감소하고 수명은 3배 이상 길어졌다.

〈그림 2.36〉 차량이동 동선에 따른 조명의 조도 변화한 용산 e편한세상

◎ 출처 : 파이낸셜뉴스, 용산 e편한세상, 지하주차장 LED 자동조명제어 시스템 도입, 2011.02.24.

(2) 삼성전기, 울산항 LED 조명시스템

삼성전기는 울산항 6부두에서 LED 조명시스템을 구축하였다. 이는 kW급 메탈 헬라이드 조명을 LED로 대체하여 고출력 LED 조명과 조명제어 시스템을 구축한 것으로 조도 75Lux를 유지하면서 수명을 5배, 조도는 3배 정도 증가하고 전력 소비는 30% 감소시켰다. LED 항만조명은 다양한 색상과 다단계 밝기를 조절하는 시스템 조명으로 미관을 개선하고 야간 작업의 편의성을 높이면서 안전사고도 예방하는 효과를 거두고 있다. 고장과 이상 여부도 모니터링 하고 유무선 제어가 가능해 유지 보수가 쉽고 비용도 대폭 절감하였다. 고출력 LED 조명 및 조명제어 솔루션을 한국 주요 항만에 적용할 경우 향후 5년간 800억원의 전기 요금을 절약할 수 있다.

〈그림 2.37〉 울산항에 설치된 LED 조명시스템의 LED 조명

◎ 출처 : 케이엘넷 웹진, "케이엘넷, 低탄소 녹색항만 구축 앞장서", 2009.12.

(3) SK Telecom, Smart Lighting System

SK Telecom은 본사에 Smart Lighting System을 구축했다. Smart Light System은 직원의 건물출입과 출입카드 정보를 조명제어시스템과 연계해 자동으로 점등 및 소등하는 시스템이다. SK Telecom은 Smart Lighting System 구축을 통하여 조명전력 소모량을 월 평균 20% 감축하는 성과를 거두고 조명기구의 교체주기가 길어져 유해 폐기물의 발생량이 줄고, 빌딩의 온실가스를 절감하는 등 다양한 부대 효과에 따른 절감 효과를 통해 연간 1억 7천만 원을 절약하였고 공조시스템과의 연동으로 냉·난방 정도를 조절하고 SaaS(Software as a Service)방식을 통해 외부에서도 지원가능하게 하였다.

〈그림 2.38〉 SK Telecom 본사와 Smart Lighting System 개념도

◎ 출처 : 연합뉴스, "SK텔레콤, 스마트 빌딩으로 에너지 절감 대만족", 2011.01.30.

03 산업분야

3.1 FEMS(Factory Energy Management System)

3.1.1 FEMS의 정의

FEMS는 제조업 등 생산시설에서 사용하는 에너지 성능의 최적화를 위한 관리 시스템으로 생산 활동 및 시설 유지에 사용 되는 모든 에너지를 모니터링하고, 분석하고, 원격 제어함으로써 에너지의 효율적인 사용을 도모하는 IT기반의 에너지 절약 기술이다.

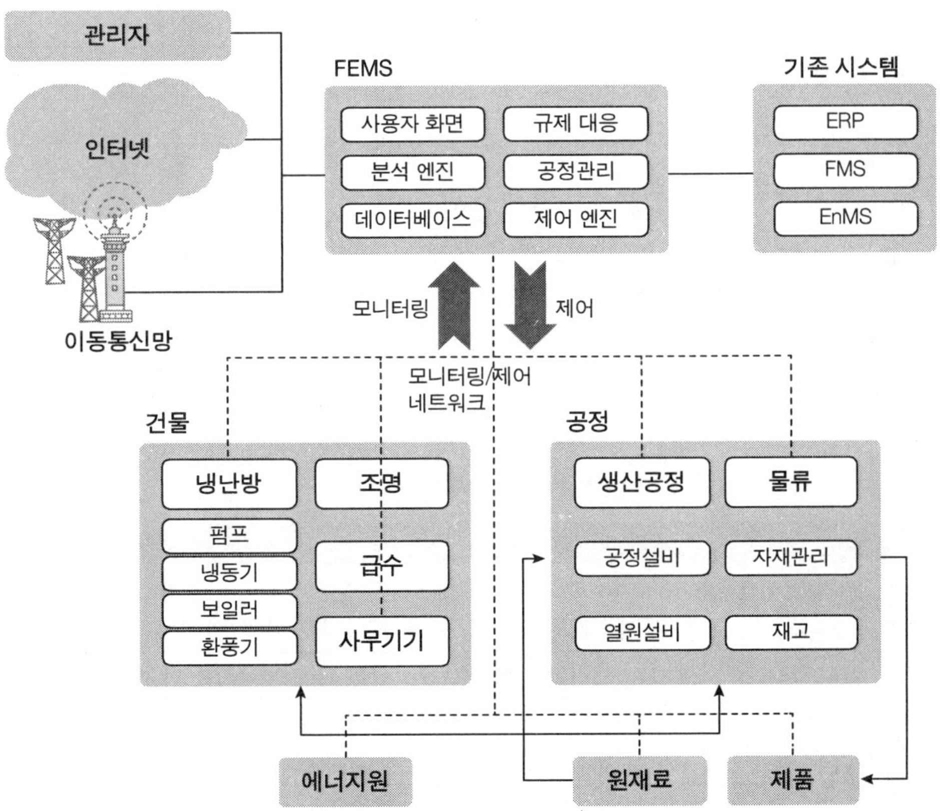

〈그림 2.39〉 FEMS의 개념도

3.1.2 FEMS의 중요성

산업 부문은 2005년 기준으로 전체에너지의 약 55%를 차지하고 있는 우리나라 주종 에너지 소비처로 우선적으로 에너지 절약 기술이 적용되어야하며 산업 부문의 에너지 소비량은 아래의 표와 같다.

〈표 2.31〉 2009년도 산업 부문의 에너지 소비량

에너지원	소비량(단위 : 1,000 TOE)
석유	56,391
무연탄	4,240
역청탄	18,715
전기	17,006
도시가스	5,891
기타	3,876
총합	106,119

출처 : 에너지경제연구원, "에너지통계연보", 2010.

3.1.3 FEMS의 주요 기능 및 관리분야

FEMS의 주요 기능은 에너지 사용에 대한 모니터링 기능, 축적된 데이터를 활용한 분석기능, 그리고 공장 운영에 사용되는 설비와 정보시스템의 제어기능이 있다. 다음 표는 FEMS의 주요 기능과 그에 대한 설명이다.

〈표 2.32〉 FEMS의 주요기능

구 분	주요 기능	설 명
모니터링	원격/실시간 검침	사용 에너지 및 관련 데이터의 원격, 실시간 검침 사용 데이터의 축적을 통한 에너지 사용량 추이 분석
	에너지사용량 분배	에너지 관리단위(에너지 원, 설비, 공정별 등)를 세분화함으로써 에너지 사용량 분배 후 모니터링 가능
분석	제품 공정 분석	제품에 대한 원단위 비용 및 온실가스 발생량을 산출
	절약 포인트 분석	검침 데이터 분석을 통해 에너지 낭비의 원인을 파악하고, 에너지 절감 방법을 적용하게 함

제어	생산설비 제어	조명, 공조설비, 공정설비의 자동운전 제어기능을 사용하여 에너지 절감 기술 적용
	정보시스템 제어	EMS나 ERP와 같은 기존 시스템과의 연동으로 의사결정 및 자동 제어 기능

FEMS에서 관리하는 에너지 관리 분야는 원단위, 검침, 분석, 장비로 구분할 수 있으며 다음 표는 에너지 관리 분야에 대한 설명이다.

〈표 2.33〉 FEMS의 관리분야와 기대효과

관리분야	기대 효과
에너지관리단위 세분화	‣ 원단위 분석을 통한 에너지 효율 분석
설비 별 에너지검침자동화	‣ 자동원격검침시스템을 통한 관리적 효과 ‣ 기기별, 공정별 세분화된 측정과 분석
에너지 사용량 분석	‣ 에너지 사용량의 통계/분석 체계 구축 ‣ 공정별/설비별 에너지 관리 ‣ 에너지 소비량 예측
실시간 모니터링	‣ 전력 피크(peak) 사전대응
에너지 통합 관리	‣ 자동화 시설, 태양광발전 설비, 액화천연가스(LNG)를 이용해 발전하는 연료전지, 에너지관리 상황을 총체적으로 제어
장비 운전 트랜드 분석	‣ 효율적인 운전방법 제시 ‣ 장비 수명 연장 및 비용절감
공장 전체적인 에너지 맵(map) 확인	‣ 에너지흐름의 가시화로 인식 개선 ‣ 소비분야 관리시스템의 명확화 ‣ 생산흐름과 에너지흐름의 통합관리

3.1.4 FEMS의 적용 사례

(1) 금호타이어

아시아나IDT는 금호타이어 생산라인에 2009년 7월에서 2010년 4월까지 10개월의 기간 동안 13억 4,500만원의 투자비를 들여 타이어 생산라인을 대상으로 u-FEMS를 구축하였다. 금호타이어의 FEMS는 USN(Ubiquitous Sensor Network : 모든 사물에 RFID를 부착해 인터넷에 연결하여 정보를 인식, 관리하는 네트워크) 기술 도입을 통한 에너지관리 효율성 향상 및 안정성 검증, 에너지관리단위의 세분화, 설비별 에너지검침 자동화, 누적사용량 관리,

전력 피크 사전대응, 에너지 사용량 관리 IT솔루션의 기능을 구현하였으며, 이로 인한 연간 에너지절감률은 5%로 금액상으로 32억 2,000만원에 해당한다.

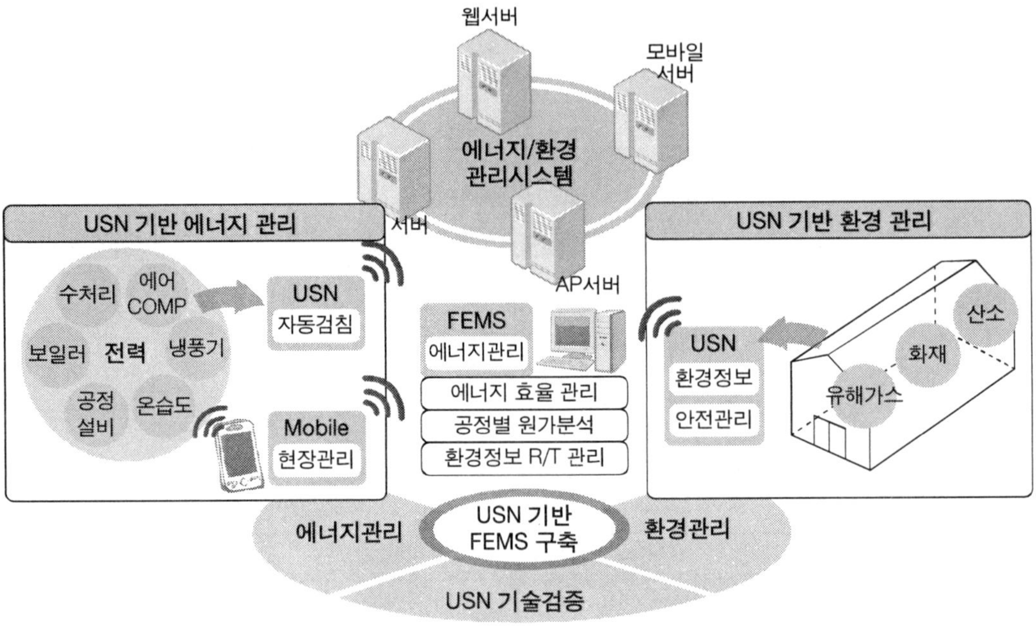

〈그림 2.40〉 금호타이어 FEMS의 개념도와 에너지모니터링 시스템

◎ 출처 : 지식경제부, "공장 내 새는 에너지 꼼짝마!!", 2009.06.24.

(2) LS산전 천안사업장

LS산전은 천안사업장에 그린팩토리 구축의 일환으로 FEMS를 구축하였다. LS산전의 FEMS는 에너지사용량의 최소화와 생산 공정의 최적화, 탄소배출 저감 극대화를 목표로 공장 각 부분 에너지 효율을 극대화 시킬 수 있는 고효율기기, 친환경 전력기기, 신재생에너지 기술 등을 적용해 이를 FEMS(Factory Energy Management System)로 통합 관리할 수 있도록 구성되었다. 에너지 관리자는 이를 통해 신재생에너지 발전량, 에너지 소비량, CO_2 저감량, 에너지절감 비용을 한눈에 보고 분석할 수 있다. 천안 사업장은 전력 소비 금액을 연간 12억 원에서 10억 원 내외로 줄여, 약 20% 정도 감소하였다.

〈그림 2.41〉 LS산전의 FEMS 화면과 공장의 에너지 관리분야

◎ 출처 : 그린데일리, "[연중기획] 업그레이드 그린파워코리아〈18〉", 2011.08.27.
◎ 출처(아래) : LS산전, "스마트 그린팩토리", 2011.

(3) 일본 이케가미 통신기㈜의 우츠노미야 공장

ESCO 사업자인 후지이산업㈜은 우츠노미야 공장을 대상으로 에너지 절약사업을 실시하였다. 우츠노미야 공장은 연면적 8,564m^{2}의 지상1층(일부2층)의 규모를 가지고 있다. 에너지 절약 방법으로는 고효율 조명 도입과 IT시스템을 사용한 수요계측과 전력 모니터링을 설치하여 활용하였다. 또한, EHP(Electric Heat Pump)공조기의 고효율화 배치를 최적화하고 냉온수계 공조기를 GHP(Gas engine driven Heat Pump)로 도입하여 에너지를 절감하였다. 사업 전에 에너지 사용량은 9,373GJ이었으며, 사업 후에는 5,289GJ로 감소하여 43.6%의 에너지가 절감되었다.

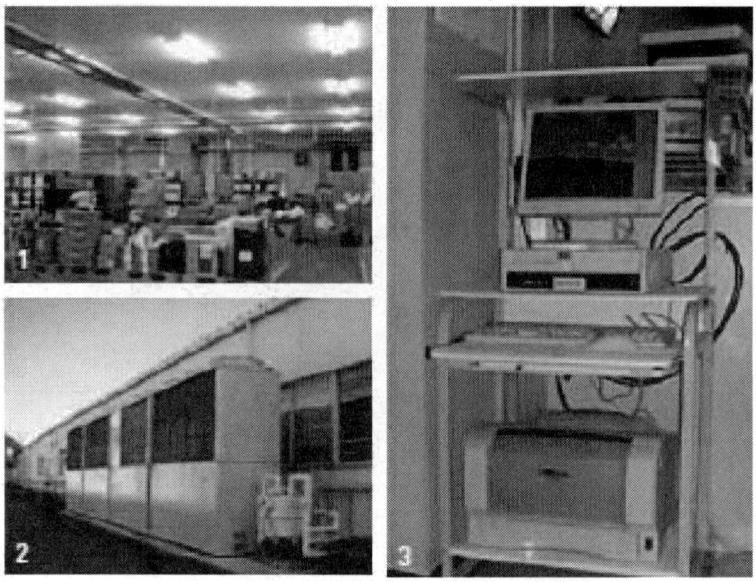

〈그림 2.42〉 우츠노미야 공장의 에너지 절약사례
(좌 : 조명설비의 고효율화와 GHP공조기 도입, 우 : 에너지관리검증시스템)

◎ 출처 : 에너지절약전문기업협회 ESCO지, "일본 ESCO현황", 2009.09.

(4) 일본 스기제과㈜

미츠와전기㈜는 스기제과의 생산 공장을 대상으로 에너지 절약사업을 시행하였다. 스기제과는 연면적 2,100m^{2}의 지상2층의 규모를 가지고 있다. 에너지 절약 방법으로는 에너지 모니터링 시스템도입과 함께 냉각탑송풍기, 공조기에 인버터를 붙여 풍량 제어를 실시하고, 가스소성로의 단열도장의 현상 100°C의 표면온도를 70°C까지 낮춰 방열손실을 억제하였다. 사업전의 에너지 사용량은 14,357GJ이었으며, 사업완료 후에는 12,921GJ로 10.0%의 에너지 절감을 확인하였다. 다음 그림은 설치된 전병가스소성로와 가스미터를 나타낸다.

〈그림 2.43〉 전병가스소성로와 가스미터

◎ 출처 : 에너지절약전문기업협회 ESCO지, "일본 ESCO현황", 2009.09

3.2 산업설비 에너지 소비 모니터링

3.2.1 에너지 소비 모니터링의 정의

에너지 소비 모니터링이란 공장 및 사무실 내 컴퓨터, 에어컨 등의 자산과 직원 업무에 의한 에너지 소비의 관리 및 보고를 자동화하여 가시화할 수 있는 시스템이다. 산업현장이 급변하고 복잡한 시설과 설비의 에너지사용을 관리해야할 필요성이 증대되었으며, 이에 따라 에너지 모니터링 설비의 자동화와 분석 시스템을 통해 에너지관리의 효율성이 요구되고 있다.

3.2.2 에너지 소비 모니터링의 주요 기능 및 에너지 절약 효과

에너지 소비 모니터링의 주요 기능으로는 에너지 사용량 분석, 에너지 비용할당, 에너지 원가 배분으로 구분할 수 있으며 다음 표는 이에 대한 상세 설명을 나타낸다.

〈표 2.34〉 에너지 소비 모니터링의 주요기능

기 능	설 명
에너지 사용량 분석	‣ 사용 패턴을 이해하여 장비 고장으로 발생할 수 있는 비정상적 소비 감지 ‣ 가입, 피크 수요, 기간 비율, 불이익 등에 관한 권장 사항에 따라 비용 절감 ‣ 부하 연구 및 회로 최적화를 기반으로 기존 사용량을 최적화하고 과잉 설계 방지 ‣ 순간저전압 및 고주파와 같은 전력 품질 문제를 감지하여 유지 보수 필요 여부를 식별 ‣ 장비 효율성 유지 : 실제 운영 내역을 토대로 유지 보수 일정 계획
에너지 비용할당	‣ 내부 또는 외부 모범 사례 벤치마크 ‣ 수행할 필수 작업 및 각 작업의 우선 순위, 결과, 투자 회수 기간 등을 담은 목록 작성 ‣ 자동 부하 분배, 일정 계획, 피크 억제, 커패시터 뱅크 제어 등을 사용하여 불이익 방지
에너지 원가 배분	‣ 코스트 센터, 생산 단위, 교대 근무 등에 따라 에너지 사용량과 비용을 할당하여 효율적인 에너지 사용을 위한 행동의 변화 권장

에너지 소비 모니터링 시스템을 활용하여 계측 감시, 분석, 평가, 대책의 PDCA(Plan-Do-Check-Action)사이클을 지속적으로 실시하여, 평균 5~10%의 에너지 절약 효과를 얻을 수 있다.

3.2.3 주요 에너지 소비 모니터링 시스템

에너지 소비 모니터링 시스템은 산업군에서 사용하는 장비를 실측하는 시스템과 이를 통합적으로 관리하는 시스템으로 구분할 수 있다. 다음 표는 국내외의 주요 에너지 소비 모니터링 시스템을 소개한다.

〈표 2.35〉 주요 에너지 소비 모니터링 시스템

제조사	특 징	제품화면
지멘스	‣ 에너지 소비와 네크워크 품질분석으로 공장 효율성 및 에너지소비 최적화 ‣ 상하위 시스템 연동으로 통합관리가능	
Rockwell	‣ 공장 레벨 또는 전사 레벨에서 기계, 공정, 또는 부서별 에너지 소비의 시각화를 통한 추적기능 ‣ 전력 품질 표시, 저장 및 분석 기능 ‣ 다양한 요금 보고서 출력기능	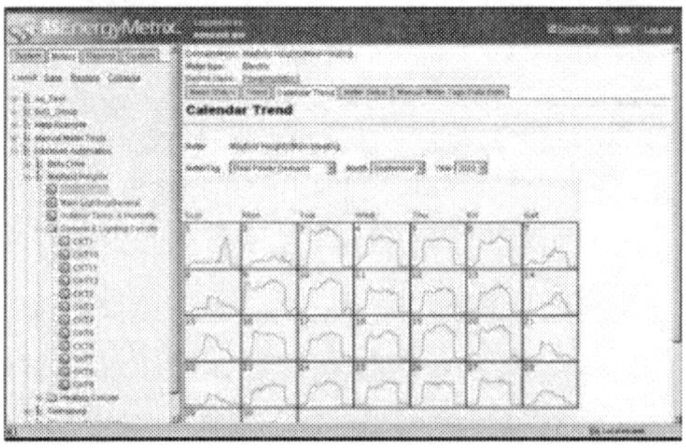
에코시안	‣ 다수의 사업장에 대한 에너지 소비 비교가능 ‣ EnMS와 연동가능, 온실가스 · 에너지 목표관리제 대응 ‣ 에너지 절약 목표관리 기능 구현	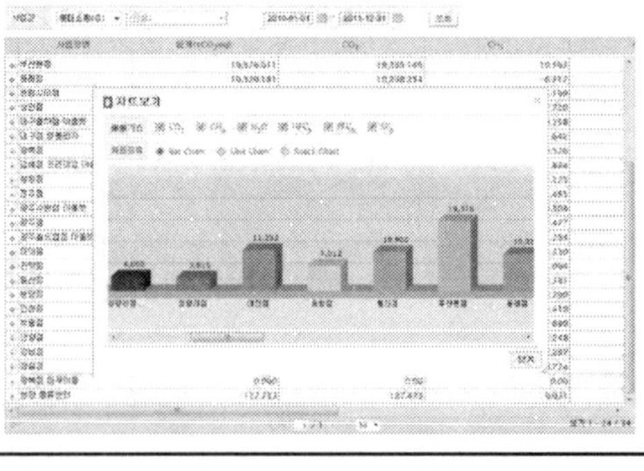

3.3 열원설비 최적화

3.3.1 열원설비 최적화의 정의

열원설비 최적화란 열원(熱源)설비의 온라인 개별기기 시운전 시험을 실시해서 운전데이터를 취득하여 열원설비의 최적운용을 상시적으로 실시하고, 오프라인 개별기기 시운전 시험에서는 시뮬레이터로서의 설비운용의 문제점 도출 및 계약전력 재검토 등의 활용을 통해 에너지 절약을 실현하는 것이다.

3.3.2 열원설비 최적화의 중요성

공조용 열원설비 중 냉동기의 부하율은 그 용량에 비해 낮은 부하율로 운전되는 시간이 많으므로 효율이 감소하고 에너지 소비가 증가하게 된다. 이러한 저부하 운전 및 부하변동에 대응할 수 있도록 부하패턴에 의거한 열원 용량의 분할제어로 열원설비 최적화 시스템을 사용한다면 설비의 운전 효율을 높여 에너지를 절약할 수 있을 것이다. 특히 자동제어 시스템을 통한 열원시스템 제어는 중앙감시를 통해 관리의 효율화를 가능케 함으로써 에너지 절감의 극대화를 이끌 수 있다.

3.3.3 열원설비 최적화의 주요기능

열원설비 최적화는 주로 반도체 제조공장, 자동차공장, 지역냉 · 난방설비 등 대규모의 열에너지 사용설비의 에너지 절약을 위해서 사용된다. 특히 기상예측 데이터와 에너지의 사용 실적으로부터 24시간 앞까지의 정확도 높은 에너지 사용량을 예측한다. 최적화 기법으로 각 기기의 최고의 효율을 사용하고, 보일러, 발전기, 냉동기, 축열탱크의 운전 스케줄을 고려해, 운전을 지원 · 제어한다. 또한 운전원의 부가를 절감시키고 구입 전력 및 구입 연료와 같은 1차 에너지 비용 또는 CO_2배출량의 최소화를 실현한다.

더불어 오프라인 시뮬레이션의 기능에 의하여 최적의 전력 계약의 선택과 설비 신 · 증설 및 폐기를 정량적으로 실시할 수 있다.

3.3.4 열원설비 최적화의 에너지 절약 방법 및 효과

(1) 운전방식 제어

열원시스템의 운전 제어법 개선에 의해 열원의 효율(또는 성적계수), 반송용 에너지를 포함한 시스템 성적계수를 향상시켜 에너지 절약을 도모한다.

〈표 2.36〉 운전제어 개선 항목 예

항목	세부 내용
냉매 바이패스 제어	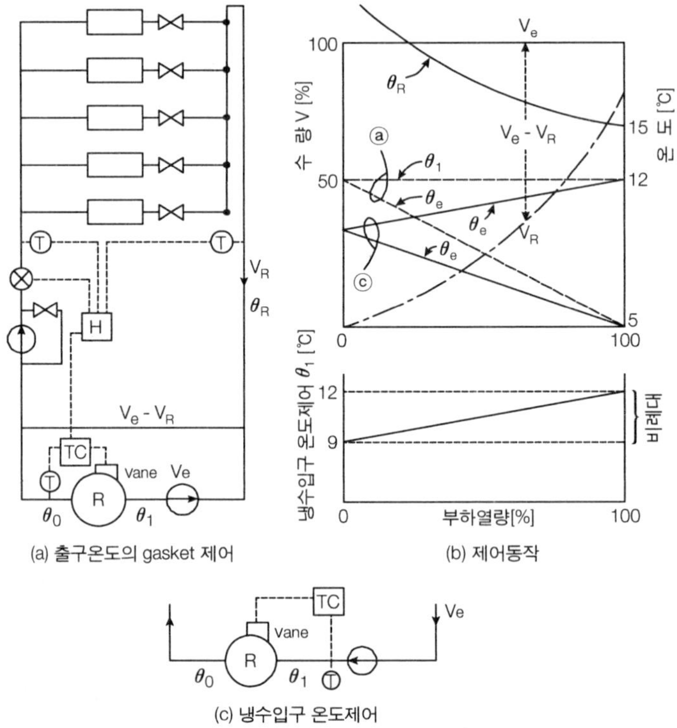 〈그림 2.44〉 냉동기의 출구온도 변온제어방식 (좌 : 출구온도의 Gasket 제어, 우 : 제어동작, 아래 : 냉수입구온도제어) ‣ 기존의 On-Off 제어에서 특성곡선에 기초하여 컴퓨터로 최적 제어시켜 냉동기의 출구온도를 변온제어함
흡수식 냉온수기, 보일러의 예열 이용	‣ 열용량이 큰 이들 기기는 시동시 안정하기까지 수십분이 필요하고, 또한 정지 후에도 수분간은 능력이 있으므로 이 시점의 에너지를 유효하게 이용할 수 있도록 공조 정지 전에 냉동기를 정지함

축열조 변온제어 방식

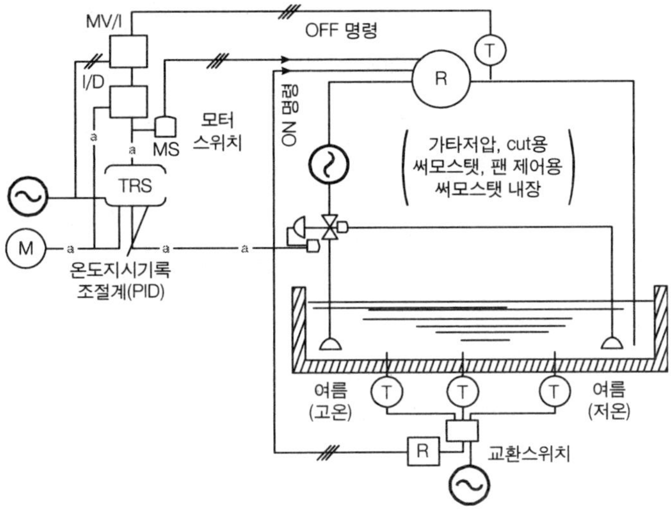

〈그림 2.45〉 축열조 주변의 변온제어방식

- 그림과 같이 축열조 주변의 변온제어방식을 통해 축열온도와 열원출구온도를 가스켓(Gasket)을 제어함

축열운전 제어

- 종합적인 개량을 목적으로 할 경우에는 에너지원 · 열원의 선택, 운전시간대의 결정 등을 고려하기 위해 시스템을 통하여 최적제어 실시

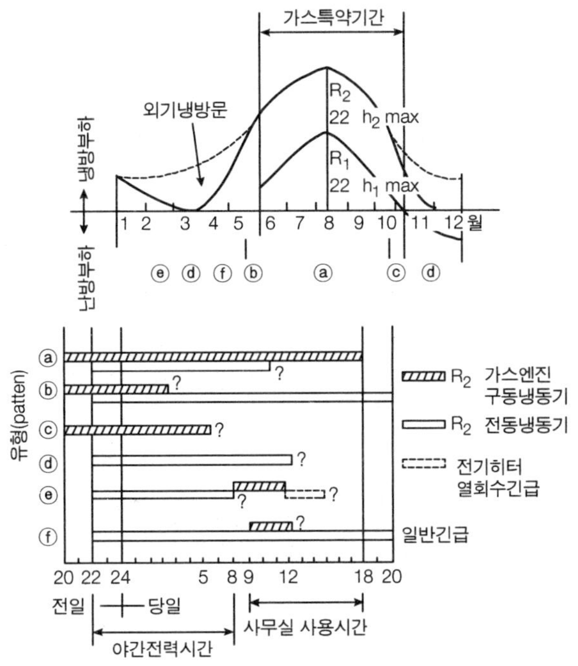

〈그림 2.46〉 전력사용 유형별 냉 · 난방부하도

◎ 출처 : 에너지관리공단, “열원시스템의 운전, 제어방식의 개선”, 2011.

(2) 대수제어

열원시스템 중 냉동기의 대수제어는 실내(또는 외기) 부하량과 냉동기군의 출력이 일치하도록 냉동기 운전 대수를 제어하는 것을 말한다. 특히 직접 냉수 코일 특성에 관련되기 때문에 그 특성에 맞는 열량, 즉 냉수 순환량과 냉수 온도를 공급하는 것이 중요하다.

냉동기 대수제어 시스템은 1~4대의 대형 냉동기의 열원시스템에 적용되는데 최적가동/정지, 1차 냉수펌프의 연동운전, 냉·온수 급수 온도제어, 바이패스 밸브제어, 냉·온수 냉각수의 유량제어, 통신기능 등 열원의 종합시스템 구성이 가능하며, 안정된 제어성, 전기 에너지의 유효한 이용 및 열원시스템을 효율적으로 운전한다. 아래의 그림은 보일러의 대수제어의 예이다. 복수대의 용량제어는 그림과 같이 병행하여 용량제어하는 경우와 추가기(또는 감소기)만을 용량제어하는 방법 2가지가 있는데 어느 방법이 좋은지는 보일러 효율 특성에 따라 결정된다.

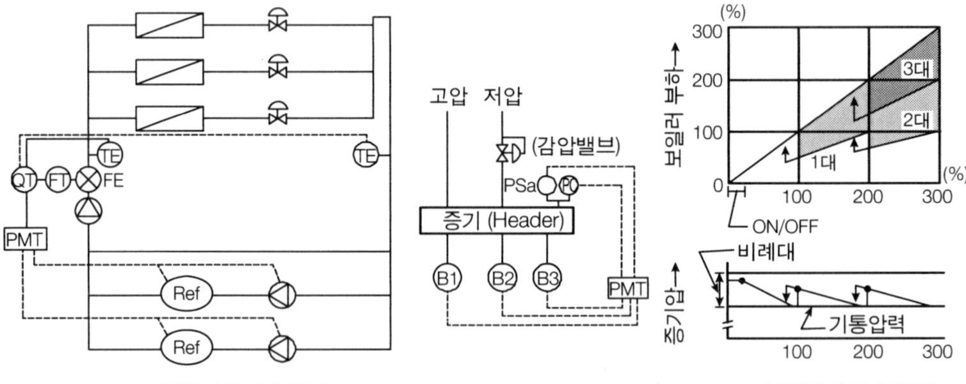

〈그림 2.47〉 냉동기와 보일러의 대수제어 시스템 개통도

◎ 출처 : 에너지관리공단, "열원의 대수제어", 2011.

(3) 과열, 과냉의 방지

방열기 밸브 혹은 분기 댐퍼, 분기 밸브 등을 조절하고, 자동제어인 경우에는 제어상태를 확인하고 설정온도를 조정하거나, 검출위치를 변화시켜 실내의 과냉 과열을 방지하여 에너지 절약을 도모한다.

특히 아래그림과 같이 보건안전규정을 준수해야 하는 장소 또는 제품의 손상을 방지해야 하는 장소에서 사용할 수 있는 과열 방지시스템이 있다. 이는 교도소, 학교와 같이 적은 양의 온수를 사용하는 곳에서도 사용이 가능하며 일반 산업용 공정에서도 간편하게 사용할 수 있다.

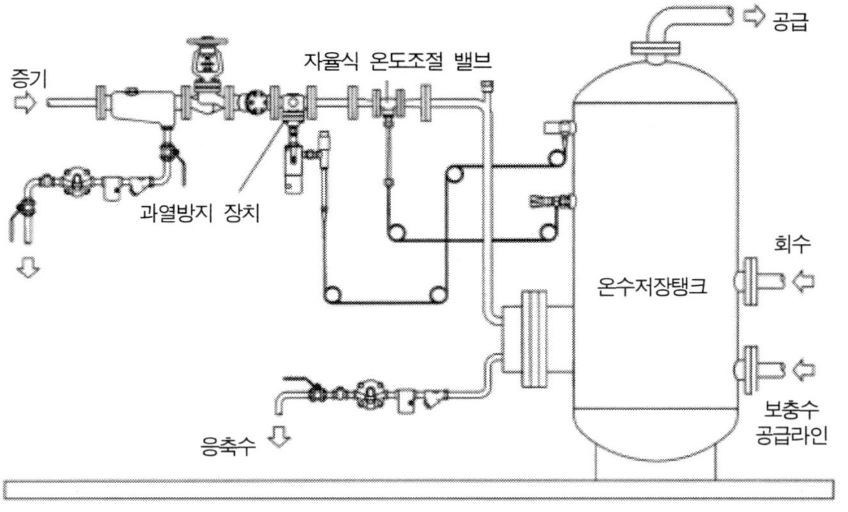

〈그림 2.48〉 온수열교환기에서 과열방지장치의 설치 예

◎ 출처 : SPRIRAXSARCO, "자율식 온도조절 밸브의 과열방지 장치"

피가열체의 온도가 설정된 제한온도를 초과하게 되면 과열방지 유니트의 압축 스프링에 작용하고 있는 압력이 해소됨과 동시에 스냅동작에 의해서 차단밸브가 동작한다. 과열방지 장치가 동작한 후 구동기는 밸브를 동작시킬 수 없을 뿐만 아니라 과열방지 유니트의 왕복장치도 동작하지 않는다.

한번 작동된 과열방지 장치는 피가열체의 온도가 설정온도 이하로 회복되더라도 자동으로 리셋 되지 않도록 되어있어 시스템은 연속적으로 동작하지 않는다.

그러나 시스템의 온도가 설정온도를 초과할 때 구동기가 셔틀(Shuttle)을 움직여 제동장치를 제거하고 압축된 스프링의 장력으로 밸브가 닫히게 한다. 시스템의 온도가 설정온도 이하로 감소하면 과열의 원인을 찾아 제거한 다음 스패너를 사용하여 과열방지장치를 원래의 정상적인 상태로 되돌릴 수 있다. 과열방지 장치의 작동여부를 경보로서 알려주기 위하여 마이크로 스위치를 설치할 수 있다.

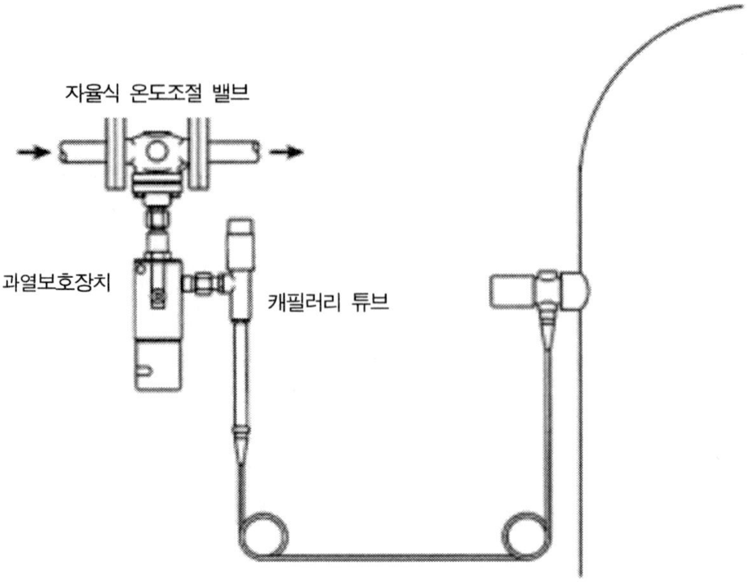

〈그림 2.49〉 이상 발생 시 과열방지 시스템

◎ 출처 : SPRIRAXSARCO, "자율식 온도조절 밸브의 과열방지 장치"

3.3.5 열원설비 최적화의 적용사례

(1) 한국 미쯔비시중공업㈜

한국 미쯔비시중공업㈜은 터보 냉동기와 그 주변장치인 냉수 펌프, 냉각수 펌프, 냉각탑 등을 일괄 제어하는 열원 종합 제어 시스템인 '에너지 Conductor'를 개발하였다. 이 열원 종합 제어 시스템은 열원설비를 일괄 제어하여 대폭적인 에너지 절약을 실현하였으며 시스템은 설비 전체의 최적제어에 의해 냉동기의 성능을 최대한 높이고 열원설비의 소비 전력을 약 50% 절감하는 등, 빌딩 공조의 대폭적인 에너지 절약화와 CO_2배출량 감축에 공헌하였다.

(2) 산키공업㈜ 복합열원 최적운전제어시스템

산키공업㈜의 복합열원 최적운전제어시스템 SMECS(Sanki Multi Energy Control System)은 전기식 냉동기나 가스흡수식냉동기, 프리쿨링으로 구성되는 복합열원설비에서 개별 열원기를 어느 정도의 용량으로 운전하면 열원설비 전체의 시스템 COP(Coefficient Of

Performance : 냉동계수)가 최대가 되는지를 판단해 최적으로 제어한다.

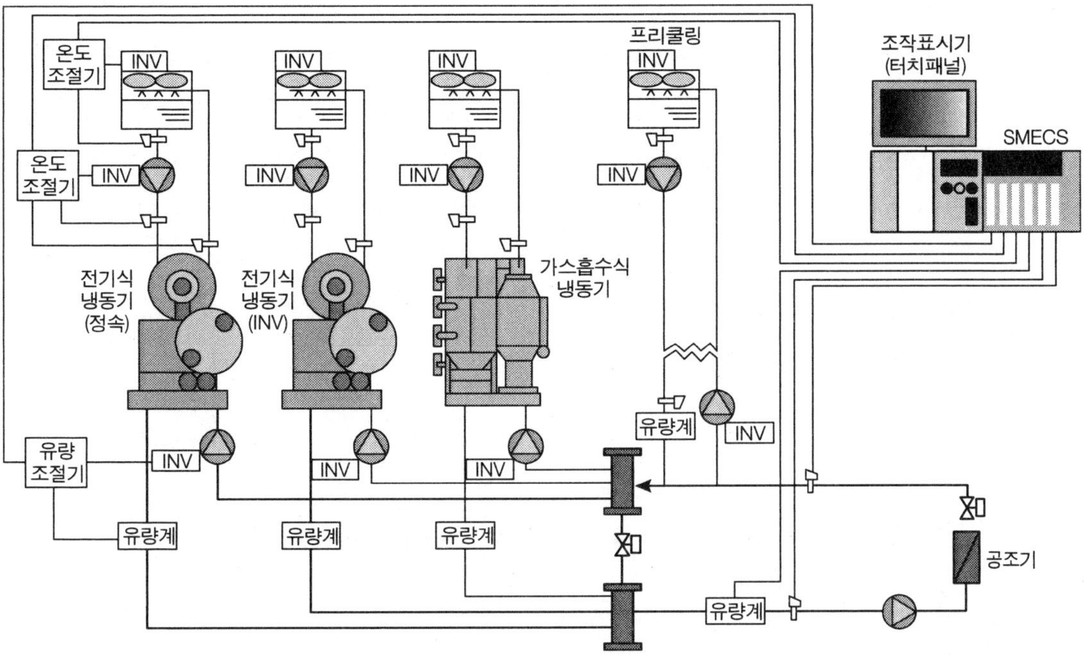

〈그림 2.50〉 SMECS에 의한 열원제어시스템 구성도

◎ 출처 : 다시로히로카즈, "복합열원 최적운전제어 시스템_산키공업㈜", 월간설비기술, 2010.04.

3.4 컴프레서 에너지 절약제어 시스템

3.4.1 컴프레서 에너지 절약제어 시스템의 정의

다수의 컴프레서를 PID(Proportional Integral Derivation control : 제어변수와 기준입력 사이의 오차에 근거하여 계통의 출력이 기준 전압을 유지하도록 하는 피드백 제어의 일종)제어 및 특성에 따른 그룹관리, 제조라인의 운용에 맞춘 스케줄 관리 등, 통합제어를 통해 에너지를 절약하는 시스템이다.

3.4.2 컴프레서 에너지 절약제어 시스템의 중요성

근래에는 공장의 동력원이 되는 컴프레서의 설치 대수가 증가하는 추세이다. 그 결과 현재 산업에서 사용되는 컴프레서의 소비전력량이 공장 총 소비전력량의 20~25%를 차지할 만큼 증가하고 있으며, 특히 단조공장에서는 약 40~43% 정도 차지하고 있다. 하지만 컴프레서에 집중공급 또는 분산공급 시스템이나, 효율적인 압축공기의 분배, 열회수 등을 시스템에 접목시켜 관리하면 효율적인 컴프레서 제어방식을 통해 소비전력량의 대폭적인 절감이 가능하다.

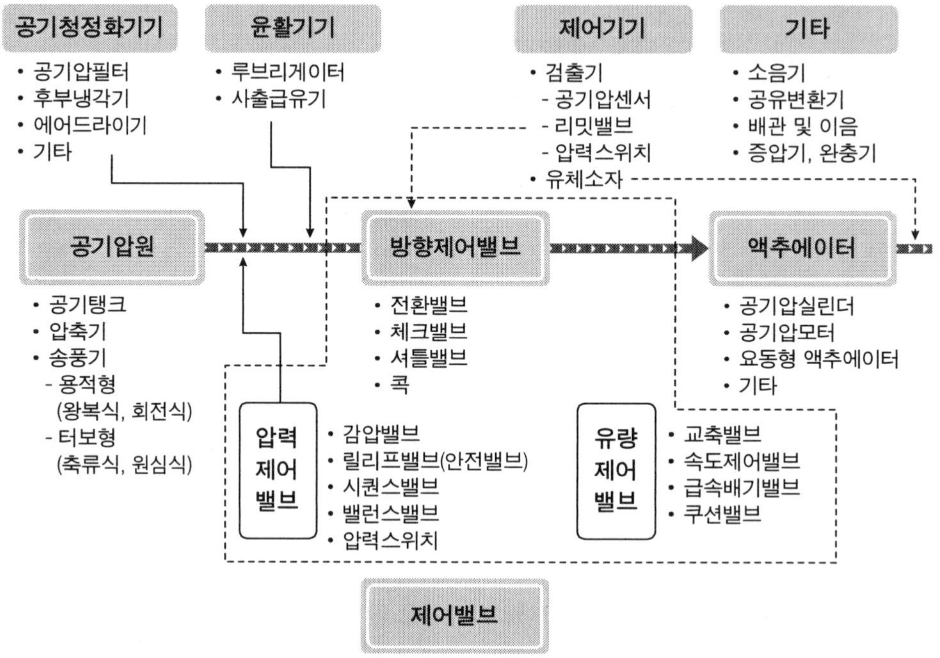

〈그림 2.51〉 일반적인 컴프레서 시스템 제어 계통

◎ 출처 : 대일이엔씨기술㈜, "공기압축기 효율적 운영방법", 2011.

3.4.3 컴프레서 에너지 절약제어의 주요기능

컴프레서 에너지 절약제어는 정밀한 압력제어를 통하여 최적의 제어 시스템을 유지할 수 있게 해준다. 주요 기능으로는 최종 에어 배출 압력을 실시간으로 측정이 가능하며, 현장에서 필요한 만큼 가동시키는 에너지를 절감 운전할 수 있다. 이러한 기능으로 컴프레서 순차 운전을 통해 기계 수명을 연장할 수 있으며, 최적의 압축공기 생성으로 운전효율을 증대시키고, 전용 소프트웨어에 의한 컴퓨터 운전 감시와 옵션에 따른 각 AIR라인 감시가 가능하다. 추가적으로 PLC(Power Line Communication : 가정이나 사무실에서 전기선을 꽂으면, 전기선을 통하여 음성, 데이터, 인터넷 등을 고속으로 이용할 수 있게 제공한 서비스) 등 통신체계 지원으로 기존 관리시스템과 연계하여 효율적으로 관리가 가능하다.

3.4.4 컴프레서 에너지 절약 효과

(1) 압력변동형 용량제어에 의한 소비전력 저감

컴프레서 라인에서 필요로 하는 압력을 하한압력으로 하고, 이 압력에 통상 0.1MPa 정도의 압력 차를 두어 상한압력으로 하고, 이 상 · 하한 내의 압력변동을 검출하여 토출 공기용량을 제어하는 방식이다. 대표적 방식으로는 흡입 조임+퍼지방식과 로드/언로드 방식이 있다.

흡입 조임으로만 하는 방식 이외의 기종은 통상 완전 무부하 상태가 지속되면 자동정지하고, 라인압력이 하한압력에 달하면 자동 가동한다. 압축공기 라인압력보다 컴프레서의 정격토출압력을 0.1MPa 정도 높게 하고 있기 때문에 하한압력을 넘는 압력의 운전범위에서는 다음 그림에 음영 부분과 같이 소비전력이 여분으로 필요하다. 또한 흡입조임+퍼지방식과 로드/언로드 방식에서는 20~40% 용량영역 부근부터 소비동력 저감이 효과를 발휘한다. 하지만 실제 가동 측면에서 볼 때 주된 부하영역 50% 이상의 용량영역에서 전력절감 특성은 효과적이지 않다는 결점이 있다.

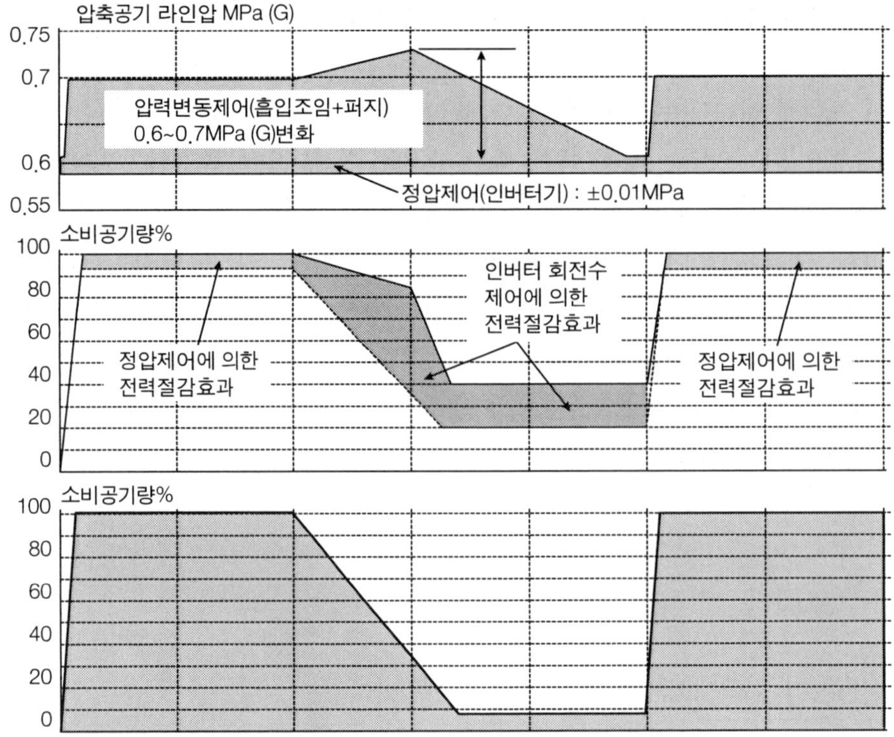

〈그림 2.52〉 정압제어기(인버터 회전수 제어)와 압력변동 제어기(흡입조임+퍼지)의 소비전력 성능 차

◎ 출처 : 이재형 외 1명, "공기압축기시스템", 홍릉과학출판사, 2010.

(2) 정압 · 회전속도 제어방식에 의한 소비전력 저감

압축공기 라인압력을 변동시키지 않고 설정 라인압을 ±0.01MPa 정도의 일정한 압력폭 내로 제어하는 방식으로, 용량제어방식에 따라 인버터 회전수 제어 방식과 슬라이드밸브 방식이 있다. 이러한 정압용량제어방식은 부분부하 성능이 우수할 뿐만 아니라 전부하시에 정격토출압력이 압력 변동형 보다 0.1MPa 낮게 할 수 있으며, 위 그림과 같이 8% 소비전력 차가 나며, 실측에서도 7% 정도 전력을 조절할 수 있다.

① 인버터 회전수 제어방식

인버터 회전수 제어방식은 압축공기 라인압력이 항상 일정압력이 되도록 압축기 동력모터의 회전수를 제어하는 방식으로, 소비전력 성능이 가장 좋다. 모터에는 영구자석 동기모터가 주로 채용된다. 로터의 발열이 작은 이점 때문에 높은 모터효율을 얻을 수 있어 입력전력을 저감할 수 있는 장점과 회전수 제어범위가 유도모터에 비해 저회전 영역까지 가능하여 용량제어 범위 전역에서 회전수 제어가 가능하게 되는 이점이 있다. 근래 인버터 회전수

제어기의 절전효과가 주목되어 컴프레서 출하대수에 점유하는 비율이 상승하고 있다.

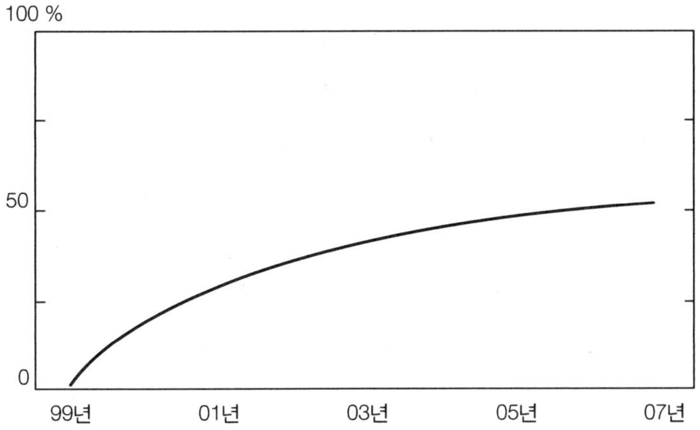

〈그림 2.53〉 22~75kW 중형 유냉(油冷)스크류 컴프레서의 인버터 비율 추이(㈜고베제강소 제품 기준)

◎ 출처 : 이재형 외 1명, "공기압축기시스템", 홍릉과학출판사, 2010.

위의 그림은 ㈜고베제강소 중형기기의 인버터화 비율 추이이다. 전력절감기기가 필요한 대형기기이지만, 일본에서는 전원전압이 3kV/6kV의 고압이 일반적이고 인버터 판넬이 매우 고가이기 때문에, 대형기기 분야의 인버터 회전수 제어기는 저압 전원 사용자 이외에는 사용하고 있지 않다.

② 슬라이드밸브 방식

인버터가 회전수를 제어하는 데에 비해 압축공기 라인압이 일정하게 되도록 스크류 로터의 유효압축길이를 유압장치로 가변시켜 용량을 제어하는 방식이다. 160kW 이상의 대형 유냉스크류기에 채용되는 방식으로, 통상 2단 압축기의 1단 압축기 부분에 들어간다. 특징은 인버터 회전수 제어 정압제어이기 때문에 정격토출압력을 필수압력 이상으로 높게 할 필요가 없으며, 50~100% 용량영역에서 사용이 많아 이 영역에서 인버터 회전수 제어기에 뒤이어 우수한 전력절감 효과를 발휘한다.

(3) 컴프레서의 교대운전과 대수제어

대수제어란 여러 대의 압축기가 공통의 토출 배관에서 병렬 운전을 할 때, 공기 사용량에 따라 압축기를 자동적으로 운전 또는 정지하여 무부하 운전시의 동력을 절약하는 것이다. 그 방식에는 로테이션 방식과 고정식 2가지 방식이 주로 적용된다. 현재는 로테이션 방식이 일반적이다.

① **로테이션 방식**

운전 대수를 증가시킬 때는 정지중의 압축기 중 정지한 것을 운전시키고, 감소시킬 때는 운전 중의 압축기 중 제일 처음 운전된 것을 정지시킨다. 압축기의 운전 시간의 평균화가 이루어지며 대수제어에서 2대인 것은 교대 운전 제어라 불린다.

② **고정식**

운전 순서를 정해, 나중에 운전된 것부터 정지시킨다. 대수제어의 장점으로는 무부하 또는 부분부하 운전에 힘이 매우 줄어들게 되므로 전체적으로 운전 효율이 좋게 되고, 소비 동력이 절감한다. 공기 소비량에 맞춰 사람 손에 의한 압축기의 운전, 정지의 조작이 필요없게 되어 무인화가 가능하며 또한, 압축기의 운전 시간이 평균화되어 합리적인 보존 관리가 가능하고 불필요한 압축기는 정지하기 때문에 기계의 소모, 윤활유의 소비가 절감되어 기계의 수명도 연장된다.

3.4.5 컴프레서 에너지 절약제어 시스템 동향 및 사례

(1) DOTECH의 대수제어 멀티 컴프레서 콘트롤러

DOTECH사는 멀티압축시스템의 효율적인 운전을 수행하는 최첨단 전자제어장치로 효율적인 대수제어가 가능한 시스템을 보유하고 있다. 이 시스템은 개별 콤프레서의 운전시간을 누적하여 운전시간이 작은 콤프레서를 우선적으로 제어하여 균등하게 운전하고 트립경보 이력을 최대 160개까지 저장하여 장비 문제점 분석이 쉽다. 유지보수 및 소모품 교환시기 등에 대한 정보와 예상 시간을 조회하는 기능을 제공하며, 노이즈로 인한 CPU 다운시 자동 복구 및 RS485통신, MODBUS RTU(RS485와 MODBUS RTU(Remote Terminal Unit)는 미국의 모디콘사에서 개발되어 생산현장에서 많이 사용되고 있는 통신방식 중의 하나이다.) 국제 표준 프로토콜을 탑재하여 상위 시스템과의 완벽한 인터페이스 지원이 가능하다.

DOTECH의 공기압축기 콘트롤러는 최대 30%이상 에너지 비용 절감이 가능하며, 국내외 다양한 기계공업사에 공급되고 있다.

(2) Azbil 그룹 주식회사 야마타케의 컴프레서 에너지 절약 시스템

야마다케의 컴프레서 에너지 절약 시스템은 다수의 컴프레서를 PID제어, 컴프레서의 특성에 따른 그룹관리, 제조라인의 운용에 맞춘 스케줄관리 등에 의한 에너지 절약을 실시한다. 컴프레서실의 통합제어 실적도를 통한 에너지 절약시스템의 전기요금 절감실적을 보면 전자부품공장에서는 약 20%, 자동차공장에서는 약 10%, 제지플랜트에서는 약 8%, 화학플랜트에서는 약 4%의 실적을 기록했다.

3.5 BTG(Boiler Turbine Generator) 최적화 시스템

3.5.1 BTG(Boiler Turbine Generator) 최적화 시스템의 정의

BTG(Boiler Turbine Generator)란 보일러, 터빈, 발전기설비를 보유하는 원동력시설, 생산시설을 뜻하는데, 이러한 플랜트의 고도제어, PID리튜닝, 비용최적화 운전계획 등을 통한 최적제어와 부하배분 등을 통해 자동안정조업을 실현하는 것이 BTG(Boiler Turbine Generator) 최적화 시스템이다.

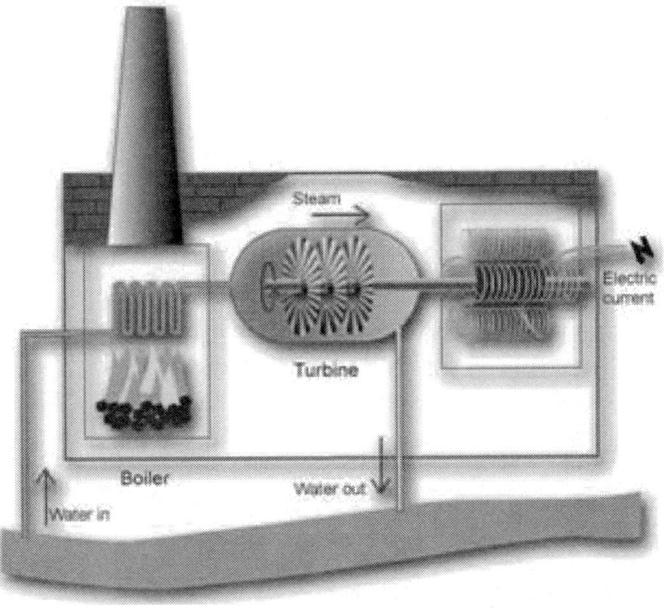

〈그림 2.54〉 BTG(Boiler Turbine Generator)

3.5.2 BTG(Boiler Turbine Generator) 최적화 시스템의 중요성

대형 발전플랜트에서는 통합제어설비, 터빈제어설비, 각 패키지의 PLC 제어설비를 비롯하여 발전소 효율계산을 위한 성능감시설비, 주요 회전기기 보호 및 상태 감시를 위한 진동감시설비 등을 통해 발전소 제어 및 감시는 물론, 발전소의 운전 현황, 주요 발전 설비의 상태 및 고장 진단, 수명 예측 분석 및 평가 등이 개별적으로 이루어지고 있으나, 개별 시스템들의 Data들이 발전소 내에서도 전체적으로 통합 관리되지 못하고 전사적으로 정보 공유에 제한이 있어 정보 관리 및 활용 효율이 떨어지고 있는 상황이다.

이러한 문제점을 개선하기 위해 발전소의 각종 제어설비들의 Data를 하나의 시스템으로 통합 관리하도록 함으로써 기존의 분산된 정보를 보다 효율적으로 관리하고 발전소 내에서뿐만 아니라 전사적으로도 정보를 공유하도록 하여 발전소의 운전 정보 활용도를 극대화 할 수 있는 종합적인 발전소 운전 Data의 통합 관리 시스템의 도입이 필요하며, 나아가 발전소의 불시 정지 예방 및 이용률 향상을 위해 운전 상태를 평가, 예측 진단할 수 있는 시스템의 도입 필요성이 대두되고 있다.

더불어 생산현장에서는 보일러의 압력과 온도를 일정하게 유지하는 것이 중요하다. 하지만 급격한 부하변동 및 열교환기 등에 의한 외부적 요인 등으로 인하여 운전이 불안정하게 되어, 안정 운전을 유지하는 것이 매우 곤란할 때가 있는데, 'BTG최적화에 의한 에너지절약 시스템'은 에너지를 절약하며 동력을 안정시킴으로서, 비용 절감, 오퍼레이터 부하의 경감이 가능하도록 도와준다.

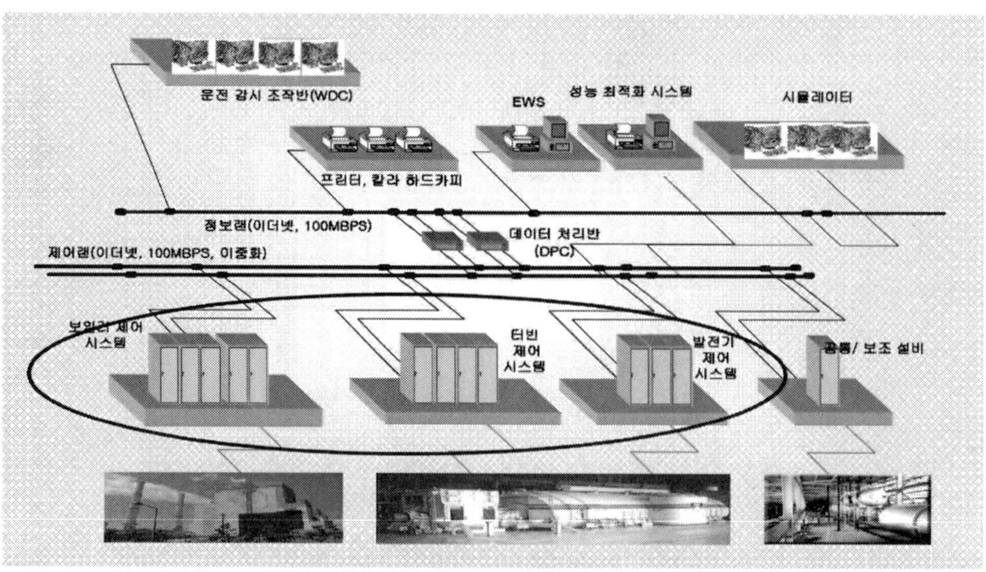

〈그림 2.55〉 화력 발전 통합제어 시스템 구성

◎ 출처 : 전력기반조성사업센터, "전력산업기반기금 전략과제 발굴을 위한 사업성 평가_화력발전 분야", 2011.

3.5.3 BTG(Boiler Turbine Generator) 최적화 시스템의 주요기능

BTG 최적화 시스템은 다변수 모델 예측제어기능으로 프로세스 응답모델을 내장하여, 장래의 변화를 예측하며 제어를 통해 뛰어난 안정화운전을 실현할 수 있다. PID리튜닝 기능으로 리튜닝 및 제어 로직을 개선하여, 설비의 제어성을 향상시킬 수 있으며, 비용 최적화운전 계획 기능으로 보일러 운전대수 및 부하량, 전기구매량, 복수량 등 종합 비용이 최소가 되는 운전계획을 작성한다. 에너지절약, 비용절약 평가를 통해 BTG플랜트 전체의 CO_2량, 비용을 실시간으로 평가한다.

3.6 생산프로세스의 효율화

3.6.1 생산프로세스 효율화의 정의

생산프로세스 효율화는 공장의 생산을 위한 프로세스를 효율적으로 운영하여 생산에 소요되는 시간을 단축하여 에너지를 줄이는 방식이다. 이러한 생산프로세스의 효율을 개선하는 방법은 프로세스 혁신(PI : Process Innovation), 업무 재설계(BPR : Business Process Re-engineering), 비즈니스 프로세스 관리(BPM : Business Process Management)등의 경영 개선을 통한 접근방법과 제어시스템들의 통합, 제조실행시스템(MES : Manufacturing Execution System)을 도입 등 IT를 활용하여 생산프로세스를 효율적으로 운영하는 방식이 있다.

3.6.2 생산프로세스 효율화의 주요방법

(1) MES(Manufacturing Execution System)

제조실행시스템, MES(Manufacturing Execution System)은 제조지시, 실적관리 등의 업무를 패키징하여, 업종별 템플릿을 이용해 단기간으로 시스템을 구축할 수 있는 소프트웨어를 말한다.

이 시스템은 제조업의 각종 제조 라인에서의 생산실적 및 품질정보를 가시화시켜, 현장의 생산효율과 품질을 향상시키며 가동상황 감시기능 및 설비보전관리기능으로 인하여 에너지도 절감한다.

파라미터의 설정으로 구축가능하기 때문에 모델공정으로부터 유사 공정전개가 용이하다. 가동상황 감시 및 설비 보전관리 기능에 있어서 현장의 생산효율과 품질을 향상시키며 예기치 않은 다운타임을 회피하고 에너지 손실을 저감하며 ERP(Enterprise Resource Planning), FA(Factory Automation : 공장에서 수주한 제품을 생산계획부터 부품의 가공·조립, 제품의 출하까지의 각종 공정에 관한 정보를 확실히 파악하여 생산 시스템 전체의 효율적인 관리와 제어를 행하는 것), 스케쥴러 연계에 의해 각 단계에서의 실시간 대응 및 판단이 가능하다.

(2) 계장(計裝) 네트워크 모듈

계장(計裝 : Instrumentation)이란 계기를 장비한다의 약칭으로 프로세스에 적합한 계측제어 시스템을 고려하여 적절히 배치하는 것을 의미한다. 온도 및 압력, 유동량 등 각종 아날로그량을 제어하는 네트워크 모듈이며 모듈의 설정치 및 측정치 등을 상위통신기능에 의하여 PC 상의 어플리케이션으로 전달할 수 있다. 또한 에너지절약용 알고리즘을 탑재한 슈퍼바이저리 모듈에 의하여 다수설비의 기동을 제어해 에너지 절약을 실시한다.

전 모듈에 Ethernet 통신기능을 탑재하여 고속통신, 모듈의 본격 분산배치를 실현하여 모듈의 설정치 및 측정치 등을 상위통신기능에 의해 PC 상의 어플리케이션으로 전달이 가능하다. 슈퍼바이저리 모듈에 의하여 다수의 조절계 모듈의 협조제어를 실현할 수 있으며 에너지절약용 알고리즘을 탑재한 슈퍼바이저리 모듈은 다수설비의 기동을 제어해 에너지 절약을 실시하여 최적 기동제어와 피크전력 제어를 할 수 있다. 최적 기동제어 알고리즘은 장치의 기동시간 차에 의한 에너지 낭비를 기동시간을 최적 제어함으로써 에너지를 절감한다.

3.6.3 생산프로세스 효율화 적용사례

(1) 현대파워텍

현대파워텍은 가공라인을 대상으로 한 프로젝트로서 내·외부적인 환경으로 인해 MES 시스템을 구축하여 생산현장정보를 실시간으로 모니터링하고 적절하게 피드백함으로써 현장흐름을 원활하게 하고 생산 이상 및 변동에 유연한 대응이 가능한 체계를 구축하였다. 이

생산정보시스템은 가공라인 생산계획을 근거로 생산을 진행/통제하며 라인모니터링, 제품과 부품을 연계한 추적시스템, 자동창고와의 인터페이스를 포함한 재고관리 등 공정관리시스템이 구축의 대상이다. 현대파워텍은 이러한 종합적인 생산관리 시스템 구축의 기반을 통해 재공/제고를 24% 감소하고 문서작업 시간을 56% 감축한 효과를 보았다. 또한 실시간 생산현황 제공으로 생산현장 관리가 용이해졌으며, 능동적 생산계획 수립을 지원하고, 현장실적 정보의 정확성을 향상시킬 수 있었다. 더불어 정확한 지표관리로 관리수준의 향상을 도모하였으며, 기초데이터를 활용하여 신속하고 정확한 분석자료 도출이 가능하도록 하였다.

(2) 미츠비시전기의 디지털 계장제어장치 MELTAC

미츠비시전기는 지금까지 원자력 주요설비용 디지털 계장제어장치로써 MELTAC 시리즈를 개발한 후 추가로 요코카와전기㈜와 협업하여 최신기종으로서 신형 MELTAC를 개발하여 제품화하였다. 신형 MELTAC에서는 종래기종에 소형, 스페이스절약, 전력절약을 특징으로 하는 요코카와 전기제품의 오픈IO를 새롭게 메뉴화하였다. CPU부와 오픈IO의 접속에는 MELTAC의 설계를 승계한 고속 씨리얼 버스(오픈IO버스)를 적용 · 개발하여 큐슈전력㈜ 카와우치 원자력 발전소의 2차계 제어장치에 적용했다. 이 시스템은 다수설비의 기동을 제어해 프로세스를 효율화시켜 에너지 절약이 기대된다. 피크전력 제어억제는 다수의 장치를 동시에 기동할 시에 기동 전력의 타임쉐어링을 실시하여 피크 전력을 최대 50% 억제할 수 있다.

04 전력분야

4.1 스마트그리드(Smart Grid)

4.1.1 스마트그리드의 정의

'발전(發電)-송전 · 배전-판매'의 단계로 이루어지던 기존의 단방향 전력망에 정보기술을 접목하여 전력 공급자와 소비자가 양방향으로 실시간 정보를 교환함으로써 에너지 효율을 향상시키는 기술을 '지능형 전력망'이라 한다. 발전소와 송전 · 배전 시설과 전력 소비자를 정보통신망으로 연결하고 양방향으로 공유하는 정보를 통하여 전력시스템이 효율적으로 작동하는 것이 기본 개념이다. 다음 그림은 스마트그리드의 구성요소를 나타낸다.

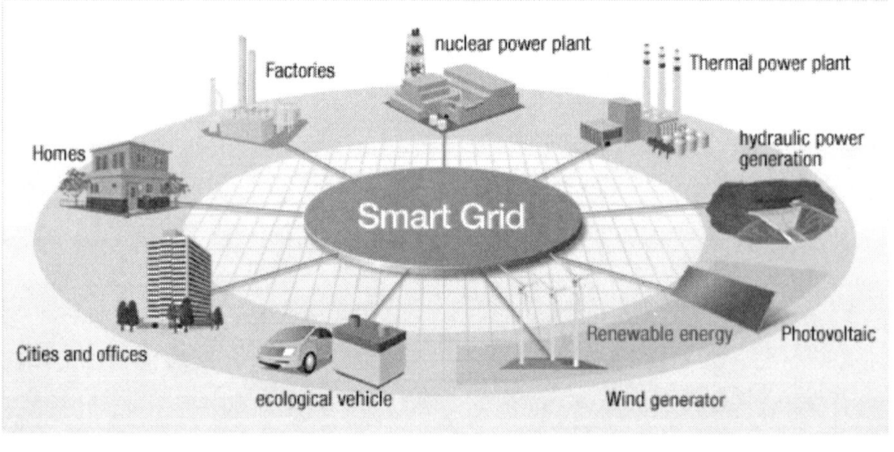

〈그림 2.56〉 스마트그리드의 구성요소

◎ 출처 : Hitachi, "Smart Grid", http : //www.hitachi.com/environment/showcase/solution/energy/smartgrid.html

4.1.2 스마트그리드의 도입효과

현재 전 세계의 전력 에너지 수요는 2035년까지 87% 증가할 것으로 예상하고 있으며, 온실가스 배출은 43% 증가할 것으로 평가하고 있다.

국내의 경우 스마트그리드 기술 도입의 효과로 2030년까지 44,284(천t CO_2)의 탄소 배출 절감을 목표로 하고 있다.

GeSI(글로벌 e 지속가능성 이니셔티브)에서 발간한 SMART 2020에 따르면 전 세계적으로 스마트그리드를 통하여 2020년까지 대략 1,246억$에 해당하는 20.3억 톤의 탄소 배출을 절감할 수 있다고 보고하고 있다. 스마트그리드가 구축되면 전력 수요의 분산 및 제어가 가능해져 에너지 이용 효율 향상이 가능하고, 실시간 에너지 정보 교환을 통한 에너지 소비 절감과 수요측 에너지 관리를 통하여 온실가스 배출 절감 효과를 얻을 수 있을 것이다.

4.1.3 스마트그리드의 기술동향

(1) 국내 기술동향

국내 전력산업 분야는 세계적 수준의 전력통신 인프라를 구비하였고, 전력 관련분야에서 세계 정상급의 기술력이 내재된 기업을 다수 보유하고 있다. 한국전력은 전력품질 및 효율 향상을 위해 송배전망 지능화 등에 연간 4.7조원 수준의 투자를 지속하고 있다. 그 외 세계 최고수준의 반도체, 디스플레이 및 가전산업 등에서 관련 기술을 보유한 다수의 기업이 있다.

기술개발분야에서는 2005년부터 총2,532억원 규모의 전력IT 기술개발을 우선적으로 추진하고 있으며, 중전 및 반도체 등 관련업계도 상당한 기술력 보유하고 있다.

〈표 2.37〉 스마트그리드 기술분야 국내동향

구분	내용
스마트 미터	수용가별 특성을 고려, 경제형 및 일반형으로 구분하여 개발 중이며, 2010년부터 연 130만대(경제형100만, 일반형30만) 보급 예정
전기차 충전기	급속·완속 등 다양한 충전방식 개발 및 표준화를 추진 중이며, 2011년부터 보급이 가능할 것으로 전망
전력저장장치	민간기업은 세계 유수의 자동차 업계에 배터리를 공급할 정도로 세계적 수준의 제조기술 보유, 원천기술 부품소재 분야는 일본 등 선진국에 비해 뒤처지고 있는 것이 현실

실증 사업 분야에서는 기술개발 성과의 실증 및 비즈니스 모델 개발을 위해 제주도를 실증단지로 지정하고, 민간 컨소시엄을 구성하여 운영하고 있다.

(2) 해외 기술동향

미국은 에너지 자립 및 노후 전력망의 현대화를 통한 경기부양을 추진하고 있다. 현재 50년 이상 된 전력망으로 에너지효율이 낮은 상황(2006년 송배전 손실율 6.2%)이나, 2003년에 Grid 2030 국가비전을 발표하고, 2009년부터 경제회복 및 재투자법에 따라 전력망 현대화에 45억 달러를 투자하였다. 또한 2008년부터 시범도시(콜로라도주 볼더시)를 지정하고, 스마트계량기 5만 여개 및 전기차 600여대 보급 등의 실증사업을 추진하고 있다.

유럽은 신재생에너지 보급 확대 및 회원국 간 전력거래 활성화를 추진하고 있으며, 일본은 태양광 발전의 계통 연계를 위한 마이크로그리드 확산을 추진하고 있다.

〈표 2.38〉 주요국 정책 현황

구분	내 용
미국	에너지자립 및 노후 전력망 현대화를 통한 경기 부양에 초점 2003년 "Grid 2030" 국가 비전 발표 2007년 "Energy Independence & Security Act"에 스마트그리드 명시 2009년 "America Recovery & Reinvestment Act"를 통해 45억불 투자
EU	신재생에너지 보급 확대 및 EU 회원국 사이의 전력거래 활성화에 초점 2006년 유럽형 Smart Girds 비전 발표 2007년 "Climate and Energy Package 20-20-20" 계획수립 2009년 1억 유로 이상 투자 계획 수립 (제7차 FP에 반영)
일본	태양광에너지 보급 확대 및 마이크로그리드 확산에 초점 목표 : 2010년 4GW, 2020년 34GW, 2030년 100GW 2009년부터 기술개발 로드맵 수립 착수 2009년부터 기술개발 및 스마트계량기 등에 300억엔 규모의 투자계획 수립
중국	송전계통의 강화 및 전력 자원의 최적 배분에 초점 2010년까지 스마트 그리드 계획 수립, 주요 R&D 및 파일로드 프로젝트 착수 2015년까지 주요 혁식 기술 및 첨단 설비 개발 2020년까지 스마트그리드 보급
한국	세계적 수준의 전력·통신 인프라 구비 2005년부터 총2,532억원 규모의 전력IT 기술개발을 선제적으로 추진 2008년부터 제주도에 실증단지를 구축하여, 관련기술의 상용화·수출산업화 촉진

출처 : "스마트그리드 국가로드맵", 지경부, 2010.01.

4.2 지능형 전력망(Smart Power Grid)

4.2.1 지능형 전력망의 정의

지능형 전력망 기술은 기존의 전력망에 정보·통신 기술을 접목하여 전력망의 신뢰도 및 운용 효율을 향상시키는 기술이다. 다양한 형태의 소비·공급원과 연계가 자유로운 개방형 전력망을 구축하여 새로운 비즈니스 모델의 창출이 가능한 기반을 조성하고 전력망 고장의 사전예측 및 자동복구 체제의 구축을 통해 고품질과 고신뢰성이 확보된 전력을 공급한다.

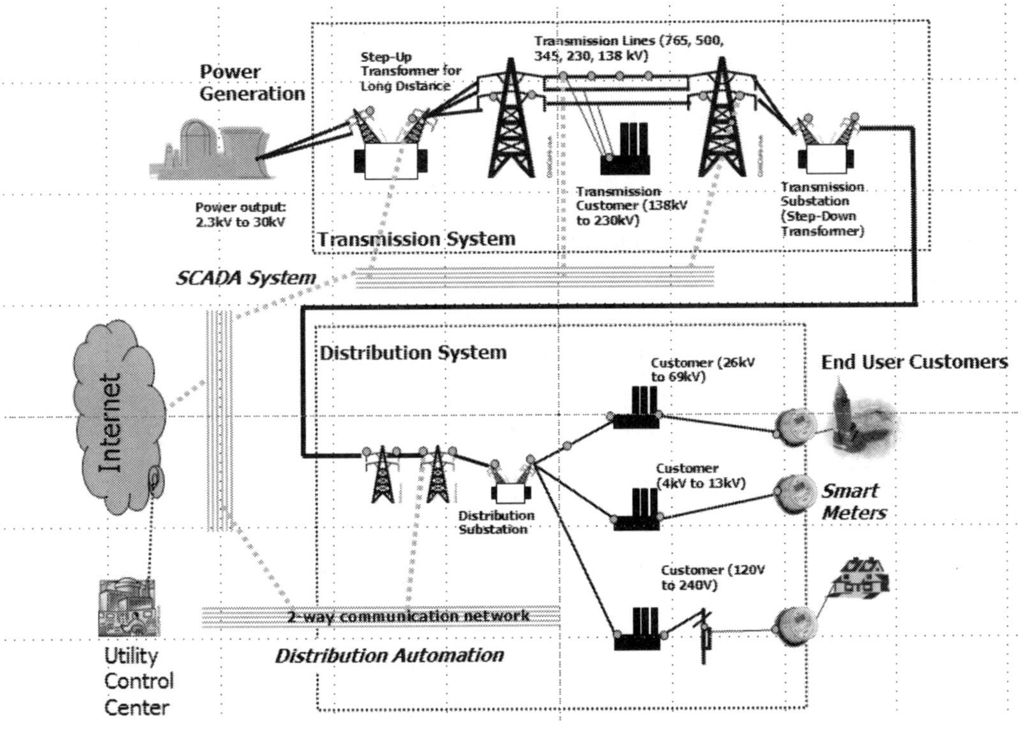

〈그림 2.57〉 지능형전력망 구성 요소

출처 : Smart Grid for India, http : //smartgrid-for-india.blogspot.com, 2012.01.11.

4.2.2 지능형 전력망의 중요성

국내 온실가스 배출량의 84%가 에너지 부문에서 배출되며, 에너지 부문 중 전력이 34%를 차지하고 있으므로 전력망의 중장기적 고도화가 필요하다.

경제적인 측면에서 국내의 전력 손실 규모는 연간 8,000억 원으로 적지 않은 규모로 파악되고 있으며, 여름철 등 전력량 소비가 많은 피크 수요에 맞추어 이뤄지기 때문에 낮은 가동률에도 불구하고 잉여 발전시설이 불가피하다. 이는 지능형 전력망의 주요 기술을 접목할 경우 재투자 및 값비싼 원료 사용으로 인한 경제적 손실을 최소화 할 수 있다

기간산업 측면에서 지능형 전력망은 국가 단위의 전력망을 구축하기 위한 기본 인프라인 동시에 전력망을 구동시키는 하드웨어 플랫폼이며, 지능형 신재생, 지능형 운송, 지능형 서비스, 지능형 소비자를 연결하고 전력 수급을 제어하는 국가의 기간 네트워크가 된다.

4.2.3 지능형 전력망의 주요기능

지능형 전력망 기술은 "지능형 송전시스템", "지능형 배전시스템", "지능형 전력기기" 및 "지능형 전력통신망" 기술로 구성된다.

〈표 2.39〉 지능형 전력망 기술

구 분	내 용
지능형 송전시스템	초전도, FACTS(Flexible Alternating Current Transmission System : 유연송전시스템), HVDC(High Voltage Direct Current : 고압직류송전), WAMS(Wide Area Monitoring & Measurement System : 광역 전력계통 감시시스템), WACS(Warning and Control System : 경보시스템), 디지털변전시스템 등 지능형 전력기기를 적용하여 친환경, 고효율, 고신뢰성과 자동복구능력을 갖춘 미래 송전시스템
지능형 배전시스템	분산전원, AMI(AMbient Intelligence : 일상생활에서 사용하는 사물과 환경 속에 센서, 구동, 프로세스 등 IT를 내재화시켜 사용자 중심적 서비스를 제공하고, 복지를 지향한다.), 스마트 개폐기 및 PCS(Power Conversion System : 전력변환시스템) 등 다양한 배전급 지능형 전력기기를 적용하여 고품질, 고신뢰성 및 자동복구능력을 가진 미래 배전시스템
지능형 전력기기	지능형 전력망의 구성요소인 초전도, FACTS(Flexible Alternating Current Transmission System : 유연송전시스템), HVDC, WAMS, WACS, 디지털변전시스템, AMI, 스마트 개폐기 및 PCS 등 신전력기기를 통칭
지능형 전력통신망	지능형 전력기기 및 지능형 전력망을 감시, 제어, 운영하는 신경회로에 해당하는 유·무선 방식의 전력통신망을 통칭

출처 : "그린에너지 전략로드맵", 지식경제부, 2011.

4.2.4 지능형 전력망의 에너지 절약 방법 및 효과

디지털변전소 종합운영 시스템(SAS : Substation Automation System, 변전소 종합보호 시스템)은 변전소 전력설비의 상태감시, 각종 측정값 수집, 설비제어기능을 제공하여 변전소 제어 케이블의 획기적인 감소효과가 있으며, 배전반실 면적 축소로 변전소 건설비용이 절감 가능하다.

배전센터는 광역화 단계를 통해 모든 시스템을 통합 · 일원화함으로 보다 효과적으로 배전계통을 감시 · 제어할 수 있는 환경을 제공한다. IT화 단계를 거친 배전센터는 운영자에게 실시간으로 종합적이고 효과적인 정보를 제공하여 광역 직접 조작지시 체계 구축으로 정전시간 감소 및 비용절감 효과가 발생한다.

배전설비 자동화 시스템은 변전소부터 사용자 전력량계까지의 전기설비에 대한 원격 감시제어와 설비관리 등을 할 수 있는 환경을 제공하여 전력손실 저감 및 설비투자 지연 효과가 발생하고, 설비예방 진단 및 고장 신속 처리로 호당 정전시간을 17% 감소시키는 신뢰도 향상 효과가 기대된다.

4.2.5 지능형 전력망의 기술 동향

국내 지능형 송전시스템은 계획 및 운영기술 측면에서 세계 최고수준이나 분산전원 제어 및 이용기술, 스마트그리드 관련 시책 추진은 선진국보다 다소 늦은 상황이다. 유럽은 2005년에 미국은 2007년에 우리나라는 2009년에 각각 스마트그리드 비전을 설정하였다.

지능형 배전시스템의 배전자동화 기술은 세계 최고수준이나, 지능형 배전시스템 계획 및 운영기술은 선진국을 추종하는 단계로 기술격차가 존재한다.

초전도기기, HVDC, WAMS 등 지능형 전력기기 분야는 해외 기술을 국내에 도입 · 활용하는 초기 단계로서 일정한 기술격차 존재한다.

지능형 전력통신망 부문에서는 국내 IT기술과 통신기술을 감안할 때 선진국과 동등한 기술수준으로 판단되나, 스마트그리드 Cyber Security 분야에서 기술격차가 존재한다.

〈표 2.40〉 지능형 전력망 핵심 기술 수준

구분	내 용	세계수준	국내수준
지능형 송전 시스템	실시간 계통해석, 안정화 계획, 운영기술 개발	실용직전	연구개발
	디지털변전시스템, Advanced EMS(Energy Management System : 에너지관리시스템)	연구개발	연구개발
	WAMS/WACS, 보호/자동복구시스템 적용	연구개발	연구개발
지능형 배전 시스템	DR, 수요예측, 공급능력산정	연구개발	연구개발
	분산전원, 전기차 연계 및 통합제어 기술	연구개발	연구개발
	통합에너지 스마트그리드 구축(전력, 가스, 수도 등)	미래기술	미래기술
지능형 전력기기	운영설비/시스템 Contents	연구개발	연구개발
	지능형 배전기기 계통적용	연구개발	연구개발
	초전도기기 계통적용	실용직전	실용직전
	HVDC, FACTS, Dynamic Rating 계통적용	실용화	부분실용
지능형 전력통신망	ICT(Information & Communication Technology : 정보통신기술) 통합구축/운영기술	연구개발	연구개발
	Cyber Security	연구개발	연구개발
	지능형 전력통신망 기술 고도화	연구개발	연구개발

출처 : "그린에너지 전략로드맵", 지식경제부, 2011.

4.2.6 지능형 전력망의 적용 사례

(1) KEPCO 스마트그리드형 배전센터

KEPCO는 스마트그리드의 기반이 되는 배전자동화 기술 등 세계적인 기술 역량과 각종 첨단 IT · 광역화 기술이 융합된 '스마트형 배전센터'를 서울의 강남 지역에 개소한 이래, 현재 전국에 걸쳐 41개소를 구축 운영 중이다.

배전센터는 신속한 고장 복구 및 고객 지원을 위해 그동안 개별로 운영되던 각종 시스템을 연계용 프로그램으로 융합해 유기적으로 구현된다. 배전계통 운영은 배전자동화 시스템(DAS : Distribution Automation System), 신배전 정보 시스템(NDIS : New Distribution Information System), 기동보수 시스템 등이 통합 구현되는 지능형 Multi-Screen을 통해 IT화했다. 또한 배전센터와 각 지점을 연결하는 통신망 및 제어시스템도 구축됐으며, DAS용 하드웨어 및 소프트웨어 통합, 원방 감시 시스템(SCADA : Supervisory Control And Data

Acquisition System), NDIS와 DAS 간 연계 시스템 구축 등으로 현재 배전센터는 배전계통을 자동화, 지능화 및 원격화 운전이 이루어지고 있다.

스마트 파워 그리드 분야의 핵심 역할인 '스마트형 배전센터' 도입에 따라 정전 복구시간이 12분 단축되어, 정전에 따른 사회적 비용이 연 311억 원이 절감될 것으로 기대된다.

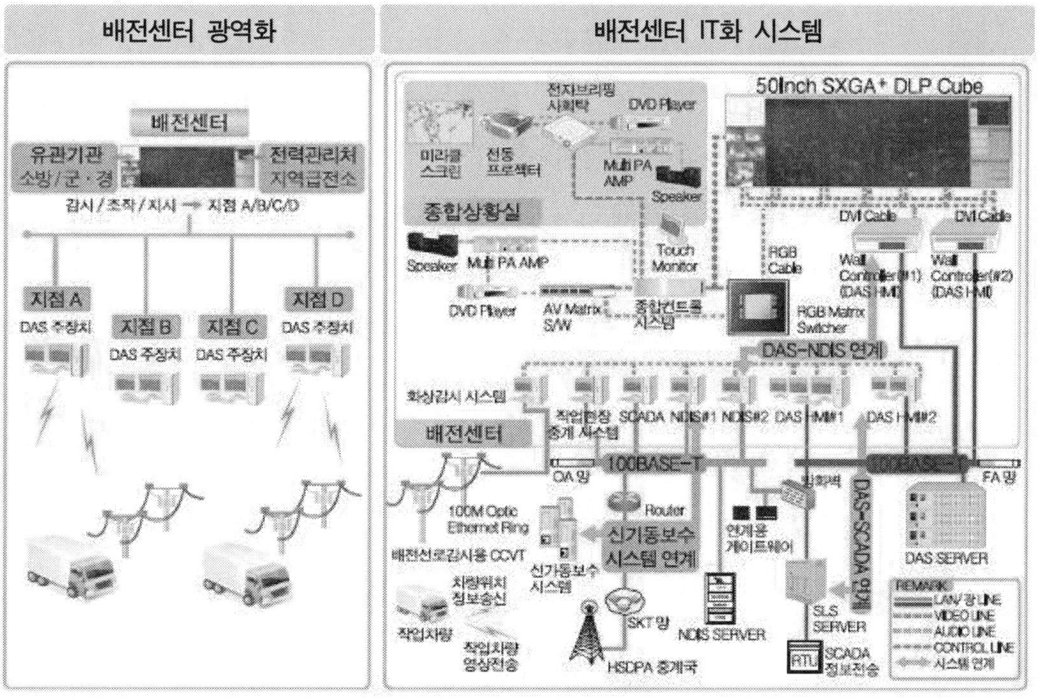

〈그림 2.58〉 배전센터 시스템 구성도

출처 : 스마트그리드의 전초기지, KEPCO '스마트형 배전센터', 한국전력공사

(2) 고효율 수배전시스템 도입 성공사례

산업현장에서 수배전시스템의 에너지 절약방법으로는 최대수요전력 제어 및 역률제어방식이 주로 사용되고 있는데, 전문분석기구를 통하여 분석해 본 결과 국내 대부분의 공장 및 빌딩에서 부하율이 설비용량에 못 미치는 30%이내에서 사용되고 있다는 사실을 발견하였다. 수배전반에 터보기능을 부착하여 필요시 변압기의 주위온도를 낮추어 변압기를 단시간 과부하 운전하는 것에 의하여 30%까지 사용용량을 증대시킬 수 있도록 하여 필요이상의 과대용량의 수배전반 설비용량을 갖추는 것을 줄일 수 있게 되었다.

〈표 2.41〉 지능형 수배전 시스템 도입 효과

유형	대상	용량	투자비(천원)	기대효과
공장	동경시리콘㈜ 마산공장	수전용량 : 5,400kVA	₩385,000	생산성 45.3%증가 전기요금 약 26% 감소 투자대비 회수기간 : 12개월
빌딩	서울 강남구 C사 본사 사옥	수전전압 : 22,900V 수전용량 : 250kW	₩21,500	전기요금 약 36% 감소 투자대비 회수기간 : 25개월

(3) 지능형 송전 네트워크 감시 · 운영시스템

지능형 송전 네트워크 감시 및 운영시스템 개발은 IT를 이용해 송전설비의 활용도를 높이면서 계통사고, 자연재해 등에 대비할 수 있는 위기관리시스템을 위성 통신망을 통해 구축하는 것을 목표로 한다. 송전 네트워크의 효율과 신뢰도를 높이면서 새로운 산업 창출도 기대되는 프로젝트다.

지능형 송전 네트워크 감시운영시스템 구축 프로젝트는 3단계 계획에 따라 진행된다. 우선 송전설비 온라인 감시시스템 개발이 진행되고, 다음으로 전력계통 무효전력 관리시스템 개발이 진행될 예정이다. 마지막으로 Test-Bed를 구축해 무효전력 관리시스템 시제품의 성능시험을 실시할 방침이다.

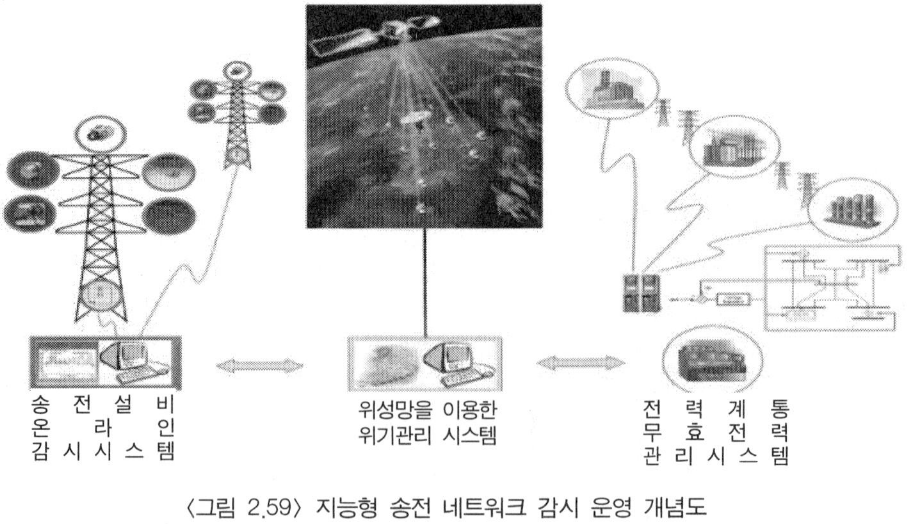

〈그림 2.59〉 지능형 송전 네트워크 감시 운영 개념도

전기연구원은 지능형 네트워크 감시 · 운영시스템이 완성되면 연간 유지보수비용 74억원,

융통전력용량 증대효과 988억원, 국산화에 따른 외화절감 200억원, 신규 시장에서 375억원의 부가가치를 얻을 수 있다고 예측하였다.

4.3 지능형 소비자(Smart Consumer)

4.3.1 지능형 소비자의 정의

지능형소비자 기술은 양방향 통신 인프라를 접목하여 소비자에게 다양한 서비스를 제공함으로써 에너지 효율을 향상시키는 기술이다. 지능형소비자 기술은 AMI기술, EMS기술, 양방향 통신 네트워크 기술로 구성된다.

현재의 단방향·폐쇄적 에너지 공급에서 AMI 기반의 양방향 에너지 종합관리시스템 구축을 통하여 에너지 소비를 합리화하고, 스마트미터 및 AMI 구축 등을 통해 전기요금에 반응하여 에너지를 절약하는 가전기기 보급 및 부하관리를 실현하여 최대전력을 감소시킨다.

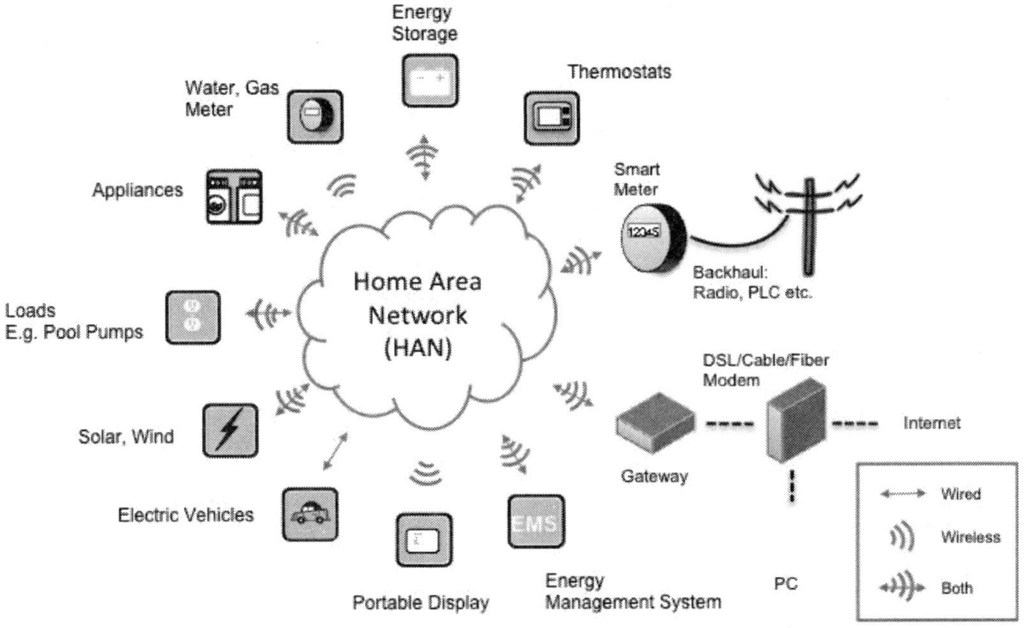

〈그림 2.60〉 지능형 소비자 구성 요소

◎ 출처 : http : //grid2home.com/smartgrid.html, "Smart Consumer"

4.3.2 지능형 소비자의 중요성

정부는 에너지 자립 및 에너지 저소비 사회로의 전환이 필요함을 인지하고 에너지 절약을 위해 전기요금 차등제, 누진제 등을 운영 중이나 낮은 가격 및 사용의 편리성으로 전력 소비는 증가하는 추세이다. 특히 특정 시간대에 집중된 전력소비 패턴으로 인해 발전설비 이용효율 저하 및 발전소 건설에 막대한 투자비용이 소요되고 있는 현실이다. 지능형 소비자 관련 기술이 구축되면 소비자와 생산하는 공급자가 서로 소통이 가능한 양방향 구조에서 실시간으로 전기요금과 사용량을 알려줌으로써 전력수요의 분산 및 제어가 가능해져 에너지 이용 효율 향상이 가능해질 것으로 예측되고 있다.

4.3.3 지능형 소비자의 주요기능

지능형소비자 기술은 "AMI 기술", "EMS기술", "양방향 통신 네트워크 기술"로 구성된다.

〈표 2.42〉 지능형 소비자 기술

구 분	내 용
AMI 기술	양방향 통신망을 이용하여 전기 등의 에너지 사용에 대한 검침, 사용 정보 수집 뿐 만이 아니라 개별 에너지 기기에 대한 능동적 제어가 가능한 기술
EMS 기술	전기 등의 에너지 사용에 대한 모니터링, 제어 및 최적화를 구현하는 시스템 기술로서 가정, 빌딩, 공장 등에 적용 가능
양방향 통신네트워크 기술	소비자와 공급자 양방향으로 에너지 사용 및 제어 데이터 등을 자유롭게 전달할 수 있는 기술로서 다양한 유·무선 통신방식이 적용

◎ 출처 : "그린에너지 전략로드맵", 지식경제부, 2011.

4.3.4 지능형 소비자의 에너지 절약 방법 및 효과

AMI 기술은 에너지를 효율적으로 관리할 수 있는 서비스로, 소비자에게 실시간으로 에너지 사용량정보가 제공되어 소비자 스스로 혹은 자동화된 기기 제어를 통해 에너지 사용을 제어함으로써 가정 및 기업의 에너지 비용을 절감할 수 있다.

AMI 기술을 유틸리티 회사에 도입할 경우, 검침 및 유지관리 비용의 절감뿐만 아니라 요구응답과 에너지 부하 제어를 통해 피크 때의 최대 출력을 줄임으로써 에너지 생산 비용 혹은 추가적인 인프라 확장을 방지하는 효과를 기대할 수 있다.

EMS 기술은 에너지실적 비용, 모니터링 제어 등의 에너지 관리에 전반적인 통계, 분석 및 제어가 통합된 환경으로 관리비용이 절감되고, 에너지 효율 개선에 따른 에너지 비용이 최소화된다.

4.3.5 지능형 소비자의 기술 동향

AMI 기술은 2005년부터 한국전력에서 고속 전력선통신을 이용한 시범사업이 진행 중이나 스마트미터, 가정용 기기 등은 기술 개발 초기 단계에 있어 선진국과의 격차가 존재한다. 국내에서는 IHD(In Home Display : 가정용 디스플레이)가 개발 단계에 있으나, 미국의 경우 대형 전력회사를 중심으로 보급 단계에 있다.

EMS 기술은 MDMS(Measured Data Management System) 기능의 데이터 수집 시스템 및 데이터베이스를 구축하여 원격검침 시스템에 적용하지만, 실시간 에너지 소비 검침서비스와 전력절감 등의 정보는 지원되지 않는 등 DR(Demand Response : 수요반응)과 관련된 EMS는 선진국과의 기술 격차가 존재한다.

양방향 통신네트워크 기술에서는 2000년에 Zigbee(가정, 사무실 등의 무선네트워킹 분야에서 10~20m 내외의 근거리통신과 유비쿼터스 컴퓨팅을 위한 기술)방식을 적용하였고, 2005년에 고속 전력선통신 방식 적용 등 AMR(Automatic Meter Reading : 자동계량기)용 통신망이 보급되고 있으나, 그 외의 다양한 통신 방식에 있어서는 검증 및 표준화가 필요하다.

〈표 2.43〉 지능형 소비자 핵심 기술 수준

구 분	내 용	세계수준	국내수준
AMI 기술	AMR 기술	실용	실용
	지능형 In-Home 디바이스	연구개발	연구개발
	스마트 미터 개발 및 표준화	연구개발	연구개발
	MDMS 기술	연구개발	연구개발
	융복합 서비스 사업	미래기술	미래기술
EMS 기술 시스템	BEMS 관련 사업(ESCO)	실용	실용
	홈/빌딩/공장 EMS 기술	연구개발	연구개발
	DR 연계 시스템기술	연구개발	미래기술
	소비자측 전력 거래 기술	연구개발	연구개발

양방향 통신네트워크 기술	유무선 통신 기술	실용	실용
	망관리 및 표준화 기술	연구개발	연구개발
	통합에너지 포탈시스템 기술	연구개발	연구개발
	마이크로 그리드 연계 기술	미래기술	미래기술

출처 : "그린에너지 전략로드맵", 지식경제부, 2011.

4.3.6 지능형 소비자의 적용 사례

(1) 한국전력 원격검침(누리텔레콤 AIMIR)

한전은 전국에 있는 100kW 이상의 전력 고압 고객에 설치된 전자식 전력량계에 전력량 계측무선모뎀(원격검침용 무선모뎀)을 설치해 검침 주기마다 자동으로 검침 데이터를 수집해 원격검침 서버(AMR 서버)로 전송한다. 이때 사용되는 무선망은 CDMA망으로 데이터의 신뢰성이 높으며, 안정되게 동작한다. 이렇게 수집된 데이터는 정기검침 일마다 한국전력의 요금 서버로 데이터를 전송해 요금을 고지하게 되어 있다.

무선 전송망을 이용한 원격검침시스템은 원격검침 서버(AMR 서버)로부터 특정 신호가 수신되면 전자식 계량기로부터 검침 관련 데이터를 전달받아 표준 프로토콜로 변환하고, 변환된 데이터를 무선 통신망을 통해 원격으로 전송하는 시스템으로 원격검침시스템 도입에 따라 정확한 사용량 집계로 인하여 민원에 필요한 비용이 감소되고, 검침에 필요한 인력을 따로 운용하지 않아 검침에 추가적인 비용이 발생되지 않는다.

(2) 실시간 요금제(제주실증단지 KT컨소시엄)

정부에서는 지능형전력망 촉진법(가칭)을 통해 스마트그리드의 핵심 설비인 스마트 미터의 설치 의무화 규정을 마련하기 위해, '전기사업법' 제19조 (전력량계의 설치/관리)에 실시간으로 전력거래량을 측정할 수 있는 전력량계 설치/관리를 의무로 규정함으로써 전력 공급자와 전력소비자간 양방향 의사소통 채널을 마련하고 실시간 전력사용 정보를 토대로 전력효율 최적화를 추진할 예정이다.

또한 '계량에 관한 법률' 제2장의 계량기에 대한 사업 및 검정 등에 통합검침 허용에 관한 조항을 마련하여 사업자별 개별 원격 검침에 비해 중복투자비 절감 및 업무효율성 향상을 추진할 예정이다.

가입자에게 실시간 요금제도를 공지하고 가입자의 대응을 수용하기 위해 MDMS (Metering Data Management System) 기반의 전력 사용정보를 소비자에게 제공하였으며, 지식경제부 주관 수용가 내 디스플레이, IHD 보급사업도 시행되었다. 다음 그림은 KT 컨소시엄이 개발하고 제주실증단지에 적용된 영상전화기 기반 IHD(In Home Display) 사례이다.

〈그림 2.61〉 영상전화기 기반 IHD 사례

(3) 캐나다 시간대별 차등요금제

캐나다에서는 2006년 8월부터 14개월 동안 평균 월간 전력소비 750kWh인 250가구를 대상으로 시간대별 차등요금제 실시 및 온도조절장치 원격제어와 DR 인센티브가 결합된 고객 반응 조사를 실시하였다. 원격제어 온도조절 장치를 설치한 참여가구들은 그렇지 않은 가구보다 피크 시간대에 에너지 사용량이 감소했으며, 피크시기에 고객 당 평균 약 31%의 감소를 보였다. 2007년에는 500가구를 대상으로 동일한 요금제 이용에 대해 조사한 결과, 여름 기간 중 부하 이전효과는 평균 3.7%, 에너지절감효과는 평균 3.3%로 나타났다. 시범사업 결과 참여자들의 3/4은 전기요금이 평소보다 낮아졌으며, 87%가 시범사업 기간 중 전기이용 습관을 변화시켰다고 응답했다. 또한 디스플레이 이용자들의 2/3는 디스플레이가 에너지 절약에 도움이 되었으며 이를 통해 에너지 소비의 9%를 절감했다고 응답했다.

4.4 지능형 운송(Smart Transportation)

4.4.1 지능형 운송의 정의

지능형 운송 기술은 전력망과 전기차가 양방향으로 자유롭게 접속함으로써 새로운 비즈니스로서 전국에 다양한 형태의 충전인프라를 구축하고, 전기차 사업자와 협력을 통해 새로운 비즈니스 모델을 창출한다. 그 예로 전기요금이 저렴한 시간대에 전기차를 충전하고, 비싼 시간대에 전력을 재판매하는 V2G(Vehicle to Grid : 전기차 양방향 전력전송) 시스템이 있다.

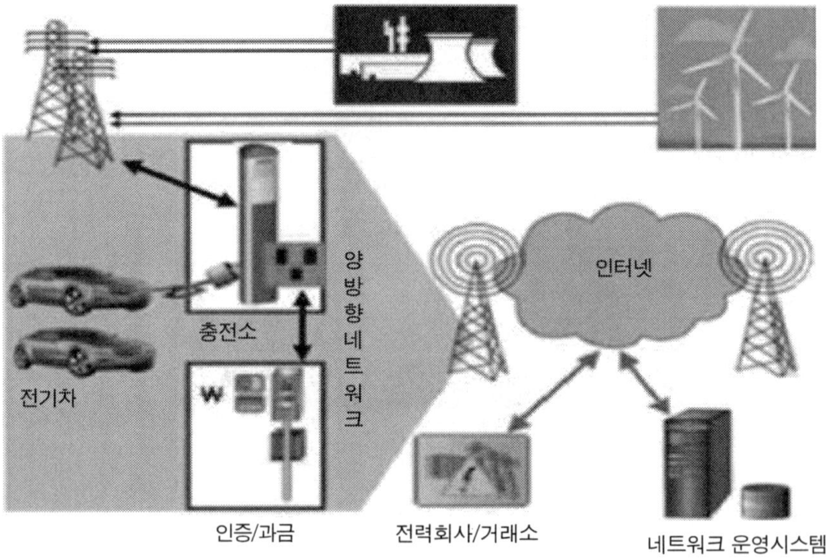

〈그림 2.62〉 지능형 운송 구성 요소

◎ 출처 : "그린에너지 전략로드맵", 지식경제부, 2011.

4.4.2 지능형 운송의 중요성

세계 자동차 시장은 배기가스 규제, 온실가스 배출 제한 등 환경규제가 강화되면서 전기자동차가 미래의 운송수단으로 급부상되고 있으며, 각국 정부 및 지자체는 전기자동차 보급을 활성화시키기 위하여 주도적으로 지원정책 및 보급계획을 수립하고 있다. 그에 따라 기후변화 대응, 에너지 효율 향상 및 신 성장 동력 창출 등을 목적으로 충전 인프라를 확충하고, 통신기능이 추가된 부가 서비스 모델을 구현하여 전기자동차의 생산 및 보급을 활성화하는 지능형 운송

관련 기술이 부각되고 있다.

4.4.3 지능형 운송의 주요기능

지능형 운송 기술은 "부품 · 소재 기술", "충전 인프라 기술", "V2G 기술"로 구분할 수 있으며, 주요 기능은 다음 표와 같다.

〈표 2.44〉 지능형 운송 기술

구 분	내 용
부품 · 소재 기술	소형 및 중대형 전기차 핵심 부품 및 소재에 해당하는 전기모터, 배터리, BMS(Battery Management System : 배터리관리시스템) 등을 개발하는 기술
충전 인프라 기술	전기차에 효율적으로 전기를 공급하기 위한 급속 완속 충전기, 충전 인터페이스 부품 및 인증 과금 등을 위한 전기차 ICT 서비스 시스템을 구축하는 기술
V2G 기술	전력망과 전기자동차 배터리 전원을 연계하여 양방향으로 전력을 전송 및 역송하는 기술로서 시간 시장요금에 근거하여 효율적인 계통 연계 및 운용 방안을 구축하는 기술

출처 : "그린에너지 전략로드맵", 지식경제부, 2011.

4.4.4 지능형 운송의 에너지 절약 방법 및 효과

전기자동차의 장점은 주행단계에서 온실가스와 대기오염이 배출되지 않는다는 점이다. 내연기관에 필요한 연료인 수송용 휘발유나 경유를 전기 생산에 필요한 석탄, 원자력, 천연가스 등과 같은 발전용 연료로 대체하는 것이다. 국내에서 배출되는 도심주행 온실가스 배출량은 전체도로배출량의 약 55%를 차지함으로 도심형 전기자동차가 도입되면 도로 이동연소 배출량을 약 30% 가까이 감축이 가능할 것으로 예상된다.

전기자동차 도입시 배출되는 온실가스 양을 계산해보면, 국내에서 1kWh의 전력을 생산하는데 평균 0.424kg의 온실가스가 배출되고 있는데 이를 전기자동차 연비인 0.2kWh/km 기준으로 계산하면 1킬로미터를 주행할 때 배출되는 온실가스는 0.08kg이 된다. 현재 승용차의 평균연비는 11km/ l 이고 이를 온실가스 배출량으로 환산하면 0.19kg/km가 되므로 전기자동차의 온실가스 배출량은 기존 차량의 약 42% 수준이다. 고효율 전동기(전기기기) 기술은 자동차, 로봇 등 차세대 성장산업의 핵심 동력 부품으로서 기존 전동기 70% 교체 시 연간 에너지 3,900억원 절감이 가능할 것으로 예산된다.

최신 첨단기술을 응용하여 교통운영 효율을 극대화하는 교통연계환승, 교통정보 제공 및 관리 기술이 도입될 경우 국내 연간 CO_2배출량의 약 20%를 점유하는 수송체계의 환경성을 고려했을 때 수송부문에서 배출량 약 1억ton 중 약 6%인 약 600만ton 정도가 매년 감축이 예상된다.

4.4.5 지능형 운송의 기술 동향

부품·소재 기술 부문의 배터리 및 모터를 비롯한 부품기술은 세계적 수준이지만, 원천 소재 기술은 대부분 해외 선진국에 의존하는 상황이다. 충전 인프라 기술의 온보드 충전기 및 오프 보드 충전기, 충전 인터페이스 부품, 충전 스탠드 등 충전 인프라 구축을 위한 핵심 요소기술은 주요 선진국과 대등한 수준이지만, 요금 부과시스템 등 ICT 연계 서비스 기술은 선진국에 비해 다소 늦은 상황이다. V2G 핵심 기술인 V2G용 PCS를 위한 고효율 충·방전기 구성 기술이 개발 중이며, 계통 연계 및 운용 기술에 대한 연구는 국내·외적으로 아직 초기 단계이다.

〈표 2.45〉 지능형 운송 핵심 기술 수준

구 분	내 용	세계수준	국내수준
부품·소재 기술	저가/고성능 배터리 기술	연구개발	연구개발
	전기차 충전 장치 기술	연구개발	연구개발
	전기차 배터리 임대/재활용 사업	실용	연구개발
	차세대 충전장치 기술	미래기술	미래기술
	차세대 전기차 부품/소재 기술	미래기술	미래기술
충전 인프라 기술	시범도시 충전망 구축 기술	실용	연구개발
	주요도시 충전망 구축 기술	실용	연구개발
	전기차 인증/과금 네트워크 모듈	연구개발	연구개발
	충전 인프라 서비스 사업	실용	연구개발
	운행이력 및 전력정보 인터페이스 기술	미래기술	미래기술
	전기차 ICT서비스 플랫폼 구축 및 고도화	미래기술	미래기술
V2G 기술	V2G용 PCS기술	연구개발	연구개발
	Advanced EV(Electric Vehicle : 전기자동차) 및 VPP(Virtual Power Plant : 가상발전소) 기술	미래기술	미래기술
	V2G 서비스 사업	실용	미래기술
	V2G 서비스용 계통 모델링 기술	연구개발	연구개발
	V2G용 계통 연계 및 운용 시스템	연구개발	연구개발

◎ 출처 : "그린에너지 전략로드맵", 지식경제부, 2011.

4.4.6 지능형 운송의 적용 사례

(1) 한국전력의 전기자동차 충전기

한국전력공사는 2010년 1월 5일 세계적으로 기술선점과 표준화 경쟁이 치열한 전기자동차용 충전기 2종류를 개발하였다. 한전이 개발한 전기자동차 충전기는 80% 이상 충전 기준으로 20분 정도 걸리는 급속형과 5시간이 소요되는 완속형 2가지다. 급속형(최대출력 50kW)은 자동차가 주행 중 긴급하게 충전이 필요할 때 주유소에 들러 기름을 넣는 것처럼 충전소에 설치되는 충전기다. 스탠드형으로 개발된 완속형(최대출력 7.7kW)은 전기자동차를 오래 주차하거나 귀가 뒤 충전할 수 있는 모델이다.

〈그림 2.63〉 완속충전 스탠드

◎ 출처 : 연합뉴스, "한전이 개발한 전기자동차 충전기", 2010.01.05.

이들 충전기는 무선주파수인식(RFID) 카드를 이용해 사용자의 신원을 구분하고 신용카드로 실시간 요금 정산이 가능한 기능도 추가됐다. 한전은 국내에 완성차 형태로 개발된 전기자동차가 아직 없어 2009년 10월 양해각서를 맺은 현대·기아자동차에서 향후 개발할 전기자동차에 탑재될 축전지를 기반으로 이들 충전기를 개발했다. 한전은 충전기 성능을 검증한 뒤 내년부터 대도시와 고속도로 휴게소 등에 이를 설치할 계획이다.

(2) 전기자동차 충전시설(제주도 실증단지)

제주도 실증단지에는 2011년 현재 환경부로부터 전기자동차 보급 선도 도시로 지정되어 활발히 시설하고 있으며, 스마트그리드와 신재생에너지 관련 실증단지에 참여하는 업체들 중 GS, SK, 한전 등에서 제주 전역에 전기자동차 충전설비를 설치하고 있다. 참고로 5월 말까지 GS에서는 급속충전기 7대와 완속 충전기 32대를 설치중이다. 그리고 충전시간은 메이커에 따라 다소 차이는 있지만, 급속충전의 경우 20~30분, 완속 충전의 경우 5시간에서 6시간이면 100% 충전이 된다.

〈그림 2.64〉 제주도 실증단지의 전기자동차 충전기

출처 : 이순형 네이버블로그, 전기자동차 충전설비(제주도 설치사례)", 2011.05.26.

4.5 지능형 신재생(Smart Renewable)

4.5.1 지능형 신재생의 정의

지능형 신재생 기술은 신재생에너지 보급에 장애가 되는 요인을 극복하여, 신재생 발전원을 기존의 전력망에 안정적 연계가 가능케하는 기술이다. 발전이 간헐적이고 출력제어가 어려운 신재생 발전원을 기존의 전력망에 안정적으로 연계, 운용할 수 있는 인프라를 구축하고, 에너지 자급자족이 가능한 가정(Green Home) 및 빌딩(Net Zero Energy Building), 마을(Green Village)을 구현한다.

〈그림 2.65〉 지능형 신재생 구성 요소, "지능형 신재생"

◎ 출처 : http : //smartgrid-for-india.blogspot.com, "Smart Renewable"

4.5.2 지능형 신재생의 중요성

화석연료 가격상승과 더불어 발전시설의 CO_2배출량 추가 감축압력으로 인해, 앞으로 수년간 신재생 에너지 시장의 강한 상승이 예상된다. 또한 최근에 세계적인 문제로 대두되고 있는 원자력발전의 안전성에 대한 불안감으로 태양광과 같은 자연에너지를 활용하여 다양하고 안전한 발전원을 확보하는 것이 안정적인 전원 공급에 대한 해결책으로 제시되고 있다.

4.5.3 지능형 신재생의 주요기능

지능형 신재생 기술은 마이크로그리드 기술, 에너지저장기술, 전력품질 보상기술, 전력거래 인프라 기술로 구성된다.

〈표 2.46〉 지능형 신재생 기술

구분	내용
마이크로그리드 기술	충분하고 다양한 신재생 발전원을 포함한 분산전원과 부하의 통합적 관리를 통한 지역적 전기-열 에너지 공급체계 기술
에너지저장 기술	배터리, 플라이휠, 압축공기저장장치 등 에너지 저장 매체 기술 및 운용하는 기술
전력품질 보상 기술	신재생발전원의 급격한 출력 변동과 전력 조류 변경에 기인한 계통 전압과 주파수 변동을 억제하는 전력품질 유지기술
전력거래 인프라 기술	실시간 전력요금제에 의한 실시간 전력입찰 및 발전량 계량을 위한 통신체계와 분산 발전원 제어체계 관련 기술

출처 : "그린에너지 전략로드맵", 지식경제부, 2011.

4.5.4 지능형 신재생의 에너지 절약 방법 및 효과

고효율 2차 전지 기술은 전기에너지를 고효율로 저장, 사용함으로써 전력의 품질 개선 및 에너지 효율성 극대화를 이루며 온실가스 배출량을 획기적으로 절감할 수 있는 에너지저장기술이다. 고효율 2차 전지 보급에 따른 2015년 에너지절감 잠재량은 482,000 TOE에 달하고, 온실가스 감소량은 약 26,000ton/연 으로 추정된다. 고효율 2차 전지개발 시 추가적인 막대한 신규시장이 형성될 수 있으며 전력에너지 효율을 최소 5% 향상 시 연간 약 62조원 이상 절감 효과가 예상된다.

4.5.5 지능형 소비자의 기술 동향

마이크로그리드 기술의 핵심기기인 EMS, 게이트웨이, PQCC(Power Quality Compensation Center : 전력품질보상센터), STS/IED(Static Transfer Switch/Intelligent Electronic Device : 정지형스위치/지능형전자디바이스) 등 요소기기들의 연구가 완료된 시점이고, 상업화를 위한 실증 연구를 시작하는 단계이다. 일본은 대규모 실증연구를 통해 마이크로그리드 운영기술을 확보하였으며, 미국, 유럽은 다양한 목적의 실증연구가 진행 중이다.

에너지저장 기술의 전자기기 적용을 위한 소용량의 에너지저장기술의 수준은 세계적이나 송배전계통 적용을 위한 중·대용량의 에너지 저장장치의 설계, 제작 및 운용 기술은 미비하다. 전력품질 보상 기술의 중·소규모 정지형 무효전력보상장치, DVR(Dynamic Voltage Regulator

: 동적 전압조정장치) 등이 상용화되어 있으나, 중·대형 송전급 전력 품질보상기기의 실적용 및 상용화는 선진국에 비해 미진한 수준이다.

〈표 2.47〉 지능형 신재생 핵심 기술 수준

구 분	내 용	세계수준	국내수준
마이크로 그리드기술	핵심기기(EMS, PQCC 등)	연구개발	연구개발
	제어, 보호 및 운용기술	연구개발	연구개발
	실증 및 실용화	실증	연구개발
에너지 저장장치	소용량급 축전지 저장장치	실용	실용
	소용량급 기타 저장장치	연구개발	연구개발
	중대용량급 축전지 저장장치	실증	연구개발
	중대용량급 기타 저장장치	실증	연구개발
전력품질 보상기술	저압/소용량급 기기(DVR, SVC : Static Var Compensator, 정지형 무효전력 보상장치) 등	실용	실용
	고압/중대용량급 기기(STATCOM : Static Synchronous Compensator, 정지형 무효전력 보상장치), SVC, UPQC (Unified Power Quality Conditioner : 직병렬보상형 전력품질 보상장치) 등	실용	연구개발
	대용량 풍력발전단지의 전력품질 보상 등 운용기술	실증	연구개발
전력거래 기술	실시간 발전요금제	미래기술	미래기술
	전력품질에 따른 차등요금제	미래기술	미래기술

출처 : "그린에너지 전략로드맵", 지식경제부, 2011

4.5.6 지능형 소비자의 적용 사례

(1) 서울디지털산업단지(G밸리) 코리아 마이크로 에너지 그리드(K-MEG)

지식경제부 R&D전략기획단은 2011년 5월 31일 삼성물산, KT, 효성, 한국산업단지공단, 서울대, 전자통신연구원, 에너지기술연구원 등으로 구성된 '그린투모로우 컨소시엄'을 'K-MEG' 과제 사업자로 선정했다. 그린투모로우 컨소시엄은 지식산업센터가 밀집돼 있는 G밸리가 건물 또는 소형 도시 단위 스마트 그리드 시스템인 마이크로 에너지 그리드를 구축하기에 최적의 장소라고 보고 G밸리 1단지(구로구 관할 지역)내 30개 지식산업센터를 대상으로 2014년 4월까지 '마이크로 에너지 그리드 시스템'을 구축키로 했다.

G밸리 마이크로 에너지 그리드 사업은 크게 노후 시설물의 교체(LED 교체, 스마트 미터 도입, 고효율 공조 팬 도입, 첨단 센서 기술 적용), 세계 최초 건물군 에너지관리 시스템(BEMS) 도입, 신재생 청정 에너지원 적용(BIPV : 지열 및 고효율 펌프, 연료전지 도입), 첨단 패시브 에너지 절감 기술(유리창 교체, 기능성 코팅 처리, 채광 및 환기 최적화, 방풍시설 보완) 등으로 이뤄진다.

특히 DC(Direct Cureent : 직류)배전, BIPV(Building Integrated Photovoltaic System : 건물 일체형 태양광시스템), 배터리 등 신기술 검증을 위한 '캠퍼스형 테스트 베드'를 구축하고, 저급탄 및 바이오메스 사용이 가능한 플라즈마 석탄가스화 기술 확보 방안도 마련할 계획이다.

K-MEG 사업이 성공적으로 완료되면 오는 2014년까지 20%의 에너지 절감 효과가 있어 건물당 평균 1억 원의 에너지 비용을 줄일 수 있을 전망이다.

(2) 서울 신청사 신재생 에너지 적용 사례

2012년 5월이면 완공되는 서울시 신청사가 민간, 공공 건축물을 아울러 국내 건축물로는 최대 규모의 신재생에너지를 사용하는 친환경 랜드마크로 건립된다.

서울시는 2010년 11월 행안부의 공공청사 에너지효율 등급 개선 권고에 따라 신청사의 공사 설계를 일부 보완해 전국 지자체 청사 중 가장 높은 에너지 효율 등급인 1등급($274kWh/m^2$ · 연)을 받고 에너지 절약형 친환경 청사로 건립하고 있다.

서울시는 대형 에코플라자를 조성함으로써 연간 55TOE의 에너지를 절감할 수 있을 것으로 분석하고 있다. 에코플라자의 실내 1층 공간은 태양열을 이용한 냉 · 난방 가동으로 약 50TOE/연의 석유가 절약되고, 이중외피 시스템 도입으로 약 5TOE/연의 에너지가 절약돼 총 55TOE의 에너지가 절감된다. 이산화탄소 저감량 $128tCO_2$ 정도에 해당되고 냉 · 난방 에너지 약 10.5%를 절감하는 효과가 있다.

서울시 신청사는 태양광발전을 활용해 최대 37TOE의 전기 에너지를 생산하고 태양열 · 중수열 · 열병합발전 폐열을 이용해 124TOE를 생산, 약 396TOE의 에너지를 활용하게 된다.

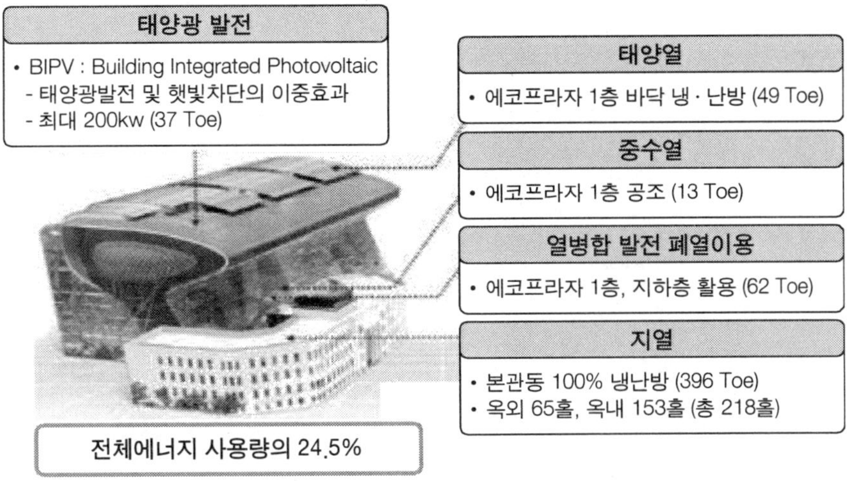

〈그림 2.66〉 서울시 신청사의 친환경 · 신재생 에너지 활용 현황

◎ 출처 : 국민일보, "서울시 新청사 '에코 하우스'로… 국내 최대 신재생에너지 사용", 2011.06.01.

4.6 지능형 전력서비스

4.6.1 지능형 전력서비스의 정의

지능형 서비스 기술은 다양한 전기요금제도를 개발하고 소비자 전력거래 시스템을 구축하여 전력망의 효용을 증대시키는 한편, 수요반응 및 지능형 전력거래 등 다양한 사업을 가능하게 하는 기술이다.

에너지 절감이 가능한 다양한 요금상품이 개발됨에 따라 다양한 수요자의 요구 충족을 통해 소비자의 선택권을 제고하고, 전력과 정보 · 통신의 결합으로 다양한 전력부가서비스가 제공되며, 전력 및 파생상품 거래가 가능한 실시간 전력거래제도를 확립한다.

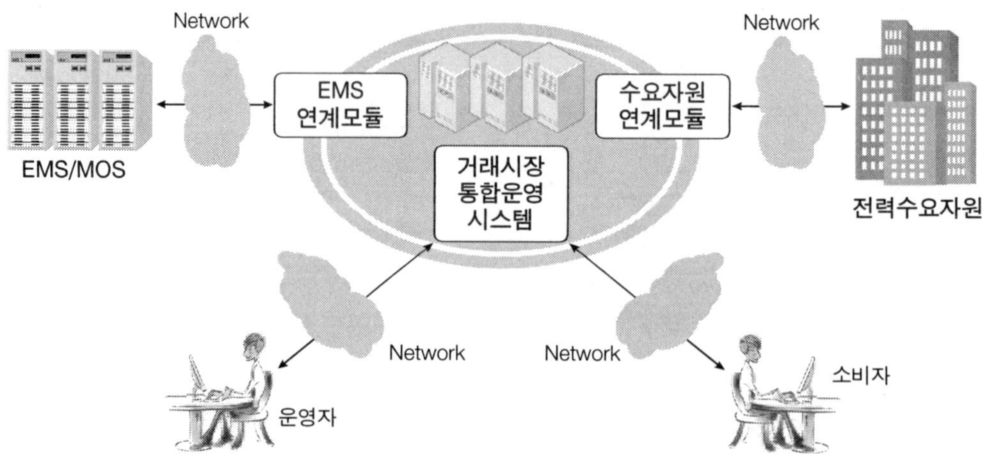

〈그림 2.67〉 지능형 전력서비스 구성 요소

◎ 출처 : "그린에너지 전략로드맵", 지식경제부, 2011.

4.6.2 지능형 전력서비스의 중요성

지능형 전력망의 실시간 양방향을 위한 인프라가 구축이 되면 현재보다 소비자와 공급자간의 활발한 거래가 발생할 것으로 예상된다. 그러나 인프라가 구축만으로 활발한 전력거래를 통한 지능형 전력망 기술의 발전을 기대하기는 어렵다. 소비자의 활발한 참여와 공급자의 원활한 투자를 유도해야 지능형 전력망이 가진 긍정적인 미래를 기대할 수 있다. 지능형전력서비스를 통해 소비자는 변화하는 전력가격 및 시스템 상황에 실시간으로 반응해 전력소비를 조정할 수 있으며, 수요와 공급의 다양한 참여자가 각기 보유한 전력자원을 자유롭게 거래해 에너지 효용의 극대화를 이끄는 스마트그리드 미래가 완성되게 된다.

전력 서비스 에너지의 효율적 사용을 유도하기 위한 컨설팅서비스 및 수요반응 분야 등 고부가가치서비스 제공을 위한 필수적인 핵심기술로써 대두되고 있다.

4.6.3 지능형 전력서비스의 주요기능

지능형 서비스 기술은 지능형 요금제 기술, 지능형 수요반응 기술, 지능형 전력거래 기술로 구성된다.

〈표 2.48〉 지능형 전력서비스 기술

구 분	내 용
실시간요금제 기술	변화하는 요금정보를 소비자에게 실시간으로 전달하여 전력수요의 가격반응을 유도하는 기술
수요반응 기술	전력가격 및 시스템 상황에 반응하여 소비자가 전력소비를 조정하도록 유도하여 시스템의 신뢰도 향상과 비용 절감을 추구하는 기술
전력거래 기술	수요와 공급의 다양한 참여자가 각기 보유한 전력자원을 자유롭게 거래하여 에너지 효용을 극대화하는 기술

◎ 출처 : "그린에너지 전략로드맵", 지식경제부, 2011.

4.6.4 지능형 전력서비스의 에너지 절약 방법 및 효과

지능형 전력서비스의 실시간 수요기술을 통하여 공급자는 전력계통의 피크를 분산하여 계통 안정성을 추구할 수 있다. 따라서 매년 예측하기 어려운 전력피크에 대한 예비 운전으로 낭비되는 비용을 절감하는 것이 가능하다. 또한 실시간요금제를 통하여 시간대에 따라 변하는 요금을 소비자가 선택함으로써 일정기간 동안 비슷한 사용량을 소비하는 가계에 비용대비 효율적인 전기이용이 유도되어, 전기사용요금에 대한 부담이 줄어들 것으로 예상된다.

4.6.5 지능형 전력서비스의 기술 동향

실시간요금제 기술의 경우 국내는 스마트그리드 시범단지에 적용하기 위한 실시간요금제도(RTP : Real Time Pricing) 개발 사업이 진행 중이며, 미국 등 선진 외국은 실시간 요금제도가 실증 · 시행 단계이다. 미국의 Georgia Power, SCE(Southern California Edison), PG&E(Pacific Gas and Electric Company) 등 전력회사가 RTP(Real Time Pricing)를 시행 중이다.

수요반응 기술과 관련하여 우리나라는 DR(Demand Response) 활성화를 위한 수요자원 시장을 운영 중이며 실시간 DR 시스템 구축 및 시범사업 연구도 진행 중이다. 일부 국가는 DR에 대한 시범사업을 완료하고 실용화 준비 중이며, 미국에서는 Open ADR(Automated Demand Response : 자동수요반응) 표준화 노력 등 실시간 DR의 실용화를 준비 중이다

전력거래 기술에서는 단방향, 발전자원 중심의 전력거래 기술을 활용 중이다. 다만, 지능형 전력거래 및 서비스 모델 관련된 기술은 미약하며, 전력재판매 관련제도 부재로 전력시장 및

서비스 다양성이 부족하다. 선진국의 경우 전력 시장에서 수요자의 참여 및 국가간 거래가 활발하다.

4.6.6 지능형 전력서비스의 적용 사례

(1) 실시간 요금제 - 제주도 실증단지

제주도에 건설되는 스마트그리드 실증단지에 국내 처음으로 실시간 전기요금제가 시범 도입되었다. 이 시범사업은 스마트그리드 실증단지로 선정된 제주지역 수용가 200호(주택용, 교육용, 산업용, 일반용)를 대상으로 총 15억 원(전력기금 10억원, 민간투자 5억 원)의 사업비가 투입되었고, 한전과 전기연구원이 주관을 맡고, 전력거래소, LS산전, 우암코퍼레이션이 참여해 2008년 7월 31일부터 2009년 말까지 18개월 간 진행되었다.

참여 수용가에는 스마트미터, 홈 디스플레이 등 RTP인프라가 구축되고, 기술기반 차이에 따른 수용가 반응 비교연구를 위해 일부 수용가에는 모니터링, 자동부하 조절기능 등 다양한 기술이 적용되었다.

정부는 실시간 전기요금제 시범사업을 2단계로 구분해 1단계(6개월)에서는 다양한 요금제를 실험한 뒤 2단계에서 개선 요금제를 적용하였다.

실시간 전기요금제(RTP)는 도매, 소매가격을 기반으로 소비자 전기요금이 시간대별로 변동하는 요금제로, 실시간(최소 5분 단위)으로 변동요금을 소비자에게 제공, 경제적인 전력소비를 유도할 수 있어 스마트그리드 구축의 선결조건으로 지적되어왔다. 고정요금제에 비해 전력요금 변동성(위험)은 높지만 소비자가 경제적으로 전기를 소비할 경우 공급자와 소비자 모두 편익을 높일 수 있다는 점에서 선진화된 요금제로 평가받고 있다. 지식경제부는 실시간 요금제 시범사업을 통해 제주 스마트그리드 실증단지 구축사업의 정책적 효과를 제고하고, 앞으로 요금체계 개편에 필요한 소비자 반응, 경제적 효과 등 다양한 연구 자료를 얻었다.

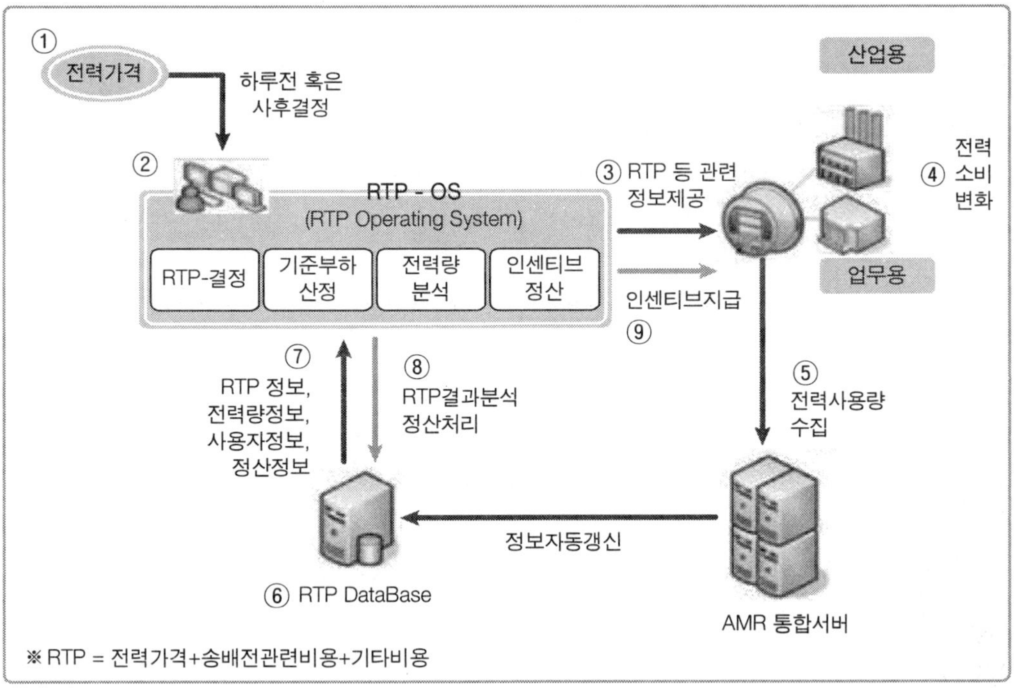

〈그림 2.68〉 RTP 시범사업 시스템구성 및 적용절차

◎ 출처 : 지식경제부, "스마트그리드 구축을 위한 실시간 전기요금제 시범사업 본격착수", 2009.07.31.

(2) 전력수요자원시장

전력거래소는 정부의 전력산업기반기금을 지원받는 수요관리 사업인 '지원금 입찰제에 의한 수요관리사업'에서 '전력수요자원시장'을 운용 중이다. 전력수요자원시장이란 전기를 사용하는 소비자가 자신의 소비를 줄이는 대가를 입찰하고, 이에 의해 가격이 결정되는 시장을 뜻하며, 이 시장을 운영하는 사업을 지원금 입찰제에 의한 수요관리사업이라고 한다.

수요자원시장에 참여하기 위해서는 현장 전기소비량을 실시간으로 계량할 수 있는 설비를 갖추고 전력거래소에 등록하여야 한다. 이후 시장개설 통보, 입찰, 가격결정 및 통보, 감축량 평가 및 통보, 정산 등 수요자원시장 운영의 모든 과정은 인터넷(http://dr.kpx.or.kr)을 중심으로 이루어진다.

수요자원시장에서의 입찰과 거래는 전력계통의 예비력이 부족한 상태(600만kW)가 예상될 때 소비자에게 입찰참여를 요청하게 되고, 이에 따라서 거래가 발생하게 된다.

소비자는 kW당 4,000원 이하에서 자유롭게 소비량 감축에 대하여 가격과 감축량을 입찰할 수 있으나, 전력거래소는 가격이 싼 감축량부터 자원을 구매함으로 높은 가격으로 입찰한 소비자는 감축량을 판매할 수 없게 된다. 수요자원시장의 가격결정은 전력시장과 같은 시장청산가격(Market clearing price) 방식을 채택하고 있으며, 구매량은 아래의 그림과 같이 부족 예비력, 총 입찰용량, 입찰가격 등을 고려하여 결정된다. 우리나라의 전력수요자원 시장은 수요자원의 활용에 자원을 제공하는 소비자간 경쟁을 도입함으로써 수요관리의 효율성을 높이고, 새로운 자원을 발굴하는 효과를 줄 것으로 기대된다.

〈그림 2.69〉 수요자원거래시스템 접속 화면

◎ 출처 : 수요자원시장 거래시스템, http://dr.kpx.or.kr

05 가정(HOME) 분야

5.1 HEMS(Home Energy Management System)

5.1.1 HEMS의 정의

HEMS는 주택에서 사용하는 에어컨, 냉장고, 난방기 등의 가전이나 급탕 기기 등을 네트워크로 연결하고 IT 기술을 활용하여 에너지 소비를 모니터링하고 자동 제어해서 에너지 관리 서비스를 제공하는 시스템이다.

HEMS는 가정 내의 에너지 사용량이나 기기의 동작을 측정 및 표시할 수 있는 모니터링 기능을 갖추고 있다. 거주자는 가정 내 구성원들이 사용하는 에너지 사용량을 확인하여 에너지 절약의 필요성을 인지하고 기기의 사용량 등을 제한함으로써 에너지 소비량을 억제시킬 수 있다. 또한 가정 내의 에너지 소비량 대부분을 차지하는 TV, 조명, 냉장고 등의 전력과 더불어 수도, 가스 등의 사용을 이용자의 존재 유무와 행동에 따라 대기 전력을 차단하거나 자동으로 제어 및 관리 할 수 있는 시스템이다.

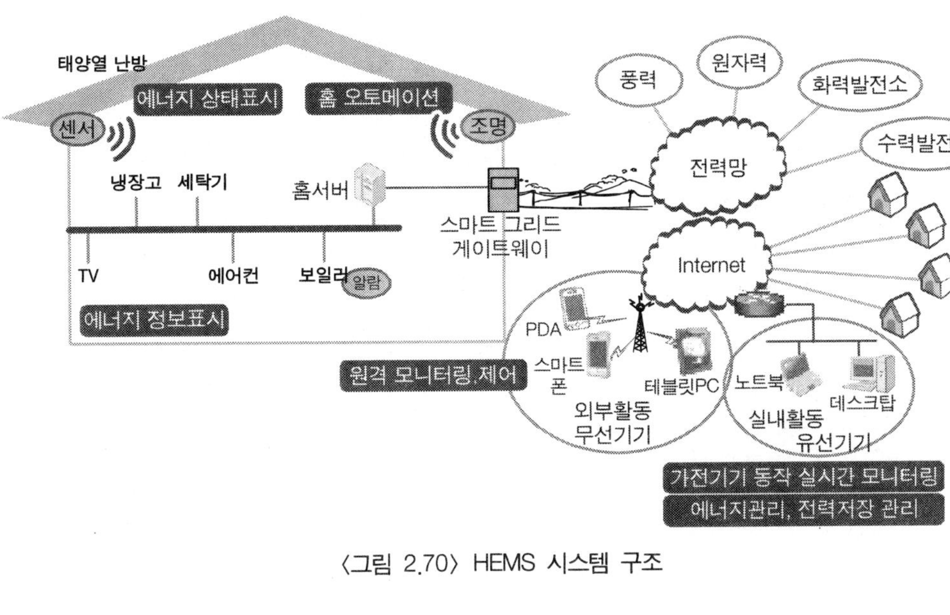

〈그림 2.70〉 HEMS 시스템 구조

5.1.2 HEMS의 중요성

국립환경과학원의 온실가스 배출량 통계자료에 따르면 가정도시, 상업 · 공공도시, 산업도시, 농어업 도시로 분류 할 수 있으며, 그중 산업 도시를 제외하면 가정도시가 가장 많은 온실가스 배출과 에너지를 사용하는 것으로 나타났다. 또한, 이미 가전제품의 수량과 규모는 국내뿐만 아니라 세계적으로 방대하며 그로인한 에너지 소비 역시 지구 환경에 미치는 영향은 크다. 이처럼 가정 부문에 있어서의 에너지절약과 지구온난화의 대책 기술로 HEMS가 중요하며 에너지 절감효과, 가전제품 같은 장비 수명 연장 등으로 관심과 요구가 증가되고 있다.

5.1.3 HEMS의 주요 기능

HEMS의 기능은 크게 모니터링 기능, 제어기능, 알람 기능으로 구분할 수 있다.

〈표 2.49〉 HEMS의 주요기능

구분	주요기능	내 용
모니터링 기능	에너지 정보 표시 기능	에너지 저장 장치, 에너지 디바이스에 의해 소모된 전력 에너지 양, 분산전원에 의해 생성된 전력 에너지의 데이터 등의 에너지 정보를 표시하는 기능
	에너지 상태 표시 기능	실시간 에너지 사용량 등을 표시하여 에너지 사용정보를 제공하고 절약하도록 유도하는 기능
	가전기기 동작 상태 모니터링 기능	기존 Legacy(과거에 개발되어 현재에도 사용 중인 낡은 하드웨어나 소프트웨어) 가전 및 스마트 가전기기의 ON/OFF를 표시하거나 가전기기의 다양한 Mode에 대한 모니터링 표시 기능
	휴대 단말기를 이용한 원격 모니터링	외부에서 태블릿, 모바일 단말기를 이용해서 에너지 사용량을 원격으로 모니터링 및 관리하는 기능
	실시간 에너지 가격정보 표시 기능	운영상태 및 수요변동 등의 실시간 수급 상황을 반영하기 위한 실시간 에너지 가격 정보 모니터링 기능
제어기능	에너지 관리 기능	가전기기 등의 에너지 디바이스들에 대한 제어 및 관리 기능
	신재생에너지 관리 기능	외부 메인 그리드와 연결되어 에너지 저장장치와 연동하여 가정 내의 에너지 수급 상황에 따라 관리하는 기능
	전력저장 및 저장장치 관리 기능	실시간 에너지 가격 정보와 외부 EMS 시스템과의 연동을 통해 상대적으로 가격이 낮은 구간에서 전력 에너지 저장장치에 전력 에너지를 저장하고, 상대적으로 높은 가격의 구간에서는 저장된 전력에너지를 에너지 저장 장치로부터 복원하는 기능

알람기능	홈 알람 기능	에너지 사용 임계값을 넘어선 에너지 디바이스 장치, 운영 이상 상태를 표시하고 알람으로 알리는 기능

(1) 가정의 에너지 소비 모니터링

HEMS에서 에너지 소비 모니터링 기능을 구현하기 위해서는 에너지 공급 사업자나 주택용 발전 설비 사업자가 에너지 사용량의 정보를 가정내 사용자에게 제공해야한다. 에너지 소비 모니터링을 하기 위한 에너지 사용량 표시장치(IHD : In-Home Display)는 실시간으로 사용량이나 요금 등을 표시해서 사용자에게 에너지를 절약하도록 유도 및 촉진하는 장치다. 실제 사용자는 자신이 사용하는 전력과 수도의 양에 대하여 무감각한데 사용량을 표시하고 확인함으로써 에너지 절약을 인지하게 되는 것만으로도 절감 효과가 있다.

에너지 사용량 표시 장치는 누적 전력사용량 및 요금, 예측 전력사용량 및 요금, 직 전월 및 작년 동월 전력사용량 및 요금 등의 비교정보, 통계정보 등을 표시해 주며 에너지 사용 관련 팁 등을 제공하여 사용자에게 에너지를 절감할 수 있는 방안도 제시해준다.

에너지 소비 모니터링은 가전기기 등에 부착되어 표시되기도 하지만 인터넷을 통하여 회사나 기타 외부 활동 중에도 태블릿 PC, 스마트폰, PDA 등을 통하여 원격으로 확인할 수 있다. 사용자는 인터넷을 통하여 홈 서버에 접속해서 에너지 소비량을 모니터링하여 가정 내 부재중일 때 에너지 소비량을 확인하고 파악함으로써 에너지 소비 패턴을 파악하고, 잘 못 된 에너지 사용 습관을 고쳐서 에너지 사용을 절감할 수 있다.

(2) 가정의 자동제어

자동제어 시스템은 센서와 감시 시스템, 제어 기술로 가정 내 사용 중인 가전제품의 불필요한 에너지 사용을 최소화하여 에너지를 절감 시킬 수 있는 HEMS의 중요한 기능 중 하나이다.

대표적인 자동 제어 대상 가전제품은 에어컨, 조명, 급탕기(보일러), 냉장고 등이 있다. 에어컨은 외부 기온과 인체 감지 센서 정보에 의해 실내 온도를 자동으로 제어할 수 있으며 조도 센서를 이용하여 인간의 활동 동선과 시간에 따라 자동 점멸등을 제어한다. 냉장고는 인간의 활동이 없는 밤이나 새벽, 직장에서 근무시간에 냉장고안의 온도가 급격하게 상승하지 않는 범위 안에서 조절하여 냉장 · 냉각 활동을 자동제어해서 에너지 사용량을 절감한다. 급탕기는 인간의 생활패턴을 입력하여 퇴근 시간에 맞추어 가동하게 하거나 일정 온도

이상이 되면 동작을 멈추도록하여 가스 사용량을 절감 할 수 있다.

이러한 HEMS 자동제어 시스템은 실제 일본의 NEDO(신에너지 · 산업기술종합개발기구) 사업에서 HEMS를 도입한 "HEMS 세대"와 도입하지 않는 "대조 세대"를 비교하여 효과를 검증한 결과 "HEMS 세대"가 "대조 세대"에 비하여 에너지절약과 더 낮은 CO_2 발생을 보였다고 보고되었다.

5.1.4 HEMS의 에너지 절약 방법 및 효과

HEMS는 가전 기기에 인체감지 센서를 설치 한 후 가전기기가 자체적으로 판단하여 ON/OFF를 제어해서 대기 전력과 같은 불필요한 에너지 및 실내 온도변화에 따른 열부하를 추측하여 귀가 시간에 맞춰 에어콘 ON 타이머를 제어하여 에너지를 절약한다. 또한 생활 패턴과 퇴근시간을 온수변기에 학습시켜 제어함으로써 보온전력을 최소화 하고 외출중이거나 수면 중일 때 냉장고의 개폐가 적은 것을 이용해서 온도가 상승하지 않는 범위 내에 압축력을 제어함으로써 에너지 사용을 최소화하여 에너지를 절약한다.

태블릿과 모바일 휴대 단말기를 이용해서 가정내 부재중일 때도 가전제품, 가스사용 장치 등의 에너지 디바이스들의 사용량을 모니터링해서 ON/OFF 제어 및 가정내 인간의 활동 중일 때 동선에 따른 전등 점멸을 자동으로 제어하여 에너지를 절약한다.

5.1.5 HEMS의 도입사례

(1) 현대산업개발

현대산업개발 기술연구소는 스마트홈 전문업체인 이상기술과 공동으로 HEMS의 상용모델을 개발했다. 현대산업개발의 HEMS는 화장실과 부엌 등 각 실에 컨트롤러를 설치한 뒤 방마다 사람이 있고 없음을 센서가 감지하여 사람이 없으면 10분 후에 전등이 꺼지고 난방도 외출로 전환되는 방식이며 사용자의 외출 여부에 따라 일정시간 미사용 가전기기의 적극 · 소극적 · 대기상태 등을 파악하여 입주민이 일일이 플러그를 뽑지 않아도 미사용 기기의 대기전원을 차단한다. 사용자가 귀가 하거나 움직임이 발견되면 즉시 실별 동작 감지를 통해 대기전력차단이 해제되어 전원 공급이 재개된다. 현대산업개발의 HEMS는 홈 네트워크를 활용한 가정 전기제품 제어와 감시로 전력소비정보를 관리하는 시스템으로써 전력모니터, 전력 어드바이스, 제어, 에너지 절약 정보제공, 알림 등의 에너지사용 정보를 정보단말기의 화면으로 제공한다. 300세대를 공모하고 검증을 시행한 결과 CO_2저감효과를 증명했으며 이 시스템을 도입하면 세대당 7.7%의 절감효과가 있어 연간 15만 1,776원(112m^2 기준)의 전기료가 절약된다.

(2) 미츠비스덴키의 HEMS

미츠비시덴키의 HEMS는 외부기온과 인체감지센서의 정보에 의해 에어컨과 조도센서에 따른 자동점멸등을 제어하여 에너지를 절약한다. 또한 어드바이스 기능으로 대표적인 가전제품에 대해서 소비전력량을 계측한 후, 계측기는 인터넷 회선으로 접속된 정보를 바탕으로 에너지 절약 마인드를 환기시키는 정보를 생성하고 제공한다. 40세대를 대조하여 비교한 결과 HEMS 시스템을 도입한 세대가 그렇지 않은 세대에 비해 자동제어, 어드바이스 기능으로 에너지절약 효과를 발휘했다.

06 사무실 분야

6.1 원격근무(Telework)

6.1.1 원격근무의 정의

원격근무가 등장하게 된 배경으로는 에너지 가격의 지속적인 상승, 통근거리의 증가, 작업팀의 지역적 분산, 복잡한 공급망, 글로벌화의 영향으로 인한 출장회수 증가 등의 근무 환경 변화를 들 수 있다. 원격근무란 "원거리(Tele)"와 "일한다(Work)"의 합성어로 원격근무에 대한 개념이 나라마다 조금씩 다르나 국가정보원은 "정보통신망을 이용하여 업무의 전체 또는 일부를 소속기관 사무실 이외의 환경에서 수행하는 근무형태"라고 정의한다.

원격근무의 분야는 재택근무, 스마트워크센터, 이동오피스로 구분할 수 있다. 재택근무는 직장으로 출퇴근을 하지 않고 가정에서 업무를 처리하는 새로운 작업환경을 말한다. 스마트워크센터는 집에서 도보 혹은 자전거로 출퇴근이 가능한 거리에 있는 일종의 공동사무실과 같은 개념으로서, 실제 사무실을 임대할 수 있고, 비디오 화상 회의, 인터넷, 전화, 팩스, 프린터, 컴퓨터 시스템을 갖췄다. 또 전문적인 비서 업무 대행과 다양한 통·번역 서비스를 위해 직원들이 준비되어 있다. 이동사무실은 직원들에게 시간과 장소에 구애받지 않고 필요에 따라 업무를 수행할 수 있는 근무환경을 구성해 주는 것을 말한다. 원격근무는 고용형태와 근무 장소에 따라 아래와 같이 구분할 수 있다.

〈표 2.50〉 가상오피스의 유형

	근무장소	
	이동형	정주형
고용형	‣ 무선통신 기반 ‣ 자동차, 기차 등 장소의 제약 없이 이동하면서 근무하는 형태 ‣ 이동 원격 근무	‣ 이동을 최소화하는 고정된 장소에서 IT를 기반으로 근무하는 형태 ‣ 재택근무 ‣ 스마트워크센터
독립형	‣ 개인 혹은 소규모 사업자가 IT를 활용해 근무장소와 시간을 자유롭게 선택하는 근무형태 ‣ 콜센터, 종업원 9명 이하 사업체(자영업), 프리랜서, 독립전문직	

출처 : 한국정보화진흥원, 'IT원격근무 재조명과 정책이슈', 2009.

6.1.2 원격근무의 중요성

원격근무를 통하여 고정된 시간의 출퇴근과 고정된 공간인 사무실 업무의 한계를 뛰어넘어 개개인의 최적시간에 활동함으로써 생산성을 극대화하며, 세계화 추세에 따른 24시간 업무진행과 빈번한 출장업무 환경을 대비할 수 있다.

지식근로자 중심으로 산업구조가 변화하고 일과 생활의 균형 시스템을 통해 핵심인재를 확보하기 위한 정책 및 지식과 창의성을 중시하는 산업이 부각되면서 성과 중심의 근무형태를 갖춰가는 기업이 많아지고 유연근무제 도입이 확산되고 있다. 원격근무를 통해 출퇴근 및 이동감소를 통한 에너지절감과 저탄소 업무환경을 마련할 수 있다.

6.1.3 원격근무의 주요기능

원격근무 시스템에 의해 사무실 운영비가 필요 없게 되면서 에너지 절감과 이산화탄소 감축효과도 얻을 수 있다. 원격근무의 기술은 크게 인프라, 보안관리, 운영관리, 시스템관리로 구분할 수 있으며 주요기능에 대한 기술 분류는 아래의 표와 같다.

〈표 2.51〉 재택근무기술 분류 체계

기술부문			주요기술
재택 근무 분야 기술	인프라 기술군	컴퓨터 및 부속장비	노트북PC, 모니터, 키보드, 마우스
		다기능 프린터	스캐너 및 복사기 겸용
		통신장비	노트북용 접속장비 및 라우터
		화상회의 장비	웹 카메라
		통신망	초고속통신망
	보안 관리 기술군	안티바이러스 솔루션	바이러스 및 악성코드용 바이러스 백신
		침입차단 솔루션	웹 방화벽 및 PC방화벽
		통합PC보안 솔루션	내부정보유출 방지 및 보안USB
		DB/컨텐츠 보안	DB보안 및 암호화, 저작권 관리기술(DRM : Digital Rights Management, 디지털 콘텐츠의 무단 사용을 막아 제공자의 권리와 이익을 보호해주는 기술과 서비스)
		가상사설망 솔루션	가상사설망(VPN : Virtual Private Network, 공중 통신망 기반시설을 터널링 프로토콜과 보안 절차 등을 사용하여 조직의 목적에 맞게 구성한 데이터 네트워크)

	접근관리 솔루션	네트워크 접근제어 및 바이오인식(지문)
운영 관리 기술군	전자결재 솔루션	전자로 결제하는 프로그램
	전자메신저 솔루션	커뮤니케이션을 위한 프로그램
	파일공유 솔루션	원활한 업무수행을 위한 파일공유 프로그램
	전자우편 솔루션	전자우편 관리 프로그램
	프로젝트 관리 솔루션	프로젝트 관리 프로그램
	원격협업 관리 솔루션	원격에서 협업할 수 있는 툴
시스템 관리 기술군	DMS 솔루션	클라이언트PC HW/SW 자산관리
	PMS 솔루션	OS패치/백신/어플리케이션 업데이트
	데이터 백업 솔루션	데이터 이중 보안 백업 및 관리
	시스템복구관리 솔루션	PC시스템 문제 발생 시 즉시 원상복구 관리
	개인용 화상회의 솔루션	웹상 화상으로 통신할 수 있는 프로그램

◎ 출처 : (사)벤처기업협회, "그린 SW 기술 및 시장 동향 Virtual Office 분야", 2009.12.

6.1.4 원격근무의 에너지 절약 방법 및 효과

원격근무는 에너지 절약이라는 정량적인 면도 있지만 재택근무를 통한 정성적인 면들도 크다고 볼 수 있다.

〈표 2.52〉 원격근무의 효과

효 과	원격근무의 영향
교통 혼잡 완화	재택근무로 교통량 감소
환경문제의 대응	통근에 사용되는 차량을 감소시켜 배기가스 저감
공공 공사의 삭감	도로 혼잡이 심화되면 새로운 도로나 다리의 건설 수요가 증가
위기관리 대책	재해나 테러 등의 만일의 경우에도 업무의 지속성 확보하기 위한 체계
설비비용의 절감	오피스 비용을 절감하게 됨
인재의 확보	미국의 경우 민간기업과 정부가 인재확보 경쟁을 하고 있기 때문에 선호 받는 근무환경을 마련하여 장기간에 걸쳐 우수한 인재의 확보 등으로 요약할 수 있음

◎ 출처 : 신승호, '재택근무 성과관리', 2008.

원격근무의 이러한 다양한 효과 중에서 정량적인 면은 고용주, 노동자, 사회적 혜택이 있다. 이런 혜택을 비용적인 측면으로 계산하여 아래의 표로 볼 수 있다.

〈표 2.53〉 원격근무 구분과 인원에 따른 절감금액 추정

구 분		회사원 50명	회사원 100명	회사원 500명	미국 전체 근무자 50% 원격근무 시행효과
고용주 혜택	생산성 증가	288.176달러	576,351달러	2,881,756달러	2,354억 달러
	부동산/전기비	151.846달러	303,692달러	1,518,462달러	1,240억 달러
	장기 결근 절감	56,700달러	113,400달러	567,000달러	463억 달러
	이직률 절감	38,046달러	76,092달러	380,459달러	311억 달러
노동자 혜택	연료	18,080달러	36,161달러	180,804달러	148억 달러
	다른 업무 비용	192,086달러	384,173달러	1,920,863달러	1,569억 달러
사회적 혜택	석유 절감액	28,275달러	56,550달러	282,749달러	231억 달러
	CO_2 감소	65ton	129ton	647ton	-
	CO_2상용 차량	12대	23대	117대	9,596,859대
	사고처리 절감액	14,211달러	28,421달러	142,107달러	116억 달러
	절감거리(mile)	140,625달러	281,250달러	1,406,250달러	1,149억 달러
	유지관리	2,391달러	4,781달러	23,906달러	20억 달러
전체 효과		789,810달러	1,579,621달러	7,898,104달러	6,452억 달러 약 770조 원

◎ 출처 : 한국정보화진흥원, 녹색정보화 뉴스레터 18호, 2010.07.22.

6.1.5 원격근무의 적용 사례

(1) 특허청의 재택근무

2005년 3월부터 2006년 2월까지 특허심사관을 대상으로 스마트워크를 본격 도입하여 2009년 전 직원의 약 10%인 90~100명이 재택근무 형태로 스마트워크를 실현하고 있다. 특허청의 재택근무 시범사업의 경우, 업무생산성이 약 17% 향상되고 근무만족도는 87% 향상 되었다. 2005년 3월부터 54명의 심사관으로 재택근무제도를 시행하였다.

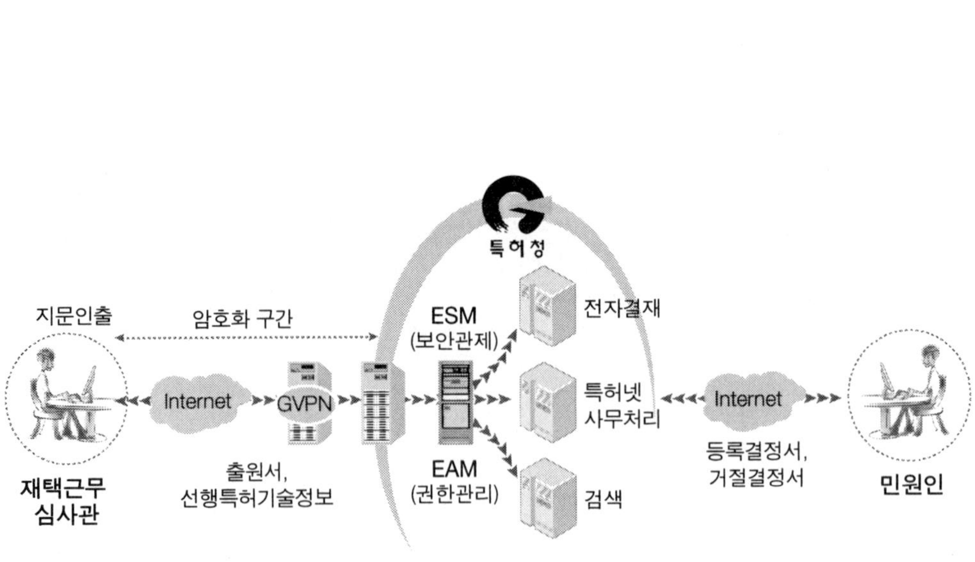

〈그림 2.71〉 특허청 재택근무 시스템

◎ 출처 : 특허청, "재택근무 사례집", 2006.

특허청은 재택근무를 도입하여 대전광역시에 위치한 지역적 한계 극복과 첨단 기술 분야의 특허 출원 증가에 대비한 우수한 인력확보가 중요한 동기 중의 하나이다. 2003년 이후 국내 특허출원이 매년 14% 이상 증가하고 있어 심사인력을 대폭 충원할 수밖에 없었으며, 1995년 659명이었던 직원 수가 2005년에는 1,489명으로 2배 이상 증가하였고 또한 심사처리 기간을 10개월로 단축하기 위해 2008년까지는 400여 명의 심사인력을 증원해야 할 것으로 예측하여 도입하였다. 또한 인터넷상의 안정성 지원과 더불어 온라인 재택근무를 위해 일반 인터넷 회선을 이용하면서도 특허청 내부시스템을 안전하게 접근할 수 있도록 하기 위하여 VPN 기술 적용이 필요하였다.

재택근무의 성과분석 측면에서는 인건비절감, 시설공간절감, 교통비절감, 출·퇴근 시간절감, 재택(원격)통근 및 육아문제 효과 등으로 분석하였다. 비용효과 분석 금액인 약 28억 5천만원을 재택참여 인원으로 나누었을 때 1인당 반기별 예상되는 효과는 약 591만원으로 계산되며, 1년 동안 재택근무를 수행할 때는 1,182만원 상당의 효과가 나타나고 있다.

〈표 2.54〉 재택근무 성과분석 측면의 효과분석

구 분	수익분석(원)	비용분석(원)	편익분석(원)
2006 상반기	759,821,500	316,557,328	443,264,172
2006 하반기	1,140,372,000	222,943,904	917,428,096
2007 상반기	1,027,332,500	107,672,320	919,660,180
2007 하반기	653,570,250	84,788,864	568,781,386
계	3,581,096,250	731,962,416	2,849,133,834

◎ 출처 : 특허청, "재택근무 사례집", 2006.

(2) 포스코의 스마트센터

2011년 2월 포스코는 스마트오피스를 도입한 '스마트센터'를 지었다. 직원들의 좌석은 고정되지 않고 업무목적에 따라 자유롭게 좌석을 선택할 수 있다. 이처럼 좌석배치를 자유롭게 하고 태블릿 PC를 이용한 온라인 보고체계를 구축함에 따라 상 · 하간, 조직간 벽이 허물어져 소통이 활발해진다. 이로 인해 각 부서별 칸막이나 통로, 정형화된 회의실 등 죽은 공간을 최소화해 기존대비 25% 이상의 신규공간을 창출할 수 있게 되어 서울 포스코센터의 경우 19개 층을 사용하던 것을 15개 층으로 줄일 수 있을 것으로 기대되어 줄어든 4개 층의 임대료 수입 등이 60억 원에 달할 것으로 보인다. 사무부문의 경우 직원들을 대상으로 스마트폰을 보급하고 메일, 결재, 출하, 고객 정보제공 등의 업무를 지원하고 있으며, 스마트폰을 이용해 업무혁신을 추진하고 있는 타사들과는 차별적으로 출장, 근태, 비용결재 등의 기능까지 추가적으로 지원하고 스마트폰 기반의 변동좌석제 등을 도입하는 등 제조부문의 PDA기반의 물류, 운전, 정비를 지원하는 스마트제철소 추진과 더불어 전사적으로 새로운 일하는 방식으로써 스마트 워크를 적극적으로 추진하고 있다.

〈그림 2.72〉 대치동 포스코센터 24층에 위치한 스마트오피스

출처 : 토마토 뉴스, "포스코, 스마트오피스 구축 전면화" "비용 낭비" "불만도", 2011.08.19.

(3) 동부화재의 재택업무 제도

동부화재는 지난 2007년부터 재택업무 제도를 시행하여 약 4개월간의 시뮬레이션 과정을 거쳐 본격적인 콜센터 상담요원의 재택근무를 실시하고 있다. 당시 9명이었던 재택근무자가 현재 전체 콜센터 직원 37.5%인 263명으로 확대되어, 현재 전체 긴급출동건의 40.7%와 계약변경 및 해지 업무의 41.3%를 처리하고 있다. 또 인건비 및 사무실 운영비 등을 절감하여 지난 2007년 재택근무를 실시한 이후, 현재까지 70억원의 사업비 절감 효과를 보고 있다. 동부화재는 앞으로 여성 경제 인력의 일자리 창출과 워킹 맘의 근무 의욕을 높일 수 있도록 재택근무자의 수를 지속적으로 확대할 것으로 밝혔다.

(4) 브리티시텔레콤의 "BT Workstyle"

브리티시텔레콤(BT)는 디지털 네트워크 경제시대의 경쟁력 확보를 목표로 1993년 최초로 'BT Workstyle' 이라는 제도를 도입하였다. 2008년 기준 영국지역의 BT 직원 약 92,000명 중 87%가 참여중이며 그 중 약 14,000명 정도가 재택근무 중이다. 이렇게 많은 인원이 참여 가능하게 만든 요인은 문화적 이슈와 최선의 실행관리 전략의 조합으로 볼 수 있다. 이러한 요인을 3가지로 나누면, 첫째로 임원 등 위로부터 탄력근무를 장려하여 빠른 채택을 이끌어 내었고, 둘째로 명확한 정책과 실행을 정의 하였으며, 셋째로 문화적 변화에 대한 포괄적인 프로그램을 고안하였다. BT Workstyle의 유형은 아래의 표처럼 구분하여 볼 수 있다.

〈표 2.55〉 BT Workstyle의 유형

유 형	유형의 설명
Job sharing	둘 또는 그 이상의 직원이 하나의 역할을 공유하여 근무
Home working	대부분의 시간동안 집에서 업무하는 전형적인 재택근무
Occasional home working	집, BT사무실, 고객사 사무실 등에서 근무 병행
Local working	집과 더 가까운 BT의 사무실로 재배치
Flextime	규정된 시간동안 근무하나, 출퇴근 시간은 탄력적으로 운영

◎ 출처 : 백영곤 외 2명, "원격근무의 현황과 활성화 과제", KT 서비스육성실

BT Workstyle의 효과로는 5가지의 측면이 있다.

첫 번째로, 공간비용의 감소로써 현재 BT오피스면적 743,000m^{2}로 연간 7억 1,100만€ 이상을 절감하였으며 11,600만 재택근무자의 주거관련 소비가 연간 1억 100만€ 이상 감소하였다.

두 번째로, 생산성 향상으로써 사무실 내근자 대비 재택근무자의 업무 생산성이 약 20%~60% 높았으며 콜센터 상담원의 호처리 결과 재택근무상담원이 20% 높았다.

세 번째로, 직원 만족도가 증가되었다. 일반 내근직원 대비 재택근무 직원 병가율이 63% 수준으로 낮춰졌으며 출산 후 휴가 복귀율의 업계평균 대비 47%이었으며, 재택근무자 산후

복귀율은 99%였다.

네 번째로, 사회적 비용이 감소되었다. 탄력근무직원의 업무관련이동이 적어 연간 사용 연료 1,200만 l 를 절감하였으며, 영국 내 이산화탄소 발생량이 54,000ton 감소하였다.

다섯 번째로, 연간 face-to-face 회의가 30만 건 이상 감소하여 약 3,900만€의 비용을 절감하였고, 150만 건 이상의 왕복출장을 감소시켰다.

BT Workstyle은 정책이나 절차의 집합일 뿐 아니라 완벽한 기술적 구조를 갖추고 있으며 사무실 뿐 아니라 집이나 다른 전 세계 어느 곳에서든 사내 망에 접속하고 회사 어플리케이션을 사용할 수 있도록 구현되어 있다. 그중 대표적으로 BT의 글로벌 접속솔루션인 MobileXpress가 있다.

원격접속에 필수적인 BT MobileXpress는 집이나 외부의 어떤 환경에서도 고정된 혹은 이동 가능한 단말을 이용해 인터넷을 통한 정보의 획득이나 어플리케이션을 이용하는 등 사무실 수준의 연결성을 보장하며 합리적인 가격으로 빠르고 보안성 있는 접속 서비스를 제공한다. 이것이 BT에서 제공하는 가장 대표적인 원격재택근무 솔루션이다. MobileXpress는 약 150여 개국의 노트북 사용유저에게 제공되고 있으며 IPSec(Internet Protocol Security : 네트워크 계층인 인터넷 프로토콜에서 보안성을 제공해 주는 표준화된 기술) VPN, 랜덤 패스워드를 사용하여 접속을 허용하고, 클라이언트소프트웨어로 BT네트워크로의 접속을 단순화시켰다.

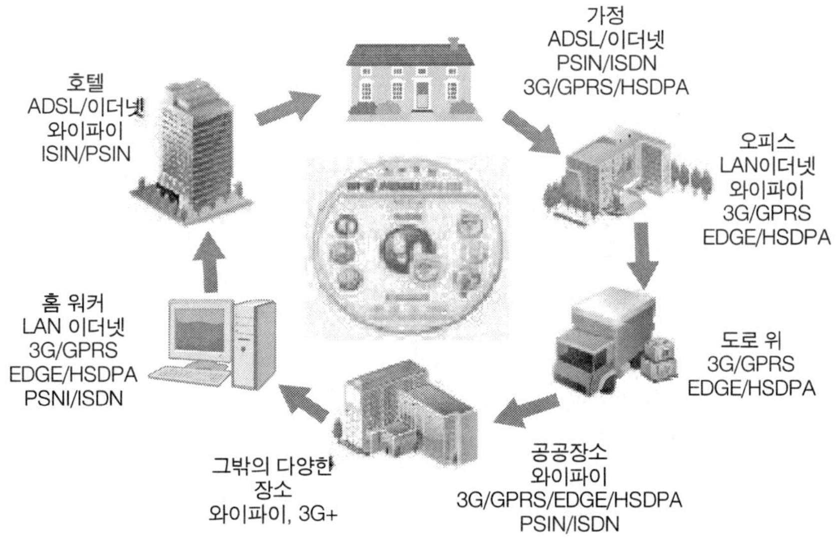

〈그림 2.73〉 BT의 MobileXpress 서비스

◎ 출처 : KT 서비스육성실, "원격근무의 현황과 활성화 과제"

(5) NTT의 'Workstyle Innovation'

2004년 NTT는 'Workstyle Innovation 선언'에 따라 스마트 워크 도입의 발판을 마련하였으며 2008년 2월부터 본격 제도화하여 약 300명 정도(전 사원의 3.5% 수준)가 월 8회 한도로 재택근무를 실시하였다.

보안 관련 규정으로는 종이 매체(자택 프린터 등) 사용금지, 회사 대여 씬클라이언트 환경에서의 재택근무로 한정하여 자택에 정보를 절대 남기지 않도록 하는 등 보안을 철저하게 중시하였다.

재택시스템은 VPN 상에서, 하드디스크가 없는 PC로 터미널서버 및 회사의 본인 PC에 원격 접속하는 방식으로 업무를 수행하며, IP기반인 회사 내선전화를 휴대폰과 연동함으로써 간편하게 재택근무를 구현하였다.

이를 통해 70명가량 참여했던 시범운영 기준으로 이산화탄소 저감효과를 계산하면 1인당 통근기차평균 소요시간이 편도 55.3분이고 연 평균 11.63일 재택근무를 하여 연간 6.75ton이 저감되었으며 전 사원에게 재택근무 적용 시 똑같은 조건을 적용한다면 연간 수 백 ton 규모의 이산화탄소배출을 감축할 수 있다. 또 설문조사결과 통근 부담완화가 97%, 가족과의 원활한 의사소통이 71%, 업무창조성 향상이 71%인 것으로 조사되어 직원의 생산성과 만족도가 대폭 향상 된 것으로 나타났다.

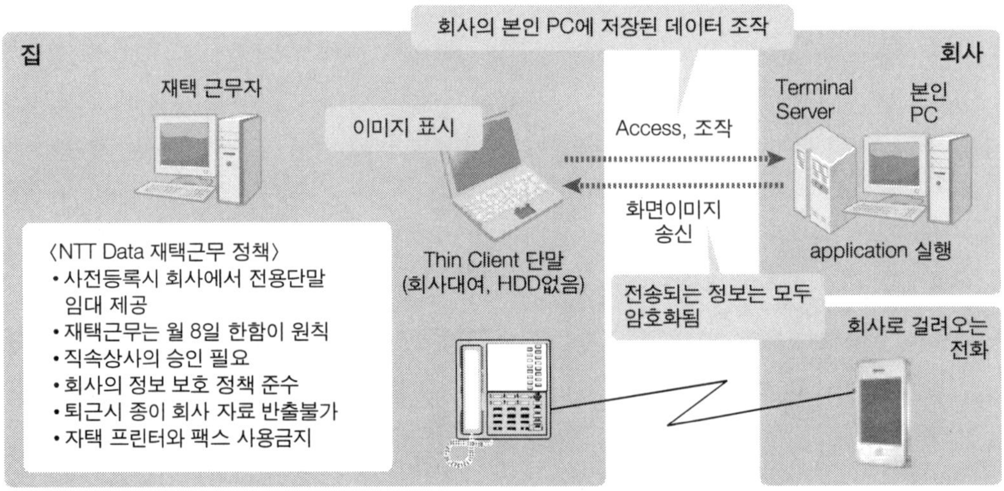

〈그림 2.74〉 NTT Data 재택시스템 구성도

◎ 출처 : 백영곤 외 2명, "원격근무의 현황과 활성화 과제", KT 서비스육성실

6.2 화상회의(Video Conference)

6.2.1 화상회의의 정의

화상회의는 원격지에서 근무하는 구성원이 한 곳에 모여 회의하기 위해 오고 가는 시간과 에너지를 절감하기 위해 만들어진 회의 기술이다. 부가적으로 종업원의 생산성을 향상시킴과 더불어 사람의 이동을 감소시키고 이동에 시간을 빼앗겼던 종업원이 중요한 일에 투자할 시간을 늘리며 이동에 의한 피로를 줄여준다.

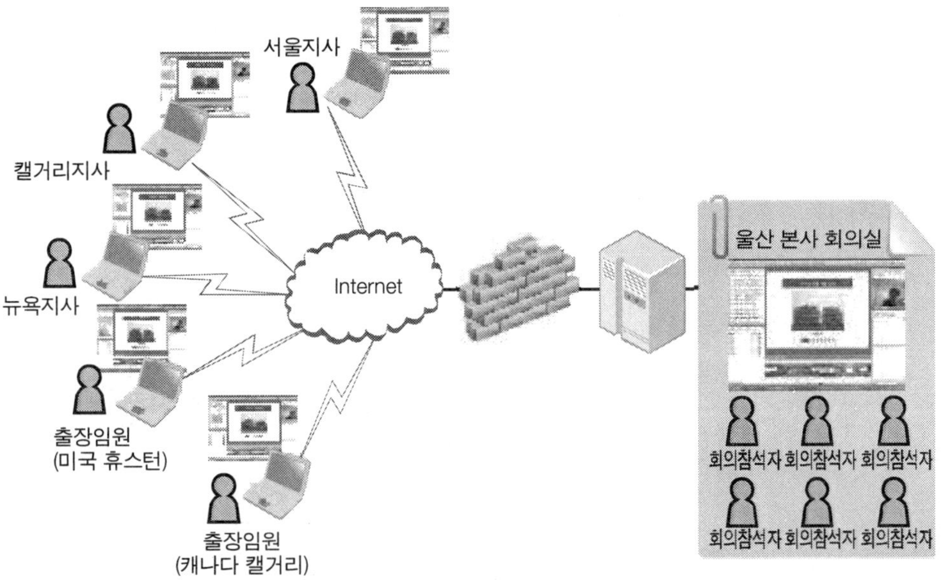

〈그림 2.75〉 화상회의 시스템

◎ 출처 : 블루빈 네이버블로그, "MS RoundTable(CX5000) 리뷰 겸, 5월 영업화상회의", 2010.05.04.

6.2.2 화상회의의 중요성

화상회의는 이미지 및 동영상을 공유하면서 회의 시스템, 웹 회의 장비, 회의 카메라 등의 도움으로, 다른 위치에 사람들이 그들의 아이디어에 대해 자유롭게 의사소통을 하고 심지어 실시간으로 프레젠테이션 자료를 보여줄 수 있다. 게다가 더 이상 직원은 회의에 다른 장소로 여행을 갈 필요가 없으며 그로인해 여행경비를 줄일 수 있다.

2009년에 타미플루에 내성을 지닌 변형 신종 플루 바이러스가 발견되고, 그해 10월 신종 플루 바이러스감염환자가 대규모 발생 등으로 인해 화상회의에 대한 수요가 점점 늘어나고 있다.

〈그림 2.76〉 화상회의의 중요성

6.2.3 화상회의의 주요기능

화상회의의 주요 기능으로는 회의기능과 더불어 전자칠판, 프레젠테이션, 문서형식, 녹화기능, 웹 공유, 파일전송, 메모장, 채팅 기능이 있다.

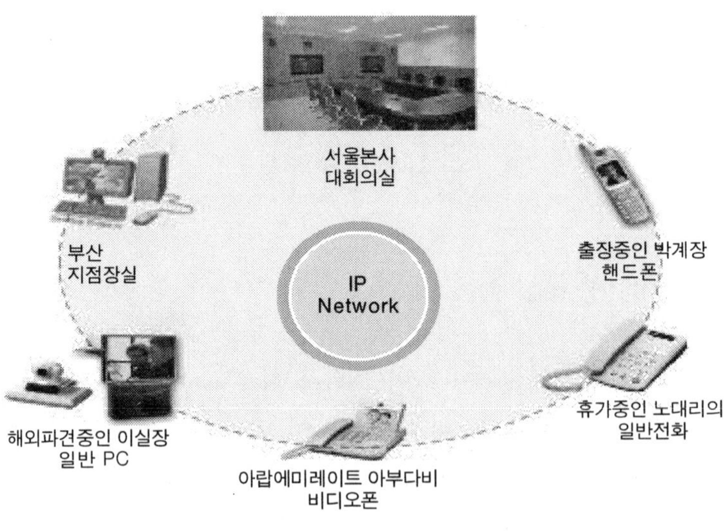

〈그림 2.77〉 화상회의 시스템 구성도

6.2.4 화상회의의 에너지 절약 방법 및 효과

사업장 및 지사 간 효율적인 커뮤니케이션통로가 연결되어 신속한 의사결정이 가능해졌으며, 사전 업무협의를 통한 출장기간 단축 및 출장횟수 감소로 경비를 절감하는 것이 가능해졌다. 예를 들면 도쿄⇔후쿠오카 간을 비행기로 이동했을 경우, 왕복 208kg의 CO_2배출을 감축할 수 있다. 아울러, 이동시간을 단축할 수 있으므로 업무효율의 향상을 도모할 수 있다. 또한, 어플리케이션 공유를 이용함으로써 불필요한 인쇄물을 제외하여 인쇄 및 폐기에 소요되는 CO_2 배출도 감축할 수 있다.

6.2.5 화상회의의 기술 동향

현재 화상회의 시스템은 하드웨어 기반 시스템인 경우가 대부분이지만 전문가들은 소프트웨어 기반 시스템으로 옮겨간다는 전망이 나오고 있다. 소프트웨어 기반의 화상회의 시스템은 반드시 해당 프로그램이 설치되어 있어야 하는 반면에 하드웨어 장비들은 모두 표준 통신프로토콜(H.323)방식을 사용하여 통합 되어 있어 소프트웨어 기반의 화상회의 시스템은 표준화의 문제를 해결해야 할 필요가 있다. 현재 하드웨어 시스템은 폴리콤, 탠드버그, 소니가 주축으로 장악하고 있다.

국내 음성·화상회의 기술은 각각 다른 네트워크와 플랫폼을 기반으로 하기 때문에 이를 해결하기 위해서 하나의 인터페이스로 음성·화상회의를 관리할 수 있는 통합 컨퍼런싱 솔루션을 사용한다. 다시 말해 같은 기능, 인터페이스, 애플리케이션을 갖추고 하나의 플랫폼 상에서 ISDN(Integrated Service Digital Network : 종합디지털서비스망, 단말·전송로 교환기를 디지털방식으로 통일시킴으로써 개별적으로 제공되고 있던 각종 전송 서비스를 일원적으로 제공할 수 있도록 하는 종합통신 네트워크)화상, IP화상, PSTN(Public Switched Telephone Network : 공중교환전화망)음성, VoIP(Voice over Internet Protocol : IP망을 기반으로 패킷데이터를 통해 음성통화를 구현하는 통신기술), 음성·화상 통합회의를 동시에 지원하는 것이다. 장점으로는 장소와 시간을 구애 받지 않는 유연성을 가지고 있으며 음성·화상회의의 최상의 기능 및 성능을 한데로 묶어 생산적인 회의환경을 조성하였고 단일한 플랫폼과 단일한 관리시스템을 사용함으로써 호환성을 높일 수 있다. 그리고 장비 및 업그레이드를 위해 중복 투자할 필요가 없어 투자수익률이 우수하지만 네트워크 서비스는 이중으로 필요하다.

〈표 2.56〉 해외기업의 화상회의 기술 동향과 제품

회 사	기술 동향	제품명	제품특징
Polycom	상호 운용성이 요구되는 표준기반 제품에 초점을 두었다.	Polycom® RealPresenceTM Experience (RPX) Series	최대 18명이 모여 실시간 대화가 가능하며, 프로젝터와 카메라는 후면 부착하였다. H.323 시스템과 완벽하게 호환 가능하다
Cisco	시장에 존재하는 모든 화상회의 시스템과 상호 연계할 수 있고 Tandberg 인수를 통해 개방된 표준과 상호운용성을 추진하는 중이다.	Cisco TelePresence System 1300	최대 6인 수용 저가 시스템으로써 소규모 사무실/회의실에서 이용한다.
		Cisco TelePresence EX Series	개인용 데스크톱을 활용한다.
		Cisco TelePresence System 3010	최대 6인 수용, 빌트인 LCD를 통하여 콘텐츠 공유가 가능하다.
Digital Video Enterprises	가장 몰입적인 텔레프레즌스 체험을 제공하는 것에 초점을 두었다. 카메라 속을 직접 응시함으로써 원격지 참가자들에게 사실감 있는 시선 접촉을 제공하는데 주력한다.	텔레이머전 룸	룸 내의 회의 참가자들 간의 시선 접촉을 유지시키며, 사용자들이 원격지 참가자들을 보여주는 디스플레이를 바라볼 때, 카메라 속을 직접 응시하게되어 원격지 참가자들에게 사실감 있는 시선 접촉을 제공한다.

◎ 출처 : (사)벤처기업협회, "그린 SW 기술 및 시장 동향 Virtual Office 분야", 2009.12.

새로운 신성장 동력으로 해외에서 텔레프레즌스가 나타났으며 이 기술은 화상회의 기술을 통해 원거리에 위치한 참석자들이 같은 방에 있는 것과 같은 환경을 제공하는 몰입형 경험을 제공한다. 화상회의와 텔레프레즌스의 차이점으로는 1명의 화자가 실제로 존재하는 것처럼 보이게 하기 위해 자극을 전달한다. 청취자 역시 텔레프레즌스 장비에 자극을 전달한다. 예를 들면, 어떤 사용자가 손을 들어 올릴 때 해당 장비는 이러한 움직임을 포착해 전송하기 때문에 화자는 당사자를 계속 주시하면서 상대방의 질문에 대답하거나 상대방의 진술 내용을 경청할 수 있다. 텔레프레즌스는 화상회의보다 더 정교한 특징이 있으며, 사용자와 청중이 동일한 공간에 모두 앉아 있는 듯한 느낌을 연출하기 위해 고성능 시청각 장비를 활용한다.

〈그림 2.78〉 텔레프레즌스를 이용한 원격화상회의

◎ 출처 : BLOTER.NET, "코펜하겐 기후변화 회의도 화상으로", 2009.10.30.

6.2.6 화상회의의 적용 사례

(1) LG이노텍의 화상회의

LG구미사업장에서 서울까지 승용차로 이동 시, 탄소 배출량은 44.2kg CO_2이며, 중국 광저우까지 비행기로 이동하게 되면 667kg CO_2를 배출하게 되는데 LG이노텍은 출장으로 발생하는 탄소 배출을 최소화하기 위해 화상회의를 적극 활용한다. LG이노텍에 따르면 2010년 10월 현재까지 10,000여 명의 임직원들이 출장을 대신해 화상회의를 진행하였으며, 전체 화상회의 진행은 1,200여건에 이른다. 이러한 화상회의 진행을 통해 최소 669ton의 CO_2를 저감하는 효과를 얻었다.

국내 이동은 소형자동차(5인 탑승/대) 이동 기준으로 이산화탄소 배출량은 7kg CO_2/km이며, 해외 이동은 인천공항에서 해당 사업장 소재 공항까지의 비행기 이동에 의한 탄소배출량만 산정하였으며 출입국 시 공항까지의 이동에 의한 배출량은 제외하였다. 비행기의 CO_2배출량은 12kg/km로 계산하였을 때 2009년에는 해외화상회의 168건을 통해 366ton절감하였고 국내 화상회의 780건을 통해 185ton절감하였다.

(2) GS건설의 화상회의

GS건설은 소니코리아의 영상회의 시스템인 'PCS 시리즈' 등을 도입하여 일일 보고 및 업무회의를 CEO 및 임원회의실에 설치해 문서회의를 겸하면서 업무의 효율성을 높였다. 또 중국 각 지사 및 건설현장에 영상시스템을 설치해 5개월 만에 투자수익률을 회수하였다. 특히 건설현장의 안전을 최우선으로 하기 위해 모든 건설현장에 안전교육 및 ENG(Electronic News

Gathering : 전자 장치에 의해 뉴스영상을 취재할 수 있는 카메라)카메라를 통해 현장 상황을 확인하는 등 적극적으로 시스템 활용을 하고 있으며, 해외건설 사이트에도 위성솔루션을 도입하기도 했다.

〈그림 2.79〉 GS건설 화상회의 화면

◎ 출처 : 머니투데이, "건설업계 '허리띠 조여라' 아이디어 톡톡", 2009.02.20.

(3) 호주 KordaMentha사의 화상회의 시스템

KordaMentha는 호주의 본사를 둔 다국적 재산관리 기업으로 유선회의 비용으로 한 달에 10,000~15,000달러를 지출한다. KordaMentha는 Lync화상회의를 도입하여 한 달에 300달러의 비용을 지출한다. 이를 통해 유선 전화 비용을 약 45% 이상 절감하였다. 또한 회사는 인스턴트 메시징을 사용하여 직원의 이메일 수를 60~70% 감소했다. 화상회의 프로젝트에 설치 비용은 약 7만 달러이며 추가적으로 새로운 USB 기반의 헤드셋과 헤드폰의 추가비용으로 약 12만 달러가 소요되었으며, 화상회의를 통해 10개월 만에 투자비용을 회수하였다.

(4) 시스코의 텔레프레젠스

시스코 사내에서 Cisco TelePresence시스템을 이용하여 제품발표일로부터 2010년 7월까지 (약 200주) 전 세계에서 200개국 850곳에 도입하였다. 이로 인해 14만회 이상의 출장을 절감하였고 약 500억 엔의 출장비용을 절감하였다. 그리고 30만ton 이상의 CO_2배출을 저감했다.

07 농업 분야

7.1 농업분야 에너지 관리

7.1.1 농업분야 에너지 관리의 소개

농업분야의 에너지 관리는 기존의 백열등에서 LED로 교체하여 에너지 사용량을 줄이는 방법과 파장선택을 통한 생산성을 증대시키는 방법이 있으며, IT기술을 이용하여 상시 모니터링 및 원격제어 등으로 최적의 생장 환경을 구현하는 기술이다. 그리고 지하수를 재활용한 순환식 수막시스템 기술로 난방비용을 절감하는 기술이 있다.

7.1.2 농업분야 에너지 관리의 필요성

고유가시대에 온실재배 시설에 대한 에너지 절감시스템이 필요한 상황이며, 고부가가치 경작물에 대한 u-IT 신기술 적용을 통한 최적생장환경 자동 제어 및 원격 모니터링 등으로 생산성 증대 및 노동력 절감이 필요하다.

7.1.3 농업분야의 에너지 절약방법 및 효과

(1) 파장선택 재배

식물은 각각 다른 파장에서 다양한 반응을 민감하게 나타내는데 적색광과 초적색광의 변화를 감지한다. 이 감지능력을 유도하여 과실의 당도 향상, 개화조절, 생육촉진 등을 조절할 수 있다.

〈그림 2.80〉 LED적색파장을 이용한 농작물 재배

◎ 출처 : sjknkn 다음블로그, "LED 광을 활용한 농업기술", 2011.07.07.

(2) 해충방제효과

해충은 파장이 짧은 자외선 영역의 빛을 좋아하고 파장이 비교적 긴 노란색, 붉은색 영역의 빛을 싫어한다. 이 원리를 이용하여 해충 방제효과를 얻을 수 있다.

(3) 닭의 산란

적색 LED광 조건은 닭의 난소발달을 가장 빠르게 일으킨다. 부화 후 59주된 닭을 기준으로 백열전구와 비교해 적색 LED광 조건에서 자란 경우 산란수가 19.86개가 높다. 에너지 측면으로는 기존 형광등을 사용할 때 보다 전기료가 30% 이상 절감된다.

(4) 온실 생장환경 자동제어 시스템

실시간 생장환경을 센서를 활용해 모니터링하며 각종 센서로부터 수집된 데이터 값을 복합적으로 참조한 장치제어이다. 생장환경 데이터를 저장, 활용 및 공유하기 위한 데이터베이스를 구축하고 환경에 이상 발생 시 상황 알림 서비스(SMS서비스)를 제공한다.

(5) IT제어시스템 기반 에너지 절감형 순환식 수막시스템

난방비 절감을 위해 지하수 자원을 재활용한 순환식 수막시스템이다. 겨울철 난방비가 온실재배 총 경영비의 20~40%를 차지하고 있기 때문에 중요하다.

(6) 정보화 인프라를 활용한 네트워크 시스템

웹을 통한 재배 농가의 영농일지 관리 기능 등 농가 지원 서비스를 제공하며, 재배 작물에 대한 대외 홍보 효과도 있다. 게시판을 활용한 주문 접수를 통해서 홍보와 판매를 연결할 수도 있다.

7.1.4 농업분야의 에너지 절약방법 적용 사례

(1) LED를 활용한 잎들깨 재배

전라남도 농업기술원이 농업인 부자만들기 프로젝트로 현재 사용 중인 백열등을 LED로 대체한 잎들깨 재배방법을 소개했다. 2009년부터 나주시 산포면 덕례리에서 신소재 발광다이오드를 이용한 잎들깨 유기재배 기술의 현장실증을 통해 깻잎의 다수확 기술과 에너지절감 기술을 선보였다. 실제로 잎들깨를 파종 후 3~4엽이 나올 때부터 백열등 대신 LED를 이용해 재배를 하는 것으로 전기요금이 연간 1,000m^{2}당 22만 4천원이 절감되었으며 생산량 증가로 인해 모두 193.6만원의 소득을 올렸다. 또 잎들깨가 꽃이 피지 않도록 하는 백열등은 연 1회 이상 교환을 해주어야 하지만 LED수명은 10년 이상이어서 연간 1,000m^{2}당 83만 6천원의 추가수익이 가능한 것으로 조사됐다.

〈표 2.57〉 잎들깨 전조재배 LED 광처리장치 사용 비교

잎들깨 전조재배 LED 광처리장치 사용 (1,000m^2)	
‣ 적색 LED 광처리장치 설치비용 : 11,400,000원/10년(수명)	‣ 전기요금(농업용)절감 : 224,000원/연 ‣ 생산량 증가 수입(10%) : 1,711,844원/연
합계(A) : 1,140,000원/연	합계(B) : 1,935,844원/연
수익의 변화(B-A) : 795,844원/1,000m^2 · 년	

◎ 출처 : 농촌진흥청 첨단농업기술정보 홈페이지, "반도체 광원 LED의 농업적 이용기술"

하지만 설치비용이 1,000m^{2}당 1,140만원으로 백열등의 41.5만원보다 매우 높아 농가의 초기 부담이 크다는 단점을 보였다.

〈그림 2.81〉 LED를 활용한 깻잎 재배

◎ 출처 : 중앙일보, "LED로 깻잎 맛을 높여라", 2009.02.11.

(2) 양계장의 조명

농촌진흥청이 닭 산란율 높이기 프로그램을 개발하였다. 빛은 닭의 성호르몬 분비를 조절하고 이를 통해 산란하기 때문에 산란계 사육시 매우 중요한 요소이다. 실제, 초기 산란율의 경우 백색 LED와 적색 LED를 사용했을 때 산란자극이 강하게 일어나 백열전구에 비해 효과적이며, 적색 LED광 조건에서 산란계는 가장 높은 산란능력을 나타냈는데 백열전구에 비교해 59주령 기준으로 산란수가 19.86개가 높은 것으로 나타났다.

프로젝트 결과 에너지 80% 절감, 생산성 7.8% 증가 되어 300평(5만 마리) 당 연간 7,900만원의 수익이 기대된다. 현재 300평 규모의 양계장에서는 백열전구를 사용해 연간 7만 kWh 전력을 소비하고 있으며 LED 설치비용은 3000만원(300평 기준)이다.

〈그림 2.82〉 태종CNI의 양계장용 LED 조명시스템

◎ 출처 : 호남광역경제권 선도산업 유명상품 홍보플렛폼, "LED응용"

(3) 메탈할로이드 집어등 교체

정부에서 기존 메탈할로이드 집어등을 LED집어등으로 교체하는 방안을 추진하고 있다. 채낚기 어선은 메탈할로이드 집어등에 사용 유류의 70% 이상을 사용하고 있다. 한편, 금년 5월부터 제주도 앞바다에서 갈치채낚기, LED집어등 시범어선의 시험조업 실적을 비교 분석한 결과, 어선 1척당 집어등 교체비용은 평균 2,200만원이었으며, 동일 수준의 갈치 어획량을 유지한 상태에서 기존 메탈집어등 어선이 지난 6월 한달 동안 약 6,200l(집어등 4,400l, 운행 1,800l)의 유류를 소비한 반면, LED집어등 어선은 약 2,200l(집어등 400l, 운행 1,800l)의 유류만을 소비하여 면세유가 기준 약 4.4백만 원(면세유 1l 당 1,000원 이라 가정)에 해당하는 4,000l 분량의 유류를 절감한 것으로 나타났다. 또한 유류절감 효과 외에도 LED집어등은 기존 메탈집어등 사용시 발생되는 고열과 눈부심, 소음 등을 현저히 개선시켜 쾌적한 조업환경을 제공하고, 특히 고열로 인해 어부들이 조업 중 화상을 입을 위험도 제거할 수 있는 등 LED 개체로 인한 부가 효과도 큰 것으로 확인됐다. 추가적으로 대부분 수입에 의존하고 있는 메탈할로이드 집어등을 국산 LED집어등으로 교체함으로써 약 1천만 달러 이상의 수입대체 효과도 기대된다.

〈그림 2.83〉 LED집어등 갈치 채낚이 어선

◎ 출처 : 아시아경제, "정부, 어선 집어등 LED교체 지원...경유 65%절감", 2008.07.16.

(4) 별빛 파장의 LED를 이용한 해충포획기

㈜다목생태기술과 전남대학교가 공동연구개발로 별빛 파장의 LED를 이용해 친환경 해충을 포획하는 기자재를 개발 · 보급하고 있다. 별빛 파장을 정밀 분석하여 야행성 해충별로

적합한 파장을 제품에 적용했다. 친환경 해충포획기는 농작물의 바이러스균 감염경로의 하나인 해충을 LED를 이용한 별빛 파장 기술을 이용해 포획하는 장치로 살충제 살포를 크게 줄여 안전한 친환경 농산물을 생산하는데 매우 유용하게 사용되고 있다.

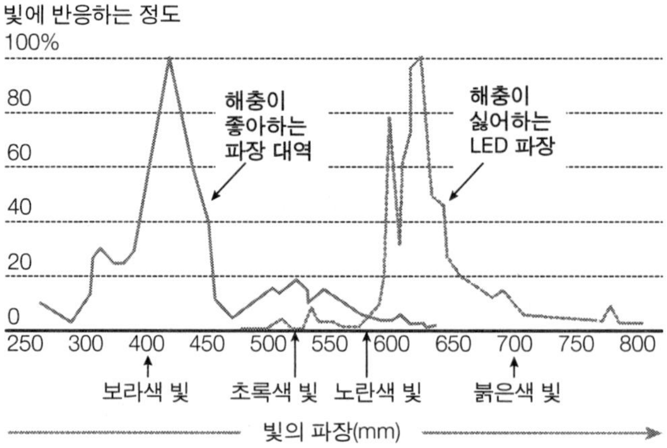

〈그림 2.84〉 해충과 빛의 호불호 관계

◎ 출처 : MODULIGHT, "LED 빛으로 농사 짓는다. 인체에 유용물질 늘리고 벌레는 쫓아", 2009.10.07.

(5) 옥천군의 USN기반 유기농 쌈채소 온실 생장환경 관리시스템

u-IT기술을 활용하여 연중 재배가 가능한 유기농 쌈채소의 온실 생장조건을 상시 모니터링, 원격지 제어 등으로 최적의 생장 환경 구현과 지하수를 재활용한 순환식 수막시스템 등 u-IT 융·복합 기술을 적용함으로써 노동력 절감·생산성 향상 및 농업 경쟁력 제고와 녹색정보화를 실현하고 에너지 절감을 하는 시스템이다. 이 시스템은 온습도, CO_2, 일사량, 풍속, 풍향, 강우, 재배영상을 통해 실시간 생장환경 모니터링 기능 및 제어 기능이 있으며 이상 환경이 발견되었을 시 SMS알림 서비스 기능도 있다.

그리고 IT제어시스템 기반으로 한 에너지 절감형 순환식 수막시스템이 있으며, 이 시스템은 지하수 재활용을 통해 난방비를 절감한다. 게다가 옥천군 정보화 인프라를 활용한 네트워크 시스템을 구축하고 웹서버, DB서버, 스토리지, 백업서버 및 백업 솔루션을 구축하였다.

USN 및 수막시스템 설치 후 생산량은 약 25% 증대하였으며 인건비는 자동제어로 작업시간이 단축되어 3개 농가가 1년 동안 작업횟수는 월 10회로 하루를 단축시킬 경우 작업인원 일일인건비를 계산하면 67,957,200원이 절약 할 수 있다.

수막시스템 설치를 통한 난방비 절감효과는 기존 같은 양의 난방 등유를 사용하여 0~

5℃의 설정온도에서 10℃로 높일 수 있었다. 비순환식 수막 대비 지하수 재활용 절감을 통해 1년 동안의 절약 비용은 비순환수막(21,680ton/연 · 2000m^2) × 지하수재활용비율 81% × 지하수단가(303원/ton) = 5,320,922원이다.

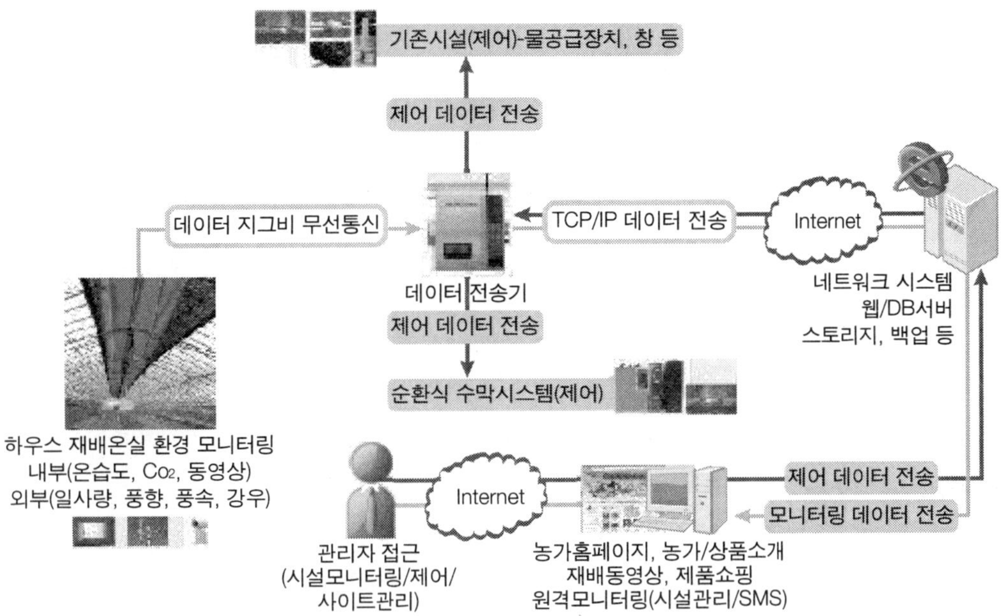

〈그림 2.85〉 온실 생장환경 관리시스템의 주요시스템

◎ 출처 : 옥천군, "u-IT신기술 검증 · 확산사업 완료보고서", 2010.02.28.

08 교통 · 물류 분야

8.1 지능형 교통시스템

전자, 정보, 통신, 제어 등의 기술을 융합하여 교통분야에 접목시킨 차세대 교통체계를 지능형 교통시스템(ITS : Intelligent Transport System)이라고 한다. 지능형 교통시스템은 교통시설의 효율을 높이고, 안전을 증진하기 위해서 도로, 차량, 신호시스템 등 기존 교통체계의 구성요소에 첨단기술을 적용시킨 시스템으로 중앙화된 시스템에서 교통정보를 수집 및 분석하여 정보를 교통시설과 상황에 맞게 제공함으로써 사용자의 운행을 신속, 쾌적, 안전하게 만드는 것이 목적이다. 지능형 교통시스템의 서비스 분류는 ATMS, ATIS, APTS, CVO, AVHS로 구분되며 이에 대한 설명은 다음 표와 같다.

〈표 2.58〉 지능형 교통시스템의 서비스 분류

서비스 분류	내 용
첨단 교통 관리 시스템 ATMS(Advanced Traffic Management System)	교통 상황 실시간 분석 도로 교통 관리와 최적신호체계 구현
첨단 교통 정보 시스템 ATIS(Advanced Travel Information System)	운전자에게 교통 정보, 최적 경로, 여행 정보 등 제공
첨단 대중교통 시스템 APTS(Advanced Public Transportation System)	대중교통 정보 제공 대중교통 관리
첨단 화물 운송 시스템 CVO(Commercial Vehicle Operation)	화물/화물 차량 관리 위험물 차량관리
첨단 차량 및 도로 시스템 AVHS(Advanced Vehicle and Highway System)	차량의 운전 자동화와 도로에 지능형 통신 시설을 설치하여 사고 예방 및 효율 증대

일본의 경우 건설성, 경찰청, 통산성, 우정성, 운수성 등 5개 부처 주관으로 1985~1992 기간 중 지능형 교통시스템의 연구개발에 4,600억원을 투자하는 등 지속적인 연구 개발을 하고 있으며, 1994년에는 관계부처 협의체인 VERTIS/IMC를 설립하여 ITS 관련 프로젝트를 통합적으로

추진하고 있다. 유럽의 경우 자동차 제작회사를 중심으로 시작된 PROMETHEUS(1986~1995), 유럽공동체 주관으로 12개국이 공동으로 참여하는 DRIVE 프로그램 등의 초대형 프로젝트가 진행 중이며, 미국의 경우 ITS 기술개발은 1980년대 후반까지 민간기업을 중심으로 개별적으로 추진해 왔으나 유럽과 일본에 자극 받아 1990년 ITS - America를 구성, 본격적으로 ITS를 추진하고 있다. 국내에서는 1997년에 과천시가 ITS시범실시지역으로 선정되어 지능형교통시스템 5개 분야 중 교통량 감응 실시간 신호제어 시스템을 비롯하여 과속차량 자동단속시스템, 자동요금징수시스템, 교통소통 안내시스템, 주차안내시스템, 주행안내시스템, 버스도착예정시간안내 · 노선 및 운행현황 안내시스템 등 8종류의 서비스를 실시하고 있다.

8.2 운송 네트워크 설계 최적화

8.2.1 운송 네트워크 설계 최적화의 정의

GPS 또는 GIS(Geographic Information System), ITS(Intelligence Transport System) 등의 IT기술을 이용하여 최적화된 운송네트워크의 설계를 구현하여 이산화탄소 배출량의 감축 목적과 차량의 저연료 운행 모니터링 및 관리와 운송경로 최적화 시뮬레이션 등을 구현할 수 있도록 하는 그린SW이다.

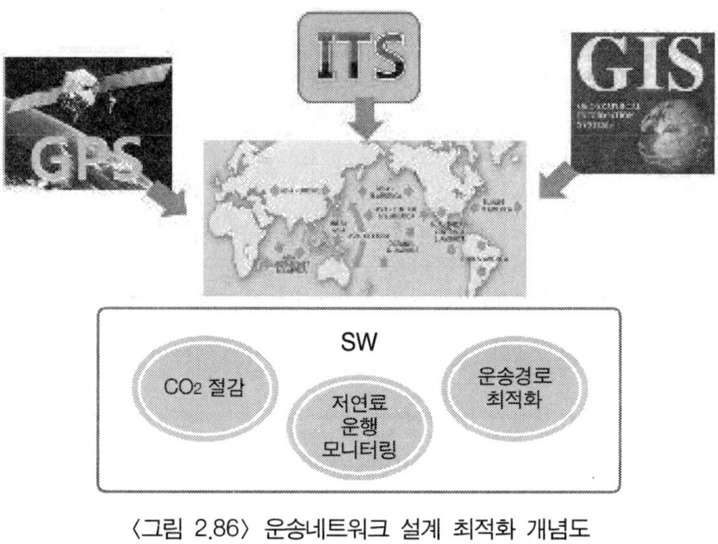

〈그림 2.86〉 운송네트워크 설계 최적화 개념도

8.2.2 운송 네트워크 설계 최적화의 중요성

운송 공급망에서 높은 탄소 배출량은 비효율성을 나타내기 때문에 탄소배출량이 많다는 것은 운송비용이 필요 이상으로 높다는 것을 의미한다. 운송 네트워크 설계 최적화는 기업이 지속적으로 네트워크를 평가하여 비용 및 이산화탄소의 효율적인 공급망을 구축하고 유지할 수 있도록 지원하게 한다. 기업의 규모, 위치, 공장 수, 센터 수와 같은 공급망 인프라의 선택사항들을 효율적으로 고려하여, 어떤 제품이 어떤 로케이션에서 얼마만큼의 수량으로 제조되어야 하는지를 평가할 수 있다. 또한 제품을 어느 DC(Distribution Center : 보관 및 분산을 위한 운송 거점의 용도로 보관형 물류센터)에 보관하여 National 및 Local DC의 어떤 콤비네이션이 가장 효율적인지 평가하고 확인해볼 수 있다.

8.2.3 운송 네트워크 설계 최적화의 주요기능

운송 네트워크 설계 최적화는 아래와 같은 주요 기술들로 구성되어 있다.

〈표 2.59〉 운송 네트워크 설계 최적화의 주요 기술

기술명	기술 설명
지능형 교통시스템 : ITS (Intelligent Transport System)	지능형교통시스템은 운전자가 스스로 소통이 원활한 도로를 선택하고 진입할 수 있도록 도로소통에 관한 모든 정보를 차량에다 실시간으로 전달해주는 정보통신시스템을 기반으로 하고 있어 일명 도로 교통 정보통신(Transport Telematics), 전자도로(Electronic Road)라고도 불린다.
ITS 기반 에코드라이빙	제품 배송시 연료를 낭비할 수 있는 상황, 시운전, 운전습관에 관한 데이터 기록을 관리함으로써 결과적으로 차량의 연료 사용량 또는 절감량을 관리한다.
경로최적화	제품의 운송경로 상에서 에너지 저감 및 환경에 미치는 부정적 영향을 최소화하기 위하여 운행거리를 최적화할 수 있도록 제공하고 이에 대한 예상거리 및 이산화탄소 배출량 산출을 제공하는 솔루션이다.

출처 : (사)벤처기업협회, "그린 SW 기술 및 시장 동향 Smart Logistics 분야", 2009.12.

8.2.4 운송 네트워크 설계 최적화 절약 방법 및 효과

ITS는 점점 가속화되고 있는 정보화 사회에 알맞은 신속, 안전, 쾌적한 차세대 교통체계를 구현하는 데 목적을 두고 있다. 기능적 측면으로 크게 두 가지의 편익을 제공하며 첫 번째는 도로상에 차량 특성, 속도 등의 교통 정보를 감지할 수 있는 시스템을 설치하여 교통 상황을 실시간으로 분석하고, 이를 토대로 도로 교통의 관리와 최적 신호 체계의 구현을 꾀하는 동시에 여행시간 측정과 교통사고 파악, 과적 단속 등의 업무자동화를 구현한다. 예로 자동단속시스템과 요금자동징수시스템이 있다. 두 번째 기능적 측면으로는 교통 여건, 도로 상황, 출발지에서 목적지까지의 최단 경로, 소요 시간, 주차장 상황 등 각종 교통 정보를 FM 라디오방송, 차량 내 단말기 등을 통해 운전자에게 신속, 정확하게 제공함으로써 안전하고 원활한 최적 교통 서비스를 지원한다. 예로 운전자 정보 시스템, 최적 경로 안내 시스템, 여행 서비스 정보 시스템 등을 들 수 있다. 이러한 ITS기반 에코드라이빙을 통해 교통 체증이 있거나 제품 배송 시 연료를 낭비할 수 있는 상황, 시운전, 그리고 운전 중 운전자의 운전습관에 관한 데이터를 기록, 관리함으로써 차량의 연료 사용량을 관리 및 지원할 수 있는 솔루션이다.

에코드라이빙의 각 분야에 대한 기능별 효과는 아래의 표와 같다.

〈표 2.60〉 에코드라이빙 분야의 각 기능별 효과

기 능	기능의 효과
Navigation	운행 중인 차량 안에서 운전자가 목적지까지 최단거리로 운행 할 수 있도록 도와준다.
Digital Tachograph	운행 중인 차량의 연료 소비량, 이산화탄소 배출량, 타이어 압력 및 급가·감속 횟수 등을 실시간으로 기록하는 장치로써 이는 운전자의 운전 습관을 관리하는 데 사용할 수 있다.
Eco driving system	운전자를 경제운전을 할 수 있도록 유도하는 시스템으로써 계기판 내의 경제운전 램프를 통해 가장 경제적인 연비로 주행 가능한 운전영역을 알려준다. 국내에서는 로체 이노베이션에 처음 장착하였다.
Eco driving navigation	차량의 운전시에 운전자의 주행에 따른 차량의 에너지소모량과 이산화탄소 배출량을 산출하며, 또한 실시간 교통정보를 운전자의 시각 및 인지반응정보를 기반으로 제공하는 운전자 친화형 네비게이터 기능을 제공한다. 운송수단이 주가 되는 물류 및 유통회사에게는 에너지효율화, 도로안전향상, 고효율, 비용절감, 이산화탄소 배출권거래 등의 효과를 얻을 수 있다.
ITS기반 Eco driving navigator	ITS는 기존 도로교통체계에서 전자, 통신, 정보의 기술을 접목시킨 지능형 종합 도로교통체계이다. 교통관제, 교통정보 등 광범위한 분야를 총 망라한다.

◎ 출처 : (사)벤처기업협회, "그린 SW 기술 및 시장 동향 Smart Logistics 분야", 2009.12.

또한 CVO(Commercial Vehicle Operation)는 컴퓨터를 통해 각 차량의 위치, 운행상태, 차내 상황 등을 관제실에서 파악하고 실시간으로 최적운행을 지시함으로써 물류비용을 절감하고, 통행료 자동 징수, 위험물 적재 차량 관리 등을 통행 물류의 합리화와 안전성 제고를 도모한다. 예로 전자 통관 시스템, 화물차량 관리 시스템 등이 있다.

8.2.5 운송 네트워크 설계 최적화의 적용 사례

(1) 국내 물류네트워크 설계와 시뮬레이션 적용

택배사업을 대상으로 허브터미널의 처리용량 증설과 관련하여 물류 간선 · 지선 네트워크가 어떻게 변화될 것인지를 시나리오에 따라 시뮬레이션을 수행하였다. 시뮬레이션 시나리오 1은 대전 허브터미널의 처리용량을 일일 40,000박스에서 120,000박스로 3배 증가시키는 경우이다. 시뮬레이션 결과 대전 허브터미널이 전국을 커버하는 중심 허브터미널의 역할을 수행하며, 기존 구로 허브터미널의 역할이 축소되는 경향을 보이게 된다. 이에 따라 현재 29.1억원인 간선 · 지선 운송비용이 26.8억원으로 연간 7.6%의 절감효과가 있을 것으로 예상된다. 그 이유는 간선 · 지선 네트워크 변화에 따라 전체적인 물량의 변화와 함께 운송차량의 LTL(Less than Ttruckload : 적재율 만차 미만)보다 FTL(Full Truckload : 적재율 만차) 운행이 많아지기 때문이다. 시뮬레이션에 따르면 LTL 차량을 연간 900대 절감할 수 있는 효과가 나타났기 때문이다.

시나리오 2는 대전 허브터미널의 처리용량과 수도권 허브터미널(분당)의 처리용량을 동시에 120,000박스로 증가시켰을 때다. 각 허브터미널에서 발생하는 LTL 차량을 연간 1,200대 절감할 수 있는 효과가 나타났다.

아래의 표에서 보는 바와 같이 실제 분석을 통해서 택배 네트워크를 최적화한 결과, 시나리오 2가 최적의 대안으로 떠오르게 되었다. 특히, 수도권과 지방권을 분리하여 처리하는 2개의 중심 터미널로 운영하되 기존의 허브터미널은 로컬 허브터미널의 역할을 수행하는 것이 최적인 것으로 분석되었다.

<표 2.61> 최적화 시뮬레이션 결과 값

구 분	일일 평균 비용	시나리오 1	시나리오 2
간선비용(Hub-Hub)	48,409,609	43,243,191	37,782,107
지선비용(Hub-Hub)	48,624,617	46,386,476	44,733,127
합 계	97,034,226	89,629,666	82,515,234
연간 합계	29,110,267,800	26,888,899,934	24,754,570,342
연간절감액(예상)	-	2,221,367,866	4,355,697,458

출처 : 안영효 외 3명, "물류네트워크 설계 방법 및 적용 사례에 대한 연구"

(2) 카와사키외 육상운송사의 물류거점 집약화

분산된 물류시설을 집약화하거나 물류수요 인접지 배치를 통해 수송거리 및 회수, 루트 단축, 수송효율화로 물류비 절감 및 에너지, 온실가스 저감효과를 가져왔다. 카와사키외 육상운송사는 환경 부하가 적은 물류 체계로의 전환을 목표로 "물류 거점 집약에 의한 간선수송 거리의 단축 실험"을 실시한 사례이다. 거점물류시설 확충과 허브앤 스포크 수송방식을 전환시켜 물류경쟁력를 강화시키고 환경부담을 완화하기 위해서 종래의 창고, 과거의 유통가공공장, 화물분류장에서 직송 또는 복잡한 수송경로를 사용하던 방식을 개선하여 물류거점을 중심으로 수송체계를 단순화 시켰다. 그로 인한 추진효과로는 연간 343.4ton의 이산화탄소 감축을 통해 감축률이 34.6%로 분석되었다.

(3) 미국의 배송업체 UPS

UPS는 2005년부터 배달 차량 9만4000대의 목적지별 배달 시간과 경로를 최적화해 알려주는 운송 네트워크 최적화 프로그램을 도입했다. 프로그램은 배송기사가 그날의 목적지들을 입력하면 시간대별로 통행량 등을 감안해 최적화된 운송경로를 알려준다. UPS는 최적화 프로그램 도입으로 1년에 300만 마일의 운행거리를 단축해 연간 연료 사용량의 2%(약 1136만 l)를 절감하고, 31,000ton의 온실가스 배출을 줄였다.

8.3 물류추적/관리지원 SW 설계 최적화

8.3.1 물류추적/관리지원 SW 정의

RFID/USN 등의 IT 기술을 이용하여 물류활동의 핵심 대상인 제품의 운송과정을 모니터링 할 수 있는 솔루션으로서 국내 및 국제화된 공급망 전체에서 그리고 판매 후 발생하는 빈번한 반품, 반송 및 수리요청, 그리고 사용 후 폐기되는 제품을 친환경적으로 처리하도록 해당 제품을 마지막 단계까지 추적 및 관리 할 수 있게 지원하는 그린 SW이다.

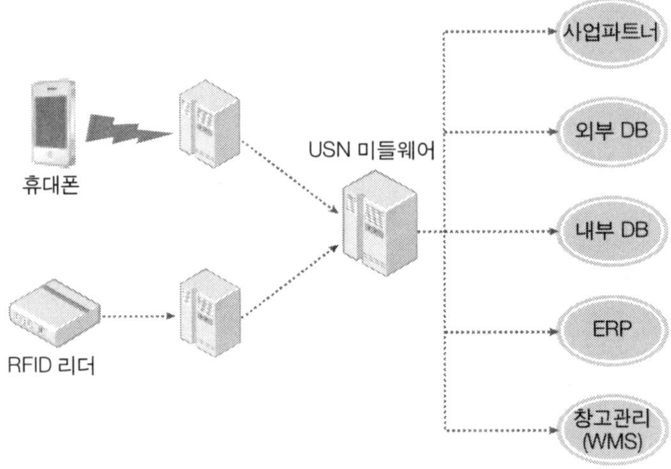

〈그림 2.87〉 RFID/USN을 이용한 추적 및 관리

〈그림 2.88〉 RFID의 모습

◎ 출처 : mmTouch, "RFID 사진", 2011.07.17.

RFID(Radio Frequency Identification)는 리더를 통하여 접촉하지 않고 태그의 정보를 판독하거나 기록하는 기존의 코드를 대체할 자동식별기술로써 바코드가 가지고 있는 저장용량과 인식거리의 한계를 보완해 줄 수 있을 뿐만 아니라, 공급사슬 상에서 다양한 기능과 서비스를 제공해준다.

〈표 2.62〉 RFID 주요 활용분야

주요활용분야	내 용
산업분야	공정관리, 출입통제
물류분야	택배, 컨테이너, 우편
판매유통	상품관리, 고객관리
소방방제	소방활동지원, 재해정보수집
교육문화	도서관리, 문화재보호
환경	폐기물 관리
금융	위조방지

USN(Ubiquitous Sensor Network)은 장소의 구애를 받지 않고 언제 어디서나 컴퓨팅 환경에 접속할 수 있는 유비쿼터스 센서 네트워크를 말한다. 모든 사물에 RFID태그를 부착해 인터넷에 연결하여 정보를 인식, 관리하는 네트워크로서 사물들이 서로 통신하는 기술이다.

8.3.2 물류추적/관리지원 SW 중요성

SCM(Supply Chain Management)관리에 RFID/USN 기술이 접목되면서 기존의 POS(Point-Of-Sales)를 통한 개별인식의 수준을 다수의 태그를 동시에 인식가능 하도록 해 많은 데이터를 실시간 처리할 수 있게 되었다. 따라서 물류 프로세스의 단순화를 통해 상품인식 소요시간의 감소로 인건비 절감뿐 아니라 즉각적인 물류서비스를 통한 새로운 수익창출이 가능할 것으로 예상된다.

8.3.3 물류추적/관리지원 SW 주요기능

국내 RFID/USN기술은 SCM의 가시성 및 추적성 확보를 중점적으로 진행되고 있다. 물류활동의 대상물(예 : 반품, 회수품, 폐기품 등) 처리과정 및 결과들이 환경에 미치는 부정적 영향력을 최소화시킬 수 있는 물류활동을 통하여 녹색물류의 목적을 달성할 수 있게 된다. 특별히 역 물류(물류흐름에 반하는 물적 자원 관리로써 필요할 시에 그 용도를 폐기하고 다시 재활용할 수 있게 원래 생산지로 돌려보내는 행위)의 활동이 이 영역에서 중추적 역할을 수행할 수 있으며 최적의 반품수거와 적정처리 프로세스 개발 및 효율적 관리체제의 구축, 신속하고 정확한 의사결정 정보시스템의 개발, 재판매와 재사용을 통한 대상물의 수명연장, 재활용을 통한 부족자원의 보전, 안전한 폐기처리를 통한 지구환경의 보전 등 다양한 활동이 이에 속한다. 또한 물류활동을 통하여 이동되는 대상물의 특성에 대한 정확한 정보와 이동 및 보관경로의 정보확보를 통하여 제품을 수명주기 동안 정확하고 철저하게 관리함으로써 자재, 부품, 완제품, 재고품 등의 단계를 거치며 필요한 처리활동이 환경친화적으로 수행될 수 있도록 정보를 제공하고 의사결정을 실시하여 녹색물류의 목적을 달성할 수 있게 된다.

8.3.4 물류추적/관리지원 SW 절약 방법 및 효과

RFID 태그를 랙에 부착하고 지게차에 리더를 부착시켜 동선을 관리하는 시스템을 이용해 지게차의 최적의 동선을 분석하고 재고의 최적 보관을 실현할 수 있어 자원을 시스템적으로 관리하여 이산화탄소 배출을 줄일 수 있다.

기존 항만의 RFID기반 컨테이너 추적시스템과 연계하여 내륙컨테이너기지 및 복합물류터미널과 고속도로 톨게이트에 RFID 리더기 및 인프라를 설치하고, 이들 물류거점을 출입하는 운송차량 5,000여대에 RFID 태그를 부착하여 내륙 물류거점과 주요 항만간 차량 · 물동량의 운행정보와 추적서비스를 통하여 게이트자동화, 차량대기 순번발급, 배차업무 효율화 등을 효과로 물류비용을 절감할 수 있다. 특히, 화물차량 진출입이 많은 경우 연계된 정보를 이용하여 게이트 자동화를 구축함으로써 반출입증 자동발급, 차량의 게이트 통과속도 향상 등이 이루어지고, 추적정보를 제공받는 운송사의 배차업무의 효율이 향상되었다.

8.3.5 물류추적/관리지원 SW의 기술 동향

제품 프로세스 단계인 제조 및 생산, 물류, 유통, 회수, 재활용 중 u-SCM 플랫폼 및 무선인식 기술개발, 유비쿼터스 전자물류시스템, 상품 라이프사이클 통합 물류솔루션, 국제물류통합 플랫폼 개발 등의 순물류에 대한 연구 개발이 종결되어 시범사업이 진행되고 있으며 회수 및 재활용 단계인 역물류에 대한 RFID 지능형 Green Logistics Application 기반기술 개발 연구는 현재 진행 중에 있다. 또한 국내 RFID/USN 기술은 현재 지식경제부 주도로 기술개발과 산업 확산이 이루어지고 있으며 그 과제에 대한 내용은 아래 표와 같다.

〈표 2.63〉 RFID/USN 기술을 SCM에 적용시키기 위한 프로젝트

프로젝트명	내 용
UPLUS(U+)	제조, 물류, 유통에서의 상품 라이프 사이클을 통합 관리하는 솔루션 개발
URECA(Ubiquitous RFID Environment Collaboration Arena)	RFID 기반 물류 인프라(네트워크 플랫폼) 및 응용시스템(주문, 창고, 배송 관리 등) 개발
U-GLP(Ubiquitous Global Logistics Platform)	국제 수출입 물류 프로세스 상에서 RFID/USN 기술 요소를 기반으로 기업 간 효과적인 화물정보 전달을 목표로 하여 국제물류 공용 플랫폼 및 기업 사용자 솔루션 개발
RFID 기반 IT 혁신 네트워크 사업	중소 협력업체가 모기업과 공동으로 인터넷, RFID/USN 등의 IT 기술을 기반으로 하여 설계, 생산, 유통 등의 공급망 전반에 적용하기 위한 것으로서 자동차, 철강, 섬유, 제지 등의 산업 분야에 RFID/USN 기술 적용
GLOBE(Green LOgistics Oriented Business Environment)	국제적으로 환경규제가 심하되는 가운데 제품의 폐기, 반품, 재생산 등의 회수물류에서 RFID/USN기술 적용
SCCM(Smart Cold Chain Management)	유통 과정에서 일정한 온도가 필요한 냉동/냉장 제품 유통의 RFID/USN 기반 기술 개발

◎ 출처 : (사)벤처기업협회, "그린 SW 기술 및 시장 동향 Smart Logistics 분야", 2009.12.

현재의 물류추적 기술에선 RFID기술이 가장 적합하고 필수적인데, 적용하는데 있어 RFID칩의 가격이 많은 비중을 차지한다. 가장 대표적인 칩의 경우, 전체 태그의 가격 중 IC(Integrated Circuit : 직접회로)칩이 차지하는 비중은 60~80%이다. 그렇기 때문에 초저가 태그 구현과 소형화 하기위한 연구가 진행 중이다. 또한 데이터의 처리/분배를 위한 지능형 에이전트와 다양한 비즈니스 시스템(SCM : Supply Chain Management, 공급망관리, 제품생산을 위한 프로세스를 부

품조달에서 생산계획, 납품, 재고관리 등을 효율적으로 처리할 수 있는 관리 솔루션), ERP(Enterprise Resource Planning : 전사적 자원관리, 기업활동을 위해 사용되는 기업 내의 모든 인적, 물적 자원을 효율적으로 관리하여 궁극적으로 기업의 경쟁력을 강화시켜 주는 통합정보 시스템), CRM(Customer Relationship Management : 고객과 관련된 기업의 내 · 외부 자료를 분석, 통합하여 고객 특성에 기초한 마케팅 활동을 계획, 지원, 평가하는 과정을 통해 향후 마케팅에 이용하기 위한 고객의 정보를 분류하고 활용하는 것)에 연동하기 위한 적응형 미들웨어의 개발도 추진 중이다.

8.3.6 물류추적/관리지원 SW의 적용 사례

(1) 미츠비시사의 통합물류정보시스템(Dr. Logis)

Dr. Logis는 배차 · 배송 계획-운행감시-실적관리를 통합 · 연계하고 차량 이용효율을 향상시킴으로써 비용 절감효과를 가져오며 각 기업에 효율적인 로지스틱스 오퍼레이션을 가능하게 하는 물류관리시스템이다.

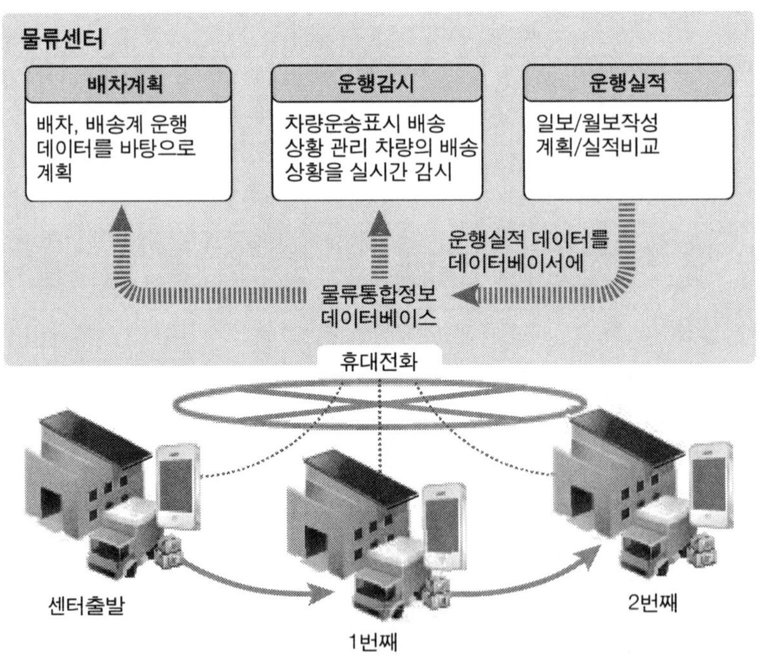

〈그림 2.89〉 미츠비시사의 Dr. Logis의 계략도

◎ 출처 : (사)벤처기업협회, "그린 SW 기술 및 시장 동향 Smart Logistics 분야", 2009.12.

이 시스템은 CO_2배출량의 계획 시뮬레이션 기능으로 CO_2 절감효과를 가시화하였으며 배송상황을 실시간으로 배차 · 배송 계획에 반영하여 유연한 운영을 하였고 네비게이션 지도시스템과 연계하였다. 실제주행에 적합한 최적의 배차와 배송 계획을 단시간에 작성하며 주행실적이나 작업시간을 피드백하여 다음 배차계획의 정확도가 향상 되도록 설계되었다. 이 시스템을 도입하여 적재율의 향상과 혼적의 효율화로 인해 도입 후 1년간의 실적으로 주행거리 2,560,000km와 167.6ton의 CO_2 절감효과 사례가 있다.

(2) 월마트의 RFID 태그

월마트는 2010년 8월부터 매장에서 판매하는 의류제품 각각에 RFID 태그를 부착하였다. 시범적으로 대형유통매장을 중심으로 확산되고 있으며, 이에 따라 RFID 기술이 대형유통업체에서 판매되는 의류와 전자제품 등 개별적 제품에 부착되는 추세가 확산될 것이다.

월마트는 지난 몇 개월 동안의 아칸사스 대학의 초기 연구결과에 따르면 RFID 기술을 이용한 점포가 사용하지 않은 점포보다 재고부족 제품의 보충에서 효율성이 63% 이상 있다고 한다. 연구원들은 EPC(Electronic Product Code : RFID 태그 종류) 코드를 사용한 RFID 라벨을 장착한 월마트 점포에서 재고의 16% 감소를 발견하였고 또한 RFID를 가진 물품의 재고 보충이 표준 바코드 기술을 사용한 물품보다 3배 이상 빠르며 과잉재고를 유발하는 수작업 주문의 큰 감소를 경험했다고 한다. 월마트는 RFID 기술을 통해 창고에서 RFID 태그가 없는 물품보다 3배 이상 빠르게 인식하여, 점포 내부 재고관리 향상 이외에 가격인하에 중요한 공급망을 통한 전체적인 재고감소의 효과를 얻었다.

(3) 국토해양부의 내륙 물류거점 - 항만간 차량 · 물동량의 위치추적과 관리지원 서비스

국토해양부는 수도권 내륙 물류기지와 전국 주요항만 간 수출입컨테이너 차량과 컨테이너 등의 물동량에 대한 운행 · 위치정보 및 각 물류거점별 차량 · 물동량의 정보 등을 운송회사, 화주 및 물류거점 운영주체가 보다 쉽게 파악하고 효율적으로 운영하도록 지원하는 물류추적시스템을 2009년 5월 28일에 본격 시행하였다. 기존 항만의 RFID기반 컨테이너 추적시스템과 연계하여 경인(의왕) · 양산 내륙컨테이너기지(Inland Container Depot) 및 군포 · 양산 복합물류터미널(Integrated Freight Terminal), 부산진역CY(Container Yard) 등 5개소 및 주변 고속도로 톨게이트 10개소(부곡, 양산, 부산, 서부산, 가락, 북부산, 대동, 동광양, 옥곡, 광양)를 대상으로 RFID 리더기 및 인프라를 설치하고 이들 물류거점을 출입하는 운송차량 5,000여대에 RFID 태그를 부착하여 내륙 물류거점과 주요 항만간 차량·물동량의 운행정보와 추적서비스를 확대 시행하였다. 차량 및 컨테이너 추적정보는 물류거점에 시스템연계를 통해 자동으로 제공되며, 홈페이지(www.ULTS.go.kr)를 통해서도 추적정보를 제공받을 수 있다. 이번 사업으로 물류거점 운영사 및 운송사 등 물류주체는 게이트 자동화, 차량대기 순번발급, 배차업무 효율화 등을 통하여 년간 171억 원의 물류비용 절감효과를 기대한다. 특히, 화물차량 진출입이 많은 경인(의왕)ICD의 경우 연계된 정보를 이용하여 게이트 자동화를 구축함으로써 반출입증 자동발급, 차량의 게이트 통과 속도 향상 등이 이루어지고 추적정보를 제공받는 운송사의 배차업무 효율화가 가능하게 되었다.

〈그림 2.90〉 물류추적시스템(ULTS) 홈페이지

◎ 출처 : ULTS홈페이지, “http : //www.ults.go.kr”

8.4 친환경 공급망 관리(GSCM : Green Supply Chain Management)

8.4.1 친환경 공급망 관리 정의

GSCM(Green Supply Chain Management)은 제품 및 서비스의 생산, 유통, 판매, 폐기에 걸친 수명주기(Life-Cycle) 동안 사용되는 물류분야의 모든 활동이 지구의 지속가능성(Sustainability) 달성을 적극적으로 지원하고 물류활동 자체의 결과가 환경에 미치는 부정적 영향력을 최소화 할 수 있도록 설계하고 구현 및 관리 통제하는 활동이다.

GSCM의 범위는 원재료 탐색에서부터 최종 고객에 이르기까지의 공급 사슬 전 과정(Forward Logistics)과 사용 후 재활용과 폐기에 이르기까지의 역물류(Reverse Logistics) 전 과정을 통하여 발생하는 온실가스를 원천적으로 제거하거나 최소화 할 수 있도록 온실가스 감축에 관한 위험가시성을 확보하는 것이다. 즉, GSCM 영역은 기업의 조달, 생산, 판매, 회수, 반품, 폐기의 과정에 수반되는 운송, 보관, 하역, 포장, 가공 등의 유통 · 물류활동 분야이다.

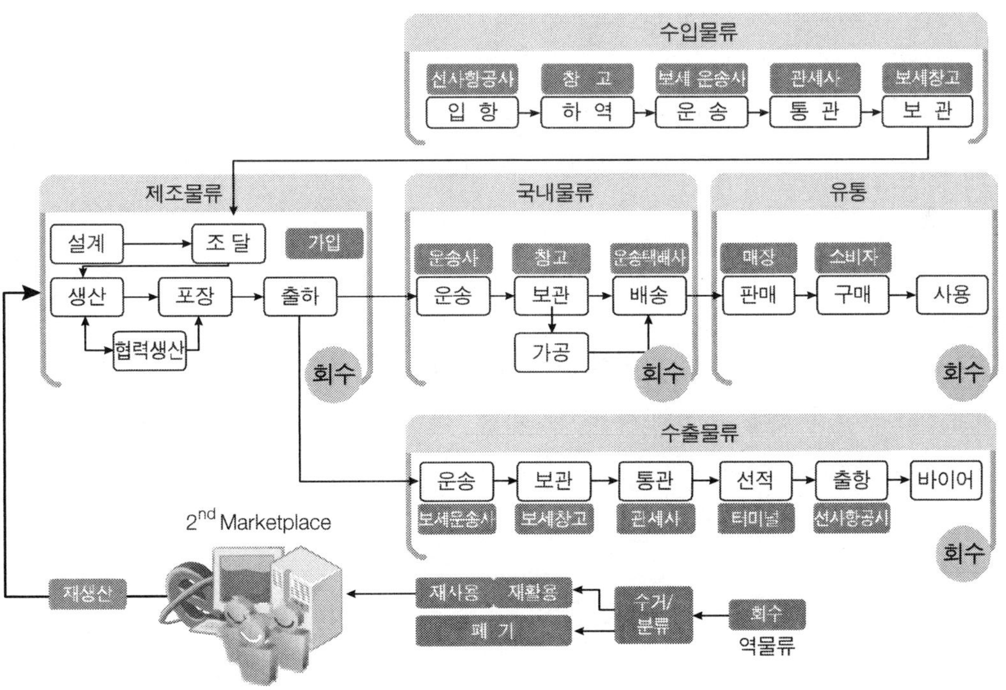

〈그림 2.91〉 GSCM대상 물류활동 범위

◎ 출처 : 지식경제부, "11년 산업융합원천기술개발사업 신규과제 세부 기획서", 2011.04.18.

8.4.2 친환경 공급망 관리 중요성

온실가스 배출로 인한 지구온난화 등 환경보호에 대한 관심이 증가함에 따라 국제기구 및 각국의 온실가스 등 오염물질 배출을 실질적 및 가시적으로 모니터링하고 통제하는 규제 제도가 확산되고 있다. 즉, 환경규제 강화로 인해 기업들은 친환경 경영을 지속성장 관점에서 기업 경쟁력으로 인식하기 시작하였으며 또한, 산업의 글로벌화가 가속화됨에 따라 세계적으로 다양한 재화 및 상품이 이동하는 물류의 증가와 물류관리의 중요성이 확대되고 있다. 따라서 녹색물류(Green Logistics) 달성을 위해 물류활동 자체를 통해서 발생하는 결과가 환경에 미치는 부정적 영향력을 최소화시킬 수 있는 물류활동의 중요성이 부각되고 있다.

8.4.3 친환경 공급망 관리 주요기능

GSCM은 기존에 이미 기업에 구축된 기업관리시스템인 ERP와 SCM 등의 어플리케이션에 WMS(Warehouse Management System : 물류센터 내에서 물류를 관리하면서 발생하는 모든 활동과 주문 및 입·출고 최적화, 실시간 재고 관리, 공간과 장비 최적화 등 물류 흐름상 정보를 실시간 제공하고 조절하는 창고관리시스템), TMS(Transportation Management System : 화물 운송 때 수반되는 자료와 정보를 신속하게 수집하여 이를 효율적으로 관리하는 동시에, 수주 기능에서 입력한 정보를 기초로 비용이 가장 적은 수송 경로와 수송 수단을 제공하는 운송관리시스템), 유해물질관리 등의 물류관련시스템 구축과 통합을 가속화함으로써 공급망 전반에 걸친 운영효율의 극대화를 구현할 수 있게 한다.

에너지를 절감할 수 있는 환경친화적 창고관리시스템(WMS)의 경우 기업관리시스템인 ERP, SCM 등의 어플리케이션과 창고관리시스템과의 통합 솔루션으로 발전하며 운송관리시스템(TMS)의 경우에는 차량의 등록, 관리 및 배차 최적화, 스케쥴링을 통해 이산화탄소 배출량을 산출하고 관리하는 환경친화적인 부분에 적용된다.

8.4.4 친환경 공급망 관리 절약 방법 및 효과

기업들은 공급망 관리시스템의 구축과 함께 창고관리시스템(WMS), 수·배송시스템(TMS) 등 물류 관련 정보화 시스템의 구축과 통합을 가속화함으로써 공급망 전반에 걸친 운영효율의 극대화를 꾀하고 있으며, 효율적인 운영을 통하여 에너지를 절감시키고 이산화탄소 배출량의 감축효과를 다음의 두 가지 방법으로 얻을 수 있다.

첫 번째, WMS를 통해 창고 내 가시성을 높여 재고량을 줄이고, 생산 현장 내 재공품(공장에서 생산과정 중에 있는 물품) 및 부품 수량을 실시간 모니터링을 하여 생산 효율성과 노동 생산성을 향상시킨다. 다중 창고관리 기능을 제공하는 WMS는 센터 내, 센터 간 재고에 대한 가시성을 제공하여 각종 예외사항에 대한 즉각적인 대응을 가능하게 한다. 재고 뿐만 아니라 입출고 동선 및 횟수에 따라 최적의 로케이션을 설정한다.

두 번째, TMS는 화물 운송시에 수반되는 자료 및 정보를 신속하게 수집하여 이를 효율적으로 관리하면서 입력한 정보를 근거로 비용이 가장 적은 수·배송 루트나 수·배송수단의 계획을 수립하는 것이다. TMS의 기능은 최적 수·배송수단의 선택, 배차계획의 수립, 화물적재계획의 수립, 최적 경로의 계산, 화물추적, 운임계산의 자동화, 전표 및 송장, 피킹리스트의 작성 등이 있다. 수·배송 계획 시스템은 수·배송 의뢰된 정보의 수집과 배차 스케줄링, 수·배송 차량대수를 결정하는 기능을 수행하며 운행관리 시스템은 차량 위치에 대한 정보수집과 상하차 작업정보를 수집하며, 또한 운행 지시 및 작업진행 상황을 파악할 수 있는 기능을 갖고 있다. 실적관리시스템은 작업 실적 데이터의 수집과 차량제원의 작성 및 등록을 할 수 있도록 구성하였으며 일·월 정보의 작성과 작업비 산정을 위한 정보를 연결하여 주는 기능을 가지고 있다. 수·배송 관리시스템은 정시납품 여부와 납품시간, 운행거리, 운행시간, 1회전당 배송처 수 등에 관한 정보를 상세히 파악할 수 있으며, 이를 통해 내부 운송관리는 물론 이력추적과 같은 고객에게 필요한 맞춤정보를 제공할 수 있다.

한 예로써, 미국에 본사를 둔 애견용품 제조기업 A사는 수송, 창고보관, 제품생산에 있어 이산화탄소 감소 및 비용, 서비스를 최적화하기 위하여 물류 네트워크를 재정비하고 6개의 물류네트워크상의 이산화탄소 배출량을 변수화하여 네트워크 최적화 과정에 반영하였다. 탄소 배출의 주요 요인 확인결과 수·배송에서 43%, 공장에서 41%, 창고에서 16%가 발생하였음을 확인하였다.

8.4.5 친환경 공급망 관리의 기술 동향

최근에는 전통적인 공급망 관리의 개념에 환경요인이 접목되면서 순방향(Forward)과 역방향(Reverse)까지 포괄하는 방향으로 기술적용이 전환되고 있으나 기술적인 관점에서 Green Chain 구축을 위한 지원기술은 부족한 실정이다. 이에, Green Chain Management는 기업의 조달, 생산, 판매, 회수, 반품, 폐기에 이르는 공급망 과정에서 발생하는 운송, 보관, 하역, 포장,

가공 등의 유통·물류관리에 있어 에너지절감, CO_2 저감 등 친환경 요소를 반영해야 한다.

WMS의 동향은 전통적 ERP업체들이 WMS의 개념을 포함한 확장 ERP의 개념으로 시장에 진출하고 있다. 물류업계에서는 비용절감, 시간단축, 서비스 안정성 등을 위해 창고관리시스템을 기간 시스템으로 정착시키고 있으며, 물류창고가 대형화, 통합화 되어 가면서 자동창고시스템의 기술흐름은 종래에 단순히 물품보관만을 수행하던 창고 고유의 기능에서 탈피하여 생산자동화시스템 내에서 재료나 부품 등의 보관, 반송, 입출고 및 재고관리 등을 포괄적으로 수행하는 통합 물류시스템의 역할로 그 기능이 확대, 발전하고 있다.

TMS의 경우 전 세계적으로 아직 개발과 보급의 가능성이 큰 영역이다. 국제유가 상승과 화물차량에 대한 환경 규제 등 운송환경의 어려움이 가중되고 있는 상황이므로, 기업은 물류비에서 차지하는 비중이 높은 수송 및 배송비용을 줄이기 위해 운송관리시스템 도입에 나설 것으로 예상된다.

최근에는 TMS와의 정보 단절을 없애기 위하여 확장된 WMS로서 YMS(Yard Management System : 야적장내에서 차량, 도크, 컨테이너 등을 효율적으로 관리하는 솔루션) 및 Dock(화물적재 플랫폼) Management 모듈이 도입되고 있다. 또한 창고의 로케이션 재고배치는 창고관리의 핵심기능 중 하나인 피킹의 생산성에 큰 영향을 미치기 때문에 창고 최적화 시스템도 떠오르는 모듈 중 하나이다. TMS의 한 솔루션 분야로 첨단화물운송시스템은 화물 및 차량에 대한 위치, 운행 상태, 차내 상황 등을 PDA, 휴대폰 등의 단말기를 통해 관제실에서 실시간으로 추적, 파악하여 최적의 운행을 지시 한다. 물류 솔루션은 자체 개발 방식으로 구축되는 것이 일반적이었으나 제3자 물류의 확대, RFID 등 신기술의 접목이 활발해지면서 패키지 도입이 늘어나고 있는 추세이다.

8.4.6 친환경 공급망 관리의 적용 사례

(1) 일본 스미킨 물산

일본 어패럴 물류 시장은 비용 절감을 위해 중국 등 해외의 생산 공장 이전 등으로 인해 공급사슬의 범위가 해외로 확대되면서 수송 빈도, 수송거리도 함께 증가하고 있다. 의류상품 특성상 수요 예측이 어렵고 이 때문에 리스크를 염두에 둔 일본 국내 판매사업자로부터 소(小)LOT(동일 품종을 동일한 시기에 모아서 생산할 수량을 생산) 규모의 단납기가 요구된다. 이러한 다품종 소량생산과 함께 수송 빈도와 거리도 증가하면서 그에 따른 문제점이 속출하고 있다.

스미킨물산은 지금까지 중국에서 생산된 제품을 일본 국내로 수입할 때 상품의 품질 검사나 매장별 배분을 위해 각 어패럴 사업자가 지정한 일본 내 창고에 집약시킨 후 최종 소비지인 일본 전국의 점포로 장거리 배송을 실시해 왔다. 그러나 이러한 방식에 대해 한 곳의 거점에서 종합시켜 전국의 매장으로 배송하는 방법은 배송 손실이 큰 단점이 있다. 또 수송단위 역시 생산 오더 등 계약 단위를 기준으로 한 개의 고정 LOT로 처리하고 있어 물류상의 적재효율 향상을 고려한 배송방법, 배송단위 검토가 충분히 시행되지 않고 있다.

이를 해결하기 위해 신사업 모델에서는 트럭 수송에 의해 낭비되는 물류비용, CO_2 배출 감축에 초점을 두고 '최적 항구 화물 수송'에 의한 일본 국내 장거리수송 비용절감을 도모했다.

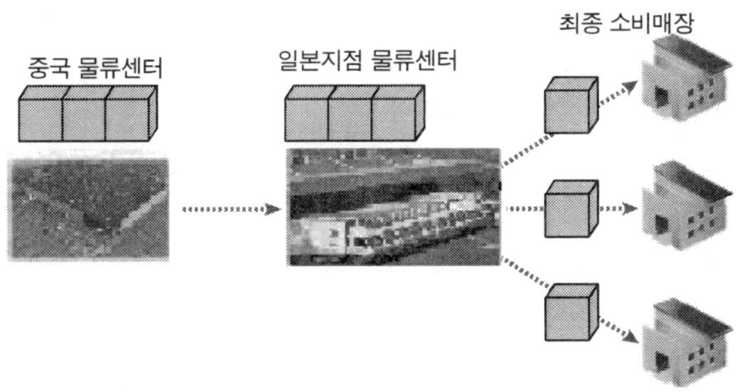

〈그림 2.92〉 종래의 물류 프로세스 모델

◎ 출처 : 물류신문, "일 · 중간 어패럴 SCM으로 친환경물류 실현", 2007.08.16.

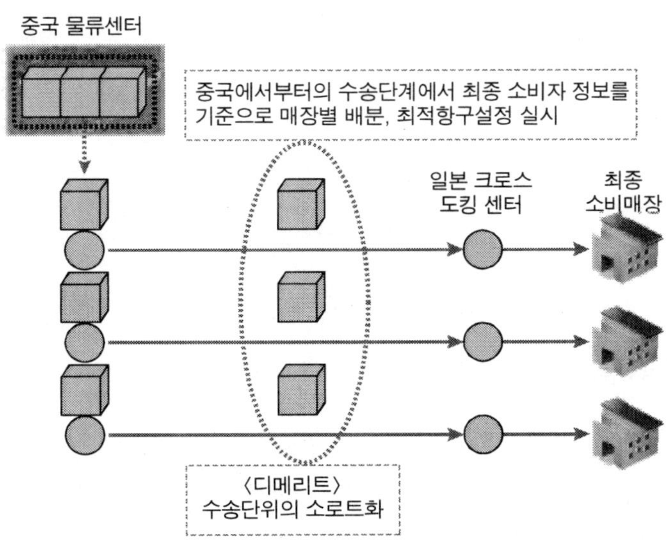

〈그림 2.93〉 개선 물류 프로세스 모델

◎ 출처 : 물류신문, "일 · 중간 어패럴 SCM으로 친환경물류 실현", 2007.08.16.

그 일환으로 일본에서 실시되는 품질검사, 매장별 배분을 중국에 있는 물류 거점에서 미리 실시하고 중국 출하단계 시 점포별로 포장해 출하되는 형태로 방식을 바꾸었다. 이를 통해 최종소비 매장에 기반한 최저 항구 수송이 가능해져 일본 국내 수송거리의 단축이 가능해졌다. 또 중국 내 물류 거점에서도 같은 목적지의 화물을 함께 집약시킴에 따라 해상 수송의 적재효율을 높이는 것이 가능해졌다.

종래의 스미킨물산 섬유 컴퍼니 서플라인 체인은 전체적인 가시화가 불가능했기 때문에 각 거점별 프로세스에 요구되는 작업 시간과 수송 시간 등의 리드타임에 적당한 여유(리스크버퍼)를 갖고 스케줄을 설정했다.

그러나 이러한 버퍼를 통해 낭비되는 손실을 막기 위해서 각 프로세스의 구체적인 소요시간과 수송 수단의 운항 스케줄 정보 등을 수집해 프로세스를 가시화하였다. 다시 말해 선택한 수송 수단의 운항스케줄에 기반해 화물의 출하시간, 납품시간을 정하고 각각의 리드타임을 결정하였다.

그 후 각 공정에서 설정한 리스크버퍼를 집약시키고 전체적으로 조정한 후 적당한 리드타임을 유지한 채로 각 공정의 리스크버퍼를 적정하게 재분배하여 그것을 기준으로 공정 작업을 조정함으로써 공정의 낭비를 최소한으로 억제하는 것이 가능해졌다.

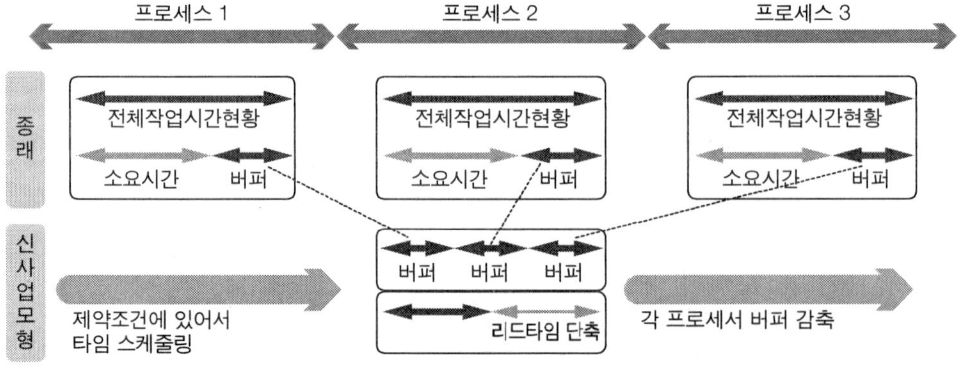

〈그림 2.94〉 서플라이체인 전체의 리스크버퍼 컨트롤

◎ 출처 : 물류신문, “일 · 중간 어패럴 SCM으로 친환경물류 실현”, 2007.08.16.

이러한 노력의 결과, 최적화된 경로로 이동하는 경우 이산화탄소 총배출량을 31.78%로 대폭 저감하고 물류비도 2.76% 감소시키는 성과를 거두었다. 이는 해외생산 공장이나 물류센터, 화주기업과 소매사업자 등 공급사슬에 관련된 모든 관련자가 입장의 차이를 넘어 공급사슬 전체가 환경문제에 적극 대처하는 강한 의지를 갖고 협력하여 성과를 이룬 사업으로 평가받고 있다.

09 인터넷 데이터센터(IDC)

9.1 인터넷 데이터센터(IDC)의 정의

IDC(Internet Data Center)란 IT 산업의 성장과 함께 생겨난 용어로 기업이나 개인을 주 고객으로 전산장비나 네트워크장비를 임대하거나 고객의 장비를 맡아서 유지보수 등의 서비스를 제공하는 곳을 일컫는다.

IDC는 서버를 한데 모아두며(Co-location), 네트워크를 24시간 관리하는 운영센터와 이에 대한 지원체계를 통합하는 의미이며, 서버 등의 장비를 사람에 비유하여 IDC를 서버장비들의 호텔이라는 표현을 하기도 한다.

IDC는 기가바이트(Giga Byte)급의 고속 전용선을 제공하며, 지진이나 화재 등의 천재지변에도 대응할 수 있는 설비를 갖추고 있다. 또한 정전에 대비해 자체발전설비와 무정전 전원 공급 장치를 갖추고 있는 것은 기본이다. 따라서 외부에서 전원공급이 중단된다 하더라도 무정전 전원 공급 장치에서 축전지에 보관하고 있던 전력을 공급함으로 전력중단에 따른 서버장비의 운영중단을 사전에 차단한다. 또한 자동적 항온항습시스템을 구축하여 장비에 최적인 일정한 온도 및 습도를 유지하게 한다.

현재의 IDC는 센터 내에서 방출하는 막대한 CO_2의 양으로 인한 환경오염을 유발하며 그로 인한 각종 사회단체로부터의 비판에 직면하게 되었다. 이러한 기업 내·외부의 위기를 극복하고자 나온 방안이 바로 'Green IDC'이다.

Green IDC란 산업 전반에서 전개되고 있는 친환경, 에너지 절약 추세에 부응하여 기존의 운영방식을 개선하거나, 전면적으로 재설계함으로써 기존 데이터센터가 가지는 문제를 해결하고, 환경문제에 기여하는 것이라고 할 수 있다. 다시 말하면, Green IDC란 기존의 데이터센터에 그린IT 기술을 적용하여 저비용, 고효율의 데이터센터로 새로이 진화된 데이터센터를 의미한다.

Green IDC 구축을 위한 접근은 다각도로 구상되고 있지만, 이러한 접근의 최종목표는 에너지 효율을 극대화 하는 것이다. 즉, 데이터센터 설계부터 운영까지 모든 과정이 에너지 효율화에 초점을 두고 접근되고 있다.

9.2 Cooling

9.2.1 Cooling의 정의

IT장비는 내부 온도를 적절하게 유지하지 않으면 장애가 발생한다. 일반적으로 IT장비의 자체 온도조절 기능은 내부의 더운 열기를 외부로 배출하는 팬이 거의 유일하다 할 수 있으며 서버실에 한번 자리 잡으면 그 자리에 고정된다. 이때, 서버실의 내부 온도를 적정하게 유지시키는 역할을 공조시스템이 담당한다.

냉각효율화 설계의 기본 개념으로는 '가용성'과 '에너지 효율성' 두 요소를 적절하게 고려하여 최적화된 구성을 도출하는 것이 에너지 효율적인 냉각시스템 설계의 궁극적인 목표라고 할 수 있다.

즉, 그린 데이터센터의 설계는 센터의 설비적 효율 추구를 넘어 주변 환경을 활용하여 에너지 효율을 향상시키는 것을 포함한다. 이를 위한 입지 선정은 데이터센터가 위치할 부지의 강수, 기온, 풍향 및 풍속, 지형과 지세 등의 환경적인 영향을 분석하여 최적의 위치를 결정하는 것이며, 공간설계는 해당부지가 갖는 환경적 요소를 효과적으로 활용하여 데이터센터의 배치, 평면형태 등의 공간을 구성하는 것이다.

9.2.2 Cooling의 중요성

IDC에서 소요되는 비용 중 서버를 늘리는데 사용되는 비용은 늘어나지 않는 가운데 관리비용, 전력, 냉각 등에 들어가는 비용이 증가하는 것을 알 수 있다. 여기서 전력과 냉각 비용은 순수 에너지 비용으로 전부 소모되는 비용이다. 게다가 가장 가파른 증가세를 보이고 있는 관리비용의 일부는 냉각을 위한 공조기를 늘리는데 사용하고 있어서 실제 IDC에서 사용하는 비용 중, 냉각에 대한 비용은 쉽게 간과할 수 없는 수준이라는 것이 업계의 판단이다. 더불어 미국 내 데이터센터의 전력 소모량 분석 보고서에 따르면 전체 전력 소모량의 65% 이상을 데이터센터 내 서버 공조 시스템의 온도를 낮추는데 사용하는 것으로 나타났다. 이는 TCO(총소요비용) 절감과 고밀도의 효율적인 IT 인프라환경 구현이라는 차세대 데이터센터 서비스의 핵심으로써 Cooling을 통한 에너지 효율적인 데이터센터의 구축이 얼마나 중요한 것인가를 증명해 준다.

9.2.3 Cooling의 에너지 절약 방법 및 효과

(1) 지정학적인 위치와 환경적 요소를 고려한 입지 및 공간 설계

① 기후 조건

외기도입이나 프리쿨링(냉각설비를 가동하지 않고 냉매를 순환시켜 냉각효과를 얻는 방법)을 이용할 수 있는 기간이 타 지역에 비해 더 길수록 냉각효율성 향상에 유리하고, 해당 부지에 불어오는 바람의 주방향과 평균풍속, 일사량 등의 자료를 통해 센터건물의 방향과 배치, 형태계획이 이루어져야 하며 자연재해의 가능성이 적은 지역 중 평균 강우량 등이 높아 우수 이용 시스템이 용이한 곳을 선택하는 것이 유리하다. 평균기온은 데이터센터에 미치는 부하를 고려할 때 높은 지역에 비해 낮은 지역이 유리하며, 사무실 영역의 자연환기, 풍력발전 등을 고려한다면 해당 지역의 주 풍향과 기본 풍속을 고려해 설계해야 한다.

② 사회 기반시설과의 접근성

대형 데이터센터는 안정적인 전력 확보를 위해 변전소에서 단독으로 공급되는 전용 전력선을 사용한다. 그러므로 센터 부지를 선정할 때는 변전소와의 거리가 가까울수록 유리하고, 이중화를 위해 두 곳의 변전소에서 전력을 공급 받는 경우 전용선 설치 거리를 최소화할 수 있도록 두 변전소에서 가장 가까운 거리에 위치하는 것이 바람직하다. 통신 기반시설도 전력과 마찬가지로 센터와 가까운 곳에 기간망이 위치하는 것이 좋다.

③ 효율적인 내풍 설계

일반적인 데이터센터 부지 선정의 경우 풍하중의 영향이 적은 지역을 선정하는 것이 좋다. 풍하중이 큰 경우 이에 대응하기 위해 건축부재가 늘어나게 되어 건축부재 절감을 통한 이산화탄소 배출량 감소라는 친환경 데이터센터 목표에 맞지 않으며 구축비용도 상승된다.

④ 지형의 형태를 고려한 건물 배치를 통한 미기후 조절

미기후란 소기후보다 더 작은 범위 대기의 물리적인 상태이다. 지형의 위치, 숲의 위치, 물의 위치 등에 따라 그 영향이 달라지는 것으로 크게 기온, 습도, 바람, 비의 분포, 일조 등이 미기후 조절 대상이 된다. 데이터센터 설계의 과정에서도 지형의 형태를 고려한 배치로 미세한 기후의 차이를 조절하고 궁극적으로 에너지 효율을 높이며 환경적 부담을 최소화 할 수 있다.

⑤ 데이터센터의 방위와 배치

일반적인 우리나라의 기후 조건에서 각 방위별로 받는 일사량을 조사한 결과, 남향에

수직으로 도달하는 일사량이 겨울철에 가장 많고, 여름철에는 가장 적으므로 난방과 냉각에 대한 부담을 덜어줄 수 있다. 따라서 남향의 배치가 가장 유리하고 서향이 가장 불리하며 동향은 서향보다는 유리하다. 이러한 남향 배치 시에 다른 방향보다도 20%정도의 에너지 절약 효과를 기대할 수 있다.

⑥ **평면의 형태**

일반적으로 건물의 열손실은 표면적이 늘어날수록 커진다. 밀집된 사각형의 평면 형태의 변화를 주면 외피 면적이 증가함으로 에너지 소비도 증가한다. 평면 형태가 단순할수록 에너지가 절약됨을 알 수 있다. 하지만 각 센터가 위치한 기후조건을 고려하면 여름철 냉각이 더 필요한 곳에서는 표면적을 최대한 늘려 통풍을 고려한 개구부를 크게 하는 것이 데이터센터의 냉각에너지를 절약하는데 유리하다.

⑦ **공간 설계**

데이터센터 내의 공간 설계는 에너지가 외부로 손실되는 것을 줄일 수 있는 '단절'의 개념과 공간 간의 이동 동선을 줄여 불필요한 자원소비를 방지할 수 있는 '통합'의 개념을 바탕으로 최적의 에너지효율과 최고의 기능을 발휘할 수 있도록 설계되어야 한다. 서버실의 경우 열이 많이 발생하여 냉각효율이 매우 중요한 공간이므로 일사부하에 대한 영향이 적도록 건물의 북쪽으로 배치시키고 외부 공간과 단절될 수 있도록 항온·항습실 등의 공간을 서버실의 외곽에 배치시키는 아일랜드 형식의 공간 배치가 에너지 효율적이다.

⑵ 데이터센터 건물의 부하저감 방안 수립

① **옥상의 벽면 녹화**

옥상의 벽면 녹화 효과는 건물의 에너지 절약과 구조체 보호, 이용자에게 안락함을 주는 동시에 도시의 녹지 제공, 대기의 정화, 열섬효과의 경감 등이 있다. 특히 일사부하는 데이터센터 구조체의 온도를 상승시켜 센터의 냉각효율을 떨어뜨리지만 옥상의 벽면녹화는 구조체의 온도 상승이 억제되어 냉각효율을 높일 수 있다.

② **외벽 밀폐**

과도한 태양 복사열은 서버실의 냉각효율을 저해시키는 요소이다. 태양으로 인한 복사열이 직접적으로 항온·항습기에 전달되면 그 효율이 저하되어 냉각을 위한 전력 소비가 증가하게 된다.

③ **지능형 외피시스템**

이 시스템은 건물 외피에 IT를 도입한 것으로 건물 외피 성능을 향상시킬 수 있으며 자동제어와 외부 환경에 따라 능동적으로 대응하고 이용할 수 있어 건물 내의 에너지 요구량을 효율적으로 줄일 수 있다.

(3) 발열이 심한 제품에 직접 냉각 제품을 붙여 열섬현상을 최소화

효율적인 냉각시스템을 위해서는 열역학 차원에서 발열을 분석하고 이를 통한 집중적인 냉각시스템이 필요하다. 특히 분산된 열을 모아서 집중적으로 냉각하는 방식이 가장 효율적이다. 예를 들어 발열이 심한 블레이드 서버 같은 특정 제품군은 따로 관리하는 것이 좋으며, 랙 서버의 배치가 맞물리게 해 열섬현상을 만들어 그 부분을 냉각하는 방식으로 데이터센터를 설계하게 되면 에너지 사용을 크게 줄이고도 센터 내 온도를 크게 낮출 수 있다.

9.2.4 Cooling의 관리 항목별 절감 대책 및 절감량

(1) 적절한 전체 냉각시스템 설계

① 공랭식 시스템

공랭식 시스템은 중소 규모 데이터센터의 전산 환경에 가장 많이 사용된다. 냉동사이클은 항온·항습기 유닛과 실외기에서 이루어진다. 실내기와 실외기 사이의 냉매순환은 배관을 통해 구성되며 열펌프 원리에 의해 실외로 열을 방출한다. 이 시스템은 설치를 위한 부대설비가 타 설비에 비해 간단하여 초기 설치비용이 적게 들고, 서버실의 발열이 예상 용량을 초과하는 경우에도 추가 증설이 용이한 장점이 있다. 그러나 실외기가 설치된 외부의 온도조건에 따라 냉각 효율이 다소 떨어질 수 있으며 냉매 배관의 거리에 제한을 받는다는 단점이 있다.

② 글리콜 및 수랭식(냉각수) 시스템

글리콜 시스템은 공랭식보다 냉매 배관 거리를 더 길게 구성할 수 있으며 외기 온도가 시스템에 미치는 영향이 적어 안정적인 운전이 가능하다. 수리 및 점검이 용이해서 중규모 데이터센터에 적합한 시스템이다. 그러나 글리콜 냉매의 냉각효율은 수랭식보다 다소 떨어진다.

수랭식시스템은 외부의 온도가 시스템에 미치는 영향이 적어 안정적인 운전이 가능하고 배관거리에 제한을 받지 않으며 수리 및 점검이 용이하다. 중앙 냉수식 시스템보

다는 초기 투자비용이 적다.

③ 중앙 냉수식 시스템

중앙 냉수식 시스템의 냉동사이클은 항온·항습기 유닛과 냉동기, 냉각탑을 통해 순환된다. 냉동기는 냉각탑에서 1차로 냉각된 냉각수를 받아 냉수(7℃ 이하)로 전환하여 항온·항습기 유닛에 공급한다. 서버실에 설치된 항온·항습기는 냉각을 위한 합축기와 열교환기를 포함하지 않으며, 냉동기에서 공급된 냉수가 냉수코일을 순환하여 IT 장비에서 온도가 상승된 열기를 냉각시키는 개념이다. 이 시스템은 외기조건 변화에 거의 영향을 받지 않아 신뢰도가 높고 운전자에 의한 정밀제어 운전이 가능하다. 고가용성이 요구되고 장비의 전력밀도가 높은 대규모 데이터센터에 적용된다.

(2) 서버실 냉각시스템 설계

① 서버실 공기흐름 분석을 통한 냉각 효율화 : 전산유체역학

전산유체역학(Computational Fluid Dynamics)은 컴퓨터를 사용해 유체유동을 가시화하거나 원하는 물리량(압력, 힘, 토크, 온도, 농도)을 해석하는 전산역학 해석의 한 분야이다. 특히 공기의 유동을 가시화하여 입자의 흐름을 직접 확인할 수 있으며, 그 결과를 통해 열에너지 대사의 타당성을 확인하고 분석할 수 있는 중요한 도구이다. 유체의 유동을 가시화 한다는 것은 유체입자의 흐름을 시뮬레이션을 통해 눈으로 직접 확인할 수 있도록 하는 것을 말한다. 특히 데이터센터를 신규로 구축하거나 서버실을 리모델링하는 경우 장비의 발열특성을 고려한 최적 장비 배치안을 도출할 수 있어 배치에 대한 시행착오를 최소화할 수 있다. 운영 중인 서버실에서 발생되는 냉기의 순환장애, 국부열 등에 대한 근본적인 원인과 개선안을 분석하고 검증할 수도 있어서 불필요한 비용 낭비를 막고 냉각에너지 소비의 효율을 높일 수 있다.

② 에너지 효율적인 냉각설비의 적용 : 다공판 풍압의 최적화, 외기냉각 시스템

서버실에 설치된 IT장비의 효율적 냉각은 다공판 풍압의 최적화와 직접적인 상관관계를 갖는다. 대부분의 데이터센터에서 서버실의 냉각 관리를 소홀하게 다루거나 중요성에 대한 인식부족으로 실제로는 냉각 능력이 충분함에도 불구하고 상면의 적정 온도 유지에 어려움을 겪고 있으며 서버실의 냉각 관리보다는 냉각 용량을 증설하여 해결하고 있다. IT장비의 발열은 장비가 사용하는 전력에 비례한다. 이 발열은 항온·항습기에서 공급하는 냉기로 해소를 하며 항온·항습기에서 불어주는 냉기는 바닥을 통하여 IT장비에 전달

된다. 이 바닥의 냉기는 상면의 뚫려진 곳으로 올라오는데 그 통로가 다공판이다. 이 다공판의 위치와 개구율은 IT장비의 냉각에 필요한 냉기의 적절한 분배를 담당한다.

외기냉각 시스템은 1년 중 외기온도가 서버실 내 냉기의 온도(약 15도)보다 낮을 때 외기를 직접 도입하거나 외기와 배기를 혼합하여 서버실 냉각에 사용하는 시스템이다. 1년 중 외기온도가 서버실 내 냉기의 온도보다 낮은 기간을 각 지역별 기상데이터를 활용해 외기도입의 가능일수를 산정하고 충분히 검토한 후 적용해야한다.

③ **축열 시스템 : 수축열 시스템, 방축열 시스템, 냉복도 밀폐**

수축열 시스템은 전력수요가 높지 않은 심야에 히트펌프(냉동기)를 가동하여 냉온열을 발생시켜 수축열조에 냉수(온수)로 저장하고, 주간에 그 열을 이용하여 센터의 냉·난방 및 급탕을 공급하는 시스템이다. 빙축열시스템에 비하여 축열조의 용량은 커지지만, 빙축열시스템보다 축열조의 효율이 높고 수출열조에 저장된 물을 소방용수로 사용이 가능하며, 별도의 저온용액을 사용하지 않으므로 환경 친화적이다.

방축열 시스템은 야간에 심야전력으로 얼음을 생성해 저장했다가 주간에 이 얼음을 녹여 냉각에 이용하는 시스템으로 냉각설비의 운전시간이 연장되므로 냉동기 및 냉각설비의 용량이 감소하고 심야전력사용에 따른 전력 사용비 절감, 수전설비와 계약전력의 감소로 인한 전력비 절감효과를 가져온다.

냉복도 밀폐는 각 냉복도의 상부와 측면을 차단하여 공급되는 냉기가 냉복도 밖으로 새나가지 않도록 하는 방법이다. 차단벽은 전산장비 배출구에서 나오는 열기가 냉기와 섞이지 않도록 하여 IT장비 입구의 온도를 일정하게 유지하도록 한다. 공급되는 냉기가 손실 없이 IT장비로만 급기됨으로써 실제 소요 풍량 자체도 감소하여 공기순환에 소요되는 에너지량도 줄어들게 된다.

9.2.5 Cooling의 기술 동향

한국 썬마이크로 시스템즈(現 오라클)를 중심으로, 저발열을 위한 시스템과 솔루션을 앞 다투어 출시하고 있다. 특히 데이터센터 내 에너지 중 상당량이 냉각에 소요된다는 점이 알려진 후, 저발열이 성능을 좌우하는 중요한 기준으로 자리바꿈하고 있는 실정이다. 또한 데이터센터 내 온도가 올라가면 내부에 있는 공조기가 풀가동되어 온도를 낮추게 된다. 하지만 공조기를 풀가동한다는 것은 그만큼 많은 에너지를 사용한다는 것을 의미하고, 많은 데이터센터가 이를 인식하고 있다. 이에 데이터센터 내 발열에 대한 측정과 관리가 부족하다는 것이 1차적인 문제로 지목되고 있다. 이에 시나이미디어의 경우, 열화상 카메라로 촬영해 입체적인 열역학 차원의 발열 분석 및 시뮬레이션이 가능한 시스템을 개발하여 상용화하였다.

9.2.6 Cooling의 국내 적용사례

(1) 교보 데이터센터

인천시에 위치하고 있으며 1,060m^{2}의 서버 저장실을 갖추고 있다. 열 통로와 냉각 통로 별로 시스템 배치, 국부냉각용 수냉식 쿨링 설비 설계 등이 교보 데이터센터의 특징이다.

교보생명은 1980년 서울 광화문에 데이터센터를 세운지 29년 만에 새 데이터센터를 구축하였다. 노후화된 광화문 전산센터를 대체 하고 싶은 교보생명과 한국 IBM, 글로벌 기업 유치에 나섰던 인천경제자유구역청(IFEZ)합의로 2009년 10월 22일 준공식을 가졌다.

다음의 교보데이센터의 개요는 IT 기기에서 뿜어져 나오는 열을 흡수해 다시 순환토록 별도의 공기 통로를 천정에 만든 것과 각 랙들의 열이 나오는 후방을 서로 마주보게 배치하였다. 이렇게 되면 에너지 효율을 최소 10% 정도 더 높일 수 있으며 뜨거운 열을 바로 천정으로 흡수할 수 있다.

〈표 2.64〉 교보 데이터센터 개요

사업명	2009년 교보 데이터센터 인천 송도 이전
사업규모	10,938m^2
초기 투자비	300억원(토지매입과 건축비용 및 IT인프라 구축비 포함)
적용 기술	열 통로와 냉각 통로 별로 시스템 배치, 국부냉각용 수냉식 쿨링 설비 설계
사업개요	 
탄소 배출 절감율(%)	26%
에너지 절감율(%)	10%

송도국제 도시로 이전한 교보 데이터센터는 IBM의 첨단 IT기술에 기반하여 글로벌 기준에 맞춰 세운 건물로 지식정보화산업단지에 위치하였다. 연면적 10,938m^2(3,319평), 지상 4층 규모로 건립됐으며, 진도 7.0의 지진을 견디는 내진설계로 시공됐다. 정전사태에 대비한 이중 전원공급 장치뿐 아니라 비상 발전시설 등 안전장치를 갖췄다. 또 전산장비 보호를 위한 소방가스 방재설비, 지문인식 출입통제시스템 등 보안과 안전장치를 꼼꼼하게 마련하여 안정성과 보안성 그리고 그린IT 기술을 적용함으로써 글로벌 기준을 충족하였다.

교보 데이터센터는 바닷가에 바람이 많이 불고 있는 상황을 고려하여 북향을 선택하고, 국내 많은 데이터센터가 지하에 발전소와 배터리실, 항온·항습실을 둔 것과 달리 1층에 이런 공간을 마련했다. 센터에는 현재 1,400대의 IT 장비들이 가동되고 있다. 교보생명 전산자원 800대와 한국IBM이 아웃소싱을 담당하고 있는 아모레퍼시픽, 일진, 에스콰이어 등 20여 고객사들의 장비 600대가 있다.

교보 데이터센터는 한국 내 IDC의 평균 전력 사용 효율성, PUE(Power Usage Effectiveness)를 능가하는 그린 기술을 적용하였다. 국내 IDC의 평균 PUE가 2.3인데 비해 이 센터는 1.7을 목표로 설계되었으며 IT 장비와 공조, 전기 시설 등이 에너지 효율화에 최적화되었다. 에너지 절감을 위한 체계적인 로드맵은 물론 과다 냉각에 의한 전기 소모를 최소화하는 국부냉각 시스템 도입과 90cm 높이의 이중마루 적용 등 전산 유체 역학 해석을 통한 설계로 에너지 효율을 극대화하였으며 이를 통해 공조 에너지를 10% 이상 절감하고 이산화탄소 배출량을 26% 낮출 수 있다.

안정적인 전력공급을 위해 교보 데이터센터는 최하 2.3kW 전력밀도로 설계(기존 IDC의 1.5배 용량) 했다. 또 고집적 장비를 수용하면서 상면 공간을 200% 효율적으로 운영할 수 있도록 4.4kW/3.3m^2으로 전력 설비를 설계하였다.

(2) 호스트웨이 데이터센터

호스트웨이 데이터센터는 성남시 분당구 야탑동에 위치하며 서버실 면적은 1,500m^2이고, 특징으로는 기존 IDC 대비 2배 이상의 고밀도 시스템을 지원(랙당 4.4kW)하며 열·냉복도 방식의 기기배치 및 외기냉각시스템과 모듈형 데이터센터 적용 등이 있다.

지금까지 호스트웨이 IDC는 분당 데이터센터의 3, 4층을 사용해왔는데, 이 공간 입주율이 70%에 육박하여 비즈니스 확장을 위해 추가 공간이 필요했고 하드웨어의 발전 속도에 맞춰 안정적 전력과 항온·항습시스템의 구축이 절실한 상황이었다. 이러한 요구에 따라 IBM은 데이터센터를 확충하여 고밀도화하고 전력효율을 향상하는데 주력하여 기존에 랙당 평균 2.2kW정도만 공급할 수 있었던 설비를 신규설비에 한해 랙당 4.4kW의 전력을 공급할 수 있는 설비로 바꾸었다. 이에 따라 다양한 서버를 데이터센터에 배치할 수 있게 되었고 설계 초기부터 국부열 현상을 방지하기 위한 열·냉복도 방식의 기기 배치와 다공판 및 항온·항습기 위치 조절방법 등을 적용하여 에너지 절감을 위한 시스템을 구축하였다.

호스트웨이 차세대 데이터센터의 구조적인 특징은 서버가 배치된 구역 외곽을 항온·항습시설로 둘러 싸여 있다는 점이다. 호스트웨이 분당 IDC 5층은 두 개의 구획으로 구분되어 있는데, 이를 세 개의 모듈화된 공조/냉각 시설부가 각각 포지션 별로 배치되어 있다. 과거처럼 서버실 전체를 냉각시켜주는 구조에서 벗어나 열이 발생하는 부분을 계측해 설정온도 이상인 구획을 집중 냉각할 수 있다.

서버의 전면이 마주보는 열·복도 방식의 배치를 통해 열기가 장비에 영향을 주지 않고 원활히 천정으로 빠져 나갈 수 있게 구축되었다. 천정의 높이는 최소화했으며 열기를 원활히 회수할 수 있도록 공기나 기타 유체가 흐를 수 있는 구조물인 덕트를 설치했다.

냉각전력을 절감하기 위해 동절기 및 간절기에 찬 외부 공기를 유입하여 항온·항습 비용의 절감과 최적 온도 유지를 동시에 만족할 수 있는 외기냉각시스템을 도입해 27.9%의 냉각비용을 절감하였다. 2007년 11월부터 2008년 3월까지 5개월, 2008년 11월부터 2009년 3월까지 5개월 등 총 10개월 동안 가동했으며 그 결과 연간기준 약 8천만 원의 전력비용을 절감하고, 탄소배출량을 480ton 이상 줄일 수 있었으며, 총 1억 2천만 원을 투자한 이후 1년 반 만에 투자비용을 회수하였다.

다음 표의 단면도는 호스트웨이 데이터센터가 확장하기 전 단면도와 비즈니스 공간을 확보하기 위해 추가로 확장하면서 설계된 단면도를 보여준다.

〈표 2.65〉 호스트웨이 데이터센터 개요

사업명	2007년 호스트웨이 IDC 분당 데이터 센터 확장
사업규모	1,500m^2
초기 투자비	1억 2,000만원
적용 기술	• 고밀도 시스템 지원(랙당 평균 2.2 → 4.4kW) • 국부열 현상을 방지하기 위한 열·냉복도 방식의 기기배치 • 천정 높이 최소화 및 공기·유체의 원활한 흐름을 위한 덕트 설치 • 다공판 및 항온·항습기 위치 조절 • 외기냉각시스템 적용(27.9%의 냉각비용을 절감) • 모듈형 데이터센터 개념

단면도	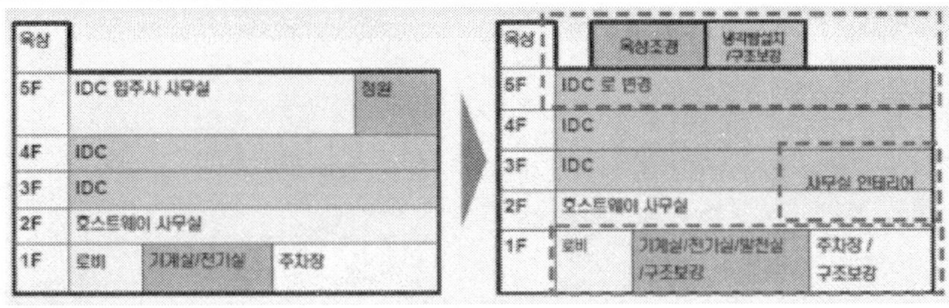
탄소 배출 절감량	480ton/년
연간 절감 금액	8,000만원

9.2.7 Cooling의 해외 적용 사례

(1) IBM의 Boulder 데이터센터

미국 콜로라도 주 Boulder에 위치하고 있으며, 신규 증축면적은 1,967m^{2}을 차지하며 Boulder 데이터센터의 특징으로는 미국 그린빌딩위원회 LEED Silver 등급 획득, 리모델링 시에 생성된 폐기물의 65%를 재활용한 친환경 건물, 풍력발전 및 프리쿨링 방식 이용 등이 있다. 다음 Boulder 데이터센터의 개요는 상공에서 찍은 세계 최대 규모의 IBM 볼더센터의 모습과 외부로부터의 열유입을 막고 냉열을 공급하는 냉각탑을 나타낸다.

〈표 2.66〉 Boulder 데이터센터 개요

사업명	미국 콜로라도주 Boulder 데이터센터
사업규모	1,967m^2(신규 증축면적만)
적용 기술	▸ Chiller 가동 대신 프리쿨링시스템 ▸ 가변속도모터와 펌프를 이용 ▸ 물을 이용한 보조냉각방식을 채택(항온・항습기 개수를 줄이는 효과) ▸ LED를 활용한 고효율 조명과 단열재
사업 특징	▸ 에너지효율화 측면에서 연평균 기온 약 14.5℃인 최적의 지정학적 위치 ▸ 미 그린빌딩위원회 LEED Silver 등급 획득 ▸ 리모델링 시에 생성된 폐기물의 65%를 재활용한 친환경 건물 ▸ 풍력발전 및 프리쿨링 방식 이용

사업개요	 
에너지 절감율(%)	냉방에 소요되었던 50%의 에너지 감소
절감 금액	연간 3억7천~7억 달러

IBM의 볼더센터는 지정학적 위치상 데이터센터의 에너지 효율화에 있어 최적의 자리에 위치하고 있다. 콜로라도 볼더 지역은 연평균기온이 약 14.5℃로써 이 온도는 냉각장치의 가동 대신에 냉각탑에서 직접 냉각이 가능한 프리쿨링시스템을 운용하기에 적합하다. 그 외에도 가변속도모터와 펌프를 이용하여 실제 냉각부하에 맞는 용량의 냉열을 제공함으로 에너지효율적인 냉각을 할 수 있으며 물을 이용한 보조냉각방식을 채택해 일반적인 데이터센터보다 적은 수의 항온·항습기를 운영하고 있다. 냉방에 소요되었던 50%의 에너지를 감소할 수 있으며 연간 3억7천~7억 달러 정도의 비용을 감소할 수 있다. 자갈을 이용한 외벽 및 주변 경관 조성을 통하여 전체 건물 리모델링에 소요되는 비용을 줄였으며 시설 전체는 LED를 활용한 고효율 조명과 열전도율이 낮은 고효율 단열재를 사용하였다.

운영 측면에서는 메인프레임을 비롯한 서버, 스토리지 시스템에 가상화 기술을 적용한 적은 대수의 컴퓨터를 최대한 활용하여 작업을 지원하고 있으며 스위칭 기술 디자인을 통해 전력소비량을 줄였다. 이밖에 티볼리(분산 네트워크 컴퓨팅 환경에서 클라이언트/서버 시스템을 관리하기 위해 티볼리(Tivoli)사가 개발한 중앙 집중적 시스템 관리 솔루션) 관리 소프트웨어를 바탕으로 데이터센터에서 사용하는 부서별 전력소비량을 파악하고 이를 최적화하여 활용할 수 있도록 지원한다. 또한 UMI(Universal Management Infrastructure)를 구축하여 변화에 신속히 적응할 수 있는 능력을 향상시켰고 효율적인 자원 활동이 가능한 환경을 조성하였다.

이러한 IBM Boulder 데이터센터는 에너지 효율적인 데이터센터 디자인이 적용되어 설비뿐만 아니라 IT장비의 최적화를 통한 그린 데이터센터로서의 의미가 있다.

9.3 DC전력변경

9.3.1 DC전력변경의 정의

전류는 교류(AC : Alternating Current)와 직류(DC : Direct Current)로 구별되어 송전한다. 직류전원은 단일변수(크기)이며, 교류전원은 다중변수(크기, 주파수, 위상)로써 직류에 비해 복잡하고 높은 관리비용이 필요하다. 대부분의 부하는 직류전원을 사용하지만 교류는 변압이 쉽고 고전압으로 송전할 수 있어 송전선의 저항에 의해 열에너지로 손실되는 에너지를 줄일 수 있다는 장점이 있다.

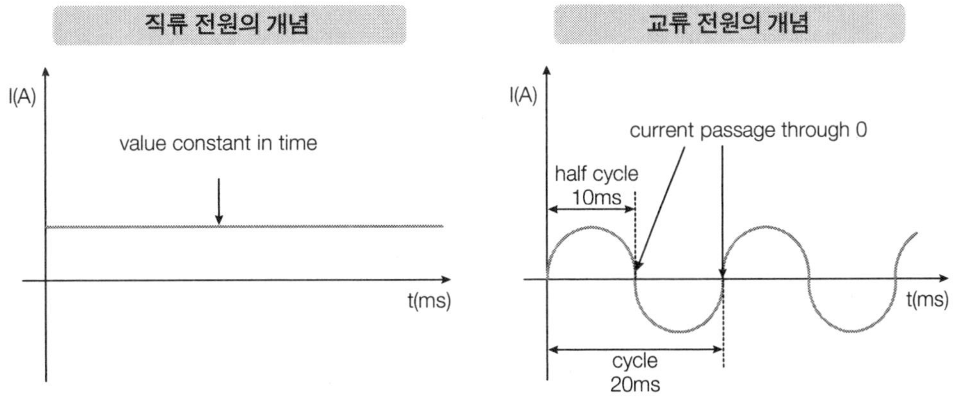

〈그림 2.95〉 직류전원과 교류전원의 개념

데이터센터는 일반적으로 600V~480V AC전력을 설비시설에서 공급받는다. 이 AC전력은 208V 혹은 120V로 전압이 낮추어져 랙의 각 서버나 IT 장비에 공급된다. AC전력은 데이터센터 내의 HVAC(Heating, Ventilation, and Air Conditioning), 조명, 사무실 등의 전기로도 사용된다.

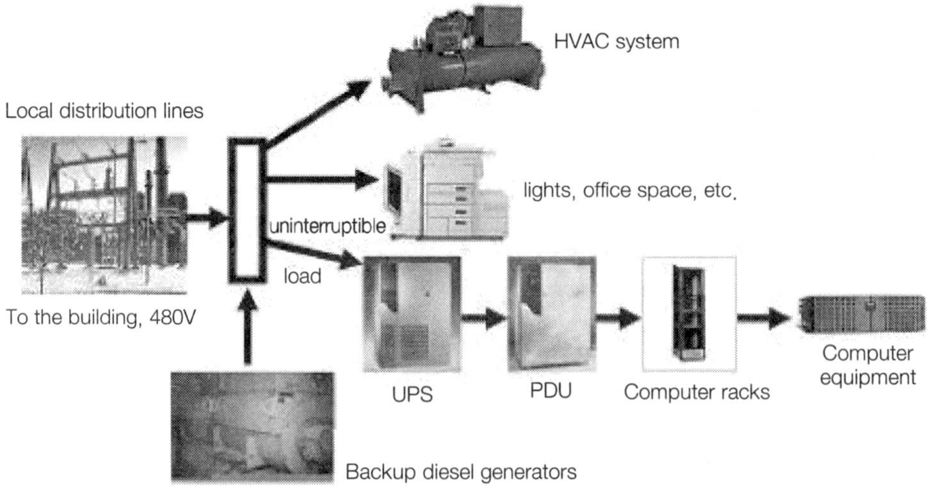

〈그림 2.96〉 데이터센터 전력전달 경로

발전소에서 공급되는 고전압은 UPS(Uninterruptible Power Supply : 무정전전원장치, 컴퓨터 시스템 등의 안전한 사용을 위해 전원을 안정적으로 공급해주는 장치로 갑작스런 정전으로부터 시스템을 보호하기 위하여 사용됨)로 입력된다. UPS는 IT 장비의 전원 이상에 대비한 백업 배터리와 같은 역할을 수행한다. UPS에서는 AC/DC 전환 후 배터리 충전이 발생하며, UPS 출력 전력은 다시 DC/AC 전환 후 AC전원을 전력분배기(PDU : Power Distribution Unit)에 공급한다. UPS와 연결되는 PDU의 경우, 대부분 UPS의 문제 발생시 대체되기 위해 대개 2개의 병렬 UPS와 연결된다. PDU는 랙으로 전원을 분배하는 장치로 UPS에서 공급되는 고전압 AC 전원을 120V 혹은 208V AC전원으로 변환하는 트랜스포머 역할을 담당하며, 그 효율은 98% 이상으로 높은 편이다.

DC전원 변경은 AC-DC 변환 횟수를 줄일 수 있어, DC로 구동되는 디지털 기기나 인버터를 탑재한 기기의 에너지 절약에 큰 효과가 있을 것으로 기대된다. 전화 교환기 등 일부 분야에서는 이미 DC전원이 사용되어 왔지만, 최근에는 보다 폭 넓은 분야에서 본격적인 도입 움직임이 일고 있다.

9.3.2 DC전력변경의 중요성

고성능의 서버는 더욱 더 고집적화 되면서 더 큰 전력을 소모하고 있어, 에너지와 그에 따른 인프라 비용이 현재의 데이터센터의 총 유지 비용 중 가장 큰 부분을 차지하게 되었다.

국내의 경우, 서울 서초동 하나로 IDC의 경우 2만대, KT의 목동 IDC는 3만 대, LG데이콤의 논현동 IDC는 3만 대 가량의 서버를 유지하고 있다. 이런 IDC들이 국내 40여 곳에 있으며 대기업이나 은행, 대학, 정부기관들은 자체 IDC를 구축하고 있다. 2006년 KT 목동IDC는 64.4억원, LG데이콤 논현동 IDC는 57.8억원, 하나로 IDC는 50.5억원을 각각 전기세로 지불하였다. 서버 2만 개의 하나로 IDC가 2006년 8월부터 2007년 7월까지 1년간 7,340만kWh, 서버 3만 개의 KT 목동 IDC는 2006년 7월부터 2007년 6월까지 1년간 8,480만kWh를 각각 사용하였다. 이 데이터를 기반으로 할 때, 서버 40만 대의 전력 소비량은 인구 20만의 충주시의 한해 전기 소비량과 맞먹는다. 한국 IDC 자료에 의하면 2006년 국내에서 총 11만 대의 서버가 판매된 것으로 집계하였다. 국내 서버의 증가율은 연평균 6.6%이며 이런 추세라면 2011년이면 한해 15만 대가 판매될 것이다. 순전히 기업용 서버의 증가만으로 3~4년에 충주시만한 규모의 도시 하나가 새로 생겨나는 것과 같은 전력 수요가 발생하는 것이다.

데이터센터는 소비전력이 2025년에는 2006년에 비해 5배 이상으로 부풀어 올라 전력 요금과 데이터센터의 공기조절에 골치를 앓게 될 것으로 보인다. 현재의 설비를 이대로 계속 사용한다면 수전(受電) 능력이나 공기조절 능력이 부족해지는 곳도 나올 수 있기 때문에 DC전원 공급은 효과적인 대책의 하나이다.

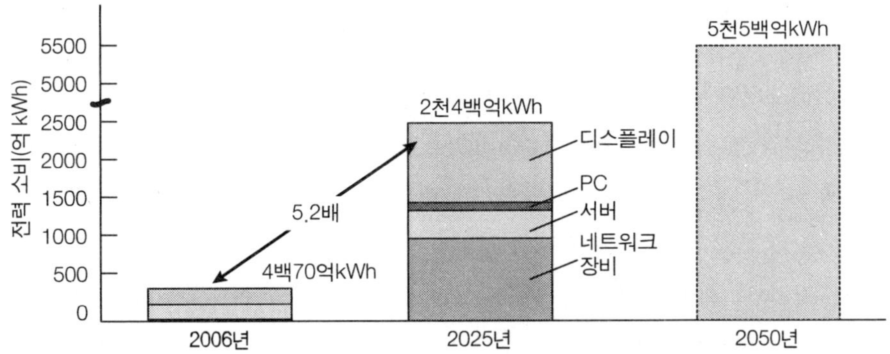

〈그림 2.97〉 IT장비의 전기 소모 추세

◎ 출처 : Here is a "PLDWorld"구글블로그, "데이터센터에서 가정까지 DC 전원 공급 방식 도입 활기", 2009.02.06.

DC전원 공급의 도입이 중요한 또 다른 이유는 태양전지의 보급이 급속히 이루어지고 있기 때문이다. 태양전지의 도입이 진행되면, 가정이나 사업소에서 발전한 전력을 그대로 이용하고자 하는 요구도 늘어나게 된다.

태양광 발전용 모듈이 생산하는 전기가 직류전기이기 때문에 현재의 시스템 구성으로는 발전한 전력을 DC로부터 AC로 한번 변환하고 난 후, AC로부터 DC로 변환하는 과정에서 에너지 손실이 발생한다.

9.3.3 DC전력변경의 주요기능

지금의 AC전원 공급 시스템은 각 기기에 AC로 전력을 공급해, 기기마다 장착한 AC 어댑터 등의 AC-DC 컨버터를 이용하여 DC로 변환하고 있다. 대부분의 경우 그 변환 효율은 80% 정도밖에 되지 않는데, 이것은 투입한 전력의 20%를 열로 낭비하게 된다는 것을 뜻한다.

뿐만 아니라 기기에 따라서는 AC로부터 DC, DC로부터 AC 등의 변환을 몇 번이고 반복하는 경우가 있어, 그 변환손실이 매우 큰 문제로 대두된다. 따라서 송전 전력을 고효율 AC-DC 컨버터를 사용해 DC로 일괄변환하고 그것을 각 기기에 공급하면 에너지 절감 효과를 높일 수 있다. 일례로, 변환 효율이 90%인 AC-DC 컨버터를 이용하면 기존의 소비 전력보다 10% 이상 절감할 수 있다.

9.3.4 DC전력변경의 에너지 절약 방법 및 효과

현재의 데이터센터에서는 전력의 순간적인 저하, 이른바 순간 저하(순간 정지)를 방지하기 위해 축전장치를 갖춘 무정전전원장치, 즉 UPS(Uninterruptible Power Supply)를 마련하고 있다. 그 때문에, 송전 전력으로부터의 AC는 한 번의 AC-DC 변환으로 DC가 되어 축전 장치에 공급된 후, 다시 DC-AC 변환을 통해 AC가 되어 서버 등의 기기에 공급된다. 그리고 서버 내에 공급된 AC는 기기 내에서 한번 더 AC-DC 변환으로 DC가 되어 기기 내에 전원을 공급하고 있는 것이다. 즉 송전소로부터의 전력은 AC, DC 변환을 3회나 반복하기 때문에 비록 변환 효율이 90%라고 하더라도, 이 3회의 변환만으로 약 27%의 전력 손실을 낳게 되는 셈이다. 이것을 DC전원 공급 방식으로 전환한다면 상당한 효과를 얻을 수 있다. 송전 전력의 공급구에서 변환 효율 90%의 AC-DC컨버터로 일괄 변환해 기기에서 이용할 수 있다면, 변환 손실을 큰 폭으로 줄일 수 있다.

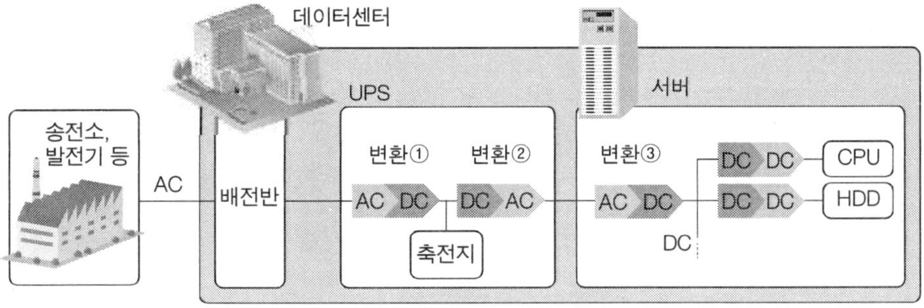

〈그림 2.98〉 기존 전력 공급 시스템

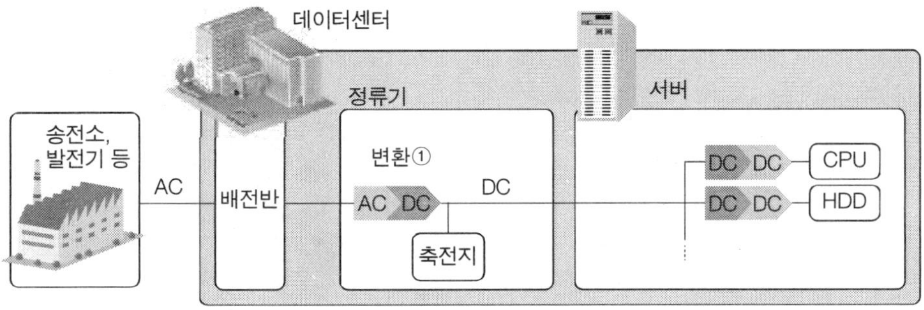

〈그림 2.99〉 DC 전원 공급 시스템

9.3.5 DC전력변경의 기술 동향

AC-DC 컨버터로 일괄 변환해 기기에서 이용하여 변환 손실을 큰 폭으로 줄일 수 있는 이러한 효과로 인해 향후에는 DC전원 공급 방식이 보편화 될 것으로 예상된다.

데이터센터에서의 DC전력변경 채택이 활발해지면서 사무실이나 공장, 상점, 가정 등에도 서서히 보급이 진행될 것으로 보인다. 구체적으로 200V가 넘는 DC전원 공급이 데이터센터나 공장 등 산업용도로 먼저 진행되고, 이러한 용도로서 안전성에 대한 확인이 이루어진 후에 도입이 확대될 것이다.

가정에 DC전류를 공급하기 위한 주요한 열쇠가 되는 것이 태양전지다. 태양전지의 가격이 하락하고 있어 태양전지에 축전장치를 조합한 시스템이 조만간 가정에 보급될 것으로 보인다.

축전장치도 높은 가격이 문제시 되고 있는 가운데 비용 절감을 위한 길이 열리고 있다. 전기자동차나 플러그인 하이브리드카 등의 등장에 의해 고용량이면서 더욱 수명이 긴 오토모티브용 리튬이온 2차 전지의 개발이 활발해지고 있다. 오토모티브용 리튬이온 2차 전지와 가정 등에서 고정형으로 사용하는 리튬이온 2차 전지는 공동으로 사용이 가능하기 때문에 축전 장치의 가격 절감에도 크게 영향을 미칠 것으로 보인다.

다음 그림과 같이 태양전지 시스템을 설치한 가정의 경우 변환효율이 90%라 가정할 시, 2회의 변환으로 19%의 변환 손실이 발생하며, 축전지를 결합하여 사용하는 경우에는 최대 4회 변환으로 34.4%의 변환 손실이 발생한다. 그러나 DC전원 공급을 이용하는 경우에는 한 번의 변환만 발생한다.

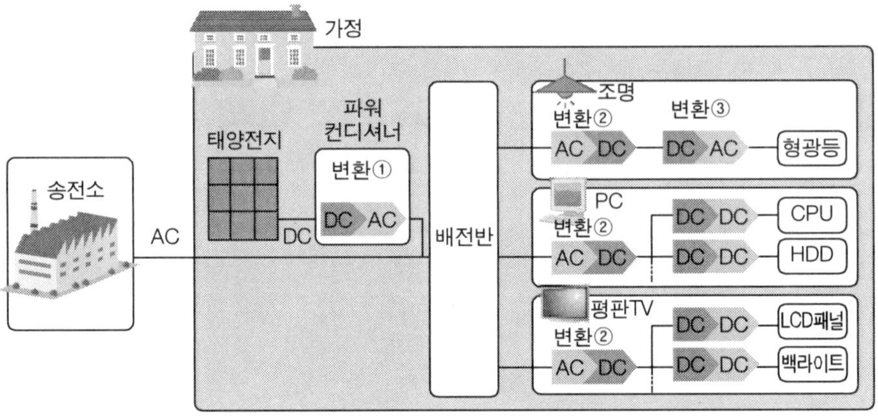

〈그림 2.100〉 태양전지 시스템을 설치한 가정(현재)

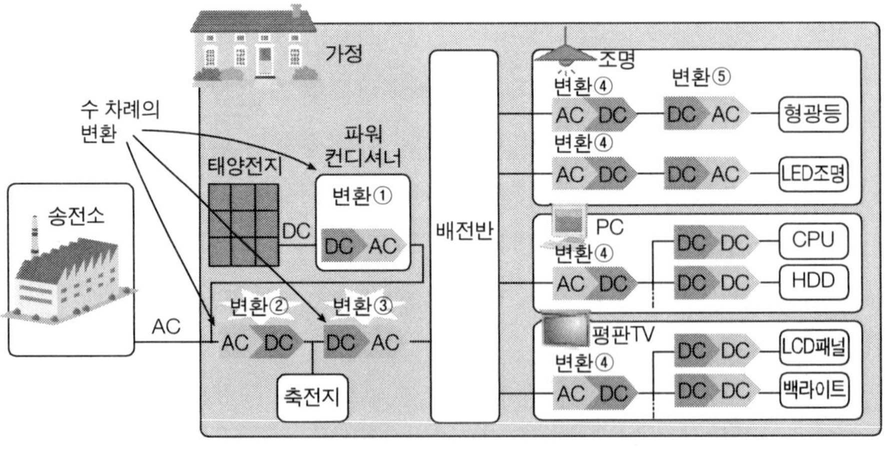

〈그림 2.101〉 태양전지 시스템과 축전지를 결합하여 사용하는 가정(현재)

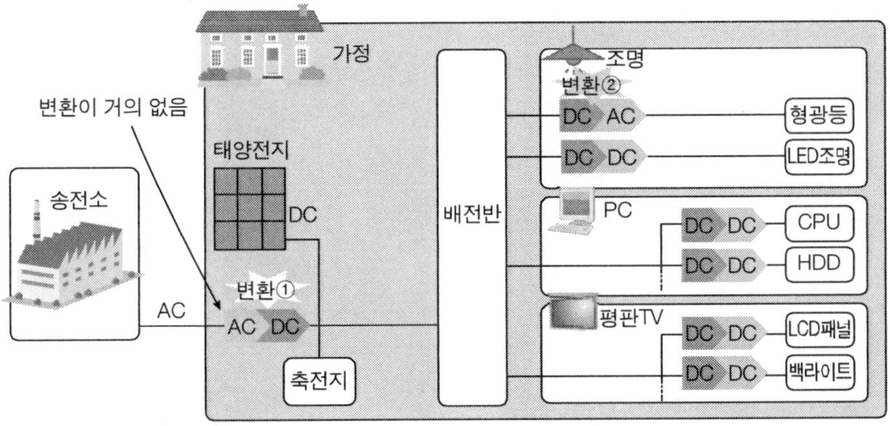

〈그림 2.102〉 DC전원 공급을 이용하는 가정(향후)

그러나 향후, 현재의 시스템에 축전지를 조합하고자 하면 데이터센터와 같이 전력을 DC로부터 AC, 혹은 AC로부터 DC로 변환하는 횟수가 증가해 변환 소모가 매우 커질 것이다. 따라서 제일 먼저 송전 전력을 고효율 AC-DC 컨버터로 변환하고 태양전지에서 2차 전지 그리고 기기까지 동일한 전압으로 DC전류로 공급한다면 변환 손실을 없앨 수 있다

DC전원 공급이 주목을 받고 있기는 하지만 전압과 안전성의 문제가 있다. 전압이 낮으면 급전 시 저항 손실이 커지며 급전용 케이블이 굵어져 배선 시 작업 효율이 떨어진다. 이는 케이블 등의 부자재 단가 상승으로도 연결된다. 이로 인해 전압을 높이는 방안을 검토해 볼 만 하지만 이 경우에는 또 아크(전극을 접촉시켜서 강한 전류를 흐르게 하면 과열되어 발생하는 강한 백색 빛)나 감전 등의 문제를 해결해야 한다. AC의 경우는 아크가 튀어도 AC의 전압이 주기적으로 0[V]가 되기 때문에 아크도 멈추게 되지만 DC의 경우는 일정 전압이 계속 걸려 있기 때문에 아크가 그치지 않고 주위가 불에 타버릴 위험이 존재한다.

이러한 문제를 해결하기 위해 각 애플리케이션별로 최적의 전압이나 안전에 대한 규격 등의 표준화가 반드시 이뤄져야 한다. 예컨대, 데이터센터에서는 현재 48V로 DC전류를 공급하고 있지만 엔지니어들은 전압을 300~400[V]로 높이고 싶어 한다. 하지만 정격전압(전기기기가 작동하는데 필요한 표준상태의 전압)과 더불어 최소 및 최대 전압이나 순간 저하 시의 규격, 커넥터의 형상, 안전성의 규격 등에 대한 국제표준도 마련되어 있지 않은 것이 현실정이다.

9.3.6 DC전력변경의 적용 사례

(1) HVDC(High Voltage DC)데이터 센터

LBNL(Lawrence Berkeley National Laboratory)은 High-Performance High-Tech Buildings 프로젝트 일환으로 데이터센터의 에너지 효율 증대를 위해 HVDC 데이터센터를 연구하고 있다.

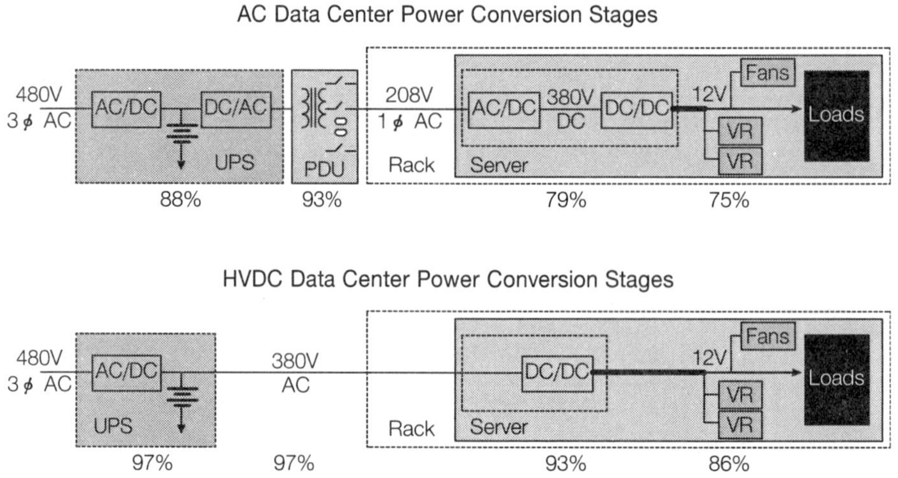

〈그림 2.103〉 기존의 데이터센터와 HVDC 데이터센터의 전력변환 과정과 효율

위의 그림에서 보듯이 기존의 데이터센터는 AC전력(600V or 480V) 분배구조로 디자인되어 있다. 이러한 AC 데이터센터는 UPS, PDU, PSU(Power Supply Unit : 외부에서 들어오는 교류 전류를 컴퓨터 시스템에서 안정적으로 사용할 수 있도록 직류로 변환해 각각의 시스템에 맞게 전원을 공급하는 하드웨어)를 거치면서 다단계의 AC/DC 전환이 반복적으로 발생하며, 이에 따른 전력효율 저하와 열이 발생한다. LBNL은 이러한 다단계의 전력변환 과정을 거치지 않는 HVDC 데이터센터를 제안하고 테스트베드를 통하여서 그 효율 증대를 실험적으로 측정하였다. LBNL에서 제안한 HVDC 데이터센터의 전력전달은 〈그림 2.103〉와 같이 UPS에서 480[V] AC을 380V DC전압으로 한 번의 전력 전환 과정을 거쳐 PDU 없이 바로 PSU에 연결된다. PSU경우 DC 380V 전압을 입력 받아 12[V] DC 출력을 제공한다. 이러한 HVDC 데이터센터는 기존의 AC 데이터센터의 에너지 전환 과정을 절반 이상 줄여 시스템 전체 전력소모를 8~10% 절감 할 수 있다. 만 대를 운영하는 HVDC 데이터센터의 경우 연간 23만 달러의 전기요금이 줄어들게 된다. 하지만 HVDC 데이터센터는 기존의 전력공급 장치와 호환이 안 되며, 기존 IT 장비의 PSU와도 호환이 되지 않는다. 또한 HVDC

를 처리하기 위한 전기배선의 규격이 없는 상황이다. 따라서 HVDC 데이터센터는 기존의 데이터센터보다는 새롭게 지어지는 대규모의 데이터센터에 유용한 모델로 제안되고 있다.

9.4 지능형 랙관리

9.4.1 지능형 랙관리의 정의

지능형 랙(Intelligent Rack)이란 랙에 센서를 장착하여 온도, 전압, 전류, 전력량, 습도 등을 외부에서 모니터링하고 원격에서 감시 및 통제하여 문제점을 발견하는 즉시 알람으로 관리자에게 알려서 장애를 예측하고 사전에 조치할 수 있는 랙 관리 시스템을 말한다.

즉, 서버에서 발생하는 열을 랙에서 제어하는 냉각 시스템을 포함하는 것은 물론, 랙 배치를 통한 발열 관리, 과잉냉각으로 인한 에너지 낭비, 온도 · 습도 등을 모니터링 하여 항상 적정 수준에서 랙이 관리될 수 있는 시스템을 말한다.

다음 그림은 온도, 습도, 전력 센서를 이용한 원격제어 지능형 랙관리 시스템을 나타내는 개념도이다.

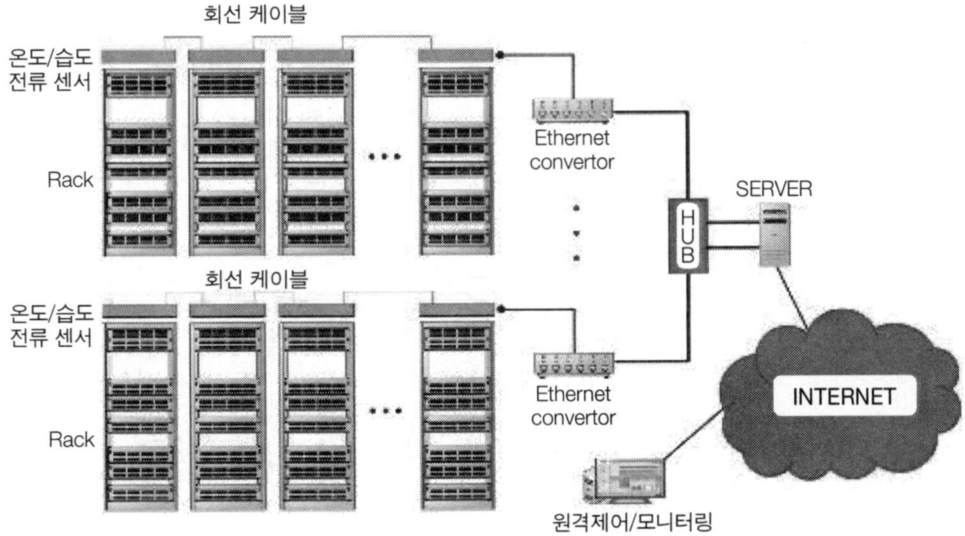

〈그림 2.104〉 지능형 랙의 개념도

◎ 참고 : (주)포스벽진, "P707 SMART RACK Series 소개"

9.4.2 지능형 랙 관리의 중요성

대부분의 IDC에서 서버들은 개별로 관리되기 보다는 랙 형태로 관리된다. 랙 안의 각각의 서버에서 사용하는 전력 등과 같은 에너지 사용을 효율적으로 관리하는 것과 랙에서 발생하는 열을 효율적으로 냉각시키는 것은 데이터센터 전체를 효율적으로 관리하는 것이므로 지능형 랙 관리는 에너지효율성과 밀접한 연관성이 있다.

지능형 랙 관리는 랙에 설치된 센서와 원격 모니터링, 제어를 통하여 장애를 사전에 예방할 수 있으며 신속한 조치를 취할 수 있는 장점이 있다. 또한 미국 내 데이터 센터의 전력 소모량 65%가 냉각을 위해 사용되는데 그 중, 데이터센터 전체의 온도를 낮추기 위하여 소비되는 과잉냉각 전력 소비량을 지능형 랙을 이용하여 랙마다 적정한 온도로 관리하게 되면 그 만큼 데이터센터를 운영하는 전력 소비량을 줄일 수 있으므로 에너지효율과 환경적인 측면에서 중요하다고할 수 있다.

그리고 지능형 랙과 함께 설치된 지능형 PDU를 통하여 효율적으로 전력을 분배할 수 있는데, 서버의 CPU 평균 사용률이 8%~15%이고, 스토리지 평균 활용률이 45% 수준이라고 할 때 효율적인 전력 배분이 에너지 절감에 얼마나 중요한지 알 수 있다.

9.4.3 지능형 랙 관리의 주요기능

지능형 랙은 다음과 같은 기능을 갖추어 에너지절감과 운영 측면에서 효율성을 추구한다.

(1) 랙 내부의 온도, 사용전류, 전압, 전력량, 습도 등의 정보를 랙의 전면으로 디스플레이하는 기능

(2) 랙 설정온도 이상 시에는 적색 LED로 경보하고 쿨링 시스템을 가동하여 자동으로 동작하여 소음을 규제하고 에너지를 절약하는 기능

(3) 내부온도의 상태가 외부로 모니터링 되며, 설정된 내부 온도에 따라 쿨링 시스템이 자동으로 동작하여 소음을 규제하고 에너지를 절약하는 기능

(4) 랙 내부로 먼지의 유입을 차단하거나 유입되더라도 그 양이 시스템의 정상 작동을 방해하거나 안전성을 침해하지 않도록 하는 기능

(5) 적정한 온도를 유지하는 가운데 랙의 상단이나 후방 등 일정한 방향으로 송풍해서 최소한의 전력 사용으로 항온 · 항습 할 수 있는 기능

(6) 온도에 따라 팬(Fan)의 속도를 조절하는 기능

(7) 전원 이중화 장치로 본 랙의 전원에 문제가 발생 시, 예비전원으로 자동으로 전환되는 기능

(8) 많은 전력을 요구하는 어플리케이션이 설치된 랙과 그렇지 않은 랙을 구분하여 유동적으로 전력을 분배하거나 모니터링 기능을 제공하여 원격에서 전력 제어를 할 수 있는 기능

(9) 랙 하단 액세스 플로어의 차가운 공기를 내부로 흡입해서 송출시키는 기능

9.4.4 지능형 랙 관리의 에너지 절약 방법 및 효과

지능형 랙은 랙에 센서를 부착해서 일정 온도 이상을 상회하면 쿨링 시스템을 가동시키고 그렇지 않은 경우엔 최대한 전력을 절약하며 적정 수준의 온도를 유지한다. 즉, 과잉냉각으로 인한 에너지 소모를 줄일 수 있는 것이다. 또한, DC/AC 전환에 소모되는 전력을 최대한 줄이기 위해 지능형 PDU를 센서와 함께 설치해서 많은 전력을 요구하는 어플리케이션이 설치된 랙과 그렇지 않은 랙 등 기능별로 랙을 배치하거나, 서버 단위로 랙을 구성해서 효율적인 전력 분배를 통하여 에너지를 절약할 수 있다. 그리고 랙에서 발생하는 열을 외부로 송출하는 방향을 랙의 상단이나 후방 등 일정한 방향으로 팬을 가동시킴으로써 효율적인 공조시스템을 구축시켜 전력 낭비를 최대한 줄일 수 있다. 다음 그림은 랙 자체와 랙들 사이의 송풍 방향이 상단 방향으로 일정한 것을 나타낸다.

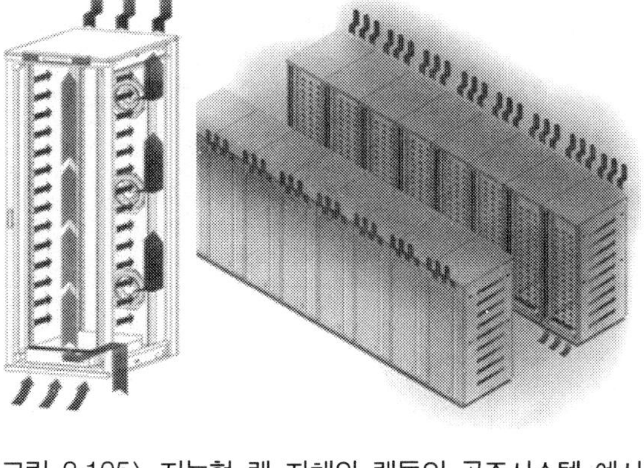

〈그림 2.105〉 지능형 랙 자체와 랙들의 공조시스템 예시

출처 : (주)포스벽진, "P707 SMART RACK Series 소개"

다음 그림은 IDC 센터의 지능형 랙을 이용한 공조시스템을 보여준다.

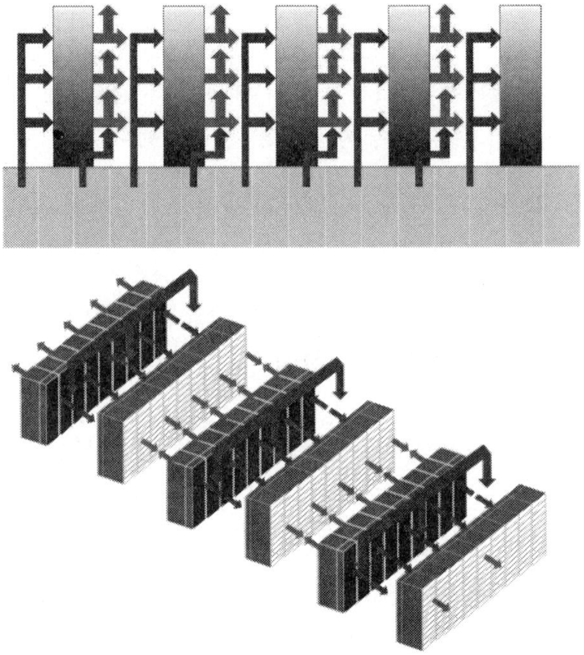

〈그림 2.106〉 지능형 랙을 이용한 냉각 공조시스템 예시

9.4.5 지능형 랙을 이용한 서버실 냉각시스템 설계

(1) 서버실 냉각시스템 : 열복도-냉복도 배치

미국냉난방공조학회에서 발행한 "데이터 처리 환경을 위한 온도지침서"에서는 랙의 전면부를 서로 마주보게 하는 배열을 권장한다. 전면은 냉복도로 구성해 냉기를 공급하고, 랙의 후면은 열복도로 구성해 열기가 배출되도록 하는 것이다. 냉복도에는 냉기 공급을 위한 다공판이 설치되어 있고, 항온·항습기가 열복도 양쪽 끝에 설치되어 있다. 항온·항습기는 열기의 이동거리를 최소화할 수 있도록 열복도에 수직으로 배치한다.

(2) 지역 냉각시스템 : 열냉각방식

첫 번째는 랙 후면에 배출되는 열기를 냉각하는 방식이다. 열이 발생되는 곳에 직접적으로 열교환기를 장착하여 냉각이 이루어지므로 항온·항습기가 처리해야 하는 양을 근본적으로 낮춰줘 항온·항습기의 효율을 향상시키고 서버실의 냉각용량을 증대시켜준다. 고밀도장비의 열을 직접 냉각할 수 있도록 설계되었으며, 열기는 서버의 뒤쪽에 구성된 냉수배관을 통과하면서 냉각되어 장비에서 발생되는 발열을 줄이는 역할을 한다. 고밀도의 블레이드서버로 구성된 환경에서 서버 발열의 50~60%를 제거한다.

두 번째는 랙의 상부에서 냉각하는 방식이다. 랙 밀도가 높을수록 랙 하부에 위치한 장비가 냉기를 더 많이 소모하여 랙 상부의 냉각능력이 부족하게 되므로 고밀도 랙 바로 위에 배치한 냉각모듈을 지원하는 펌프식 냉매 냉각설비를 이용하여 송풍 경로를 줄이고 배출된 열기를 바로 냉각시키므로 냉각효율이 높은 장점이 있다. 하지만 랙 상부에 냉각장치를 설치할 수 있는 충분한 공간을 확보해야 하고 냉매 분배장치와 배관의 추가 설치가 요구되는 단점이 있다.

마지막으로 세 번째는 랙과 랙 사이에 냉각장치를 설치하여 뒷면의 뜨거운 공기를 흡입하고 랙의 전면부 또는 전면 좌우로 냉기를 공급하는 보조냉각방식으로 고밀도 랙의 발열량에 따라 증설이 용이한 장점이 있으며 천정고가 낮아 이중마루를 통한 냉각이 어렵거나 천정형, 또는 랙상부형의 설치가 어려운 상황에 적용한다.

(3) 국부냉각방식 : 밀폐형 랙 냉각방식

랙에서 발생되는 열이 주변의 서버에 영향을 미쳐 격리 냉각시켜야 하는 대용량 서버 랙, 또는 고발열 서버 랙을 1~2대만 사용하는 경우 별도의 이중마루, 항온·항습기를 설치할 공간이 없는 경우에 적용된다. 서버실 냉각방식과 비교할 때 공기가 순환되는 경로가 더욱 짧고 명확해 냉각효율이 높다. 항온·항습기의 냉각용량을 충분히 사용할 수 있으며, 냉각용량은 제조사에 따라 14~50[kW]까지 가능하다. 그러나 항온·항습기가 랙마다 설치되기 때문에 항온·항습기 설치와 배관을 위한 공간이 다른 냉각방식보다 많이 필요하다.

9.4.6 지능형 랙 관리의 기술 동향

델(DELL)사는 고밀도 데이터센터의 효율적인 공조시스템과 에너지를 절약할 수 있는 제품으로 PowerEdge™ 에너지 스마트 랙을 출시하였다. 델사에 따르면 에너지 스마트 랙 제품은 랙마다 25kW의 전력을 소모하여 25℃ 온도를 유지할 수 있는 시스템으로써 과잉냉각으로 인한 전력 소비량을 사전에 막을 수 있고, 냉기와 온기가 혼합되는 현상을 줄임으로써 열섬현상을 최소화해서 데이터센터 전체의 온도를 적정 수준으로 유지하는데 효율적인 시스템이라고 한다. 델은 1993년부터 데스크톱, 워크스테이션, 노트북 등 다양한 제품군에서 에너지 스타(미국 환경보호청(Environmental Protection Agency)이 운영하는 정부 인증 프로그램으로, 다양한 전자제품의 에너지 효율성을 평가하는 시스템) 인증을 받아왔으며 향상된 성능과 에너지 효율성을 제공하는 동시에 이산화탄소 배출량까지 감소시키는 제품을 제공해 한층 높은 수준의 그린IT를 구현하는데 앞장서고 있다.

IBM의 경우, 자사 랙 시스템에 비하여 에너지효율을 최고 40% 개선할 수 있는 지능형 랙 IBM System x iDataPlex를 2009년에 출시하였다. IBM사에 따르면 자사의 기존 랙 시스템에 비하여 서버밀도를 최고 5배까지 높일 수 있고, 냉각 비용을 대폭 절감하고 데이터 센터 냉각기 가동비용을 최소화 할 수 있는 제품이라고 한다. 랙에 배치된 센서로 공기 온도를 실시간으로 측정해서 공조기의 냉각정도를 지속적으로 조정할 수 있다고 한다.

국내회사로는 주식회사 포스벡진에서 랙에 모니터링시스템을 장착하여 내부의 환경(온도, 사용전압, 전류, 전력량 등)을 외부에서 모니터링하고 원격에서 감시 및 통제가 용이하며 문제점을 경보하여 장애를 예측, 사전조치 할 수 있는 P707 스마트 랙 시리즈를 발표하였다.

9.4.7 지능형 랙 관리의 적용사례

(1) 그린PC 센터 솔루션

PC방은 전력과 소비시설 운영에 따른 문제, 협소한 공간 및 미세먼지 등과 같은 환경개선을 요하는 문제, 신속한 H/W 수리 등과 같은 보수와 관리의 문제, 소프트웨어 및 하드웨어의 리소스 할당문제와 같이 개선 및 해결 되어야 할 많은 문제점을 갖고 있다.

그린PC 솔루션은 기존 PC환경을 통합 랙 방식의 지능형 랙 PC환경으로 개선하고 PC에서 운영 중인 저효율 AC전원환경을 고효율의 DC전원으로 변경하여 DC전원의 PC를 사용함으로써 전체적인 PC전력소모량을 약 20%정도 개선되고 PC 50대 기준 PC방의 경우 기본 PC방 대비 연간 약 23ton의 CO_2 발생량이 감소한다. 추가로 소비전력 모니터링기반의 자율전력관리방식을 채택하여 소비전력의 사용분석을 통해 자율적인 전력관리기반을 제공한다. 또한 리소스의 활용가치를 높이기 위해 사용자동적 관리기능을 구현하여 고객환경에 따라서 PC 및 S/W를 동적으로 관리하도록 하였다.

그린PC 센터 솔루션의 특징으로는 PC방의 PC를 지능형 랙에 통합하여 설치함으로 사용고객의 데스크에는 모니터와 스피커, 키보드만을 이용함으로 고객 개인당 사용공간이 넓고 쾌적하며 PC의 수용능력을 증대시켜준다. 그리고 사용자의 동적인 자원관리를 통해 PC방 내의 H/W와 S/W를 보다 효율적으로 관리할 수 있도록 지원한다.

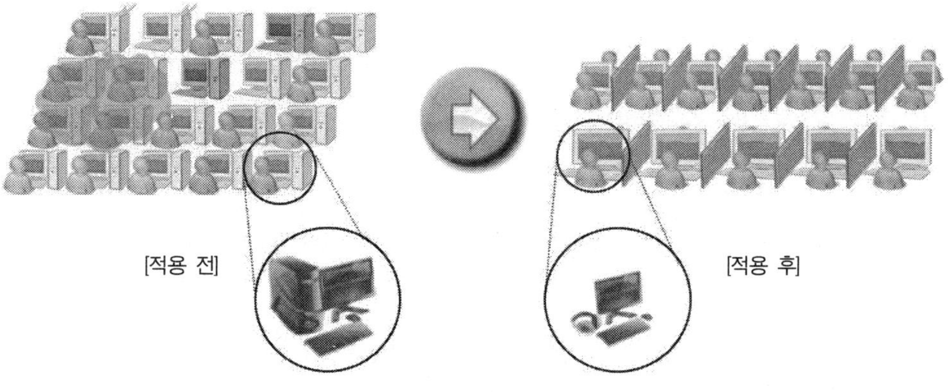

〈그림 2.107〉 그린PC 센터 솔루션의 Application

10 클라우드 컴퓨팅

10.1 클라우드 컴퓨팅의 정의

클라우드 컴퓨팅(Cloud Computing)은 사용자가 필요로 하는 소프트웨어, 음악, 동영상, 데이터 등등의 IT 자원을 자신의 PC에 저장하거나 설치하지 않고 인터넷 상의 서버 컴퓨터에 클라우드(Cloud)라고 불리는 가상공간에 저장한다. 사용자는 자신이 원할 때면 언제, 어디서나 데스크탑 컴퓨터, 태블릿 PC, 스마트폰 등을 통하여 접속해 이용 할 수 있다. 여기에서 클라우드라는 용어는 엄청난 양의 IT 자원들이 물리적으로 떨어져 있는 가상의 서버에 구름처럼 많이 모여 있다는 의미이다. 즉 클라우드 컴퓨팅은 인터넷을 이용하여 서버, 스토리지, 네트워크, 소프트웨어, 컨텐츠 등등의 IT 자원을 사용자가 필요한 만큼 빌려서 쓰고 서비스 형태로 제공 받을 수 있는 새로운 IT 기술을 말한다. 사용자는 필요한 만큼의 자원을 빌려서 쓰고 사용한 만큼의 비용을 지불하게 되는데 서비스 부하에 따라 실시간 확장성을 지원 받을 수 있다.

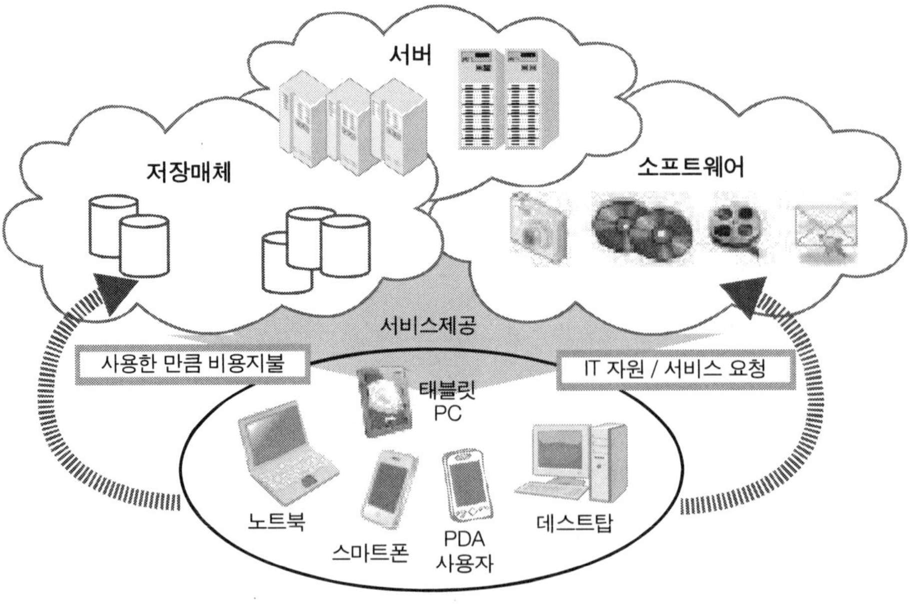

〈그림 2.108〉 클라우드 컴퓨팅의 개념도

10.2 클라우드 컴퓨팅의 장점

앞서 말한 것처럼 클라우드 컴퓨팅에서 사용자는 필요로 하는 만큼만 자원을 빌려서 사용하고 비용을 지불하는 주문형(on-demand) 서비스를 제공받을 수 있다. 이전의 데이터 센터는 사용자와 관리해야 할 데이터의 양이 증가함에 따라 서버 컴퓨터나 랙 등을 증설해야하고 그에 따른 운영과 관리가 어렵다는 단점이 있는 반면, 클라우드 컴퓨팅은 급격한 변화 속에서도 확장(Scalability)하기 쉽다는 장점이 있다. 예를 들어, 클라우드 컴퓨팅은 스마트 폰과 태블릿 PC와 같은 모바일 기기의 보급과 시장 성장에 맞추어 이전처럼 단말기에 용량이 큰 S/W를 설치하거나 데이터를 저장하지 않고도 사용할 수 있는 서비스를 제공하고 있으며, 기업에서는 별도의 데이터 센터 없이 클라우드 컴퓨팅 서비스를 이용하여 시간, 비용, 인적 자원, 에너지를 절감 할 수 있는 장점이 있다. 이와 같은 클라우드 컴퓨팅의 장점은 다음과 같이 요약할 수 있다.

10.2.1 컴퓨팅 관리의 편의성

기존의 사용자들은 자신의 데이터나 작업한 문서들을 내·외장 하드디스크와 같은 컴퓨팅 자원의 저장 매체에 보관하여 필요할 때마다 해당 데이터를 설치된 응용 프로그램을 실행하여 사용하였다. 하지만 클라우드 컴퓨팅을 이용하면 데이터의 저장, 보관, 이동 없이 네트워크가 연결되어서 클라우드 컴퓨팅에 접속할 수 있는 곳이라면 어디에서나 원하는 작업을 수행 할 수 있는 편리함이 있다. 또한 해당 데이터를 실행하기 위해 필요한 S/W를 사용자의 단말기에 설치하지 않아도 되는 장점도 가지고 있다. 그리고 분산 컴퓨팅(Distributed Computing)과 그리드 컴퓨팅(Grid Computing)에서 데이터를 분배하여 빠른 속도로 처리할 수 있듯이 클라우드 컴퓨팅은 사용자의 요구 사항에 맞게 기한 내에 처리해야 할 데이터에 대해서 연산 시간, 메모리, 디스크 용량 등을 할당하여 맞춤형으로 서비스를 제공한다. 즉, 사용자는 PC, 노트북, 휴대 단말기와 같은 기본 연산만 갖춘 컴퓨팅 자원만 가지고 있다면 원하는 작업을 장소와 시간에 구애받지 않고 수행할 수 있는 장점이 있다.

10.2.2 컴퓨팅 자원의 효율성

만약, 서버 급의 컴퓨터를 단순한 문서 작업을 수행하기 위한 용도나 데이터 크기가 작은 파일들을 저장하고 접속률이 낮은 웹서버용으로 사용한다면 심각한 컴퓨팅 자원 낭비이다. 클라우드 컴퓨팅은 작업이나 데이터 크기, 서버 부하 등을 고려하여 컴퓨팅 자원을 할당한다. 예를 들어, 단순한 문서 업무 등과 같은 작업은 낮은 성능의 컴퓨팅 자원을 배분하게 되고, 멀티미디어, 대용량의 데이터, 복잡한 수식계산과 같은 데이터는 클라우드 컴퓨팅의 확장성을 이용해서 데이터 센터 내의 높은 컴퓨팅 성능을 보이는 자원을 할당하게 된다. 또한 변화되는 사용자의 요구사항과 작업 부하를 실시간으로 반영하여 낮은 컴퓨팅 자원과 높은 컴퓨팅 자원을 자동으로 이동 및 할당이 가능하다.

10.2.3 서비스의 다양화

클라우드 컴퓨팅은 자체적으로 어플리케이션, API, 데이터 스토리지 및 데이터베이스, 메모리, CPU 제공 등의 다양한 서비스를 제공하고 있다. 이와 더불어 사용자는 클라우드 컴퓨팅의 자체 서비스를 이용하는데 그치지 않고, 자신이 가지고 있는 아이디어를 통하여 상업, 비상업 목적으로 또 다른 콘텐츠를 다른 사용자들에게 제공함으로써 다양한 서비스를 제공 할 수 있다는 장점이 있다. 예를 들어 이전에는 웹에 콘텐츠를 만들고 수정하기 위해서는 웹 프로그래밍, 웹 호스팅, 도메인, 서버 관리 등의 과정과 작업이 필요해서 수월하지 않았다. 하지만 클라우드 컴퓨팅 환경에서는 사용자가 필요로 하는 컴퓨팅 자원과 서비스를 비용만 지불하면 되기 때문에 서버를 보유하지 않고도 웹 콘텐츠를 제공할 수 있으며 나아가서는 서버 한 대 없이도 운영할 수 있는 인터넷 기업이 출현 할 수도 있다. 이처럼 클라우드 컴퓨팅을 통하여 개인은 손쉽게 자신의 아이디어를 또 다른 형태의 서비스로 제공하는 장점을 가진다.

10.3 SaaS, PaaS, IaaS

10.3.1 SaaS, PaaS, IaaS의 정의

기존의 소프트웨어 비즈니스 모델은 특정 사용자나 기관을 대상으로 프로그램을 개발하고 판매했다. 이에 비해 SaaS(SaaS : Software as a Service)는 서비스 공급자나 제공자가 어플리케이션을 인터넷을 통해 배포하고, 사용자는 자신이 원하는 형태로 설정하여 설치 없이 사용할 수 있으며 계약에 따라 유연하게 사용료를 지불하는 형태의 비즈니스 모델을 말한다.

SaaS는 유지, 관리, 배포가 제3자에 의해 중앙서버에서 이루어지며 사용자가 원하는 형태로 설정해서 인터넷을 통해 이용할 수 있는 주문형(on-demand) 소프트웨어 모델이다. 즉 SaaS는 소프트웨어를 개별 단말에 설치할 필요 없이 웹상에서 제공되는 소프트웨어를 필요한 만큼 대여하여 이용하는 서비스를 말한다.

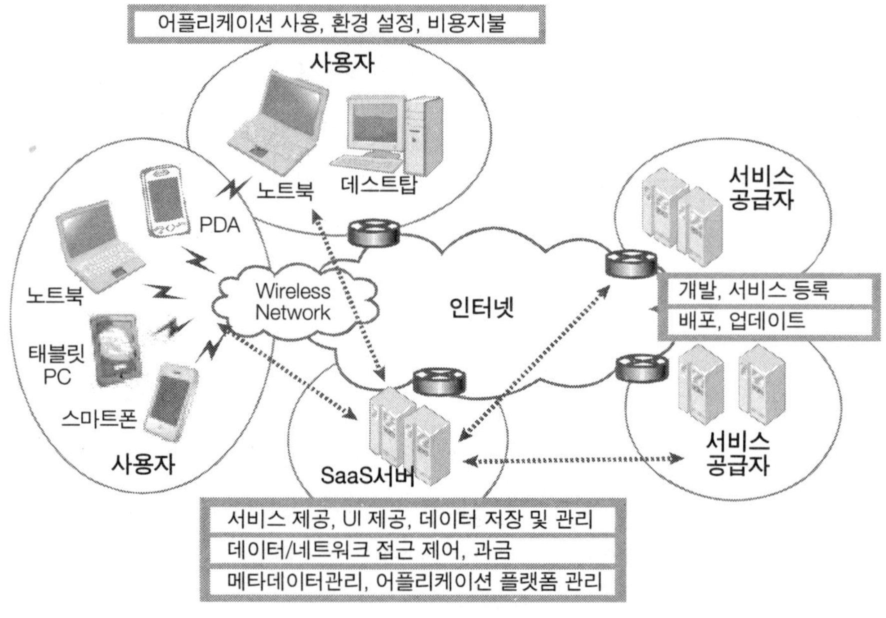

〈그림 2.109〉 SaaS의 개념도

PaaS(Platform as a Service)는 클라우드 컴퓨팅 서비스 제공 업체가 개발을 위한 플랫폼을 별도로 구축할 필요 없이 개발자에게 API와 같은 제품 개발에 필요한 개발 도구를 웹에서 제공해주는 클라우드 서비스 유형 중 하나이다. PaaS 웹 어플리케이션을 빌드하고 실행하는데 필요한 모든 것을 제공한다.

즉, PaaS는 소프트웨어 개발자가 클라우드 컴퓨팅 서비스 제공 업체가 보유한 서버 및 프로그램 개발에 필요한 자원들을 웹을 통하여 접근, 제공받아 개발하고 활용할 수 있는 서비스이다.

IaaS(Infrastructure as a Service)는 클라우드 컴퓨팅 환경에서 가상 서버, 데이터 스토리지 및 데이터베이스, CPU, 메모리 등 각종 컴퓨팅 기반 요소를 서비스 형태로 제공한다. 사용자는 이러한 서비스들을 조합하여 어플리케이션을 실행하거나 플랫폼들을 구성할 수 있으며 시스템을 편리하게 구축하거나 해체할 수 있다. IaaS는 스크립트를 통해 자동화하거나 확장할 수 있는 환경이며 필요할 때 프레임워크를 편리하게 작성할 수 있는 장점이 있다. 즉 IaaS를 통하여 쉽게 컴퓨팅 자원을 확장하거나 축소할 수 있으며 사용자는 사용한 서비스에 대해서만 비용을 지불하며 미리 자원을 할당함으로서 불필요한 자원 낭비를 막을 수 있는 장점이 있다.

결국, 클라우드 컴퓨팅에서 SaaS, PaaS, IaaS는 독립된 형태의 구조가 아니며 아래 그림과 같이 3가지 서비스 모델에 의해서 구분될 수 있다.

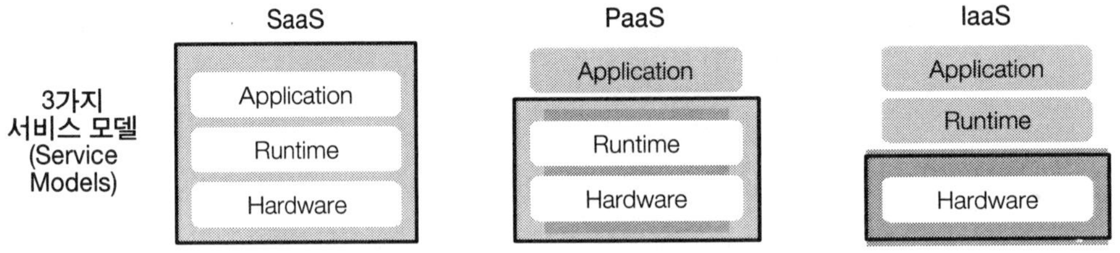

〈그림 2.110〉 서비스 모델에 의한 클라우드 컴퓨팅의 구분

10.3.2 SaaS, PaaS, IaaS의 중요성

서비스와 어플리케이션을 중앙서버에 두고 사용자에게 제공하는 ASP(Application Service Provider)가 사용자와 요구사항이 증가 할수록 서버증설과 비용의 문제점을 해결하지 못한 반면, 클라우드 컴퓨팅의 3가지 모델(SaaS, PaaS, IaaS)은 설계단계에서부터 많은 사용자에게 배포되어 사용되는 것을 고려했다.

SaaS, PaaS, IaaS의 장점은 인터넷이 연결되어 있는 곳이라면 전 세계 어디서나 접속할 수 있는 접근의 용이성이 있으며 중앙서버에서 업데이트와 패치가 자동으로 처리되어 모든 사용자가 같은 버전의 소프트웨어를 사용하게 할 수 있는 관리와 호환성의 장점이 있다. 또한, 고객의 요구 사항을 만족하기 위해서 기존에는 소스코드를 수정하였으나 SaaS의 경우, 요구사항을 메타데이터(데이터에 관한 구조화된 데이터로, 다른 데이터를 설명해주는 데이터)에 기반하여 설정을 알맞게 변경함으로써 다중 사용자를 지원할 수 있다.

이처럼 클라우드 컴퓨팅의 3가지 모델은 기존의 소프트웨어 비즈니스 모델의 문제점으로 지적된 확장성, 다중 사용자 지원, 환경 설정, 비용 등의 문제를 해결 할 수 있는 모델로써 직접 소프트웨어를 구매하지 않고 임대하여 사용할 수 있다는 장점이 있다. 시스템마다 개별적으로 소프트웨어와 하드웨어 장비를 구매 및 구축해서 발생하는 전력 사용과 발열을 최소화할 수 있는 기술로 관심과 요구가 증가되고 있다.

즉, 클라우드 컴퓨팅의 중요성은 시스템 도입 및 증설에서 찾을 수 있다고 볼 수 있다. 개인이나 기업에서 업무에 필요한 소프트웨어나 하드웨어를 추가로 구입 할 경우 관리와 유지에 어려움이 있으며 비용 또한 부담이 된다. 그리고 시스템을 운영하기 위해 필요한 전력과 에너지 사용은 IT 장비의 급속한 증가로 인하여 지구 환경에 많은 영향을 미치게 되므로 저 전력, 고 효율을 지향하는 클라우드 컴퓨팅에 대한 관심과 요구는 점점 더 커지고 있다.

10.3.3 SaaS, PaaS, IaaS의 주요기능

SaaS의 기능은 정보화의 단계에 따라 분류하며 단순 OA(Office Automation), 기업 단일, 기업내 통합, 기업 간 통합으로 분류할 수 있다.

SaaS의 주요기능은 아래의 표와 같다.

〈표 2.67〉 SaaS의 주요기능

구 분	주 요 기 능
단순 OA	데이터 계산 기능, 워드프로세싱 기능, 자료관리 기능
기업 단일	회계 기능, 급여 기능, 재고관리 기능, 고객관리 기능, 생산관리 기능, 영업관리 기능
기업내 통합	그룹웨어, ERP(Enterprise Resource Planning : 전사적 자원 관리)와 같이 회계, 급여, 고객관리 등의 기능들을 연계하여 처리할 수 있는 통합 솔루션 기능
기업간 통합	SCM, 연구개발, 자동주문/납품 등과 같이 기업간 협업 및 공동거래를 처리할 수 있는 솔루션 기능

SaaS, PaaS, IaaS 즉, 클라우드 컴퓨팅에서 제공하는 기능은 한 대의 서버를 여러 대로 나누거나 여러 개의 서버를 하나처럼 모아서 서비스를 제공하는 자원의 가상화 기능, 사용자의 데이터를 분산하여 동시 처리 할 수 있는 병렬 분산 처리기능, 추가의 플랫폼 구축 없이 개발

할 수 있는 환경을 제공하는 플랫폼 서비스, 언제 어디서나 접근을 용이하게 해주는 웹 기반 서비스의 기능들이 있다.

〈표 2.68〉 클라우드 컴퓨팅의 주요기능

구 분	주 요 기 능
자원의 가상화	스토리지, 네임 스페이스, 네트워크 등과 같은 시스템 리소스에 대한 가상화를 통하여 하나의 서버를 여러 개의 논리 서버로 만드는 기능
병렬 분산 처리	지리적으로 분산되어 있는 컴퓨팅 자원을 연결하여 하나의 단일 컴퓨터에서 처리되는 것처럼 제공하는 기능. 사용자에게 데이터 처리를 요청받으면 수천 개의 처리 파일로 나누어 서버에 분산시켜 동시에 처리함으로써 빠른 처리 속도로 실행하는 기능
서비스 플랫폼	사용자들이 필요로 하는 소프트웨어나 데이터를 구축하고 API(Application Programming Interface : 운영체제와 응용프로그램 사이의 통신에 사용되는 언어나 메시지 형식)를 제공하여 손쉽게 사용할 수 있는 플랫폼을 제공하는 기능
웹 기반 서비스	인터넷이 연결된 곳이면 언제, 어디서나 접근하여 사용할 수 있는 웹 기반의 서비스 기능

10.3.4 SaaS, PaaS, IaaS의 에너지 절약 방법 및 효과

클라우드 컴퓨팅 기술을 가능하게 만드는 3가지 모델 SaaS, PaaS, IaaS에서 가장 중요한 기술인 가상화 기반의 서버 통합은 개별 어플리케이션과 개별 서버간의 1 : 1 전속 관계를 제거해서 서버 자원을 최대한 안정적이고 고효율로 사용함으로써 에너지를 절약한다. 또한 IT 자원을 공유하고 유휴 자원을 효율적으로 활용하여 서버의 전원 사용률을 줄이며 필요한 만큼만 빌려서 사용하기 때문에 데이터 센터 공간과 같은 불필요한 공간을 줄일 수 있고, 그로인한 에너지 사용량을 절약한다.

중앙일보 기사에 의하면 클라우드 컴퓨팅은 저전력 그린IT의 핵심이 되는 기술로써 클라우드 데이터센터를 설치 및 운영하면 기존의 인터넷데이터센터(IDC) 보다 전력 효율은 2배, CO_2 배출량은 2분의 1이 된다고 한다. 이처럼 저전력, 저비용, 고효율의 특징과 장점을 가진 클라우드 컴퓨팅은 전력 사용과 발열 및 CO_2배출량을 절감 할 수 있는 기술이다.

10.3.5 SaaS, PaaS, IaaS의 기술 동향

스마트 폰과 태블릿 PC와 같은 휴대용 단말기의 수요와 시장이 급증함에 따라 사용자들은 무겁게 어플리케이션이나 장비를 장착하는 대신 클라우드 컴퓨팅을 이용하여 원하는 서비스를 사용하고, 사용한 만큼만 비용을 지불하게 되었다. 이러한 시대적 IT 상황에 따라 전 세계의 벤더들은 사용자의 요구사항을 충족시키기 위하여 SaaS, PaaS, IaaS 기반의 제품들을 출시하고 있다. 'Google Docs & SpreadSheets' 같은 워드 프로세싱, 데이터 계산과 같은 단순 OA 프로그램에서부터 KT Oracle의 ERP와 같이 회계, 급여, 고객관리 등의 기능들을 연계 처리할 수 있는 통합 솔루션 등이 있다.

SaaS의 경우 Google Apps, Apple MobileMe 등과 같은 서비스를 제공하고 있으며 PaaS는 Google App Engine, Windows Azure가 대표적이고, IaaS는 GoGrid Joyment 등과 같은 서비스를 제공 중에 있다.

컴퓨팅 자원을 빌려서 사용하는 클라우드 환경에서 가장 중요한 쟁점은 상호 운용성, 신뢰성, 보안 등이며 클라우드 서비스를 실현하기 위한 기술 표준에 대한 요구가 증가하고 있다. 이에 따라 한국정보통신기술협회는 최근 발행한 "ICT 중점기술 표준화 전략맵 종합보고서"에서 클라우드 서비스/응용, 클라이언트, 플랫폼, 인프라 등 4개 분야로 주요 표준화 대상항목을 선정하고 기술 표준화 동향을 정리했다.

10.3.6 SaaS, PaaS, IaaS의 국내 적용사례

(1) KT

KT는 인터넷데이터센터(IDC)에서 클라우드 컴퓨팅 시스템으로 전환하면서 삼성전자와 '그린IT 시스템 사업 협력'을 체결해 저전력 서버 시스템에 삼성전자의 그린 메모리를 탑재했으며 초절전 30nm D램을 안정적으로 공급함으로써 기존 시스템보다 소비 전력 70%를 이상 절감할 수 있을 것으로 기대하고 있다. 100랙(Rack) 규모의 데이터센터를 운영하면 해마다 120억 원어치의 전력을 절감할 수 있을 것으로 예상하고 있으며 CO_2배출량은 연간 7만ton으로써 이는 10년 된 나무 160만 그루가 하루 동안 소화해내는 양에 해당한다. 아래 그림은 KT가 도입한 클라우드 컴퓨팅을 바탕으로 사업에 진출한 u클라우드 안내 이미지를 나타낸다.

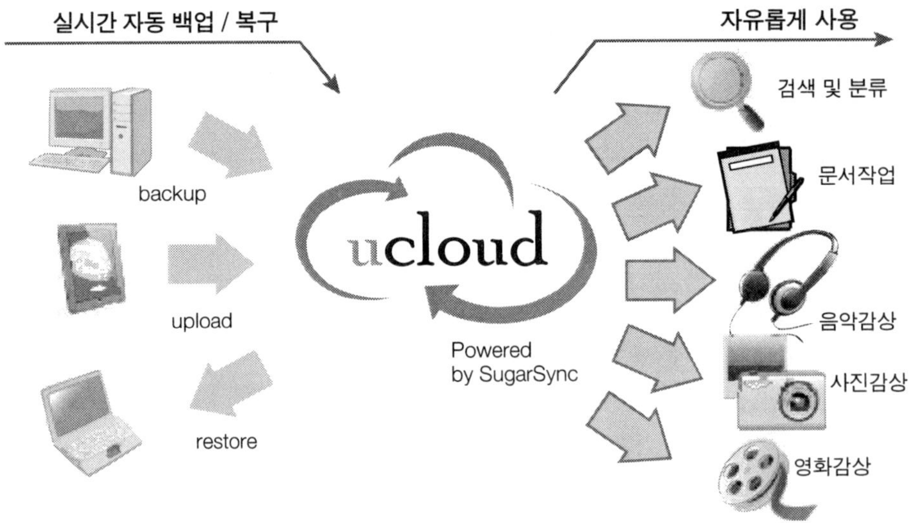

〈그림 2.111〉 KT u클라우드 안내 이미지

◎ 출처 : olleh ucloud, "ucloud 소개"

(2) 삼성전자, 삼성SDS

삼성 종합기술원은 클라우드 컴퓨팅을 이용한 PC 없는 친환경 사무실을 도입하기 시작했다. 삼성전자와 삼성SDS를 시작으로 삼성은 1~2년 이내에 주요 계열사로 확대할 방침이다. 삼성SDS는 이미 2011년 5월부터 중앙 서버를 통해 PC를 대신하는 데스탑 PC 가상화 작업을 완료했다. 이에 따라 교체 주기에 맞추어 PC를 매번 구입할 필요가 없고, 오피스 프로그램 등 소프트웨어 라이센스 비용을 직원 수대로 지급하지 않아도 되므로 비용 절감 효과를 기대하고 있다.

삼성SDS가 수원 삼성SW 연구소내 500평 규모로 총 1,170억 원 가량을 신규 투자해 설립한 클라우드 센터는 대략 600여대의 클라우드 서버와 스토리지, R&D 장비가 집결돼 있다. 또한 삼성SW 연구소는 시설별로 소모 전력을 측정해 자체적으로 이산화탄소 배출량을 관리하고 있다. 이를 통해 연간 전력 절감량은 약 2,400ton의 이산화탄소 발생을 줄이는 효과를 거두고 있다.

삼성은 클라우드 컴퓨팅 도입으로 PC 수가 줄어들면서 전력 사용량, 정보기술(IT) 폐기물, 탄소배출량 등을 줄일 수 있을 것으로 기대하고 있으며 이는 직원 각자가 데스크탑 PC를 사용할 때보다 67% 이상의 에너지 절감과 함께 공간 활용도까지 높여 운영비 절감에 기여할 것으로 예상하고 있다.

〈그림 2.112〉 삼성SDS ICT 수원센터

◎ 출처 : 삼성그룹 홈페이지, "삼성SDS, 「자율출근제」 전격 시행", 2011.04.18.

10.3.7 SaaS, PaaS, IaaS의 해외 적용사례

(1) 일본 유니시스의 e러닝 서비스

일본의 유니시스 주식회사는 산업관학과의 연계 경험과 첨단기술을 활용해 학습관리시스템, LMS(Learning Management System)을 개발했다. SaaS형의 서비스를 이용해서 비용을 절감했으며 업무와 환경 부담을 줄였고, 다양한 학습 스타일을 지원한다.

사용자는 인터넷 웹 브라우저로 접속할 수 있으며 e러닝과 연수신청, 수강이력관리와 같은 인재육성 업무에 사용하는 맞춤형 학습 플랫폼을 서비스로 제공 받을 수 있다. 서비스 대상은 기업 연수관리부터 e러닝 관리까지 기업에 관한 연수업무를 폭넓게 지원하는 기능을 갖추고 있으며 SaaS형태를 제공함으로써 기존의 교육용 시스템에 비하여 최대 90%의 비용을 절약과 도입 기간을 단축할 수 있다. 이 외에도 타 시스템과의 연계, 수강관리 지원기능, 국제표준 e러닝 교재 SCORM(Sharable Content Object Reference Model : 웹기반 전자교육에 대한 표준규격의 하나)에 대응, 다양한 파일형식(HTML, PDF, Word, PowerPoint)의 지원, 테스트와 앙케이트의 송신과 집계를 지원하는 장점과 특징을 가지고 있다.

유니시스의 e러닝 서비스는 일본 유니시스 ICT 호스팅 서비스를 활용하고 있는데 연수에 참가하는 수강자와 강사의 교통기관을 이용한 이동을 줄이고 교재에 사용되는 용지 사용을 줄임으로써 CO_2배출량을 억제할 수 있다. 아래 그림은 유니시스 e러닝 서비스의 진행절차를 보여준다.

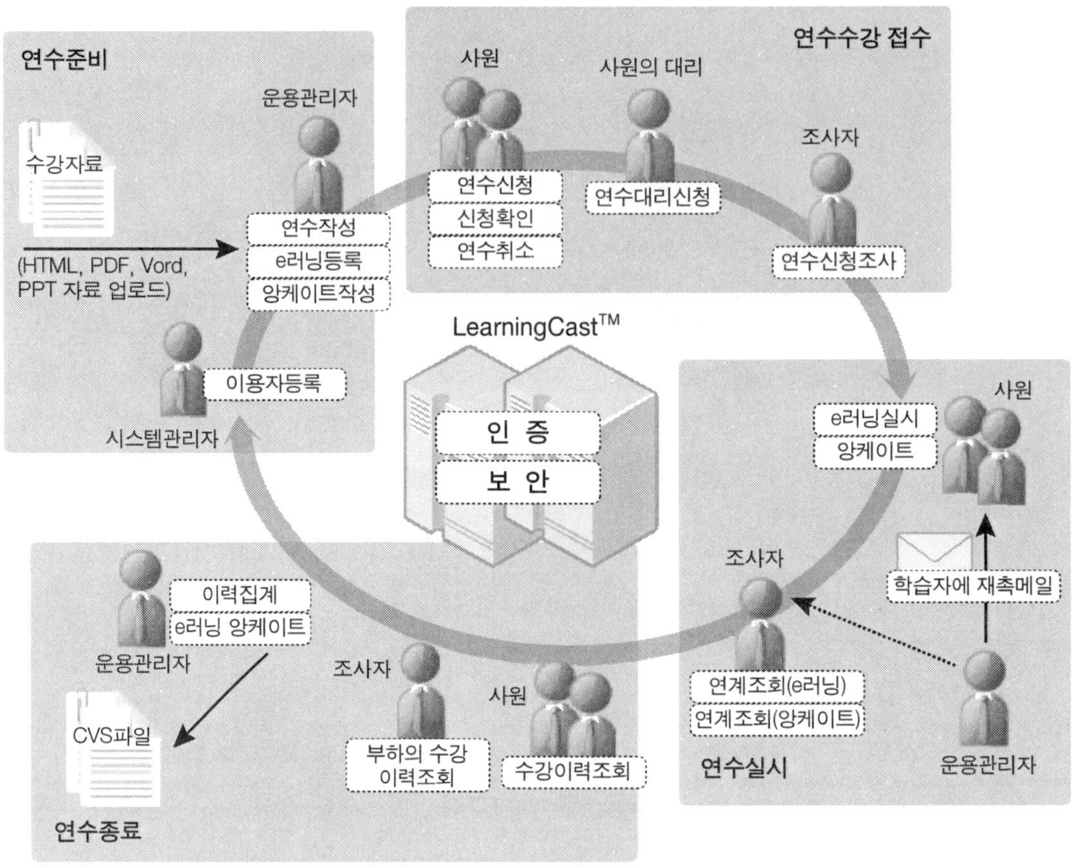

〈그림 2.113〉 유니시스 e러닝 서비스의 진행절차

(2) 일본 NTT사의 SaaS형 간편 전자민원 시스템

주식회사 NTT의 SaaS형 간편 전자민원 시스템은 주민에 의한 민원 절차를 간단하고 편리하게 처리할 수 있는 시스템으로써 저렴한 도입 및 운용비용으로 주민과 행정 모두를 만족 시킬 수 있다.

사용자는 PC나 휴대폰 등에 따로 설치나 설정할 필요 없이 이용하고 싶을 때 언제, 어디서나 바로 인터넷으로 접속해서 사용할 수 있으며 초기비용 및 운용비용의 절감, 서버나 프로그램 보유 및 보수 관리 불필요, 운용의 용이함, 직원의 작업부담 경감, 고도의 보안성을 확보한 서포트 체제 등의 장점을 가지고 있다.

간편 전자민원 시스템을 SaaS형으로 바꿈으로써 그렇지 않은 것과 비교해 연간 약 440tCO_2의 절감 효과가 있으며 일본의 현 단위에 도입했을 경우 수작업으로 민원에 대응했을 때와 비교해 약 56.5%의 CO_2 절감효과가 기대된다. 아래 그림은 SaaS형 간편 전자민원 시스템의 구조와 정보의 흐름, 제공되는 서비스 등을 나타낸다.

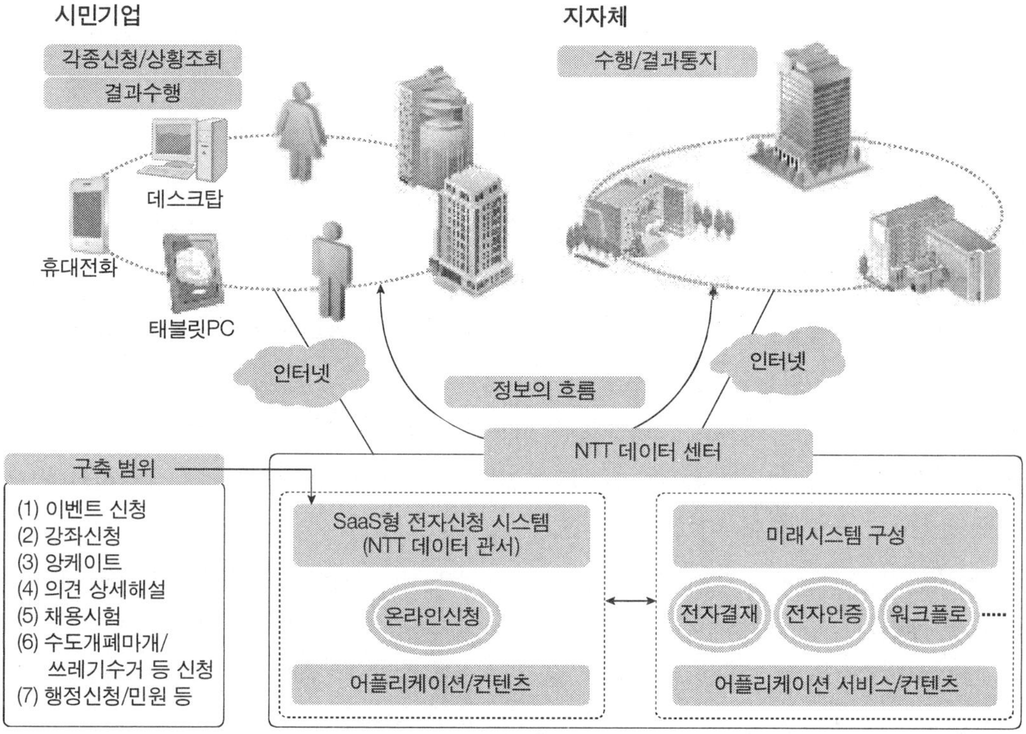

〈그림 2.114〉 일본 NTT사의 SaaS형 간편 전자민원 시스템의 흐름도

(3) 소니

소니는 세계 각국의 60개 거점에서 생산 관리, 수주, 발주 관련 데이터 시스템을 혁신 및 데이터 센터 집약화를 통해 각 거점 간 IT자원을 공유할 수 있는 클라우드 컴퓨팅 시스템을 도입할 방침이다. 일본, 중국, 인도, 동남아 등 각 지역에 분산된 데이터 센터 40개를 싱가포르의 대규모 데이터 센터로 집약할 방침이다.

정보 시스템의 보수 및 운영에 연간 100억 엔 가량을 사용하고 있어 기업 내 클라우드 컴퓨팅 시스템 구축으로 IT기능을 집약화하여 비용 절감 및 에너지 효율을 극대화한다.

11 환경규제

11.1 탄소배출권거래 시스템

11.1.1 탄소배출권거래 시스템의 배경

산업혁명 이후 인간의 활동으로 인해 대기 중 이산화탄소의 농도가 급격히 증가하였으며, 이로 인해 지구 평균기온이 상승하였다. 기온상승으로 인한 이상기후현상들로 여러 피해가 나타나기 시작했고, 이에 대한 대책으로 세계 각국의 논의와 협의를 통해 교토의정서를 바탕으로 탄소배출권 거래가 시작되었다.

배출권거래제도는 근본적으로 오염물질의 소유권이 없다는 점에서 시작하였으며 오염물질을 배출할 수 있는 경제적 상품으로 인식하여 배출하는 대상간에 배분하여 상호간의 거래를 통해 대상간의 효율적인 인사결정을 유도하는 정책수단이다.

탄소배출권의 초기모델은 미국의 환경보호국에 의해 1967~1970년 사이에 다양한 대기오염물질 감축 수단으로 시뮬레이션 결과 배출권거래제가 비용대비 효과적인 것으로 밝혀졌다. 1990년 미국의 산성비 프로그램(Acid Rain Program)에 의해서 대기 중의 황산화물(SOx), 질소산화물(NOx)을 대상으로 높은 효과를 증명하여 배출권거래제도는 본격적으로 시작되었다.

11.1.2 탄소배출권거래 시스템의 정의

오염물질을 배출할 수 있는 권리, 즉 배출권을 규제가 아닌 시장을 통한 거래방식을 의미한다. 시장방식을 통해 규제의 간섭은 최소화하며 자율적으로 가격시장원칙에 의해 운영된다. 탄소배출권거래 시스템은 지구온난화 규제와 방지를 위한 '교토의정서' 17조에서 허용되고 있는 온실가스 감축 목표를 달성하기 위해 도입한 제도로서 국가별로 이산화탄소(CO_2) 배출 감축의무와 연간 배출허용량을 정한 뒤 할당량 미만으로 온실가스를 배출할 경우, 그 여유분을 다른 국가에 팔 수 있고, 그 반대로 온실가스의 배출이 할당량을 초과할 경우에는 다른 국가에서 배출권을 사들일 수 있도록 한 것이다. 온실가스 배출 할당량은 국가 별로 부여되지만 대부분의 탄소배출권 거래는 기업들 사이에서 이뤄진다. 온실가스 감축목표를 달성하기 위해 많은 비용이 소요되는 기업이나 국가는 배출권 거래를 통해 감축목표를 초과 달성한 기업이나 국가들로부터 배출권을 시장에서 구입하는 방법으로 감축 의무를 이행할 수 있게 되어, 시장 전체로는 최소한의 비용으로 목표를 달성할 수 있다.

거래시장은 교토메커니즘에 의해 거래되는 교토이행 시장, 교토의정서를 비준하지 않지만 자체적으로 거래가 이루어지고 있는 비 교토이행 시장, 자발적으로 기업들이 참여하는 자발적 이행시장, 기업 혹은 개인이 홍보의 목적이나 사회적 책임을 위해 거래하는 소매시장으로 구성되어 있다.

11.1.3 탄소배출권거래 시스템의 주요 기능

배출권의 분배 방식은 무상분배방식(Grandfathering)과 유사분배 경매방식(Auction)으로 구분 할 수 있다. 무상분배방식은 과거 기준 연도를 기준으로 배출량의 기준을 정하는 방법으로서 배출권확보의 불확실성을 줄이며 기업들이 비교적 잘 따라와 줄 수 있는 장점이 있다. 하지만 신규 참여자와 기존 배출권 분배 대상의 형평성 문제가 있을 수 있다. 다음 표는 탄소배출 거래 시스템의 주요 기능을 나타낸다.

〈표 2.69〉 탄소배출거래 시스템의 주요 기능

주요기능	세부기능	설 명
배출량 산정	배출량 산정	배출활동별 배출량 산정
	기준정보 관리	배출계수, 발열량, 배출설비 관리
	배출량 보고	산정된 배출량의 리포팅
	배출량 검증	산정된 배출량의 검토
	배출량 인정	산정된 배출량의 승인을 통한 인정
레지스트리관리	배출권 할당	배출권 할당과 발행
	거래이력 관리	거래의 이력관리
	거래정산 관리	거래정산 관리
	거래양도 관리	거래양도 실행 및 이력관리
배출권 거래	배출권 거래	배출권의 거래 실행
	거래상품 관리	거래된 상품의 관리 기능

국내 탄소배출권 거래제를 해외 제도와 연계하기 위하여 의무감축국 수준의 온실가스 배출량 DB를 마련하며 시장 활성화를 취해 국내에서 발행된 배출권이 해외에서 거래되고 해외의 배출권이 국내에서 유통되도록 구축된다. 또한 탄소배출권 시장의 원활한 운영을 위해 글로벌 수준의 검증 시스템을 구축하여 거래의 투명성을 확보하여야 한다.

11.1.4 탄소배출권거래 시스템의 적용사례

(1) 해외

세계 29개국의 개설시장 중 유럽연합의 탄소배출권 시장인 EU-ETS가 가장 활발하게 운영되고 있다. 일본을 포함한 38개국 선진국이 이미 의무 감축 국가로 지정이 되어 있기 때문에 이들은 2012년까지 감축목표를 가지고 이산화탄소를 줄여 나가고 있다. 탄소배출권에 대한 적극적인 시행으로 목표량을 이행하지 못할 경우 다른 나라에서 구매해야한다는 것이 보편화 되어 있다. 탄소배출권 거래 실적을 살펴보면 2005년도에 거래된 것이 111억 달러였으면 2008년도에 1천 200억 달러가 넘었다고 한다.

미국의 경우 대표적인 시카고기후변화거래소(CCX : Chicago Climatge Exchange)는 기업들을 대상으로 한 자발적 온실가스 배출권거래제도를 6가지 온실가스를 대상으로 하고 있으며 순수하게 전자 거래시스템을 통해 거래가 이루어진다. 거래단위는 100ton CO_2에 해당하는 CFI(Carbon Finance Instrument)라는 상품을 경매에 적용하며 4.5달러/ton의 최소고정가격이 존재한다.

일본의 경우 자발적인 탄소배출권거래제(JVETS : Japan Voluntary Emission Trading Schme)를 2006~2008년 동안 운영하여 성공적인 결과를 얻지 못하였다. 일본 정부와 독립된 Tokyo-ETS는 탄소배출량이 많은 기업을 대상으로 하며 각 산업의 특이점을 반영한 의무감축량을 제시하여 운영하고 있다. 다른 나라의 배출권거래제와 다른점으로 할당된 의무감축량을 동경 내에서 생산된 신재생에너지공급인증서(REC)로 제한없이 대체할 수 있다.

뉴질랜드의 NZ-ETS는 배출권총량거래제가 아닌 연간 기업의 총생산에 비례한 배출권 할당을 통해 온실가스 집약도(온실가스 배출량/생산)를 낮추는 방식이다. 특이점으로 적용대상에서 농업을 제외하고 있다. 무역 경쟁력을 고려하여 배출권 무상할당비율을 달리 정하고 있으며 발전부분에 대해서는 무상분배를 실시하지 않고 있다. NZ-ETS는 총량제한 방식이 아닌 온실가스 집약도를 낮추는 방법이기 때문에 생산량이 늘어난다면 온실가스 총량이 더 늘어날 수 있다.

(2) 에너지관리공단 사내배출권 거래지원 시스템

에너지관리공단에서 2007년 4월 11일에 오픈한 시스템으로 2002년에 개발한 온실가스 등기거래시스템을 확장, 보완하여 새롭게 구성하였다. 이 시스템은 크게 온실가스 배출권 모의거래 시스템인 KEMCO-ETS I 과 온실가스 배출권 거래시스템인 KEMCO-ETS II로 구성되어 있다. 거래방식은 일반거래와 경매 방식으로 구성되어 있으며 시스템의 진행방식은 Player(사용자)가 관리자의 거래상태 통제에 의해 진행되는 방식이다.

일반거래의 경우 사전등록단계에서 관리자가 Player의 등록, 배출권 할당, 거래 한도를 등록하고 매매시작단계에서 Player는 배출권을 매매한다. 매매종료단계에서는 관리자가 거래 상태를 매매종료 상태로 변경하면 더 이상 매매가 불가능해진다. 일반거래의 경우 매매마감단계는 거치지 않고 끝이 난다.

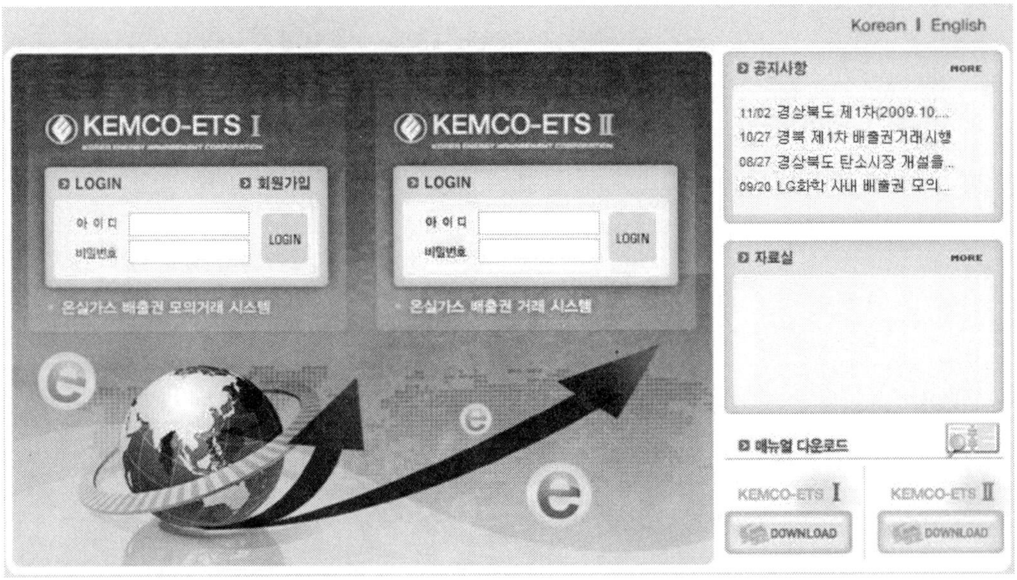

〈그림 2.115〉 에너지관리공단 사내배출권 거래지원 시스템

◎ 출처 : http : //ets2.kemco.or.kr/login.asp

경매방식 거래인 경우 경매 입찰수 등록단계에서 관리자가 유찰인 경우를 생각하여 추가 경매회수를 설정하거나 혹은 낙찰될 때까지 경매를 진행하도록 설정할 수 있다. 상태변경단계에서는 관리자가 Player를 경매시작 상태로 설정하여야만 경매에 참여할 수 있으며 응찰단계에서는 Player가 경매 메뉴를 통해 응찰 감축량을 등록하며, 낙찰 혹은 경매 종료시까지 재입찰이나 삭제를 할 수 있다. 그 후 낙찰이나 유찰이 되면 경매절차는 종료된다.

(3) 환경부 공공기관 탄소배출권 거래시스템

환경부가 운영하는 공공기관 탄소배출권 거래시스템의 참여대상은 크게 사업장, 대형건물, 광역지자체로 나뉘어진다. 대상선정의 기준선과 감축목표는 사업장과 대형건물은 2005~2007년간의 평균배출량으로 절대량 방식평균 1%이며, 광역지자체의 경우 2007~2008년간의 평균배출량으로 절대량 방식평균 2%이다.

이 시스템의 운영기관은 한국환경공단이며 검증기관인정 기술위원회, 배출량인증 심의위원회, 환경부 온실가스 인정위원회가 함께 사업장과 대형건물에 대해서 2010~2012년까지, 광역지자체에 대해서 2010~2011년까지 운영된다.

〈그림 2.116〉 공공기관 탄소배출권 거래 시스템

출처 : http : //www.meets.or.kr

11.2 그린 ERP 시스템

11.2.1 그린 ERP의 정의

ERP(Enterprise Resource Planning)란 전사적 자원관리라는 말 그대로 기업 활동을 위해 기업 내의 모든 인적 · 물적 자원을 효율적으로 관리하여 궁극적으로 기업의 경쟁력을 강화시켜 주는 역할을 하게 하는 통합경영정보시스템이라고 할 수 있다. 이를 연계하여 경영활동에서 나타나는 여러 가지 환경관련 정보를 통합하여 파악 · 분석 · 예측하여 기후변화대응, 환경규제 대응, 환경경영, 환경안전보건 등에 필요한 의사결정 정보를 제공하는 시스템이다. 또한 이 시스템을 이용해 조직이 직접적으로 환경 영향을 줄이고 효율성을 향상시킬 수 있도록 한다.

11.2.2 그린 ERP의 중요성

기업들은 그 동안 전사적 자원관리(ERP) 시스템을 활용하여 기업 활동의 프로세스에서 자금, 재료, 인력, 설비 등 4가지 자원에 대한 계획과 실행을 통합 관리해왔다. 하지만 몇 해 전부터 유럽 기업을 중심으로 환경관련 제약조건이 5번째 자원으로 반영되기 시작했다. 상품개발, 판매, 생산, 구매, 인사 등의 프로세스를 혁신해 기업 경쟁력을 확보하는 것에서 나아가 해당 프로세스에 환경자원에 대한 운영을 가시화하고 최적화하는 것이 요구되기 시작한 것이다. 그 동안 적은 비용으로 더 빨리 신제품을 출시해 경쟁우위를 지켜왔던 기업도 앞으로는 온실가스 배출량과 에너지 사용량을 줄여 가면서 경쟁력 있는 가격의 제품을 신속하게 출시하지 못하면 경쟁에서 뒤처질 것이다.

환경규제에 있어 국내의 시각으로 봤을 때 녹색성장 기본법 같은 환경관련 법제화로 인해 인벤토리 같은 정량화되고 정확한 정보가 필요하게 되었으며, 이에 대한 대응이 필요하다. 해외의 시각으로 봤을 때 REACH, RoHS 등 국제 환경규제에 대응하기 위한 시스템이 필요하며, 이에 대응하기위해 원료구입부터의 재활용 및 폐기물 단계까지 추적 및 관리가 필요하다.

산업의 공급망과 네트워크는 산업의 발전에 따라 복잡해지고, 각 인자들 간의 의존도가 높아지고 있으며, 기업의 환경사고는 이미지와 매출에 큰 영향을 미치기 때문에 각 인자간의 환경 위험요소를 체계적으로 분석하여 예방 및 위기사항 대응이 가능하기 때문에 필요성이 증대되고 있다.

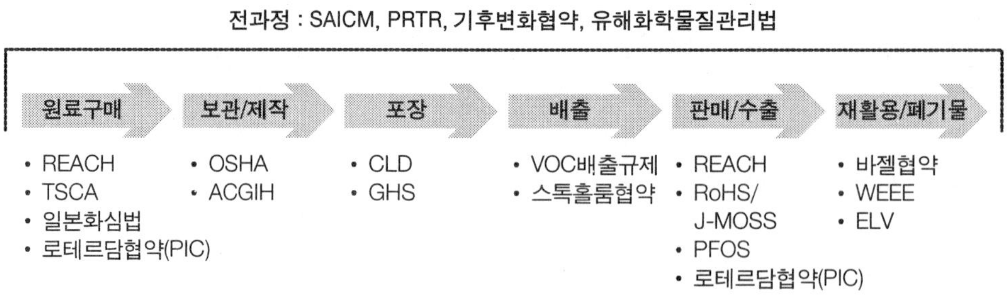

〈그림 2.117〉 제품 원료구매 및 재활용/폐기물 단계까지의 규제들

그린 ERP로 인해 생기는 효과로는 다양한 형태의 환경규제의 요구사항에 대해 체계적인 데이터를 바탕으로 효과적으로 대응할 수 있으며, 시스템을 통해 통합된 데이터의 분석으로 경영의사결정을 효과적으로 판단하여 환경업무에 관한 비용절감과 효율을 높일 수 있다. 또한 글로벌 규격 및 표준인 환경경영시스템(ISO14001), 에너지경영시스템(ISO50001), 사회적책임표준(ISO26000), 안전보건경영시스템(OHSAS18001) 등을 준수하여 국제적 경쟁력을 높일 수 있다.

11.2.3 그린 ERP의 방향

미국의 SOA기술 기반 ERP제품을 공급중인 IFS가 지난해 기업 경영진을 대상으로 설문조사를 실시한 결과 "응답자의 77%는 공급망 환경 요인이 제품과 고객에게 커다란 영향을 미치고 있으며, 응답자의 80%가 향후 3년 안에 그린 공급망 도입이 확산될 것이다."고 응답했다. 그러나 응답자의 87%는 ERP 기반 IT인프라와 데이터를 통해서는 녹색 공급망 관리를 추진하기가 어렵고, 54%는 ERP 소프트웨어는 그린 공급망 환경에 매우 취약하다고 평가했다. 이에 향후 ERP는 제품의 원자재 조달부터 소비자에게 전달되는 모든 공급체계가 환경에 미치는 영향과 공급망 최적화를 통한 환경비용 절감 방안에 대해 지속적인 연구가 필요하다.

ERP는 여러 가지 시스템을 통합하는 추세이다. 환경안전보건의 인증(ISO14001, OHSAS18001 등)을 지원하는 EHS시스템, 에너지경영(ISO500001)의 EnMS, 환경물질관리시스템, 온실가스측정시스템 등 각각 녹색경영의 세부 분야에 적합한 시스템이 전사적 관리업무를 지원하며 각 시스템의 유기적인 녹색정보를 통합하고 성과평과 및 환경회계를 이용해 분석하여 기업경영의 의사결정과 운영에 도움을 준다.

11.2.4 그린 ERP의 사례

(1) 웅진코웨이

2010년 7월에 웅진코웨이는 온실가스인벤토리 시스템을 기반으로 유해물질 관리, 에너지 관리, 폐기물 관리를 포괄하는 통합환경관리시스템을 구축하여 제조 · 사용 · 폐기 전 과정에 생산되는 온실가스와 유해물질을 관리할 수 있게 되었다. 또한 제품의 부품제조과정 등 전 과정에 걸친 관리를 위해 협력업체에도 시스템을 확장하였으며 협력사들이 포털사이트에 기본 데이터를 입력하면 온실가스와 유해물질의 양들을 분석할 수 있게 설계되어 있다. 또한 환경안전보건 솔루션(EHS)과 유해물질 규제(REACH), 온실가스 유해물 배출(EC) 솔루션을 활용해 공장 설비진단과 사업장 온실가스 인벤토리를 구축하여 제품의 탄소발자국을 산정하였다.

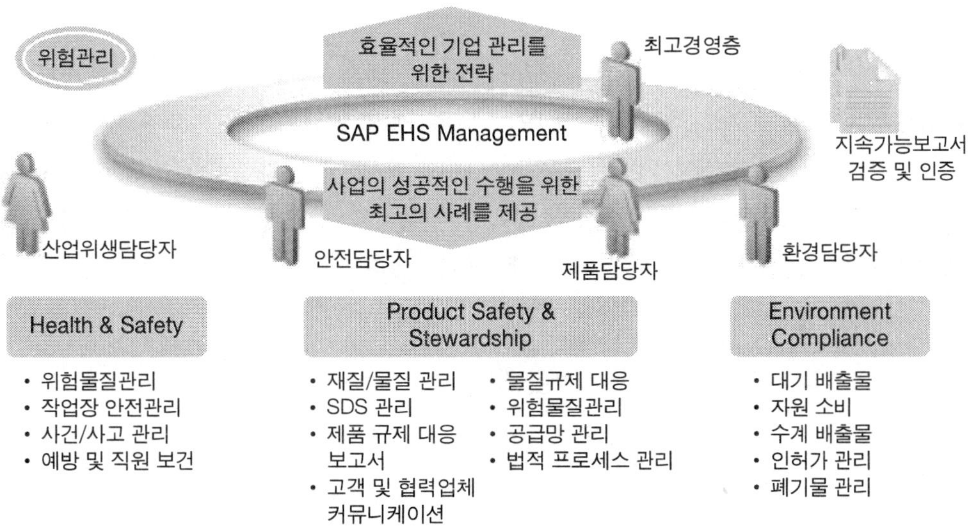

〈그림 2.118〉 SAP 통합환경관리시스템 개념도

◎ 출처 : 이병철, SAP Solution Fair 2011, 2011.4.12.

11.3 온실가스 · 에너지 목표관리대응 시스템

11.3.1 온실가스 · 에너지 목표관리대응 시스템의 배경

2010년 4월 14일 「저탄소 녹색성장 기본법」이 제정되어, 온실가스 · 에너지 목표관리제(이하 '목표관리제')가 본격적으로 시행되었다. 이는 온실가스 배출량, 에너지 사용량에 대한 목표를 기업과 정부가 협의를 통해 설정하고, 인센티브와 페널티 등을 통해 목표를 효율적으로 달성하는 제도이다. 특히 목표관리제가 시작되는 첫해인 2011에는 총 470개 관리업체가 지정되었으며, 다양한 정부의 활동을 펼치고 있다.

11.3.2 온실가스 · 에너지 목표관리대응 시스템의 정의

온실가스 · 에너지 목표관리제에서 온실가스 감축, 에너지 절약 및 에너지 이용효율에 대한 목표를 설정하고 온실가스와 에너지 사용 및 저감에 대한 통합리포트(명세서, 이행계획서, 실적보고서)의 제출이 요구되면서 대량의 데이터 관리를 위한 시스템은 필수적인 요소가 되었다. 온실가스 · 에너지 목표관리대응 시스템은 방대한 데이터의 수집과 자동 배출량 계산 및 리포트 기능을 통하여 손쉽게 사용이 가능하도록 구현되었다.

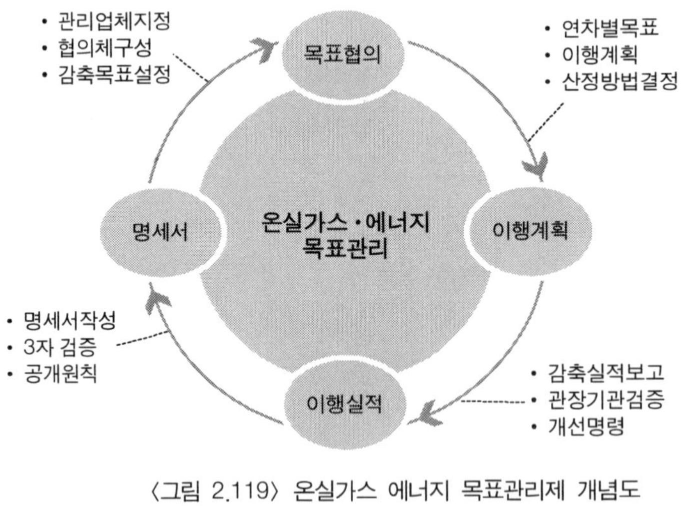

〈그림 2.119〉 온실가스 에너지 목표관리제 개념도

11.3.3 온실가스·에너지 목표관리대응 시스템의 중요성

"측정가능성, 보고가능성 그리고 검증가능성" 이 세 가지를 함축적으로 MRV라고 부르는데 MRV를 진행하기 위해서 사업자는 에너지 사용량을 정확하게 산정하고, 이를 바탕으로 실현가능한 감축계획을 세우고 실시하여 그 결과를 파악 후 평가해야 한다. 사업자는 아래의 5가지 원칙에 따라 MRV 온실가스 배출량을 산정해야 한다.

〈표 2.70〉 MRV 추진 원칙

원 칙	내 용
적합성 (Reasonability)	선택되어진 산정 대상 범위(바운더리) 설정과 모니터링, 산정 방법은 정보 이용자의 의사결정에 해당하는 정보가 생성될 수 있는 방법 일 것
완전성 (Completeness)	부지경계내의 배출원을 모두 특정할 수 있고, 산정대상인 모든 배출원에 대한 온실가스배출량을 모두 산정할 수 있을 것
일관성 (Consistency)	동일한 방법과 데이터(종류)를 사용하여, 산정 대상 년도별 배출량을 비교 가능도록 산정할 수 있을 것
투명성 (Transparency)	정보 이용자가 합리적인 확신을 가지고 판단할 수 있도록 온실가스와 관련된 충분하고 적절한 정보가 제공될 것
정확성 (Accuracy)	편중되거나 불확실성을 최소화하여 요구되는 정밀도가 확보될 것

◎ 출처 : 일본 환경성, JVETS, monitoring and reporting guidelines, 2009.03.01

온실가스·에너지 목표관리대응 시스템은 MRV과정에서 위의 5가지 추진 원칙을 견고히 해주며 사용자가 손쉽게 데이터를 관리, 확인, 분석, 비교할 수 있도록 제공하는 시스템이다. 또한 데이터를 활용해 온실가스 감축 실적관리와 이행계획서, 명세서, 이행실적보고서 등의 보고기능도 시스템화 하여 체계적인 작성기능을 지원한다.

〈표 2.71〉 MRV 시스템 도입 시 고려사항

관 점	고려사항
시스템 평가	‣ 업종 특성에 맞는 목표관리에서 요구하는 리포트의 대응 여부 ‣ 환경시스템의 거시적 로드맵을 고려하여 설계되었는지 여부 ‣ 향후 정책 변화에 대응이 가능한 유연한 구조의 채택 여부
기술력 평가	‣ Legacy 시스템과의 연동 및 커스트마이징 가능 여부 ‣ 도입 업체의 해당 업종에 대한 이해 정도 ‣ 환경 전문 컨설팅 및 소프트웨어 인력 보유 여부

공급업체 평가	‣ 환경 전문 업체로서의 과거 유사 실적 보유 여부 ‣ 사업의 지속적 수행이 가능한지에 대한 재무적 평가
유지보수 평가	‣ 지침 변경에 대한 지속적인 유지보수 가능 여부 ‣ 신속한 대응이 가능한 유지보수 프로세스 도입여부

11.3.4 온실가스 · 에너지 목표관리대응 시스템의 주요 기능

관리대상 업체는 온실가스 · 에너지 목표관리대응 시스템을 도입하여, 기업내부에서 발생하는 온실가스 및 에너지 정보 데이터를 축적하고, 측면분석 및 잠재량 평가를 통하여 직접적 비용 절감 효과를 얻을 수 있다. 또한 활동자료의 가시화를 통하여 온실가스 및 에너지의 체계적인 관리와 트랙킹이 가능해지며, 이러한 효과를 통하여 자연스럽게 축적된 정보를 리포트로 활용하여 온실가스 · 에너지 목표관리를 대응할 수 있도록 구현되었다.

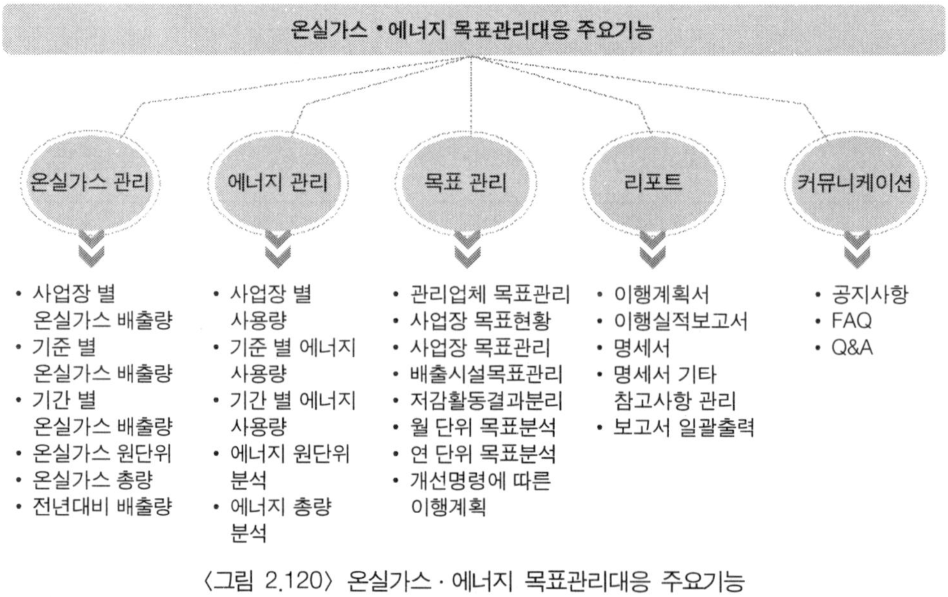

〈그림 2.120〉 온실가스 · 에너지 목표관리대응 주요기능

온실가스 · 에너지 목표관리대응 시스템의 주요기능은 온실가스관리, 에너지관리, 목표관리, 기준정보, 리포트, 커뮤니케이션으로 구성된다. 온실가스 · 에너지관리는 활동정보에 따른 사용량의 추이와 배출량 분석 및 원단위 산정을 할 수 있다. 목표관리는 목표설정과 그에 대한 현황, 그리고 목표 달성을 위한 방법을 관리한다. 기준정보는 시스템 사용에 필요한 기본사업

장에 대한 정보, 시설에 대한 세부사항, 산정식에 대한 관리기능이다. 활동자료 입력부분에서 각 원료 및 에너지의 사용실적을 관리하며, 리포트에서는 목표관리제에서 요구하는 이행계획서 등의 리포트를 출력할 수 있다.

11.3.5 온실가스 · 에너지 목표관리대응 시스템의 기술 동향

국내의 경우 온실가스 · 에너지 목표관리 통합 지침에 따라 목표관리제 대상 업체가 선정되었을 때 여러 업체들이 목표관리대응 시스템을 개발하였다. 정부에서 제공하는 국가 온실가스 종합 관리시스템은 지침상의 양식과는 일부 상이한 웹 기반의 조회 화면을 제공하며 다량의 데이터 입력이 불편하고 기존 시스템과의 연동을 지원하지 않아서 목표관리제 대상 업체들은 별도로 시스템을 도입하여 온실가스 배출량이나 에너지 소비량을 입력하여 명세서나 보고서 등을 출력하여 사용하는 실정이다.

11.3.6 온실가스 · 에너지 목표관리대응 시스템의 적용 사례

(1) 유통기업 S사

국내에 수백 개의 건물을 소유하고 있는 S사는 온실가스 · 에너지 목표관리대응 시스템 내에 다양한 친환경 활동과 온실가스 감축활동 등을 반영하였다. 더불어 해당 시스템 구매층 확보를 위한 건물의 마케팅 영역까지 확대하고, 친환경 건축물 인증, ESCO사업 등을 함께 설계하여 건물의 감축활동 통합관리가 가능하도록 하였다. 구축 기업은 '건물 전문 온실가스 · 에너지 목표관리대응' 시스템 도입을 통하여, 기업내부에서 발생하는 온실가스 및 에너지 정보 데이터를 축적하고, 측면분석 및 잠재량 평가를 통하여 직접적 비용 절감 효과를 얻을 수 있을 것이다. 또한 에너지 사용 통합관리 정보를 활용하여 향후 정책 변화에 따라 유연한 대응이 가능할 수 있으며, 무엇보다 거시적인 환경시스템의 로드맵을 고려하여 시스템 발전에 따라 진화가 가능한 프레임워크를 사용할 수 있을 전망이다.

S사의 온실가스 · 에너지 목표관리대응 시스템은 다양한 조직 · 운영경계를 고려한 활동 데이터를 관리하는 것이 가장 큰 이슈사항이라 볼 수 있다. 다시 말해서, 건물의 복잡한 소유 관계에 따라 지분을 따져야 하는 경우, 건물 내 관리업체 지정 유무로 인해 제외해야 하는 경우 등을 고려하였으며, 또 임차하고 있으나 실질적 운영 통제권이 있음으로서 경계

내 포함해야 하는 이슈 등이 잘 반영되어 있다. 또한 임대율, 연면적 데이터 등을 관리하여 향후 이행계획서, 이행실적보고서 작성을 위한 관리 포인트를 제시하고 있다.

(2) 물류전문기업 G사

물류전문기업 G사는 국토해양부 VA 참여 기업으로서 NA 및 VA 요구사항에 대응이 가능하도록 하였다. 차량정보 MASTER 및 지역 정보 MASTER 관리를 통한 활동데이터를 수합하였다. 또한 CVO(화물운송시스템)와의 연동을 통하여 Data관리를 통합하였으며 다양한 조회 조건 및 산정 방법론을 제시하고 있다. 물류기업 G사의 온실가스 · 에너지 목표관리대응 시스템의 경우, 연료법, 연비법, 톤키로법, 운송요금법 등 물류업에 특화된 다양한 배출량 산정 방법론을 제시하고 있다. 즉, 물류 업종의 데이터 관리 및 수합 가능 수준에 맞게끔 온실가스 배출량과 에너지 사용량을 파악할 수 있도록 하고 있다. 그리고 차량 MASTER 관리를 통한 해당 차량의 차종별, 차량 톤수별, 차량 운영 방식(자가, 지입, 위수탁 등 고정용차, 임시용차 등)에 따른 데이터 분석이 가능하다. 또한 대형 화주사의 배출 정보 공개요구에 대응 가능하도록 화주별 수송량과 배출량 등을 제공하며 운송사별, 품목별 조회가 가능하여 녹색물류활동의 기반 자료 확보 및 프로세스 개선에 도움이 된다.

11.4 감축잠재량평가 시스템

11.4.1 감축잠재량평가 시스템의 개요

현재의 기후변화는 인류가 대처해야 할 중요한 문제의 하나로 전세계적으로 시급성이 요구되고 있다. 하지만 교토의정서(Kyoto Protocol)에 따라 우리나라는 의무감축에 대한 시점이 명확하지 않아 『자발적 감축목표』 인 온실가스 · 에너지 목표관리제를 통해 기후변화 대응활동을 하고 있다. 특히 녹색성장위원회에서는 2015년 본격 시행을 위해 국가 배출권거래제도의 입법(안)을 국회에 제출한 상태이며, 국회통과시 목표관리제도의 관리업체가 법안의 적용을 받게 되면 기업의 감축의무는 더 증가하게 될 것이다.

감축의무에 따라 감축량을 할당받은 기업은 기업 자체적으로 내부 감축 가능량을 사전 평가하는 것이 필요하다. 이는 실제 감축 가능량의 이행을 위한 한계비용, 투자계획, 에너지 절약 잠재량,

회계 또는 재무적 영향에 관한 평가가 수행된다. 하지만 현재 관리업체 중 일부 대기업을 제외하고 이를 수행하고 있는 업체는 제한적이며 감축잠재량 평가방법, 필요자료 등에 대한 정보는 부족한편이다. 이에 따라 정부는 이러한 어려움을 인식하고 기업의 대응 체제 수립지원을 계획하고 있으며, 이러한 요구사항을 미리 인식한 국내 환경솔루션 제공 업체들은 관리업체가 감축잠재량을 독자적으로 파악하는데 유용한 툴을 개발하는 등 발 빠른 움직임을 보이고 있다.

11.4.2 감축잠재량평가 시스템의 정의

온실가스 감축 잠재량 평가는 해당 사업장의 현 상황을 파악하고, 분석하여 각 사업장의 향후 전략 방향성 분석을 위해 필수적이다. 이에 따라 온실가스 감축잠재량 평가 시스템은 해당사의 감축여력을 파악하고 온실가스 감축옵션 선택 시 비용효과적인 기준을 제시하여 해당사의 감축 수준파악으로 정부 감축규제에 선 대응하여 불확실성을 최소화하는데 그 의의가 있다.

감축잠재량을 평가하기 위해서는 정확성, 일관성, 비용효율성, 타당성, 신뢰성, 투명성의 6가지 원칙에 따라 평가하고 있다.

〈표 2.72〉 감축잠재량 평가 원칙

평가원칙	세부내용
정확성	취합된 정보 자료의 타당성을 확보함
일관성	감축잠재량 결과분석방법이 동일하도록 관련 방법론을 시스템화함
비용효율성	지나치게 높은 감축 비용이 수반될 경우, 수용 가능한 범위 내에서 감축잠재량을 산정함
타당성	'온실가스 · 에너지 목표관리 운영 등에 관한 지침'을 바탕으로 BAU를 산정하며, 경제적 비용을 고려한 감축잠재량 평가 방법론을 사용함
신뢰성	정책분석의 중요 고려사항인 편익/투입비용, 다양한 대안, 적절한 투자수준 등을 고려함
투명성	감축잠재량 평가 시 사용되는 분석방법과 관련 데이터를 공개함

11.4.3 감축잠재량평가 시스템의 중요성

온실가스 감축을 위해 대부분의 기업들은 회수기간(Payback Period)을 고려하여 활용하는 경우가 많다. 하지만 이는 온실가스 원단위 감축에 대한 경제적인 효율을 고려하지 못한 것이다. 더불어 이를 사용할 경우의 의사결정에 따라 실제 저감 시 비효율적인 온실가스 감축이 일어날 수 있다. 그렇기 때문에 한계저감비용(MACC : Marginal Abatement Capital Cost)을 산출하여 분석하는 것은 비용 효과적 투자를 위해 유용하다. 하지만 다양한 감축기술의 상관관계를 비교하기 위해 기술별로 한계저감비용을 계산하기에는 그 시간과 비용이 만만치 않다. 게다가 도출된 기술별로 도입 시기에 따른 검토도 추가적으로 필요하다.

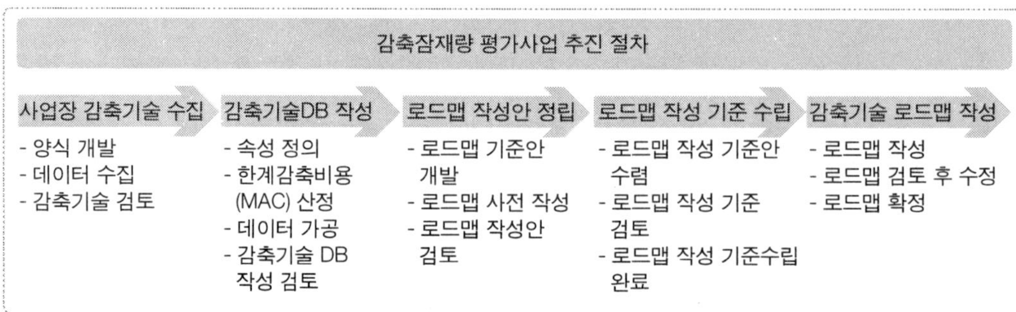

〈그림 2.121〉 감축잠재량평가 추진 절차

이러한 감축잠재량평가의 시간과 비용을 덜어주는 시스템이 감축잠재량 평가시스템이다. 감축잠재량 평가시스템은 감축기술 DB를 보유함에 따른 다양한 감축기술 선택이 가능하고, 여러 가지 정책분석방법인 경제성평가모형(Engineering Economy Model)이나 집합론적 모형 등을 통한 분석이 가능하다.

이에 따라 대외적으로 많이 활용하는 경제성 지표인 순현재가치(NPV : Net Present Value), 내부수익률(PP)등의 기준으로 한계저감비용(MACC)을 도출하며, 분석된 기술들로 사업장의 로드맵을 구현함으로써 시간과 비용을 단축하여 사업장의 의사결정을 지원한다.

11.4.4 감축잠재량평가 시스템의 주요 기능

경제평가방법 중 한계감축비용(MAC)을 사용하여 실현 가능한 감축량과 이에 따른 비용효과를 분석하여 온실가스 감축에 따른 재무 영향도를 평가한다. 또한 활동자료 입력부터 감축시나리오까지 프로세스에 따른 순차적 방법으로 감축잠재량을 평가한다. 다음은 감축잠재량 평가 시스템의 주요 기능이다.

〈표 2.73〉 감축잠재량 주요 기능

주요기능	세부기능	내용
활동자료입력	‣ 시설군 관리 ‣ 시설군 정보관리 ‣ 신증설 시설예상 ‣ 감축예산 및 생산계획 ‣ 감축기술 적용	‣ 다양한 그룹군 관리(제품군/시설군 관리) ‣ 에너지사용량/가동률/입주율 입력 ‣ 신증설 시설의 에너지 사용량 입력 ‣ 사업장별 감축예산 및 생산계획 등록 ‣ MRV DB에 따른 감축기술 등록
원단위 분석	‣ 기준년도 지표별 원단위	‣ 성장률 지표에 따른 원단위 조회 기능 ‣ 제품생산량, 매출액, 매출개수 등 다양한 원단위 산정 기준 적용
배출전망	‣ 배출전망	‣ 원단위에 따른 사업장 배출전망 조회 ‣ 배출허용량에 따른 챠트 조회
감축잠재량평가	‣ 감축기술 우선순위 ‣ 시설별 감축기술분석 ‣ 감축기술 챠트분석	‣ 한계감축비용(MAC)분석에 따른 감축기술 우선순위 도출값 조회/연도보정기능 추가 ‣ 시설별로 감축기술 수 및 감축량 조회 ‣ 누적NPV, 온실가스 누적 감축량, 누적투자비 조회
감축시나리오	‣ 감축시나리오	‣ 중장기 온실가스 배출전망 및 감축이행계획 조회 ‣ 감축목표 달성률 조회

출처 : 에코시안 ES-MRV 소개자료

11.4.5 감축잠재량평가 시스템의 적용 사례

감축잠재량평가 시스템은 환경/에너지 전문회사인 에코시안에서 ES-RTM을 개발하였다. ES-RTM은 활동자료를 입력하는 부분과 원단위를 분석하고, 배출전망치를 확인한 후 감축기술들을 적용하여 감축량과 감축기술의 적용 우선순위를 확인해보는 모듈로 구성되어 있다.

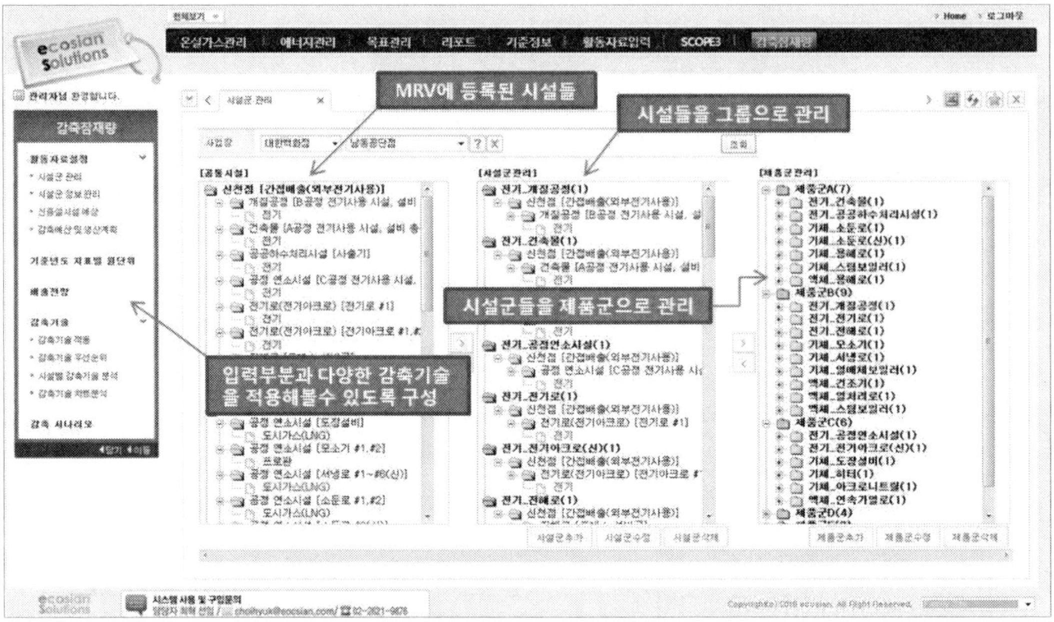

〈그림 2.122〉 시설군 관리 및 감축예산, 생산계획

입력한 활동자료와 기준 년 선정을 통해 원단위를 조회할 수 있으며 재품생산량 · 매출액 · 매출수량에 따라 업종별 산정기준 변경이 가능하다. 또한 성장률 지표에 따른 다양한 원단위 조회가 가능하며 사업장 감축률 등록에 따른 배출허용량 조회가 가능하다. 경제평가방법 중 한계감축비용(MAC)을 사용하여 실현 가능한 감축량과 이에 따른 비용효과를 제시하며 성장률 지표 및 원단위 기준에 따라 누적NPV(순 현재가치), 누적감축량, 감축기술별 MAC값이 조회가 가능하다.

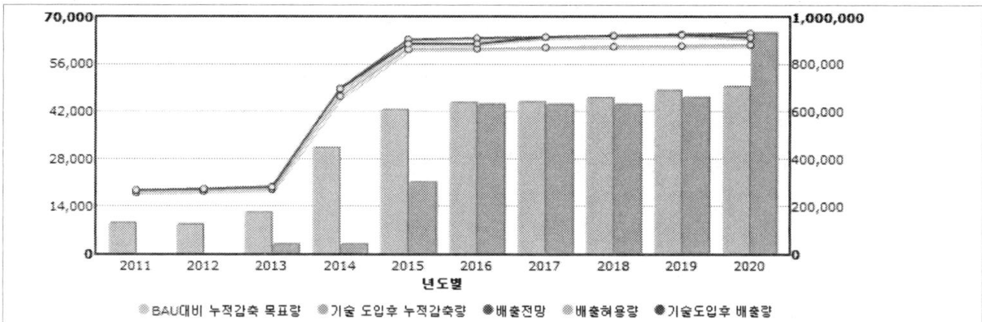

분류	단위	2011	2012	2013	2014	2015	2016
배출전망(BAU)	tCO2	267,418.132	272,291.155	283,493.702	695,240.508	903.634.907	909,072.282
배출허용량(예상)	tCO2	258,325.916	263,577.838	271,303.473	663,954.685	861.164.066	864,527.740
BAU대비 누적감축목표량	tCO2	9.092.216	8,713.317	12,190.229	31.285.823	42,470.841	44,544.542
감축예산	천원	4,000,000	4,000,000	4,000,000	4,000,000	4.000,000	4,000,000
감축목표 달성을 위한 예상 투자금액	천원	0	0	285.000	0	1,188,000	1,116,000
예산투자대비 가능여부	-	투자가능	투자가능	투자가능	투자가능	투자가능	투자가능
기술도입후 누적감축량	tCO2	0.000	0.000	2,839.000	2,839.000	21.201.000	44,065.000
감축목표 미달성분	tCO2	9,092.216	8,713.317	9,351.229	31,285.823	24.108.841	21,660.542
기술도입후 배출량	tCO2	267,413.132	272,291.155	280,654.702	695,240.508	885,272.907	836,188.282

〈그림 2.123〉 감축기술평가 시스템 감축시나리오

산정된 원단위에 따라 배출전망 조회가 가능하며 예산 투자대비 투자가능여부가 실시간으로 조회된다. 감축목표 미달성분, 기술도입 후 배출량 변화 확인, 연도별 감축기술 도입 로드 맵 등을 차트와 표로 쉽게 알아볼 수 있도록 제공하고 있다.

11.5 EHS(Environmental, Health and Safety)

11.5.1 EHS 배경

환경, 안전보건 경영시스템 인증이 전반적으로 확산되면서 현재 많은 기업들이 환경경영시스템을 기본적으로 갖추고 있으며, 최근에는 기업의 사회적 책임 강화에 대한 요구 증가와 2001년 안전보건경영시스템 인증이 도입되면서, 점차적으로 안전보건 경영시스템을 도입하고 있다.

하지만 환경과 안전보건의 통합적인 환경안전보건(EHS) 경영시스템의 구축과 유지 및 관리를 위해서는 많은 문서화 작업과 환경성평가, 위험성평가, 제품 요구사항 분석 등의 작업이 요구되는데, EHS 전산시스템은 이러한 업무 로드를 상당부문 경감시킬 수 있으며 환경 및 안전보건과 관련된 기업 내부의 데이터베이스를 구축하는데 상당한 도움을 준다.

11.5.2 EHS 정의

EHS 시스템은 녹색 경영전략의 수행에 있어서 서로 연관성이 깊고 상호 보완성이 큰 환경(Environment), 보건(Health) 및 안전(Safety) 분야의 활동을 체계적으로 지원하며, 관련 법규와 규제에 대한 신속한 대응과 녹색 경영전략의 효율적 수행을 통한 경쟁력 확보 차원에서 종합적 업무관리 및 표준화를 통해 환경 및 안전보건 경영을 정착, 경영자의 효율적인 의사결정 및 모니터링을 할 수 있도록 정보를 통합관리하기 위한 정보시스템이다.

11.5.3 EHS 중요성

환경에 대한 관심이 높아지고 그에 따라 규제도 강화되고 있는 만큼 관련법규와 규제강화에 유연한 대응과 함께 경영자의 신속한 의사결정이 요구되고 있다.

ILO국제노동기구 주체의 ohs-ms와 유럽 컨설팅 기관 중심의 OHSAS18000 인증규격이 대두되면서 환경규제 뿐만 아니라 보건 및 안전문제가 새로운 무역장벽으로 연계되는 추세를 감안하여 비용의 상승과 함께 특정 환경규제를 준수하지 못할 경우 시장에서 배제 될 수 있다. 국내 경제에서 수출이 차지하는 높은 비중을 고려할 때 환경 보건 및 안전 규제에 대하여 준비하여야 한다. 그렇기 때문에 환경, 안전보건 분야의 주요 경영활동은 관련 법규의 요구사항 충족 및 경영시스템 지원 등 기업의 지속가능성 측면에서의 체계적 EHS 리스크(RISK) 저감활동이라고 할 수 있다. 기업내 경영전략을 실행하는 과정에서 법규대응, 비즈니스 중단, 공정 안전, 임직원 사고, 제품안전 및 전 과정 관리 등 기업내에 분산되어 있는 리스크를 관리하고, 모니터링 및 분석, 평가할 수 있다.

11.5.4 EHS의 주요 기능

EHS의 주요기능은 주로 환경, 안전, 보건, 교육으로 구분되며, 각 항목별 주요기능은 다음 표와 같다.

〈표 2.74〉 EHS 주요기능

구분	주요기능	설명
환경	환경 데이터 축적	대기, 수질, 폐기물, 유해화학 물질, 토양 및 지하수 등
	모니터링	대기, 수질 등 환경오염물질 모니터링 (TMS I/F) 등
	실적분석	오염물질 배출 실적 분석 등
보건	검진결과 관리	개인별 건강 검진 History, 문진표 관리, 검진 일정관리, 외부 검진결과 Import 등
	이상소견자 관리	유소견자 사후관리내역, 유소견자 상담 예약 등
	작업환경 측정	작업환경 유해인자 등록, 작업환경 측정 결과 관리 등
	의약품/보호구	지급관리, 재고현황 및 월정산 등
	근골격계	근골격계 유해요인조사결과 관리, 근골격계 통계결과 등
안전	사고이력조회	실시간 및 일정기간 수집된 데이터를 통해 추이분석
	사고처리	사고 처리내역, 보고서 관리 등
	소방안전관리	비상조치 계획, 비상 시나리오 현황, 설비 점검현황 등
	규정 및 규칙	안전 매뉴얼, 절차서 관리, 기술기준/작업표준관리 등
교육	교육 현황 관리	이수 대상 및 학습 중 과목, 이수율 등
	온/오프라인 교육	교육 컨텐츠 관리, 교육 일정관리 등
	교육 실적 평가	교육 이수현황, 교육/이수 실적 평가 관리 등

11.5.5 EHS의 기술 동향

국제표준의 인증규격이 새로운 무역장벽으로 인식되면서 각 기업들은 이를 효율적으로 대응하기 위해서 ISO인증을 관리하는 IT시스템의 필요성이 증가하게 되었다.

(1) ISO Vision

ISO Vision은 캐나다에 위치한 IsoVision사에서 개발한 웹기반 시스템이다. 품질, 환경,

안전보건의 경영시스템을 통합하는 소프트웨어로 프로세스, 활동, 섹터, 유닛, 기구, 워크스테이션 별로 데이터를 입력한 후, PDCA(Plan Do Check Act)사이클을 거쳐서 결과가 나오는 형태로 구성되어 있다. 모두 9개의 모듈이 있으며, 각 모듈은 훈련과 적격성, 문서관리, 웹모듈, 인트라넷, 진단 계획, 모니터링과 측정, 부적합, 시정과 예방조치, 심사, 관리자 툴로 이루어져 있다.

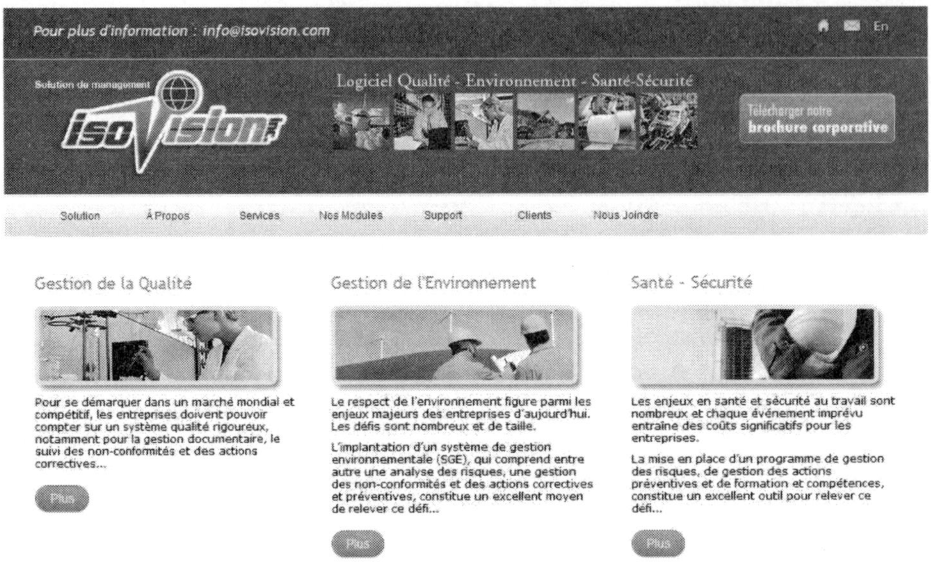

〈그림 2.124〉 Isovision 홈페이지(www.isovision.com)

(2) Open Mind Solution사 ActiveQ

ActiveQ는 영국의 Open Mind Solution사가 개발하였으며, 환경(ISO14000), 안전보건(OHSAS18000), 품질(ISO9000)과 관련된 회사를 위한 ISO국제 표준을 통해 실현되는 컴플라이언스 경영을 위한 솔루션이다.

환경경영시스템은 ISO14011을 기준으로 환경적 영향을 최소화하고 관련 조직과 관리방법을 정의한다. ActiveQ는 관리 프로세스 향상을 지원하기 위해 고안되었으며, 환경영향을 줄이기 위한 다양한 사례를 제공한다.

안전보건관리를 위해 ActiveQ는 OHSAS18001의 요구사항을 중심으로 피고용자의 관리와 의사소통과 정보교환, 피드백 기능을 강화시키고, 위험경영시스템의 요구사항을 시스템에 반영하였다.

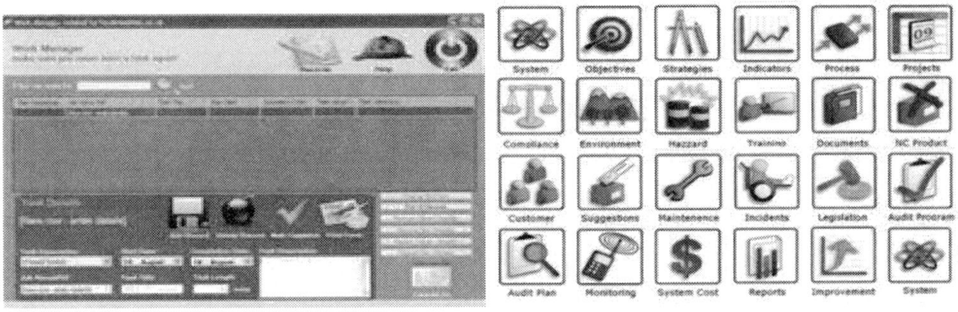

〈그림 2.125〉 ActiveQuality 화면

(3) 세인인포테크의 SHEInfoTrak

SHEInfoTrak은 국내 환경컨설팅 업체인 세인인포테크에서 개발한 시스템으로 국내외 규제대응, SHE업무 관리역량강화 및 통합정보자원 관리의 3가지 관점에서 구성되었다. 또한 체계적 DB화를 통해 정보공유를 활성화하고 신속한 정보제공과 문서작성 및 자료취합 시간을 단축함은 물론 관리 체계 효율화 제공, 통계 및 분석 정보 제공, 데이터 신뢰도를 향상 시키는데 초점을 맞춰서 개발 되었다.

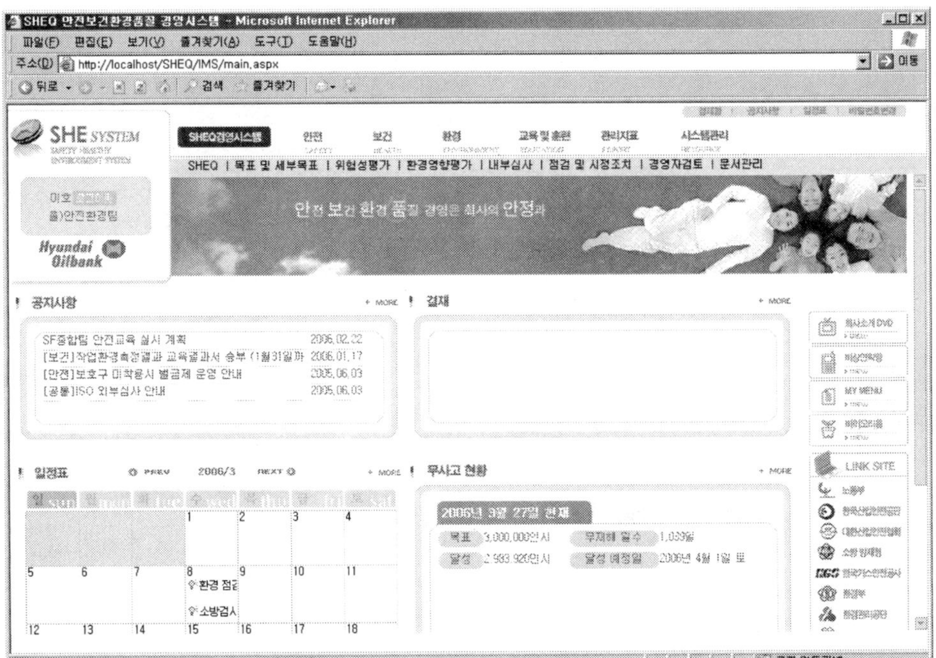

〈그림 2.126〉 세인인포테크 SHE Home

◎ 출처 : 세인인포테크 솔루션 소개자료

(4) 에코시안의 Smart-IMS

에코시안의 통합경영 지원 시스템인 Smart-IMS는 ISO14001, ISO9001, OHSAS18001 등의 환경/품질/안전보건의 국제 규격 요구사항을 반영하고 있어 지속적인 경영 개선의 기회를 제공하며, 환경·품질·안전보건 경영시스템 구축 및 운영의 효과적인 도구로 활용할 수 있다.

세부기능 - 경영시스템

- 경영기획 : 회사의 KPI 관리, 목표 모니터링, 부서별 업무 실행 계획 관리 기능 제공
- Risk 관리 : ISO 14001, OHSAS 18001 구축 시 필수요소인 환경영향평가, 위험성평가 기능 제공
- 경영지원 : 경영시스템 운영에 필요한 자원관리, 시정조치, 내부심사, 경영검토 등의 기능 제공

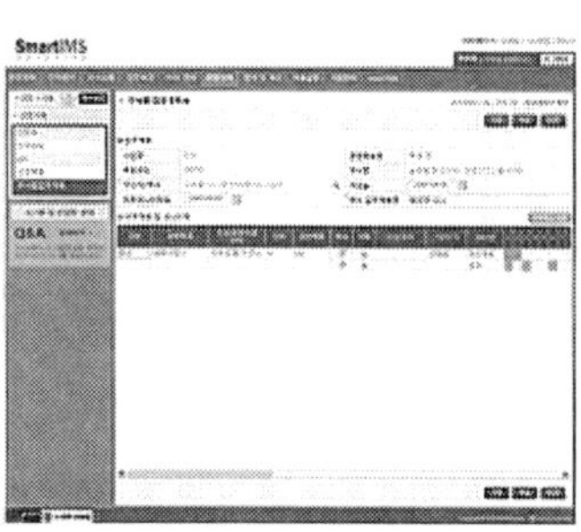

| KPI 관리

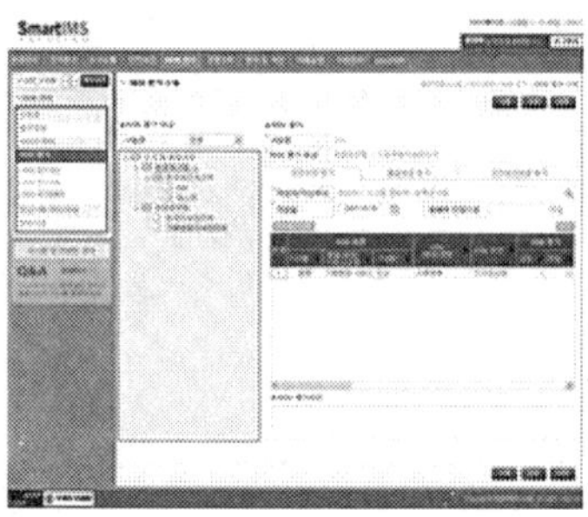

| 위험성 평가

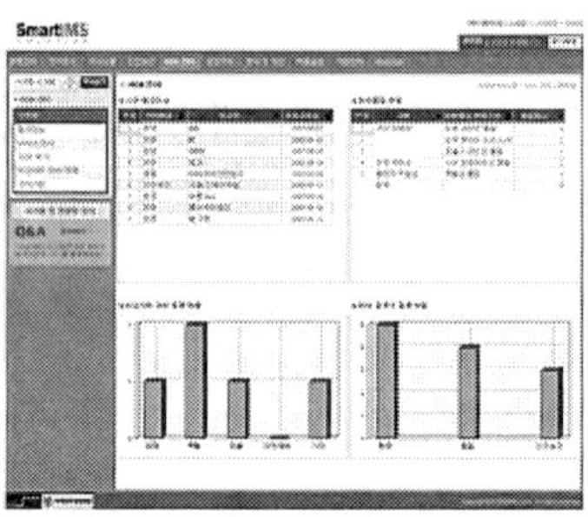

| 환경영향 평가

세부기능 - 환경관리

- 투입물(유틸리티) 및 배출물 관리
- 대기, 수질, 폐기물, 에너지, 용수, 화학물질 관리 기능 제공

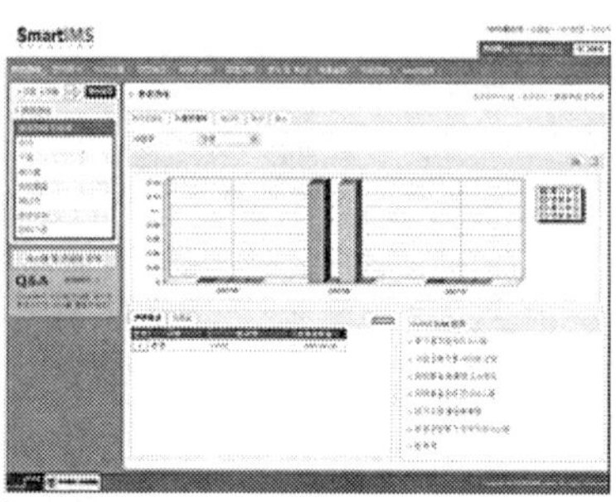

| 환경성과 조회

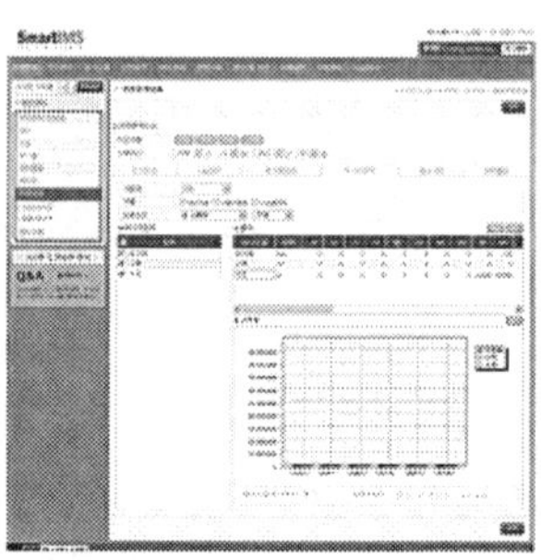

| 위험성 평가

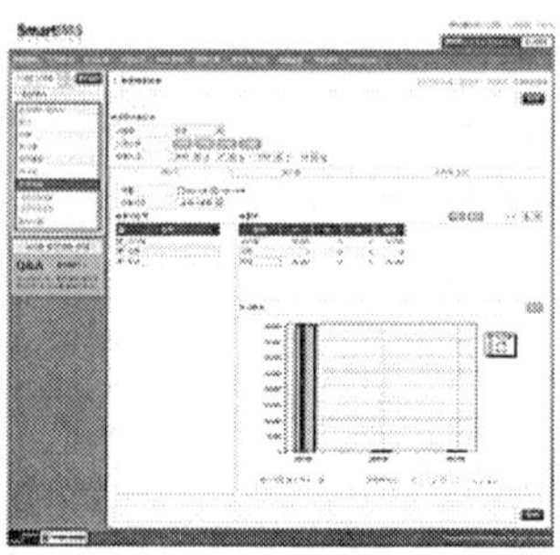

〈그림 2.127〉 Smart-IMS 구성 및 흐름도

11.5.6 EHS의 적용사례

(1) 한국수력원자력

한국수력원자력은 국내 최초로 SAP EC모듈을 이용 체계적인 탄소배출관리 시스템을 구현하여 친환경 공기업의 이미지를 높이고, 스웨덴 국제 인증원(DNV)으로부터 인증을 받아 국제적인 신뢰성을 높였다. 프로젝트 구축기간이 약 1년이며, 국제환경협약에 따른 내외부 여건변화에 적극적으로 대응기반을 마련하고 대국민 신뢰도를 높이기 위한 친환경 기업 이미지를 제고시켰다. 또한 규제에 따른 위험예방 및 담당자 변경 시 발생하는 위험을 감소시키는 효과를 얻었다.

(2) CN(Canadian National Railway)

CN은 북미의 가장 큰 철도회사로써 22,000명 이상의 직원을 보유하고 있고, 1500개의 기관차를 보유하고 있는 대형기업이다. CN은 다수의 위험관련 업무 부서가 산재해있어 사건, 사고가 빈번하게 일어났고 2001년에는 5,000명의 사고자, 700건의 철도사고, 300건의 위험물질 사고 등 많은 리스크가 존재한다.

그렇기 때문에 우선적으로 CN은 EHS시스템을 도입하여 11개의 분산된 Legacy시스템으로 관리하던 업무를 일원화하여 사건, 사고 및 부상, 질병 데이터의 체계적 관리를 통해 가시성을 확보하였다. 정보활용을 통해 리포트를 생성하고 통계 산출을 통해 산업 보건과 관련된 상해 질병관리가 가능해졌으며, 설비 모듈의 기능 위치와 연계한 철도 자산(선로, 교량, 궤도 등)의 관리가 가능해졌다. 또한 정확한 사고/재해 데이터 관리로 대응 시간이 감소했으며 관련 부서간 업무 통합성 확보로 환경 안전 업무 효율성이 증대되었다.

(3) 한국가스공사

가스공사는 안전과 보건, 환경을 통합하는 EHS 경영시스템을 국내 최초로 도입했다. EHS시스템의 조기도입은 1994년 아현동 가스폭발 사고가 계기가 됐다. 사고를 계기로 안전에 대한 인식이 완전히 바뀐 것이다.

EHS시스템은 천연가스의 도입, 생산 및 공급과 관련된 모든 활동에 가능한 위험을 사전에 찾아내 분석, 평가하여 예방하는 것이다. 시스템 이행 점검을 위해 매년 정부로부터 EHS 업무의 이행여부를 확인, 평가받고 있다. 1997년 ISO14001 인증, 2000년 BS8800 인증, 2001년 OHSAS18001 인증을 획득하는 등 대외적으로 안전보건환경 체계를 인정받았다.

〈그림 2.128〉 한국 가스공사 EHSQ 메인페이지

11.6 LCA (Life Cycle Assessment)

11.6.1 LCA 시스템의 개요

현재의 환경기술은 후처리 위주의 1세대 기술(End-of-pipe)에서 벗어나 오염물질의 배출을 억제하고 사전 예방하는 2세대 기술(Pollution prevention)을 거쳐 통합적인 환경관리의 3세대 기술과 나노수준의 환경문제로 접근하는 4세대 기술로 전환되고 있다. 따라서 제품(혹은 공정)의 개발 단계에서부터 설계, 사용, 폐기까지의 전 과정(life Cycle)을 고려하여 환경부하(Environment impact)를 사전에 평가하고 환경개선 방안을 도출하여 적용함으로써 사후에 발생하는 환경비용을 절감할 수 있는 방법들이 활발하게 사용되고 있다.

국내에서는 산업자원부와 환경부에서 전 과정평가에 필요한 주요 산업 및 물질에 대한 환경성 정보(LCI : Life Cycle Inventory) DB를 지속적으로 확보하고 있다. 그러나 현실은 아직도 많이 부족한 상태이며, 제품의 설계 단계에서부터 폐기단계까지를 관리해야하는 원료 또는 제품의 수가 많다. 더불어 LCA를 수행하는데 많은 시간과 노력이 필요할 뿐만 아니라 수행과정이 복잡하여 초보자들이 쉽게 접근하기 어렵다는 점이 있다. 이에 따라 LCA시스템의 구축은 필수불가결하게 되었다.

11.6.2 LCA 시스템의 정의

LCA(Life Cycle Assessment)는 다음과 같은 정의가 일반적으로 받아들여지고 있다. 특정 제품(서비스 포함)의 전 과정 즉, 원료 획득 및 가공, 제조, 수송, 유통, 사용, 재활용, 폐기물 관리 과정 동안에 소모되고 배출되는 에너지 및 물질의 양을 정량화하여 이들이 환경에 미치는 영향을 총체적으로 평가하고, 이를 토대로 환경개선의 방안을 모색하고자 하는 객관적이며 적극적인 환경영향 평가방법이다.

다시 말하면 경영자가 의사결정을 할 때 경제적, 사회적 측면 이외에도 환경적 측면을 고려하여 결정 할 수 있도록 도모하는 것이다. 그러므로 제품에 필요한 LCI DB를 통해 전 과정 환경성 평가를 할 수 있는 프로그램이 LCA시스템이라고 할 수 있다.

11.6.3 LCA 시스템의 중요성

오늘날의 환경규제는 전통적인 방식인 사업장 배출물에 대한 농도규제와 같은 소극적이고 사후처리 개념의 환경규제에서 제품을 중심으로 한 전 과정에서의 투입물과 배출물의 환경성을 고려하는 적극적이고 사전예방적인 환경규제로 전환되어 가고 있다. 또한, 이러한 환경규제는 국제무역에서 국가간의 직접적인 무역장벽의 수단으로 작용하고 있다.

EU를 중심으로 시행되는 RoHS(Restricting the use of Hazardous Substances : 유해물질 사용제한 지침), WEEE(Waste of Electrical and Electronic Equipment : 전기 · 전자장비 폐기물 처리지침), REACH(Registration, Evaluation and Authorization of Chemicals : 신화학물질 관리정책), EuP(Ecodesign Requirements for Energy-Using Products and Amending Council Directive : 에너지사용제품 친환경설계규정) 등은 위와 같은 국제적인 환경규제의 흐름을 보여주는 대표적인 사례들이다.

전 과정평가(LCA : Life Cycle Assessment), 환경라벨링(EL : Environmental Labelling) 등을 기업의 환경경영에 접목하여 각 기업들이 생산하는 제품의 전 과정에 걸쳐 야기되는 환경영향을 줄일 수 있는 방안을 모색하고, 그 결과를 대외적으로 투명하게 공개하여 기업의 환경경쟁력을 향상시켜야 할 필요성이 있다.

11.6.4 LCA 시스템의 주요 기능

LCA의 방법론은 ISO회의에서 계속 논의 중에 있으며, 기본적인 구성은 목적 및 범위의 설정, 목록분석, 영향평가, 결과해석, 보고, 검토 순이라 할 수 있다.

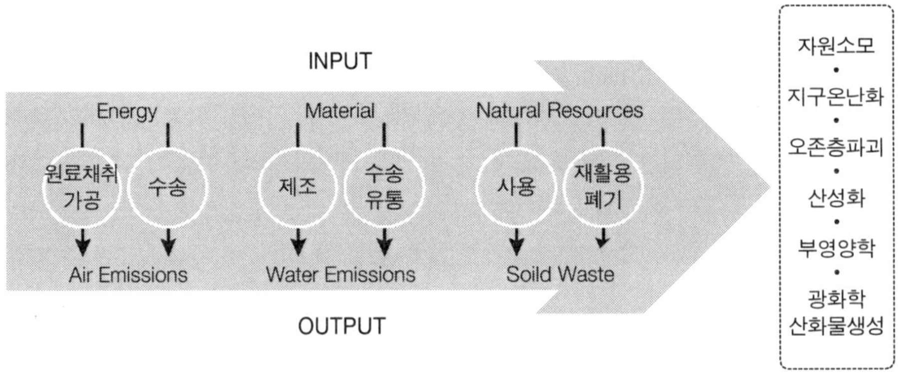

〈그림 2.129〉 전 과정 평가 개념도

〈표 2.75〉 LCA 주요기능

구분	주요기능	설명
목적 및 범위	목적 관리	프로젝트 생성, 보고 대상지정 등
	범위 관리	기능 및 기능단위 설정, 경계, 공정 정보, 물질 정보, 공정간 연결 등
목록분석	유닛(Unit)	최소단위 데이터이며, 모듈의 한구성원으로 존재하게 된다. 데이터 입력, 데이터 단위설정, 매개변수 등
	모듈 (Module)	단위공정(unit)의 집합체 유닛들의 연결 관계 설정, upstream(프로젝트 공용 DB) 추가/삭제, 유닛 연결, Reference 물질 설정 등
영향평가	리스트	영향 평가 종류 선택, 방법론 선택 등
	펙터	공정별 평가, 물질별 평가, 펙터 편집 등
결과해석	결과해석	방법론 결정, 모듈별 결과, 종합 평가 등
보고	보고서	보고형태 선택 등
	차트	차트 형태 설정, 차트 편집 등
검토	ISO 규정	ISO 규정 적합도 등

11.6.5 LCA시스템의 기술동향

(1) TEAM

TEAM(Tool for Environmental Analysis and Management)은 Pricewaterhouse Co.의 Ecobilan Group에서 개발한 소프트웨어로 DEAM이라는 LCI DB를 내장하고 있다.

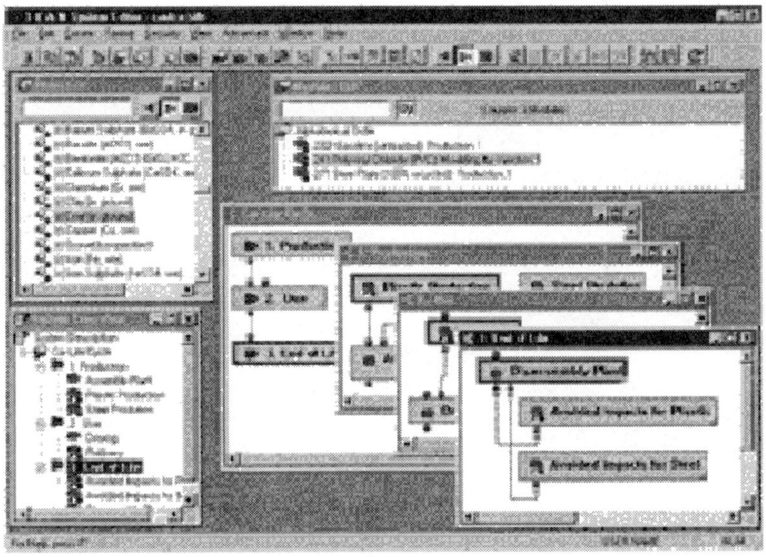

〈그림 2.130〉 TEAM 3.0 그래픽 인터페이스

◎ 출처 : https : //www.ecobilan.com

〈표 2.76〉 TEAM의 주요기능

주요기능	설명
System tree window	‣ Main system내의 System과 모듈의 구성을 한눈에 볼 수 있도록 한 창
Graphical view window	‣ 선택한 System 및 모듈의 구성을 Flow 형태로 보여줌
Modules list window	‣ Main System에서 사용하거나 사용할 Database module로 구성 ‣ 추가, 편집, 삭제 가능
Flows list window	‣ System 또는 Module내로 투입, 배출되는 물질을 flows list에서 선택하여 삽입할 수 있음 ‣ Modules list와 같이 추가, 편집, 삭제 가능

(2) PASS

PASS(Product Assessment for Sustainable Solutions)는 2003년 한국인정원(KAB)이 산업자원부, 한국생산기술연구원 국가청정생산지원센터의 지원으로 개발한 전 과정평가 소프트웨어이다. 2003년 최초 1.5.0 버전 출시 이후 꾸준한 개선을 통하여 현재 3.1.3 버전까지 업그레이드되어 있으며, 정부 지원으로 개발된 소프트웨어이기 때문에 원하는 사람은 누구나 다운로드 받아 활용할 수 있다.

〈그림 2.131〉 전 과정 평가 솔루션 다운로드 사이트

◎ 출처 : http : //www.kncpc.re.kr

메인 윈도우의 Flow Chart 탭 상에 구성한 유닛에서는 기본 단위 Activity에 대한 데이터를 입력한다. 해당 Activity에서 이뤄진 투입산출물 각각의 값을 DATA Sheet상에 입력하고 ISO14048 탭에는 Activity의 요약정보를 기입한다. DATA Sheet상에 입력한 투입산출물은 해당 Activity 내에서 물질수지 확인이 가능하며 이는 데이터 입력오류를 자동체크 할 수 있다.

〈표 2.77〉 PASS 주요기능

주요기능	설　명
Tree window	▸ 전체 공정을 한눈에 이해할 수 있도록 모듈과 유닛의 계층 구조 정보를 나타내는 창
check window	▸ 연산되지 않은 모듈을 나타내는 창
Database window	▸ 프로그램 내에 저장되어 있는 기존의 LCI DB를 보여주는 창 ▸ 국가 LCI DB와 사용자 DB로 구성되어 있음
Upstream window	▸ Database에서 upstream으로 추가 메뉴를 누르면 upstream window에 데이터베이스 항목이 추가되어 프로젝트 내에서 사용이 upstream명 정보를 보여줌
Description Window	▸ 선택된 activity의 ISO14048을 기준으로 하여 기입된 요약 정보를 나타냄
Main Window	▸ Flow, Chart, Data sheet, ISO14048 정보의 3가지 항목으로 구성 ▸ Flow chart는 모듈 또는 유닛들 간의 연결구조, 즉 프로젝트의 공정 흐름도를 나타냄

(3) TOTAL

TOTAL은 환경부, 환경마크협회의 지원으로 네오에코시스템에서 개발한 윈도우용 환경성적표지 전용 전 과정 평가 시스템이다. 기존의 전 과정 평가 시스템과 비교했을 때, 부가적인 기능은 생략하고 환경성적표지제도에 필수적인 기능만 탑재한 환경성적표지 인증용 전 과정 평가 소프트웨어이다.

PASS와 기능, 구조적인 측면에서 매우 유사하나 환경성적표지인증용으로 개발되었기 때문에 인증취득을 위해 필수적으로 수행되어야 하는 기능으로만 구성되어 있으며, 그래픽 비쥬얼리티 및 네비게이션 등을 개선하여 제품의 인증 취득을 원하는 사용자의 접근성을 용이하게 하고자 하였다. 이와 같이 명확한 활용처를 염두하고 만든 소프트웨어이다.

〈그림 2.132〉 TOTAL의 그래픽 인터페이스

〈그림 2.133〉 영향평가결과 조회 화면

11.6.6 LCA의 적용사례

(1) 삼성테크윈

삼성테크윈은 디지털카메라 LCA 시스템 구축을 통한 제품 환경전략을 수립했다. 삼성테크윈은 환경전략 및 활동의 현 수준을 진단하고 진단결과에 따라 새로운 환경전략 Master Plan을 수립했다. 이에 따라 디지털카메라 LCA를 수행하고 전산시스템을 구축했다. 시스템 구축시 환경경영 전략 및 조직, 환경 친화적 생산관리, 제품 및 공정개발, 공급망 관리 정보공개 역량 등 5개 분야를 선진사와 비교 평가하여 적절한 대응전략을 수립하였다.

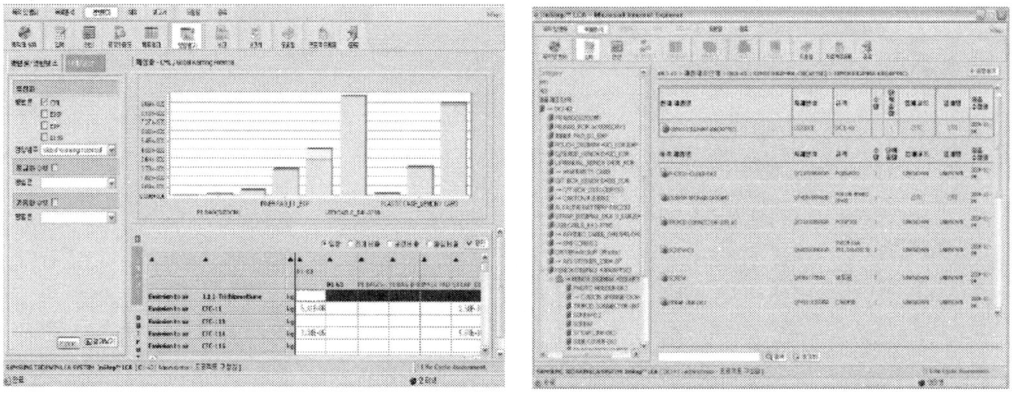

〈그림 2.134〉 디지털카메라 LCA 평가화면

◎ 출처 : http : //www.konetic.or.kr(환경산업기술정보)

(2) 하이닉스

하이닉스는 LCA전산화를 통해 처음부터 마지막 공정까지 체계적인 시스템으로 관리를 하고 있다. 2010년 LCA 전산화시스템을 구축한 이후 DRAM과 Nand Flash Memory 제품에 대해 LCA 평가를 수행하고 있으며, 2011년 현재 DRAM 모듈제품 평가를 위해 시스템 범위를 확대하고 있다

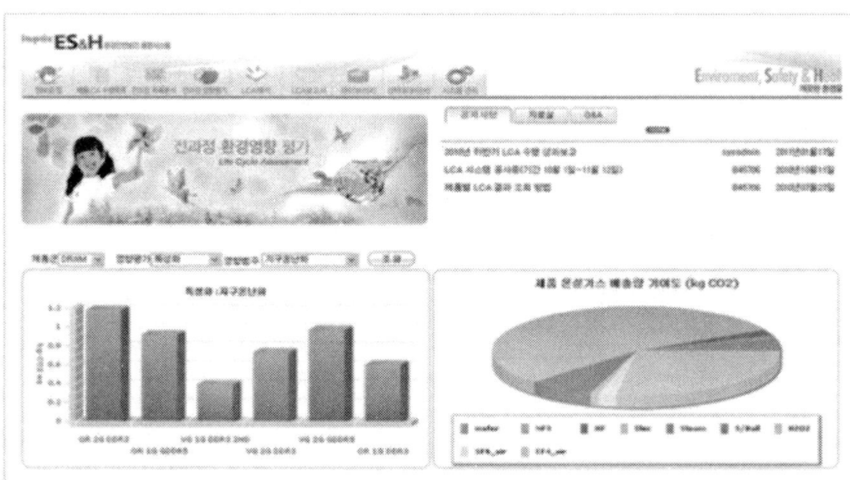

〈그림 2.135〉 하이닉스 전 과정 환경영향 평가 시스템

◎ 출처 : http : //www.hynix.com/(하이닉스홈페이지)

12 유해물질관리

12.1 유해물질 인벤토리시스템

12.1.1 유해물질 인벤토리시스템의 정의

사업장에서 취급하는 원료 및 제품과 그에 함유된 화학물질의 구매부터 폐기까지의 각 단계별 화학물질의 다양한 정보(기초정보, 규제정보, 공급망 정보, 유입/실적정보, 비용정보 등)들을 종합적으로 관리하는 시스템이다.

이때 기초 데이터는 서비스를 포함한 생산 활동 전반에 걸쳐서 직·간접적으로 위험이 내재된 유해물질 즉, 원료뿐 아니라 유해물질을 함유하는 부품, 반제품은 물론 완제품을 포함한 생산과 폐기, 유통 등의 과정에서 발생할 수 있는 모든 유해물질을 대상으로 한다.

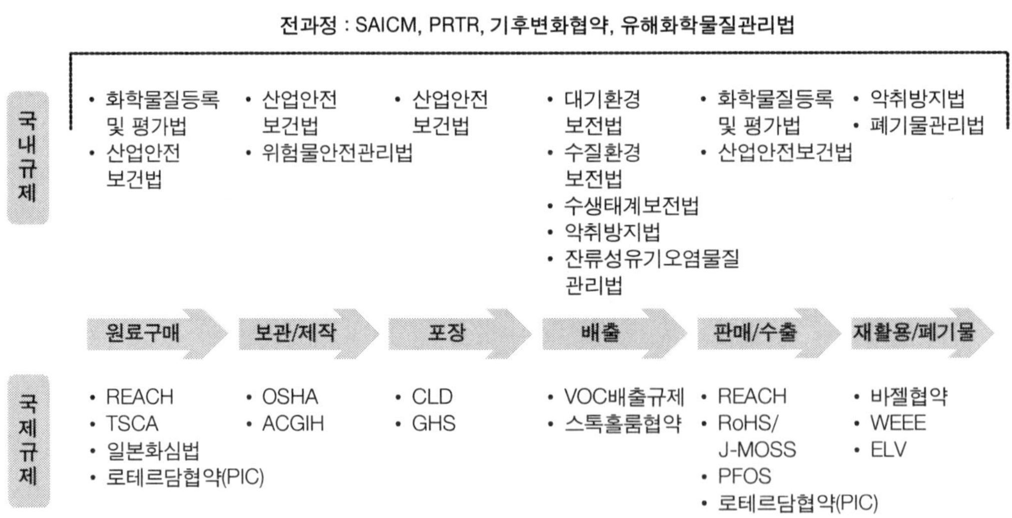

〈그림 2.136〉 생산 전 과정에 따른 다양한 유해화학물질 규제

12.1.2 유해물질 인벤토리시스템의 중요성

생산 제품과 공정이 점점 다양해짐에 따라, 화학물질은 우리 생활 전반에 걸쳐 다양한 용도로 사용되고 있으며, 전 세계적으로 10만종이 넘는 화학물질이 개발 · 유통되고 매년 2천종 이상의 신규물질이 시장으로 유입되고 있다.

이러한 변화에 발맞춰 국제적으로도 유해물질로 인한 인간 및 환경상의 위해를 예방하기 위함을 기본적인 목적으로 둔, 다양한 규제가 성행하고 있다. 유럽 연합 (REACH, RoHS, WEEE) 뿐만 아니라 미국, 중국도 규제 확대에 가세하고 있는 추세로 미루어 볼 때 녹색 산업에서 규제를 통해 주도권을 잡으려는 각국의 움직임이 가속화됨에 따라 녹색보호주의 논란이 고조 되고 있다.

따라서 이러한 규제에 미온적인 대응을 한다면 제조원가 상승에 따른 제품경쟁력 약화로 인해 해외시장 진입이 원천 봉쇄 될 수 있다. 다시 말해서, 환경규제에 대응하지 못하는 기업은 제품의 시장진입이 더 이상 어려워 산업계에 상당한 부담으로 작용되고 있으며 화학물질의 품목 및 사용량 증가는 구매, 재고, 운반 및 폐기비용 상승과 사고대응, 규제대응 등의 리스크 관리비용의 상승으로 이어져 기업의 화학물질관리에 따른 각종 경제적 부담을 가중시키고 있다.

최근 많은 기업들은 화학물질 및 제품에 의한 환경영향의 중요성을 인식하고 제품설계와 개발과정에서 환경적 영향을 고려하기 시작하였으나 국제 환경규제에서 강조하고 있는 화학물질의 전 과정에 대한 개념 및 인식은 아직 미흡하며 실제로 화학물질 관리에 여러 가지 문제점을 안고 있다. 따라서 지속적으로 증가 되고 있는 규제에 능동적으로 대응할 수 있는 기초 자료로서 유연한 대응이 가능하도록 준비해야 한다.

12.1.3 유해물질 인벤토리시스템 기술 동향

유해화학물질 인벤토리 시스템 모델은 1987년 미국의 GM(General Motors) 엔진 플랜트에서 최초로 도입되어 2009년 북미를 기준으로 자동차, 전기전자, 항공 등 12개 산업에 적용되어 있으며, 그 범위가 지속적으로 확산되고 있다. 2009년 6월 기준으로 CMS(Chemical Management Service : 화학물질관리서비스)의 산업규모는 미국 9억~11억 달러, NAFTA지역 10억~12억 달러 및 전 세계시장은 13억~16억 달러로 추정된다.

이 같은 글로벌 환경에 발맞춰 우리 정부 또한 국내 기업의 국제환경 규제대응을 지원하기 위하여 부처별로 정보시스템 개발 등을 통한 관련 정보제공에 힘을 쓰고 있다. 지식경제부가

CMS 개념에 관한 정보를 보급하는데 관심을 가지고 산하기관인 한국생산기술연구원 국가청정생산지원센터를 통해 '저탄소 녹색성장'이라는 국가계획을 지원하고 있으며, 2009년 한국 CMS 포럼을 착수하였고 기아자동차와 삼성전기 수원사업장을 대상으로 CMS 시범사업을 도입하여 경제적 성과 뿐 아니라 환경적 성과를 동시에 이끌어 내었다.

특히 기업내 CMS 관리측면에서 이슈가 되고 있는 부분은 화학물질의 전 과정 관리를 수행하는 것이다. 이러한 전 과정 관리가 가능하기 위해서는 SCM이 기본이 되어야 하는데, 이는 공급망 내의 BOM기반의 화학물질 정보전달 기능을 바탕으로 하고 있으며, 제품과 화학물질의 BOM-Tree관리 기능, 또 완제품제조사의 REACH, RoHS등 국제규제 대응 가능 등을 필요로 한다.

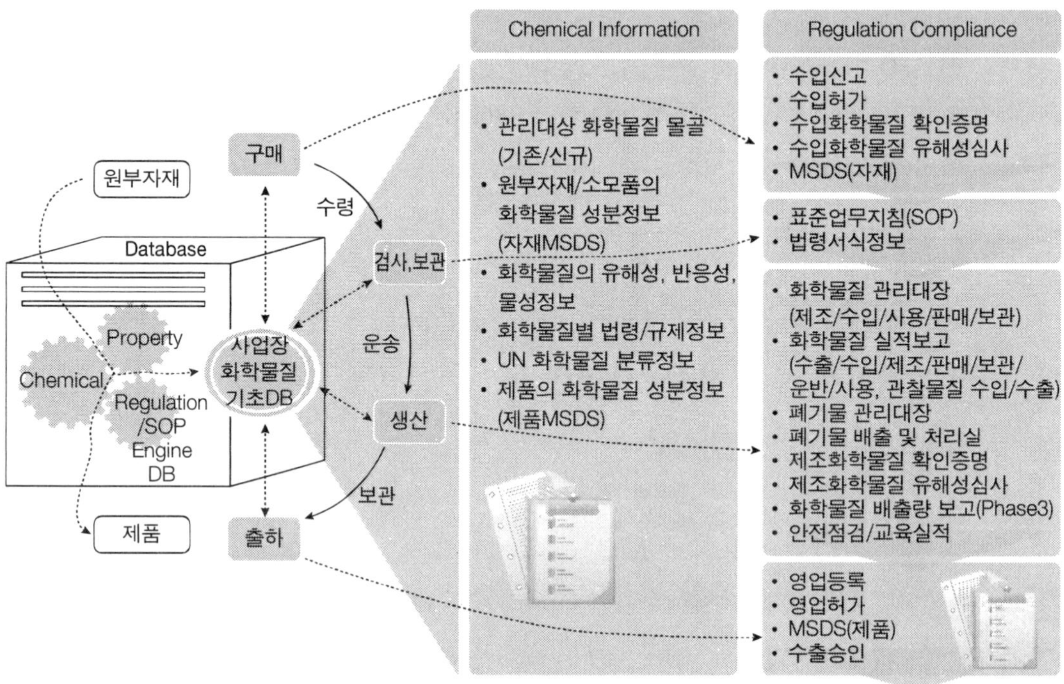

〈그림 2.137〉 각 단계별 화학물질 정보 및 법적 요구사항

그러나 원자재의 구매, 제품제조, 사용을 위한 배송 및 폐기까지 제품과 관련된 활동, 공정 및 물질들을 모두 포함하므로 제품 전 과정에서 환경 규제를 예방하는 것은 어려운 일이 될 수 있다. 그렇기 때문에 화학물질 전 과정에 걸쳐 화학물질을 관리하고 환경규제를 대응할 수 있는 새로운 비즈니스 모델이 필요하다.

이에 해외 선진기업에서는 일찍이 화학물질 전 과정에 대한 효율적 관리방안의 필요성을 인식하게 되었고 화학물질관리의 어려움을 극복하기 위한 방안의 하나로, 구매 및 공급체계 개선을 통하여 화학물질의 사용량 및 환경부하 저감, 화학물질에 대한 관리비용 절감 등 환경적·경제적 성과를 동시에 거둘 수 있는 CMS 사업 모델을 도입·적용하고 있는 추세이다.

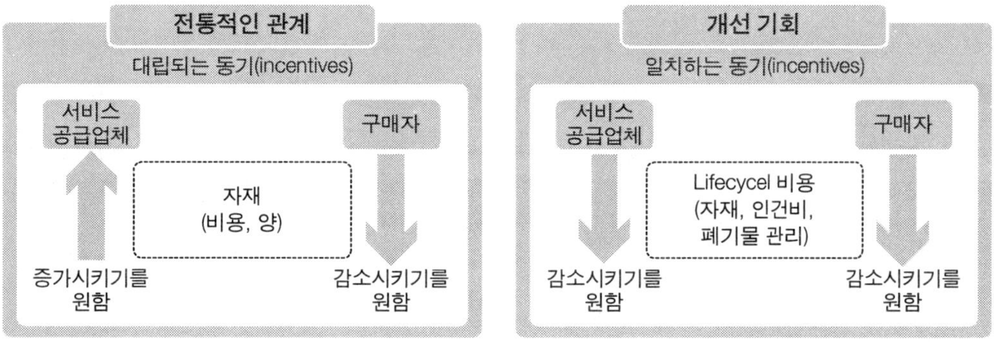

〈그림 2.138〉 CMS 모델의 특징

12.1.4 유해물질 인벤토리시스템 적용사례

(1) 국립 환경 과학원

유해화학물질관리법에 따른 기존화학물질목록 등 국내 화학물질목록을 제공하며, 화학물질의 유해성 정보 및 규제정보를 DB화하여 기업체, 연구기관, 일반국민 등에 제공하는 것을 목적으로 한다.

제공 서비스는 화학물질 유·위해성 정보 및 국내외 규제정보를 지속적으로 개선하고, 활용 가능한 국내 자료를 이용하여 화학물질목록 및 유해성 정보에 대한 DB구축에 중점을 두고 있다.

그를 통해 화학물질 제조·수입자가 화학물질의 국내 등록 현황을 스스로 확인할 수 있는 화학물질목록 및 규제정보 제공, OECD SIDS 초기위해성평가보고서, 기존화학물질 안전성평가보고서, 유해성 심사자료 등을 제공하는 것을 돕는다.

또한 기존화학물질목록, 고시목록(유독물 등에 해당하지 아니하는 화학물질, 유독물, 관찰물질, 취급제한 및 취급금지물질, 사고대비물질) 제공, 국제협약대상물질(OECD 대량생산화학물질, 스톡홀름협약물질, 로테르담협약물질) 목록 등을 제공하고 있다.

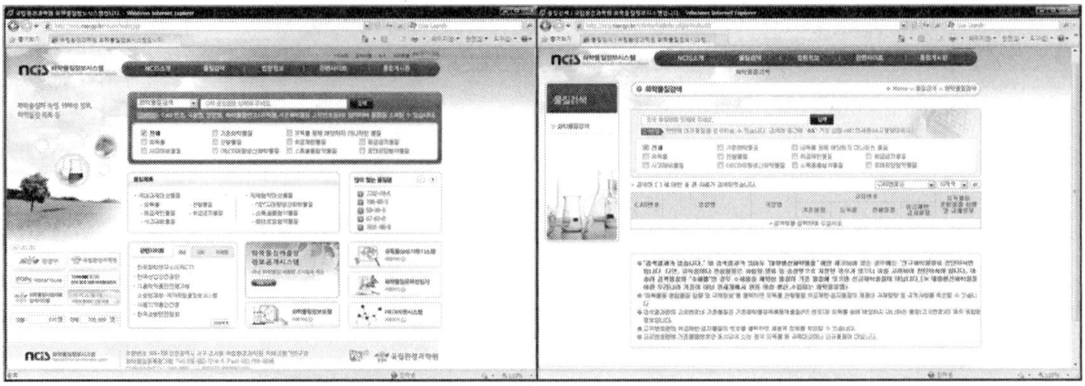

〈그림 2.139〉 국립 환경 과학원 화학물질 검색 화면

(2) TO21(e-CMSTM)

TO21은 비점오염원에서 발생하는 화학물질의 배출량을 산정하는 기술, 비산배출원관리시스템 등 독점적 화학물질 배출 평가 기술을 기반으로 화학물질위해성평가 Tool, REACH 등 규제 대응 시스템을 개발하였다. 또한 기술력과 법령, MSDS, 물질정보에서부터 구매지원, 전 과정추적, 안전취급, 제품, 폐기물관리, 배출량, 비용정보 등 기업의 화학물질 관리에 필요한 모든 요소들을 제공하고 관리하는 화학물질관리시스템(e-CMS)을 개발하여 자동차, 전자, 항공, 페인트 등 화학물질을 취급하는 사업장에 설치하여 운영함으로써 화학물질관리 비용을 절감하는 화학물질관리서비스(CMS : Chemical Management Service)를 제공하고 있다. 이 같은 TO21 CMS의 도입효과는 다음과 같다.

① 국내외 법령/규제 자동 준수(REACHs, GHS, RoHS, 유해화학물질관리법, 산업안전보건법 등)
② 보고서식 자동화 및 온라인 실적관리(화학물질 확인증명, 유해성심사, 유독물, TRI, MSDS 등)
③ 신속한 의사결정 및 즉각적인 고객대응체계 확립
④ 화학물질 총괄 관리비용 감소(도입첫해 5~10%)
⑤ 데이터 관리비용 감소
⑥ 화학물질 구매비용 감소
⑦ 화학물질 사용량 감소
⑧ 폐기물 발생량 및 배출량 감소
⑨ 화학물질 취급간 안전사고 감소
⑩ 작업간 안전취급정보의 실시간 제공
⑪ 화학물질 관리에 필요한 제반 정보 공유

⑫ 데이터의 효율적 관리 및 업무효율 향상
⑬ 관리자, 담당자 관리 및 교육
⑭ 화학물질 관리체계 일원화로 불필요한 중복관리 요소 제거
⑮ 공급업체 및 협력업체와의 신속한 정보 전달체계 기능

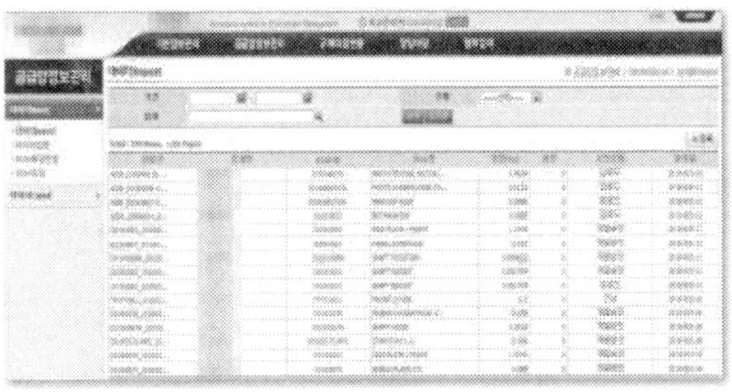
〈구매 협력사 부품정보 Import 화면〉

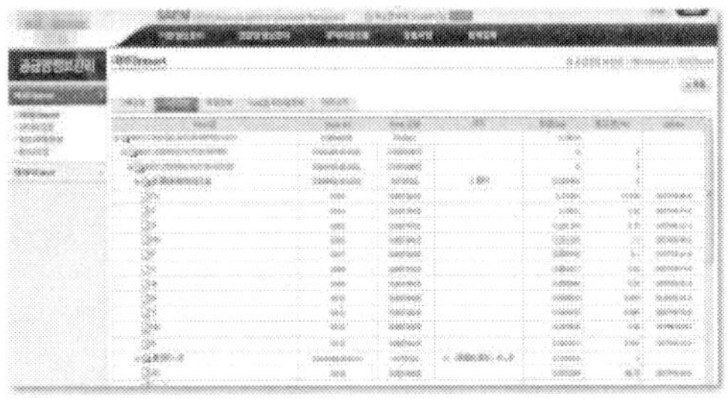
〈부품별 화학물질 구성정보 조회 화면〉

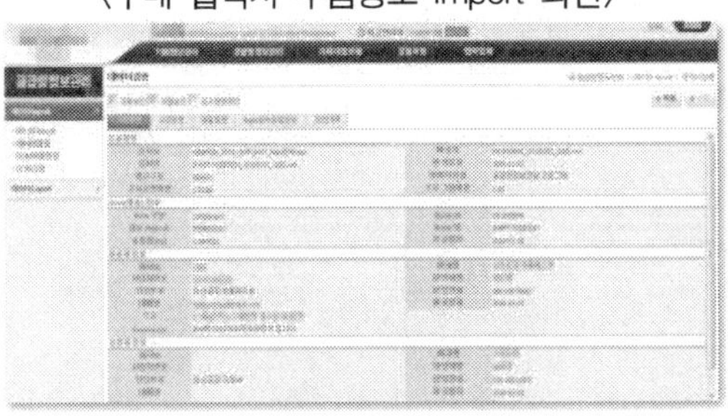
〈화학물질 정보전달 파일 상세조회 화면〉

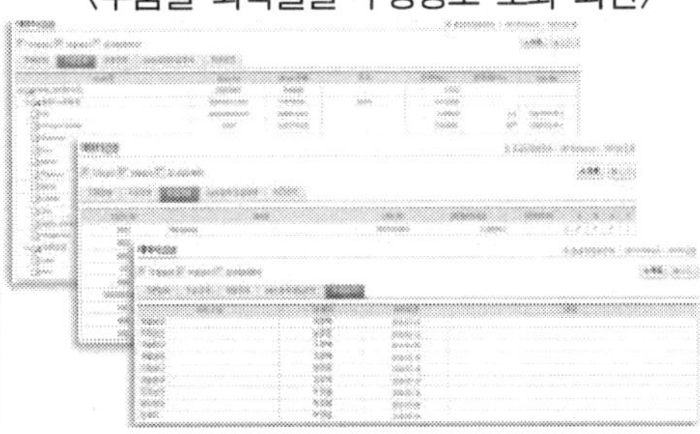
〈구매협력사 부품정보 검증 화면〉

〈그림 2.140〉 TO21e-CMS™의 주요 화면

(3) 세인인포테크(eCMS info Trak)

화학물질을 취급하는 사업장은 화학물질 수입·제조·판매 관련 부서가 본사, 공장, 연구소, 지사 등으로 분산되어 있으며, 구매방법이 혼재되고 통관업무와 화학물질 관리 업무 간 연계미흡 등의 문제로 인하여 다수의 법규 위반 발생 가능성이 있고, 이를 위반 시 벌금, 과태료 등의 법적 제재가 예상된다. 화학물질 관리 시스템은 이를 시스템화하여 관련 부서 간 데이터 공유 및 DB를 구축함으로써 화학물질 수입/제조/판매 등에 관한 프로세스를 개선한 시스템이다.

eCMS는 구매(수입)중심의 화학제품 및 물질 정보 관리가 이루어지고 있다는 것이 특징이다. 그렇기에 ERP 구매와 인터페이스를 통해 구매 오더 현황, 샘플 구매 현황 등을 관리하고, 인허가 진행 관리를 통해, 수입인허가 진행 현황 관리(수입신고, 확인내역서, 유해성

심사/면제 신청), 제조인허가 진행 현황 관리(확인내역서, 유해성심사) 기능 등을 함께 수행하는 것이 특징이다.

이는 기존 물질이나 품목뿐만 아니라, 신규 품목에 대한 검토 기능을 제공하여 사용자의 의사결정을 돕는다. 이밖에도 수입, 제조, 수출 실적 관리, 시설 관리, 정기검사 관리, 관리대장 작성 기능 등을 제공한다.

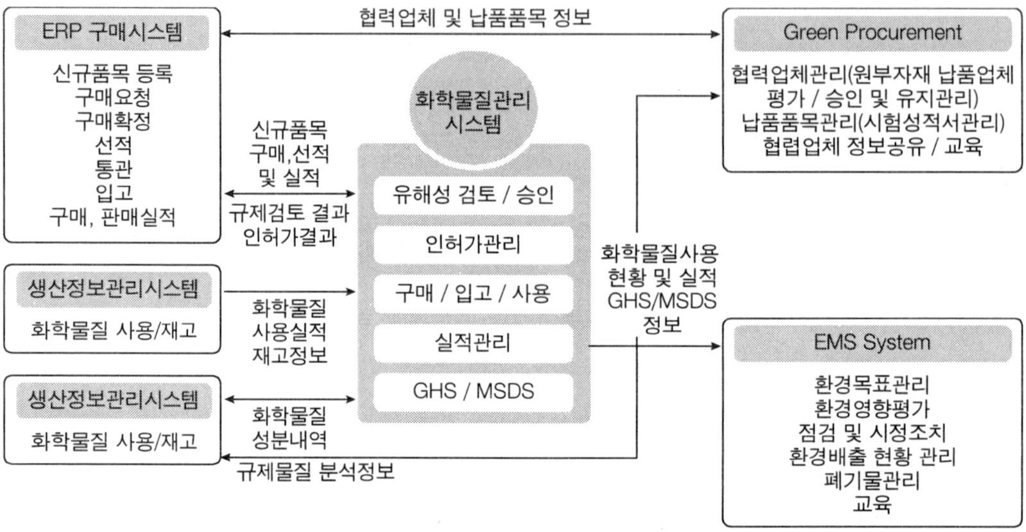

〈그림 2.141〉 화학물질관리 시스템 구성 및 흐름도

12.2 유해환경물질 추적 시스템

12.2.1 유해환경물질 추적 시스템의 정의

생태학적으로 안전하고 반응성이 없으며 미량 측정이 가능한 물질을 사용하여 유해환경물질이 생태계에 유입된 경우 비상대응, 일차대응, 유해환경물질의 거동 및 확산 특성을 파악, 역학조사용 자료 활용 등 유해환경물질 관련 사고대비계획을 세우고 위험성을 줄이기 위한 추적 시스템이다.

12.2.2 유해환경물질 추적 시스템의 중요성

산업이 발전함에 따라 유해환경물질이 급속히 증가 하고 있다. 유해환경물질이 하천이나 대기에 유입된 경우에는 생태계와 인간에게 치명적인 영향을 미치기 때문에 오염 발생 시 피해를 최소화하고 영향권을 규명하기 위한 조사가 반드시 뒤따라야 한다. 하지만 많은 경우 오염물질을 직접적으로 추적하기란 쉽지 않다. 대상 오염물질의 검출 한계가 높아서 원하는 수준까지 조사하기 어려운 경우도 발생할 뿐만 아니라 대기와 해양 같은 곳에서의 오염은 빠른 확산과 혼합이 오염물질의 추적을 어렵게 하는 요인이 된다.

12.2.3 유해환경물질 추적 시스템의 기술 동향

날로 늘어나는 유해화학물질사고에 대하여 제도적인 예방관리활동도 중요하지만 고도산업화에 따른 화학물질 유통량 증가 및 확률적으로 발생하는 부득이한 사고에 대하여 적절한 대비 및 대응체제가 구축되어 있어야 화학물질사고로부터 인체와 환경에 대한 피해를 최소화할 수 있다. 특별히 비상대응활동 시에 정확한 비상대응정보의 확보는 적절한 대응활동을 위해서 뿐만 아니라 일차 대응자를 즉각적인 위험으로부터 보호하기 위하여 필수적인 사항이다.

사고대응에 필요한 화학물질관련 기본물질정보, 유독가스확산평가, 위험시설물정보 등을 지리정보시스템(GIS)와 연계하여 일차 대응자에게 제공하는 것을 주 용도로 하여 개발되고 있다.

12.2.4 유해환경물질 추적 시스템 소계

(1) ERIS (development of Emergency Response Information System)

ERIS는 비상대응용도 외에도 위험시설에 대한 관련정보를 GIS상에 시설별로 나타냄으로써 평시의 사고대비계획을 세우고 위험성을 줄이는 활동에도 이용될 수 있다. 향후 주된 ERIS의 사용자로써 소방서의 일차 대응자, 지방자치단체기관, 환경관련 행정기관 등 주로 공공기관들이 해당된다.

사고예측평가를 위한 표준기법은 첨단 모델인 ALOHA를 한국형화 함으로써 선진기술의 접목을 이루며 화재폭발에 관하여서도 VCE, BLEVE의 간략한 모델을 이용하여 위해평가를 할 수 있는 스크리닝 도구를 마련하였다. 특별히 각 모듈과 GIS의 연계 프로그래밍을 통하여 보다 효율적인 데이터 묘사 등 사용자의 편의성에 주력하였다.

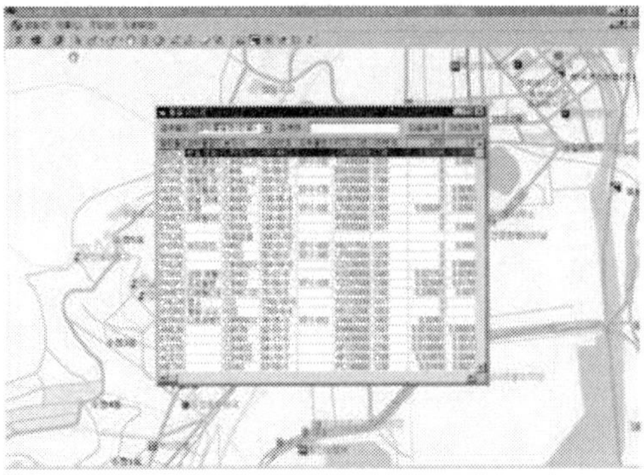

〈물질리스트 및 검색창〉

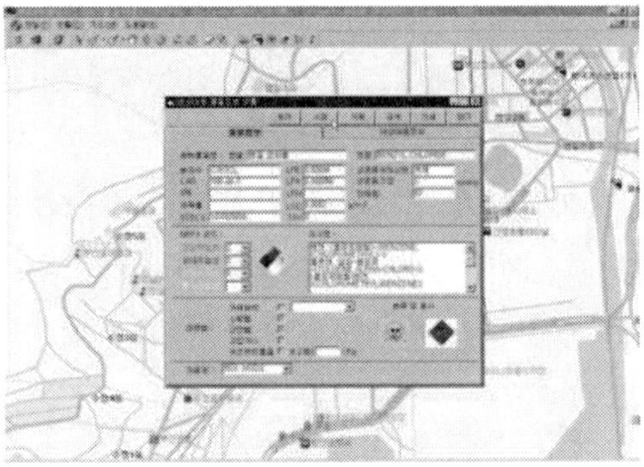

〈물질별 검색 내용〉

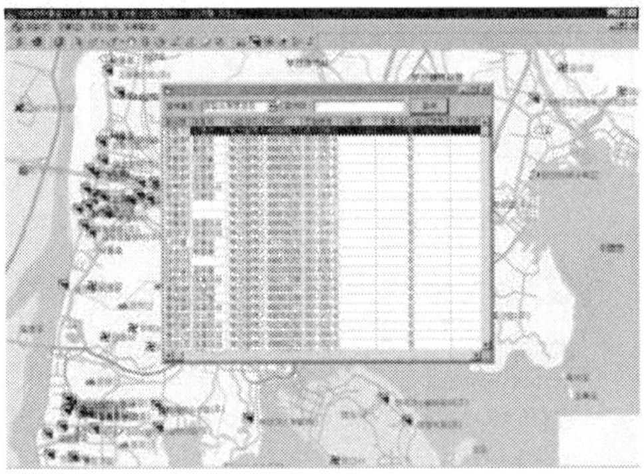

〈지역위험시설 검색〉

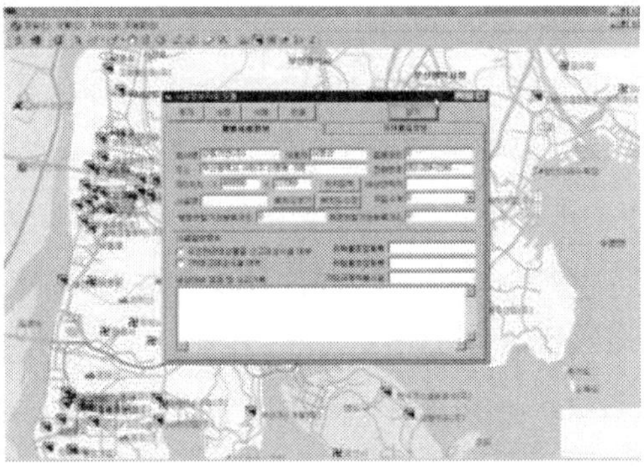

〈지역위험시설 검색 내용〉

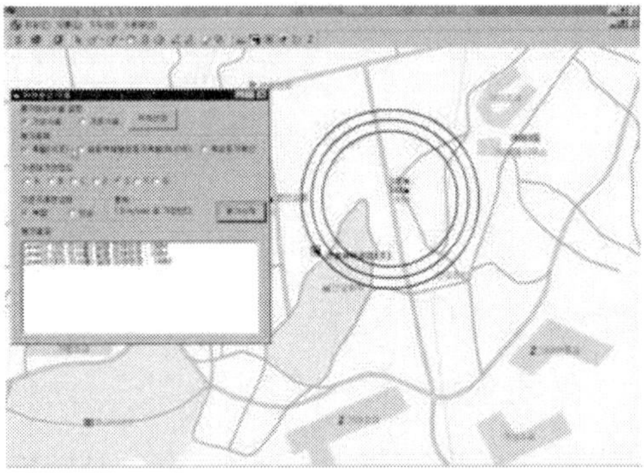

〈증기운폭발 피해반경 평가〉

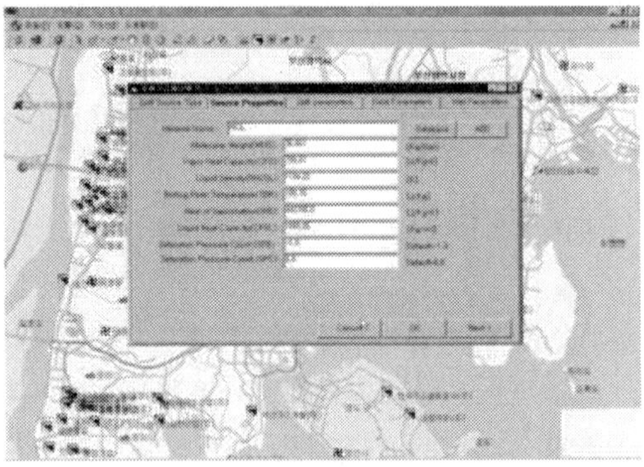

〈유독가스확산모델 평가〉

〈그림 2.142〉 ERIS 주요 화면

(2) 포항공과대학교 환경공학부 탄소순환연구실 (Pollutant Tracers)

추적자로 사용되고 있는 물질은 무기 이온, 비활성 가스, 각종 동위원소, 염료 등이 있다. 무기 이온과 염료는 많은 양을 사용하기 때문에 환경에 영향을 줄 뿐만 아니라 검출 한계 농도가 높아서 장기간의 추적 또한 어렵고 동위 원소들은 측정이 어려운 단점이 있다. 반면, 비활성 가스 중에 하나인 SF6는 생물 · 화학적으로 안정하여 반응성이 없고 가스크로마토그래피 - 전자포획검출기 시스템으로 10~15의 극미량까지 검출이 가능하기 때문에 가장 강력한 추적자로 1990년대 이후부터 해양, 대기, 지하수 분야에서 널리 사용되어 왔다. 이러한 SF6가스를 대기, 지하수, 해양 등에서 측정할 수 있는 시스템을 갖추고 주로 연안에서의 오염물질 추적에 관한 연구를 진행 중에 있다.

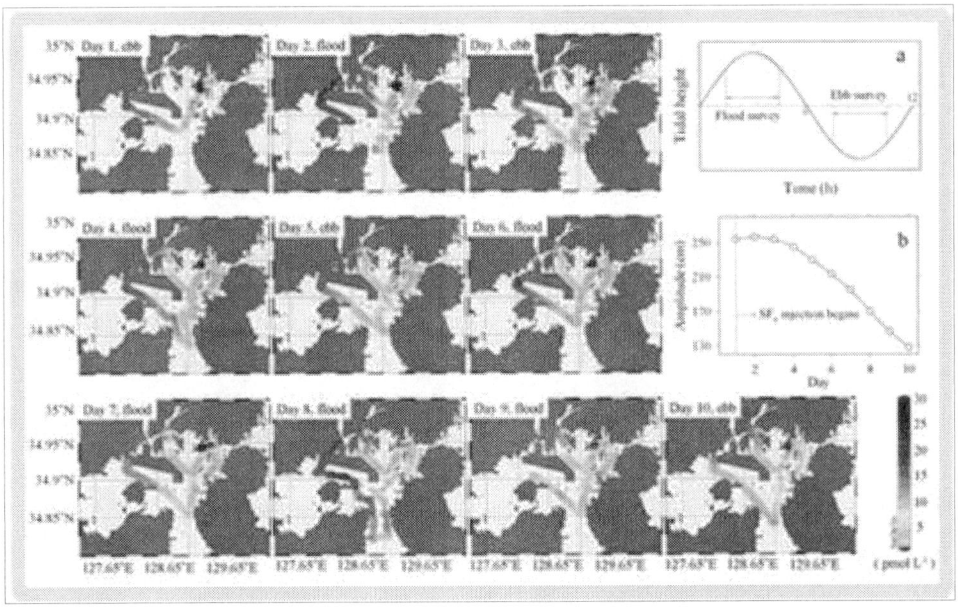

〈그림 2.143〉 SF6에 의해 추적된 온배수 영역권역

부 록

- 용어정의
- 참고문헌

용어정의

❖ A/E/C(Architect Engineering & Construction)

설계용역 & 건설

❖ ADR(Automated Demand Response)

자동수요반응

❖ AMI(AMbient Intelligence)

일상생활에서 사용하는 사물과 환경 속에 센서, 구동, 프로세스 등 IT를 내재화시켜 사용자 중심적 서비스를 제공하고, 복지를 지향한다.

❖ AMR(Automatic Meter Reading)

자동계량기

❖ API(Application Programming Interface)

운영체제와 응용프로그램 사이의 통신에 사용되는 언어나 메시지 형식

❖ BAS(Building Automation System)

빌딩자동화 시스템

❖ BEMS(Building Energy Management System)

건축물 에너지 관리 시스템

❖ BIPV(Building Integrated Photovoltaic System)

건물 일체형 태양광시스템

❖ BMS(Battery Management System)

배터리관리시스템

❖ BTG(Boiler Turbine Generator)

보일러, 터빈, 발전기설비를 보유하는 원동력시설 또는 생산시설

❖ COP(Coefficient Of Performance)

냉동계수

❖ CRM(Customer Relationship Management)

고객과 관련된 기업의 내 · 외부 자료를 분석, 통합하여 고객 특성에 기초한 마케팅 활동에 활용하는 것

❖ DAS(Distribution Automation System)

배전자동화시스템

❖ DC(Direct Cureent)

직류

❖ DC(Distribution Center)

보관 및 분산을 위한 운송 거점의 용도로 보관형 물류센터

❖ Dock

화물적재 플랫폼

❖ DR(Demand Response)

수요반응

❖ DRM(Digital Rights Management)

디지털 콘텐츠의 무단 사용을 막아 제공자의 권리와 이익을 보호해주는 기술과 서비스

❖ DVR(Dynamic Voltage Regulator)

동적 전압조정장치

❖ EMS(Energy Management System)

에너지관리시스템

❖ ERP(Enterprise Resource Planning)

전사적 자원관리, 기업활동을 위해 사용되는 기업 내의 모든 인적, 물적 자원을 효율적으로 관리하여 궁극적으로 기업의 경쟁력을 강화시켜 주는 통합정보 시스템

❖ EV(Electric Vehicle)

전기자동차

❖ FA(Factory Automation)

공장에서 제품 생산계획부터 부품의 가공 · 조립 · 제품의 출하까지의 각종 공정에 관한 각종 정보를 파악하여 생산 시스템 전체의 효율적인 관리와 제어를 행하는 것

❖ FACTS(Flexible Alternating Current Transmission System)

유연송전시스템

❖ FEMS(Factory Energy Management System)

공장 에너지 관리 시스템

❖ FMS(Facility Management System)

유지관리시스템, 시설물 관리를 위해 시설물이 설치된 환경이나 주변 공간, 설치장비나 설비, 그리고 이를 운영하거나 유지보수하기 위한 인력이 기본적으로 상호 유기적인 조화를 이룰 수 있도록 지원하는 시스템

❖ HEMS(Home Energy Management System)

가정 에너지 관리 시스템

❖ HVAC(Heating, Ventilation, and Air Conditioning)

난방, 환기, 공기조화

❖ HVDC(High Voltage Direct Current)

고압직류송전

❖ IBS(Intelligent Building System)

지능형빌딩시스템

❖ IC(Integrated Circuit)

직접회로

❖ ICT(Information & Communication Technology)

정보통신기술

❖ IHD(In Home Display)

가정용 디스플레이

❖ IPsec(Internet Protocol Security)

네트워크 계층인 인터넷 프로토콜에서 보안성을 제공해 주는 표준화된 기술

❖ ISDN(Integrated Service Digital Network)

종합디지털서비스망, 단말 · 전송로 교환기를 디지털방식으로 통일시킴으로써 개별적으로 제공되고 있던 각종 전송 서비스를 일원적으로 제공할 수 있도록 하는 종합통신 네트워크

❖ Legacy System

과거에 개발되어 현재에도 사용 중인 하드웨어나 소프트웨어

❖ Lot

동일 품종을 동일한 시기에 모아서 생산할 수량을 생산

❖ LTL(Less than Ttruckload)

적재율 만차 미만

❖ MOSFET(Metal-Oxide Semiconductor Field-Effect Transistor)

게이트가 반도체층에 얇은 산화 실리콘막에 의해서 격리되어 있는 전계 효과 트랜지스터

❖ MTBF(Mean Time Between Failure)

부품, 장치, 시스템 등을 설치 운용시 고장에서 다음 고장까지의 평균시간, 평균고장 간격

❖ OPT(Operational Performance Tests)

개별기기 시운전 시험

❖ PCS(Power Conversion System)

전력변환시스템

❖ PID(Proportional Integral Derivation control)

제어변수와 기준입력 사이의 오차에 근거하여 계통의 출력이 기준 전압을 유지하도록 하는 피드백 제어의 일종

❖ PLC(Power Line Communication)

전력선 통신, 전력선을 사용하여 음성, 데이터를 전송하는 기술

❖ Power Supply Unit

외부에서 들어오는 교류 전류를 컴퓨터 시스템에서 안정적으로 사용할 수 있도록 직류로 변환해 각각의 시스템에 맞게 전원을 공급하는 하드웨어이다.

❖ PQCC(Power Quality Compensation Center)

전력품질보상센터

❖ PSTN(Public Switched Telephone Network)

공중교환전화망

❖ RFID(Radio Frequency Identification)

IC(직접회로)칩과 무선을 통해 식품, 동물, 사물 등 다양한 개체의 정보를 관리할 수 있는 차세대 인식 기술, '전자태그' 혹은 '스마트 태그', '전자 라벨', '무선식별' 등으로 불린다.

❖ RS485와 MODBUS RTU(Remote Terminal Unit)

미국의 모디콘사에서 개발되어 생산현장에서 많이 사용되고 있는 통신방식 중의 하나이다.

❖ SAS(Substation Automation System)

변전소 종합보호 시스템

❖ SCADA(Supervisory Control And Data Acquisition System)

집중 원격 감시 제어시스템

❖ SCM(Supply Chain Management)

공급망관리, 제품생산을 위한 프로세스를 부품조달에서 생산계획, 납품, 재고관리 등을 효율적으로 처리할 수 있는 관리 솔루션을 말한다.

❖ SCORM(Sharable Content Object Reference Model)

웹기반 전자교육에 대한 표준규격의 하나

❖ SI(System Integration)

기업이 필요로 하는 정보시스템에 관한 기획에서부터 개발과 구축, 나아가서는 운영까지의 모든 서비스를 제공하는 일

❖ STATCOM(Static Synchronous Compensator)

정지형 무효전력 보상장치

❖ STS/IED(Static Transfer Switch/Intelligent Electronic Device)

정지형스위치/지능형전자디바이스

❖ SVC(Static Var Compensator)

정지형 무효전력 보상장치

❖ TL(Full Truckload)

적재율 만차

❖ Transportation Management System

운송관리시스템, 화물 운송 때 수반되는 자료와 정보를 신속하게 수집하여 이를 효율적으로 관리하는 동시에, 수주 기능에서 입력한 정보를 기초로 비용이 가장 적은 수송 경로와 수송 수단을 제공하는 시스템

❖ UPQC(Unified Power Quality Conditioner)

직병렬보상형 전력품질 보상장치

❖ UPS(Uninterruptible Power Supply)

무정전전원장치, 컴퓨터 시스템 등의 안전한 사용을 위해 전원을 안정적으로 공급해주는 장치로 갑작스런 정전으로부터 시스템을 보호하기 위하여 사용된다.

❖ USN(Ubiquitous Sensor Network)

모든 사물에 RFID를 부착해 인터넷에 연결하여 정보를 인식, 관리하는 네트워크

❖ V2G(Vehicle to Grid)

전기차 양방향 전력전송

❖ VoIP(Voice over Internet Protocol)

IP망을 기반으로 패킷데이터를 통해 음성통화를 구현하는 통신기술이다.

❖ VPN(Virtual Private Network)

가상사설망, 공중 통신망 기반시설을 터널링 프로토콜과 보안 절차 등을 사용하여 조직의 목적에 맞게 구성한 데이터 네트워크이다.

❖ VPP(Virtual Power Plant)

가상발전소

❖ WACS(Warning and Control System)

경보시스템

❖ WAMS(Wide Area Monitoring & Measurement System)

광역 전력계통 감시시스템

❖ Warehouse Management System

창고관리시스템, 물류센터 내에서 물류를 관리하면서 발생하는 모든 활동과 주문 및 입·출고 최적화, 실시간 재고 관리, 공간과 장비 최적화 등 물류 흐름상 정보를 실시간 제공하고 조절하는 시스템

❖ YMS(Yard Management System)

야적장내에서 차량, 도크, 컨테이너 등을 효율적으로 관리하는 솔루션

❖ Zigbee

가정, 사무실 등의 무선네트워킹 분야에서 10~20m 내외의 근거리통신과 유비쿼터스 컴퓨팅을 위한 기술

❖ 로이(Low-E) 창호

로이 창호는 로이 유리로 만들어진 제품이다. Low-E에서 'E'는 Emissivity(열의 복사, 방사)의 뜻으로 저 방사 코팅 유리 제품

❖ 메타데이터

데이터에 관한 구조화된 데이터로, 다른 데이터를 설명해주는 데이터

❖ 아크

전극을 접촉시켜서 강한 전류를 흐르게 하면 과열되며 발생하는 강한 백색 빛

❖ 의음(擬音)장치

음향 효과를 인공적으로 만들어 내는 장치

❖ 정격전압

전기기기가 작동하는데 필요한 표준상태의 전압

❖ 컴프레서(Compressor)

압축기

❖ 티볼리(Tivoli)

분산 네트워크 컴퓨팅 환경에서 클라이언트/서버 시스템을 관리하기 위해 티볼리사가 개발한 중앙 집중적 시스템 관리 솔루션

참고문헌

2point6billion.com, rban Climate Change Summit Yields Results, 2011.12.13.

AUSTRALIAN IT, "KordaMentha discovers Lync Server", 2011.06.12.

BLOTER.NET, "코펜하겐 기후변화 회의도 화상으로", 2009.10.30.

CAD & Graphics, "BIM의 적용과 그 방향", 2008.10.

CMAK, "BIM기반 프로젝트에서 건설사업관리자의 역할과 비전", 2010.10.04.

China.naeil.com, "반기문 교토의정서, 기후변화대응의 마지막 희망", 2011.12.07.

Chinadaily.com, "China welcomes Durban outcomes", 2011.12.11.

Climate science watch, "On the Durban climate conference, Part 1 : US hard-nosed conservative negotiating position essentially prevails", 2011.12.12.

Considine, G. D. et al., "CARBON DIOXIDE", Van Nostrand's encyclopedia of chemistry, 5th edition, Hoboken : Wiley-Interscience, 2005, 290~291.

Deutsche welle, "Praise and condemnation from Germany on Durban climate summit", 2011.12.11.

ENARCHI블로그, "태양에너지 시스템을 통합 적용한 리모델링", 2010.07.18.

EPRI-NIST, "Smart Grid Cyber Security Requirements", 2009.

ETRI 발표자료, "스마트그리드 홈 에너지관리 시스템 표준화", 2011.

ETRI 발표자료, 고효율 건물에너지 감응형 EMM (Energy Monitoring & Management) 플랫폼 기술 개발, 2010.03.29.

Forrester Reserch, 2009.

Global e-Sustainablility Initiative, 2008.

Here is a "PLDWorld" 구글블로그, "데이터센터에서 가정까지 DC 전원 공급 방식 도입 활기", 2009.02.06.

Hitachi, Environmental Activities, 2011.

IRISH ENERGY CENTRE, "BUILDING ENERGY MANAGEMENT SYSTEMS AT UCD BELFIELD"

International Energy Outlook 2010, EIA, DoE, U.S

KIPA, "그린IT의 경제적 효과 및 도입 시 고려사항", 2008.12.15

KOPIA B2B Newsletter, KOPIA, 2005.

KOPIA, KOPIA B2B Newsletter, 2005.

KOTRA, 미 행정부의 환경규제 강화와 미기업의 기후변화 대응 동향, 2009.09.04.

LBNL(Lawrence Berkeley National Lanoratory), 2010.06.

LG이노텍, "지속가능보고서", 2010.

LS 산전, "스마트 그린팩토리", 2011.

MODULIGHT, "LED 빛으로 농사 짓는다....인체에 유용물질 늘리고 벌레는 쫓아", 2009.10.07.

Metering.com, "Four Ontario utilities report on TOU pricing pilots", 2008.06.03.

Prabhakar Chaganti, "가상 인프라용 클라우드 서비스", IBM 기술자료, 2009.12.15.

SPRIRAXSARCO, "자율식 온도조절 밸브의 과열방지 장치",

SW진흥원, "에너지 소비 효율화를 위한 스마트그리드", 2009.11.

Saaty, T.L., "How to make a Decision: The Analytic Hierarchy Process", European Journal Operation Research, Vol.48, 1990.

The Green Optimistic, "Japan Says Farewell to Nuclear Power and Welcomes Wind Power", 2011.05.20.

doopedia, "스마트그리드", http://www.doopedia.co.kr, 2011.

mmTouch, "RFID 사진", 2011.07.17.

sjknkn 다음블로그, LED 광을 활용한 농업기술, 2011.07.07. http://blog.daum.net/sjknkn/2

the telegraph, Durban climate change conference: Big three of US, China and India agree to cut carbon emissions, 2012.01.07.

wikipedia, "Retreat of glaciers since 1850", 2011.10.09.

40. wikipedia, "기후변화", 2011.10.09.

(사)벤처기업협회, "그린 SW 기술 및 시장 동향 Smart Building 분야", 2009.12.

(사)벤처기업협회, "그린 SW 기술 및 시장 동향 Smart Logistics 분야", 2009.12.

국가청정생산지원센터, 전과정평가(LCA)의 동향과 향후 방향

국립기상연구소, "기후변화 이해하기", 보도자료, 2011.06.29.

국립환경과학원, "온실가스 감축을 위한 실천방안 수립연구(I)", 2010.

국무조정실, 기후변화 제4차 종합대책, 2007. 12

국무총리실 공고 제2011-7호, "온실가스 배출권 거래제도에 관한 법률 제정[안] 재입법예고", 2011.02.28.

국민일보, "서울시 新청사 '에코 하우스'로… 국내 최대 신재생에너지 사용", 2011.06.01.

국토해양부, "내륙물류거점-항만간 차량·물동량의 위치추적과 관리지원 등 서비스 시행", 2009.05.27

국토해양부, "녹색물류 정책방향", 한국SCM학회2010 춘계발표대회, 2010.06.11.

국토해양부, "에너지정책 추진방향 보고서", 2006.

국토해양부, "환경친화형 스마트빌딩시스템 기술개발 연구" 최종보고서, 2006.

국토해양지식정보센터, "영국, 재생가능 에너지 검토 보고서 발간", 2011.05.09.

권성욱 외 1명, "저전력 데이터센터 기술 동향", 정보산업진흥원 주간기술동향 통권 1323호, 2007.11.21.

그린IT 핸드북, "한국그린IT비지니스협회", 2010.

그린데일리, 日 '온실가스 25% 감축' 목표는 어디가고?, 2011.06.07.

그린데일리, "[연중기획]업그레이드 그린파워 코리아〈18〉", 2011.08.27. http://www.greendaily.co.kr/news/articleView.html?idxno=15877

기후변화대응기술정보센터, "일본, 신규원전 설립을 중단하고 재생에너지를 적극 도입할 예정", 2011.05.27.

기후변화와 같은 환경문제를 해결하고, 이를 이용하여 정치, 경제적인 기회로 활용하기 위한 경쟁

기후변화홍보포털, http://www.gihoo.or.kr

김광순(KD Power), "고효율 수배전시스템 도입 성공사례", 제17회 에너지절약기술 워크샵 논문집, 2002.10.

김병욱, "두산重, 두산파워시스템 설립", 투데이에너지, 2010.02.02.

김연수 "EHS 통합 솔루션 소개" ENVEX 국제환경기술전 2003.

김용찬, "건물에너지관리시스템(BEMS) 특성 및 기술개발 동향", ESCO협회지, 2011.

김은령, "공기업의 사회공헌 - 지속가능경영", 머니투데이, 2008.02

김지현, "RFID 기술 및 특허동향", 한국특허정보원

김형수, "스마트 그리드 국내외 기술동향 - 지능형 소비자"

남도일보, "LED이용 깻잎 재배 성공 '화제", 2010.01.20.

농경과원예㈜ 홈페이지, "창간23주년 기념좌담회-LED농업적 이용과 효과적 보급방안-", 2009.07.07.

누리텔레콤, "한국전력 아이미르 구축사례", 2002.

뉴스와이어, 리바트, 전과정 환경영향평가(LCA) 시스템 도입

다시로 히로카즈, "복합열원 최적운전제어 시스템" 월간설비기술, 2010.

대일이엔씨기술㈜, "공기압축기 효율적 운영방법", 2011. http://www.dienc.co.kr/

대통령, 2008 광복절 경축사

마노타카하시, "BEMS를 이용한 에너지 절약 대책", IBS Journal vol6. no2, 2009.06.

매일경제, "지구온난화…한반도 생태계가 달라졌다", 2007.08.17.

머니투데이, "건설업계 '허리띠 조여라' 아이디어 톡톡", 2009.02.20.

무역 환경정보네트워크, 기후변화뉴스레터 156호, 2011. 7

문화기술(CT) 심층리포트 11호, "클라우드 컴퓨팅 기술 동향", 한국콘텐츠진흥원, 2011.02.

물류신문, "일 · 중간 어패럴 SCM으로 친환경물류 실현", 2007.08.16.

물류흐름에 반하는 물적 자원 관리로써 필요할 시에 그 용도를 폐기하고 다시 재활용할 수 있게 원래 생산지로 돌려보내는 행위

미츠비시, "야마니시 타다토시(山西忠敏), 계장설비의 제어기술", 2003.
박상호, "스마트 에너지 빌딩 구현을 위한 에너지 관리 알고리즘 개발 연구", 강원대학교, 2009.12
박정욱 외 4명, "사례 분석을 통한 국내 BIM 적용 문제점 및 대안 도출에 관한 연구", 2009.08.
박철우, "생산제조공정 전력저감 대책마련의 필요성", 한국산업기술대학교, 2009.
방송통신위원회, 기업을 위한 스마트워크 도입 운영 가이드북, 2011.
백영곤 외 2명, "원격근무의 현황과 활성화 과제", KT 서비스육성실
변화운, "대형 화력발전플랜트 통합 정보관리 및 진단 감시 시스템 적용기술 동향", 한국전력기술㈜ 전기계측기기술 그룹, 2010.
분산 네트워크 컴퓨팅 환경에서 클라이언트/서버 시스템을 관리하기 위해 티볼리(Tivoli)사가 개발한 중앙 집중적 시스템 관리 솔루션
블루빈 네이버블로그, "MS RoundTable(CX5000) 리뷰 겸, 5월 영업화상회의", 2010.05.04.
산업자원부, "산업자원백서", 2006.
삼성그룹홈페이지, "삼성SDS, 「자율출근제」 전격 시행", 2011.04.17.
삼성물산, "지속가능경영보고서", 2010.
송승민, "효율적 IDC를 위한 서버 가상화 구현", 인천대학교, 2009.
신중현, "그린IT 기술 동향", 정보과학회지 제27권 제11호, 2009.11.
심서현, "[그린 비즈니스] 클라우드 컴퓨팅으로 탄소 배출량 줄인다", 중앙일보, 2011.07.26.
아시아경제, "정부, 어선 집어등 LED교체 지원...경유 65% 절감", 2008.07.16.
안영효 외 3명, 물류네트워크 설계 방법 및 적용 사례에 대한 연구"
야마니시 타다토시(山西忠敏), 계장설비의 제어기술, 미츠비시, 2003.
에너지경제, "전기자동차 보급의 기대효과", 2009.10.14.
에너지경제연구원, "에너지통계연보", 2010.
에너지관리공단 CDM FAQ, http://co2.kemco.or.kr/faq/faq03.asp#01
에너지관리공단, "에너지 경영 시스템 세미나", 2006.11.22
에너지관리공단, "열원의 대수제어", 2011.
에너지관리공단, "열원시스템의 운전, 제어방식의 개선", 2011.
에코시안, "건물에너지평가 프로그램 설명서", 2010.
연합뉴스, "SK텔레콤, '스마트 빌딩'으로 에너지 절감 '대만족'", 2011.01.30.
연합뉴스, "서울시 신청사 내년 5월 완공 '친환경 랜드마크'", 2011.06.01.
연합뉴스, "한전 전기자동차 충전기 2종 개발", 2010.01.05.
연합뉴스, "한전이 개발한 전기자동차 충전기", 2010.01.05.
염창렬, "그린IT 정의 및 사례", 부산대학교 강연 발표자료, 2011.10.27.

옥천군, "u-IT신기술 검증?확산사업 완료보고서", 2010.02.28.
위키피디아, "기후변화법 2008", http://en.wikipedia.org/wiki/Climate_Change_Act_2008
유수엽 외1명, "지능형 조명 제어 시스템용 LED 단말기 개발", 한국조명 · 전기설비학회 추계학술대회, 2008.10.
유엔 기후변화에 관한 정부간 위원회(IPCC), 2007.
윤종호외 1인, "한국에서 제로에너지하우스의 현황과 전망", 태양건축과 에너지전환 국제워샵, 2003.10.27
이강찬 외 1명, "클라우드 컴퓨팅 표준화 동향 및 전략", 한국정보과학회지, 2010.12.
이근형, "한-영 탄소라벨링 제도 양해각서 체결", 2009.11.11.
이순형 다음블로그, "전기자동차 충전설비(제주도 설치사례)", 2011.05.26.
이은민, 정보통신정책연구원, 미국 경기부양법 ARRA of 2009의 주요내용과 동 법안에 포함된 IT관련 투자
이재형 외 1명, "공기압축기시스템", 홍릉과학출판사, 2010.
이태원 외 3명, "IT를 활용한 건물에너지 관리시스템, 건설 Brief 제10호", 한국건설기술연구원, 2010.03.
이화대학교 친환경연구실, 2001.04.02, http://greenbuilding.ewha.ac.kr
장양자, "SaaS 동향", 서비스사이언스연구회 2009년 2차 세미나, 2009.01.30.
장현숙, "칸쿤 기후변화회의 결과 및 시사점", Trade Focus, 2010.12.
저탄소 녹색성장 기본법 시행령, 대통령령 제22449호, 2010.10.14.
전과정평가 연구회, http://www.lcarc.re.kr
전기신문, "실시간 전기요금제 국내 첫 도입". 2009.08.03.
전기평론, "HEMS, BEMS의 기술동향: NEDO에 있어서 기술개발사업, 조성사업을 통한 대처", 2003.09.30.
전력거래소 뉴스레터, "전력수요관리의 획기적 변화 - 전력수요자원시장 개설", 2008.07.29.
전력기반조성사업센터, "전력산업기반기금 전략과제 발굴을 위한 사업성 평가_화력발전 분야", 2011.
전력신문, "배전혁신 - 최첨단 계통운영센터 시대 개막 ", 2007.10.26.
전자신문, "[디지털전력시대가 온다](7)지능형 송전 네트워크 감시 · 운영시스템", 2006.02.22.
전자신문, "신재생에너지원 효율 높이려면 마이크로그리드 구축해야", 2011.06.07.
정상태 외3, 유해화학물질 비상대응정보시스템(ERIS) 완성본 개발
정보기술포럼 2007, MPLO, MES구축 사례 소개 및 DEMO, http://www.mplo.net
정보기술포럼, "MPLO, MES구축 사례 소개 및 DEMO", 2007.
제브라 네이버블로그, "화상회의 솔루션 - 제3부 국내 화상회의 기술 동향 part 1", 2006.08.19.

조추영, "열원시스템의 효과적인 에너지 절약제어", 공기조화냉동공학회 하계학술발표회 논문집, 1999.

조추영, 열원시스템의 효과적인 에너지 절약제어, 공기조화냉동공학회 하계학술발표회 논문집, 1999. p.879~884

주대한민국일본국대사관, "일본의 새소식", 2008.07.

중앙일보, LED로 깻잎 맛을 높여라, 2009.02.11.

지경부, "스마트그리드 국가로드맵", 2010.01.

지식경제부, "그린에너지 전략로드맵", 2011.

지식경제부, 2011년 산업융합원천기술개발사업 신규과제 세부 기획서, 2012.

지식경제부, "공장 내 새는 에너지 꼼짝마!!", 2009.06.24.

충청일보, "LED 조명 사용하면 닭, 산란율 높아진다", 2010.03.25.

한겨레신문, 칸쿤 기후회의 '파국은 막았다'.

케이엘넷 웹진, "케이엘넷, 低탄소 녹색항만 구축 앞장서", 2009.12.

코엑스블로그, [Green Coex Story] ②IT로 에너지 절감해요_BeMS&BAS, 2011.01.21.

토마토 뉴스, "포스코, 스마트오피스 구축 전면화.. '비용 낭비' 불만도", 2011.08.19.

특허청, "재택근무사례집", 2006.

파이낸셜뉴스, 용산 e편한세상, 지하주차장 LED 자동조명제어 시스템 도입, 2011.02.24.

한국경제, "녹색기술과 도전정신", 2011.08.22.

한국과학기술정보연구원, "월마트의 RFID 시범연구, RFID는 재고관리에서 효율적", 2005.10.18.

한국국제정치학회, 국제정치논총, 제51집 1호 2011.03.

한국그린IT비지니스협회, "그린IT 핸드북", 2010.

한국그린빌딩위원회, 2001.04.02, http://www.gbc-korea.co.kr

한국스마트그리드사업단, "지능형 소비자", 2009.

한국스마트그리드사업단, "지능형 운송", 2009.

한국스마트그리드사업단, "지능형 전력망", 2009.

한국스마트그리드사업단, "지능형 전력서비스", 2009.

한국스마트그리드사업단, "지능형 신재생", 2009.

한국전력공사, "스마트그리드의 전초기지, KEPCO 스마트형 배전센터", 2010.

허성진, "[표준기술동향] SaaS의 기술 및 표준화 동향", 정보통신산업진흥원 TTA 저널 2007권 113호, 2007.09.

허탁, LCA의 개념 및 국내외 현황, 1996.09.

지경부, 호남광역경제권 선도산업 유명상품 홍보플렛폼, LED응용, 2009.

홍성걸 외 3명, "녹색성장 전략에서 IT의 역할과 정책 과제 : 그린IT 인프라 및 서비스 우선순위 도출 중심으로", 사이버커뮤니케이션학회, 학보 제27권 3호, 2010.09.

환경부 고시 제 2011-29호, "온실가스에너지 목표관리 운영 등에 관한 지침", 2011.03.16.

환경부 보도자료, "온실가스에너지 관리업체 감축목표 확정", 2011.10.10.

환경부 보도자료, "온실가스에너지 목표 관리업체 470개 지정", 2010.09.28.

환경부 정책블로그 초록나래, "자동차 온실가스 계산법", 2011.04.06.

환경부, "기후변화 개요 및 국제동향", 교육자료, 2009.05.

환경부, 교토의정서 발효에 따른 제3차 종합대책 설명 및 산업계 의견 수렴, 2005.12.

환경일보, "세계 최대 매립지 CDM 확정", 2010.05.03.

■ **저자 / 이 용 희**

- 숭실대학교 산업정보시스템공학과 졸업(공학석사)
- 숭실대학교 산업정보시스템공학과 졸업(공학박사)
- 2001년 이모션 개발팀 선임
- 2003년 삼양데이터시스템 솔루션팀 과장
- 2008년 SK11번가 PMO팀 매니저
- 2009년 한국전자통신연구원 사업화본부, 에코시안 그린ICT사업부 실장
- 현 / 에너지절약전문기업협회 자문위원
  그린비즈니스협회 자문위원 및 강사
- 저서 / IT 및 환경 · 에너지 분야 논문 다수 기고

기후변화 대응과 그린IT 2.0

초판 인쇄 2013년 1월 15일
초판 발행 2013년 1월 20일

저 자 이 용 희
발행인 임 영 철
발행처 도서출판 신화전산기획
주소 / 서울특별시 성동구 행당동 19-55
전화 / (02) 833-5145~6
팩스 / (02) 848-2498
등록 / 301-2010-034
홈페이지 / www.shj.co.kr

값 20,000원 ISBN 978-89-5534-129-4 93560